注册建筑师考试丛书

一级注册建筑师考试

场地设计（作图）应试指南

（第十三版）

陈磊　赵晓光　编著

党春红　主审

中国建筑工业出版社

图书在版编目（CIP）数据

一级注册建筑师考试场地设计（作图）应试指南/陈磊，赵晓光编
著. —13版. —北京：中国建筑工业出版社，2019.11（2021.12重印）
（注册建筑师考试丛书）
ISBN 978-7-112-24235-1

Ⅰ.①—… Ⅱ.①陈… ②赵… Ⅲ.①建筑制图—资格考试—自
学参考资料 Ⅳ.①TU204.2

中国版本图书馆 CIP 数据核字（2019）第 208497 号

本书前五章分别对应场地设计（作图）考试中每种试题类型。在这几个章节中首先系统地、简明扼要地介绍了一些与考试题型相关的基本知识，然后针对该题型对应的现行标准、规范、规定条文进行了系统的归纳和汇总，最后汇总了 2005～2014 年的该类型试题（其中场地剖面、室外停车场为 2006～2014 年试题），并进行了详细的解答。最后三章为 2017 年、2018 年、2019 年整套试题以及解答提示。附录中则是现有建筑设计规范中有关总平面设计的规定。

本书系统、规范地阐述了场地设计（作图）的相关知识。既是一级注册建筑师执业资格考试培训教材，又可供建筑师、规划师、总图工程师及规划管理人员在规划设计实践中使用；同时，也可供高等院校建筑学、城乡规划和相关专业作教学参考。

* * *

责任编辑：张 建 何 楠
责任校对：焦 乐

扫此码可获得
2020、2021年试题及解答提示

注册建筑师考试丛书
一级注册建筑师考试场地设计（作图）应试指南
（第十三版）
陈磊 赵晓光 编著
党春红 主审

*

中国建筑工业出版社出版、发行（北京海淀三里河路 9 号）
各地新华书店、建筑书店经销
北京红光制版公司制版
北京君升印刷有限公司印刷

*

开本：787×1092 毫米 1/16 印张：21¼ 字数：514 千字
2019 年 11 月第十三版 2021 年 12 月第二十三次印刷
定价：**79.00** 元
ISBN 978-7-112-24235-1
（38279）

版权所有 翻印必究
如有印装质量问题，可寄本社退换
（邮政编码 100037）

序

自 1996 年实行注册建筑师执业资格考试制度以来，场地设计作为考试科目之一而受到建筑界和应试者的关注。由于我国建筑教育课程设置和现行设计体制专业分工的局限，对作为城市规划和建筑设计结合部的场地设计，应试者普遍感到陌生且知识准备和经验积累不足。此门科目一直存在考试通过率低，而又缺乏相关指导书籍的局面。

赵晓光老师具有扎实的总图专业知识和多年从事总图设计的实践经验。在建筑学专业开设场地设计课程以来，悉心关注场地设计的课程建设和对应试者的指导。近年来在撰写了学术专著《民用建筑场地设计》之后，又推出这本《一级注册建筑师考试场地设计（作图）应试指南》。

作者以特有的视野敏感地觉察到提高应试者的水平要三个方面并举：要从加强专业知识入手，分析和区别场地设计的题型（场地分析、地形设计、场地剖面、地面停车场、绿化布置、管道综合、场地综合设计）；对每个题型关联和涉及的现行规范和技术标准的内容进行有机汇总；对每个题型提供了丰富的例题，而且分别介绍几个不同的解题思路。从而从根本上解决考生知识准备和解题经验不足的问题，使考生具备举一反三的能力。

这本书的问世将对应试通过率的提高起到促进作用，对场地设计的课程建设乃至建筑设计专业场地设计水平的提高作出积极的贡献。

2004 年 11 月 10 日

第十三版前言

自 1999 年为西安建筑科技大学建筑学专业讲授《场地设计》课起，笔者一直关注全国一级注册建筑师执业资格考试的情况，2004 年开始进行场地设计（作图）注册考试方面的研究，2005 年起先后在西安、北京、上海、广州、深圳、南京、苏州、杭州、乌鲁木齐、石家庄、洛阳和台北等地进行考前培训教学，至今已有 15 年（其中：注册审批改变，停考两年），与上海智泓网络科技有限公司 yijizhuce. taobao. com、一注 51 培训网 www. jsjzedu. com 和洛阳智高点企业管理咨询有限公司等合作培训教学已有多年。"十年磨一剑"！科技进步，视频教学的自媒体时代为考生们提供了多样的学习方式。"各美其美，美美与共。"根据场地设计专家、考生和读者们的意见，结合国内最新的培训资料和信息，第十三版从以下方面做出修改：

1. 按考题编章

按近年来定型的考题，笔者系统性地调整了全书篇章结构，将原场地分析拆分为第一章场地分析和第二章场地剖面，将原地形设计和场地剖面整合为第三章场地地形，将停车场调整为第五章，增加绪论，删除应试经验漫谈和附录一场地设计相关规范目录。

2. 知识要点改为考核点

将原来每章开始的知识要点改为考核点，并根据新规范的变化，对各章的考核点重新进行了梳理和更新。

3. 将各章的基本知识补充完善

4. 标准规范的更新

删除正文章节中的《工业企业总平面设计规范》GB 50187—2012 和《全国民用建筑工程设计技术措施　规划·建筑·景观 2009》的内容，删除附录中已废止的标准，如《老年人居住建筑设计标准》GB/T 50340—2016 和《养老设施建筑设计规范》GB 50867—2013 等的内容。对书中涉及的所有标准规范进行修订更新，包括《民用建筑设计统一标准》GB 50352—2019、《城市居住区规划设计标准》GB 50180—2018、《老年人照料设施建筑设计标准》JGJ 450—2018 等。

5. 历年试题和解答提示

删除 2005 年以前的考题，将 2005～2014 年历年试题按年号排序，并按题型分别列入前五个章节，题目任务要求中 1 和 2 位置互换，选择题有准确分值信息的在题目后增补分值信息。

在研究过程中，张恒亮和聂仲秋提供了部分建设法律、法规文件资料，吕仁义、万杰、张树平和杨萍惠等在策划时给予了帮助与支持。秋志远、张勃、万杰、邓向明、刘晖、李祥平、张沛、余向恒、李招遐、金女士、林斯平、胡红、王昕禾、王治新、袁承嘉、肖丹琳、陈中韵、李晓玲、郭雅琳等对书稿提出了宝贵意见。万杰、王锦、李玲、梁利军、周文霞、邓向明、张华、王志勇，黑龙江省考生赵先生、广西壮族自治区考生何女士、陕西省考生梁女士、高女士及其朋友、李女士、王先生、王女士等提供了注册考试资料。李招遐、常辉、梁利军、王志勇、田海江和刘彬等参与试题试作。李招遐、常辉、李程、王国今、王燕、杨颖绘制书中插图并进行书稿校对，硕士生卜瞳、宋心怡参与规范更新、新题目编写及试做，并在本版次章节结构性调整中做了大量的工作。在此向各位领导、朋友和学生们致谢！

感谢耿长孚先生，从先生直率、扼要的指教中，笔者深深地感受到老一辈知识分子严谨求实的工作作风和精益求精的工作态度。这些优秀品质值得我们发扬光大。同时，感谢教锦章先生和陈初聚先生对本书习题解答提出的修改意见，从先生们那里，我感受到了老一辈知识分子治学的执着和勤勉。

中国建筑西北设计研究院樊宏康先生和中国工程院院士张锦秋先生，陕西省建筑设计研究院总建筑师顾宝和先生，多年来关心和支持高等教育，对场地设计研究和教学起了积极的推进作用。特此致谢！

北京的高先生给笔者打来电话，交换对书中内容的见解；济南的杨女士在通读书稿之后，给笔者提出了许多中肯的意见；在 ABBS 建筑论坛等网页上，也出现了大量针对本书开展的评论意见，虽褒贬不一，但对此项研究起了极大的促进作用。另外，在互联网上读者针对本书所发表的各种意见和评论，使笔者更加深入地思考种种问题，诚致谢意。

最后，感谢中国建筑工业出版社张惠珍女士和刘茂榆先生，由于他们大力支持，才使本书得以问世。在编写过程中，笔者得到了张建老师的细心指导、关心和大力支持，在此致谢！

鉴于笔者专业水平限制，作品中难免有错误或瑕疵存在，恳请各位专家学者和广大读者不吝赐教！电子邮箱地址：sunrain000000@qq.com。

陈磊　赵晓光
2019 年 8 月 30 日

目　　录

绪　　论

1996 年在全国实行注册建筑师执业考试制度以来，场地设计（作图）一直是必考科目之一。

一、全国一级注册建筑师资格考试大纲（摘录）

现行的一级注册建筑师执业资格考试大纲是 2002 年修订的，从 2003 年开始执行：检验应试者场地设计的综合设计与实践能力，包括：场地分析、竖向设计、管道综合、停车场、道路、广场、绿化布置，并符合法规规范。考试时间为 3.5 小时。

二、试题深度

一级注册建筑师执业资格考试场地设计（作图题）的深度，主要为方案设计、初步设计的知识，也包括部分施工图设计的基础知识。

三、试题题型变化

1998～2001 年：六道题，考试时间 3.0h，包括以下内容：场地布置、竖向设计、道路、广场、停车场、管道综合、绿化布置。75 分及格。

2002 年：停考，修订考试大纲。

2003～2004 年：五道题，考试时间 3.5h，包括以下内容：场地分析、场地剖面、室外停车场和场地地形。四道单项题各 16 分、综合题 36 分，60 分及格。

2005～2017 年（其中 2015～2016 年停考）：五道题，考试时间 3.5h，包括以下内容：场地分析、场地剖面、室外停车场和场地地形。四道单项题各 18 分，综合题 28 分，60 分及格。

2018～2019 年：四道题，考试时间 3.5h，包括以下内容：场地分析、场地剖面和场地地形。三道单项题各 20 分，综合题（场地设计）40 分，60 分及格。在考试大纲再次修订前，这样的命题模式将沿用下去；但单项作图题是否不再考室外停车场布置尚无定论。

四、应试准备

当考生选择参加一级注册建筑师考试时，至少提前一年备考。根据自己工作的安排，做好时间计划，应把培训教材看透，熟悉基本知识，掌握规范规定，了解试题和解题步骤。有时间有条件时，参加培训课程了解考试规律，把试题做熟练，保证在规定时间内准确完成试题的任务要求。

五、应试须知

1. 试题用红色字迹印在 A2 硫酸纸上，要求考生用墨线笔和尺规作图；按试题规定的比例，直接在 A2 硫酸纸上作图。一般不可徒手绘图，不得使用改正液，画错了只能用刀片刮改。

2. 每道作图题均附若干选择题，考生必须在完成作图的基础上，在试卷上用绘图笔对选择题作答，并用 2B 铅笔填涂答题卡，只有作图（选择题涉图的内容）、选答、涂卡三项完全一致才能得分！经计算机核对答题卡，选择题分值达到 60 分及以上者，才能进入人工阅卷。

3. 单项题的解题时间约 120 分钟（每题约 30～40 分钟），主要考查考生对某一项场地设计知识掌握的深度，一般有 3～6 个考核点，其解题方法是线性、单程、顺序，可以通过固化解题步骤提升解题速度；答题时可不按试题顺序，根据考生自己的知识掌握情况，按照先易后难的顺序作答。争取每题得高分，但不要追求完美，耗费多余时间。

综合题的解题时间约 60～90 分钟，主要考查考生处理建筑、场地、道路及绿化的综合能力，一般有 4～6 个考核点，分值最高，应竭尽全力答好，不能放弃，提高通过的可能性。最后，留出 15 分钟整理好试卷。

祝愿考生朋友们早日心想事成，马到成功！

第一章 场地分析

【考核点】

1. 建筑退界——用地红线、道路红线、城市蓝线、城市绿线、城市紫线、城市黄线；
2. 防护距离——古树名木、地下工程、高压线、卫生隔离、古建筑；
3. 防火间距——多层、高层；
4. 日照间距——日照间距系数；
5. 防噪间距——建筑物与噪声源之间；
6. 建筑高度控制；
7. 边坡或挡土墙退让——建筑物与边坡或挡土墙的上缘、下缘的距离；
8. 景观视线——视点位置；
9. 竖向设计——挖方、填方、护坡、平台。

第一节 基 本 知 识

一、自然条件

1. 地形条件

地形条件的依据是地形图（或现状图）。

地形指地表面起伏的状态（地貌）和位于地表面的所有固定性物体（地物）的总体，通常采用等高线来表示地形。地形图上相邻两条等高线之间的水平距离称为等高线间距，其疏密反映了地面坡度的缓与陡。根据坡度的大小，可将地形划分为六种类型，地形坡度的分级标准及与建筑的关系见表 1-1。

地形坡度分级标准及与建筑的关系   表 1-1

类 型	坡度值	坡度度数	建筑区布置及设计基本特征
平坡地	3%以下	0°~1°43′	基本上是平地，道路及房屋可自由布置，但须注意排水
缓坡地	3%~10%	1°43′~5°43′	建筑区内车道可以纵横自由布置，不需要梯级，建筑群布置不受地形的约束
中坡地	10%~25%	5°43′~14°02′	建筑区内须设梯级，车道不宜垂直于等高线布置，建筑群布置受到一定限制
陡坡地	25%~50%	14°02′~26°34′	建筑区内车道须与等高线成较小锐角布置，建筑群布置与设计受到较大的限制
急坡地	50%~100%	26°34′~45°	车道须曲折盘旋而上，梯道须与等高线成斜角布置，建筑设计需作特殊处理
悬崖坡地	100%以上	>45°	车道及梯道布置极困难，修建房屋工程费用大，一般不适于用作建筑用地

注：摘自《建筑设计资料集6》（第二版），中国建筑工业出版社。

进行地形坡度分析时，需要根据一定的坡度，求出等高线间对应的长度 d（即等高线截距，如图 1-1 所示）。

等高线截距 d 的计算公式为：

$$d = \frac{h}{iM} \qquad (1-1)$$

式中　d——与需要坡度相对应的等高线截距(m)；

　　　h——等高距(m)；

　　　i——路线坡度(%)；

　　　M——所用地形图的比例尺分母数。

在地形图中，用地物符号表示地物（地表上自然形成或人工建造的各种固定性物质），如房屋、道路、铁路、桥梁、河流、树林、农田和电线等；用文字、数字等注记符号对地物或地貌加以说明，包括名称注记（如城镇、工厂、山脉、河流和道路等的名称），说明注记（如路面材料、植被种类和河流流向等）及数字注记（如高程、房屋层数等）。

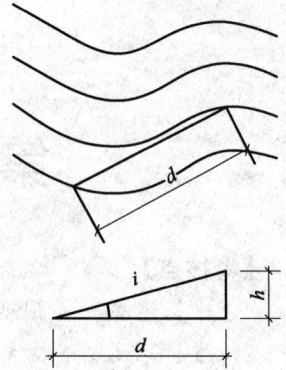

图 1-1　与路线坡度
对应的等高线截距

2. 气候条件

气候条件的依据是统计资料。几年来，应试时常涉及的是气象中的风向和日照。

风向是指风吹来的方向，一般用 8 个或 16 个方位（图 1-2）来表示。可以根据风玫瑰图来了解。

在某些情况下，为了更清楚地表达某一地区不同季节的主导风向，还可分别绘制出全年（图 1-3 中粗实线围合的图形）、冬季（12 月～2 月）（图 1-3 中细实线围合的图形）或夏季（6 月～8 月）（图 1-3 中细虚线围合的图形）的风玫瑰图。

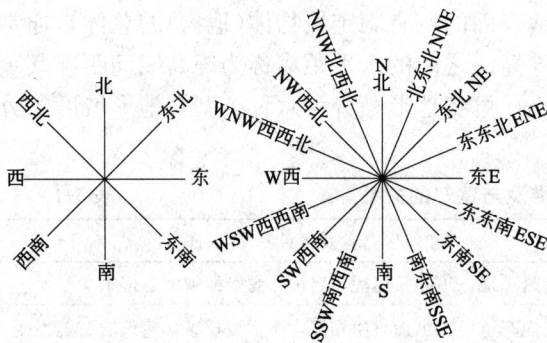

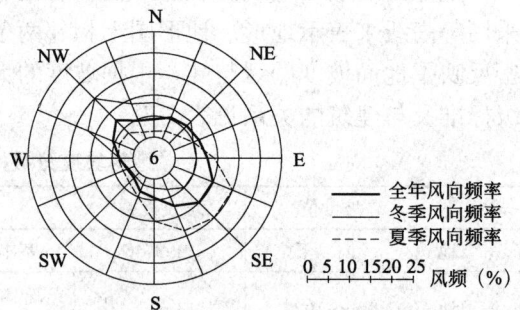

图 1-2　风向方位图　　　　　　　　　　图 1-3　上海市风向频率玫瑰图
注：中心圈内的数值为全年的静风频率

日照是表示能直接见到太阳照射时间的量。太阳的辐射强度和日照率，随着纬度和地区的不同而不同。太阳高度角是指直射阳光与水平面的夹角。同一时间，纬度低，太阳高度角大；纬度高，太阳高度角小。太阳方位角是指直射阳光水平投影和正南方位的夹角，正南为 0°，午前为负值。我国一年之内，冬至日的太阳高度角最小，夏至日的太阳高度角最大。在计算日照间距时，以冬至日或大寒日的太阳高度角和方位角为准；而在同一时间内，纬度低太阳高度角大，纬度高太阳高度角小。在《建筑设计资料集 1》（第三版）

中，根据建设场地的纬度值，可以查得太阳高度角和方位角的数值，用于有关日照间距的实际计算。

3. 地质条件

工程地质、水文和水文地质条件的依据是工程地质勘察报告。一般包括以下三个方面内容：

（1）场地岩土条件

地层结构、地下水情况、地震、不良地质现象、地表水体等方面及其对工程的影响。

（2）场地岩土条件评价

地基土的均匀性、地基土的承载力标准值、场地地震效应、对不良地质现象的评价。

（3）结论与建议

有无不良地质现象，是否适宜建筑，各地层承载力标准值取值，地下水类型和稳定水位标高，抗震设防烈度等级。

二、建设条件

建设条件包括了区域环境条件和周围环境条件，前者是指场地在区域中的地理位置和环境生态状况与环境公害的防治，后者包括下列内容：

1. 周围道路交通条件

场地是否与城市道路相邻或相接，周围的城市道路性质、等级和走向情况，人流、车流的流量和流向。

2. 相邻场地的建设状况

基地相邻场地的土地使用状况、布局模式、基本形态以及场地各要素的具体处理形式，是基地周围建设条件调研的第二个重要组成部分。场地要与城市形成良好的协调关系，必须做到与周围环境的和谐统一。

3. 基地附近所具有的一些城市特殊元素

场地周围已存在一些比较特殊的城市元素，比如城市公园、公共绿地、城市广场或其他类型的自然或人文景观等，对场地设计会有一些特定的影响。

4. 现状建筑物

现状建筑物的用途、质量、层数、结构形式和建造时间。

5. 公共服务设施与基础设施

场地设施主要有公共服务设施和基础设施两大类。前者包括商业与餐饮服务、文教、金融办公等，后者是指基地内现有的道路、广场、桥涵和给水、排水、供暖、供电、电信和燃气等管线工程。

6. 现状绿化与植被

基地中的现存植物是一种有利的资源，应尽可能地加以利用，特别是对场地中的古树和名木，更应如此。古树是指树龄在 100 年以上的树木，名木是指国内稀有的以及具有历史价值、纪念意义或重要科研价值的树木。

7. 文物古迹

场地内如有具重大历史价值的文物存在，应注意保护。

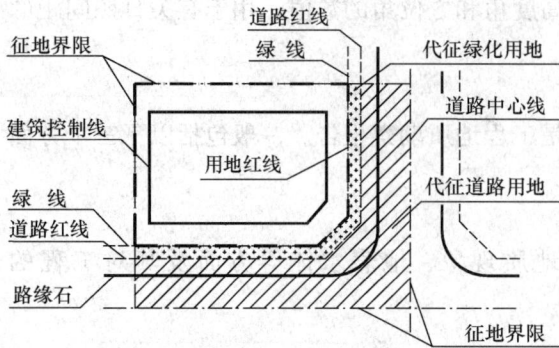

图1-4 征地范围和建设用地范围

图中标注：道路红线、绿线、代征绿化用地、道路中心线、代征道路用地、征地界限、征地界限、建筑控制线、用地红线、绿线、道路红线、路缘石

三、城市规划设计条件

城市规划设计条件由当地的规划管理部门根据城市规划确定，是场地设计的前提，必须遵守。在设计时应了解清楚，掌握以下这些规定。

1. 用地红线

征地界线是由城市规划管理部门划定的供土地使用者征用的边界线，其围合的面积是征地范围（图1-4）。征地界线内包括城市公共设施，如代征城市道路、公共绿地等。征地界线是土地使用者征用土地，向国家缴纳土地使用费的依据。

用地红线是指各类建筑工程项目用地的使用权属范围的边界线，其围合的面积是用地范围（图1-4）。如果征地范围内无城市公共设施用地，征地范围即为用地范围；征地范围内如有城市公共设施用地，如城市道路用地（图1-4中斜线表示范围）或城市绿化用地（图1-4中小点表示范围），则扣除城市公共设施用地后的范围就是用地范围。

2. 道路红线

道路红线是城市道路(含居住区级道路)用地的规划控制边界线，一般由城市规划行政主管部门在用地条件图中标明。道路红线总是成对出现，两条红线之间的线性用地为城市道路用地，由城市市政和道路交通部门统一建设管理。

3. 建筑控制线

建筑控制线(也称建筑红线、建筑线)，是有关法规或详细规划确定的建筑物、构筑物的基底位置不得超出的界线，是基地中允许建造建筑物的基线。实际上，一般建筑控制线都会从道路红线后退一定距离，用来安排台阶、建筑基础、道路、停车场、广场、绿化及地下管线和临时性建筑物、构筑物等设施。当基地与其他场地毗邻时，建筑控制线可根据功能、防火、日照间距等要求，确定是否后退用地红线。

4. 城市绿线

在《城市绿线划定技术规范》GB/T 51163—2016中，城市绿线是城市规划确定的，各类绿地范围的控制界线。城市绿线应分为现状绿线、规划绿线和生态控制线。绿线应为闭合线，现状绿线应为实线，规划绿线应为虚线，生态控制线应为点画线。

5. 蓝线

蓝线是指城市规划管理部门按城市总体规划确定的长期保留的河道规划线。为保证河网、水利规划实施和城市河道防洪墙安全以及防洪抢险运输要求，沿河道新建建筑物应按规定退让河道规划蓝线。

6. 城市紫线

城市紫线是指国家历史文化名城内的历史文化街区和省、自治区、直辖市人民政府公布的历史文化街区的保护范围线，以及历史文化街区外经县级以上人民政府公布保护的历史建筑的保护范围界线。

7. 城市黄线

城市黄线是指对城市发展全局有影响的、城市规划中确定的、必须控制的城市基础设施用地的控制界线。

8. 交通控制

交通控制包括以下三方面：

（1）基地交通出入口方位

给定机动车出入口的方位、禁止机动车开口地段和主要人流出入口方位。

（2）停车泊位数

场地内应配置的机动车停车车位数，包括室外停车场、室内停车库。另外，还包括场地内应配置的自行车车位数。

（3）道路

地块内各级支路的位置、红线宽度、断面形式、控制点坐标和标高等。

9. 建筑高度

（1）建筑高度控制

在《民用建筑设计统一标准》GB 50352—2019 中建筑高度控制的计算应符合下列规定：

1）控制区内建筑高度：应以绝对海拔高度控制建筑物室外地面至建筑物和构筑物最高点的高度。

2）非控制区内建筑高度：平屋顶建筑高度应按建筑物主入口场地室外设计地面至建筑女儿墙顶点的高度计算，无女儿墙的建筑物应计算至其屋面檐口；坡屋顶建筑高度应按建筑物室外地面至屋檐和屋脊的平均高度计算；当同一座建筑物有多种屋面形式时，建筑高度应按上述方法分别计算后取其中最大值；突出物不计入建筑高度内的部分详见第二节的规范摘录。

（2）建筑层数

建筑层数是指建筑物地面以上主体部分的层数。

（3）住宅平均层数

即场地内所有住宅的平均层数。

10. 容积率

容积率是指场地内地面以上的总建筑面积与场地总用地面积的比值，是一个无量纲的数值。

$$容积率 = \frac{总建筑面积(m^2)}{场地总用地面积(m^2)} \tag{1-2}$$

11. 建筑密度

建筑密度是指场地内所有建筑物的基底总面积占场地总用地面积的比例（%）。即：

$$建筑密度 = \frac{建筑基底总面积(m^2)}{场地总用地面积(m^2)} \times 100\% \tag{1-3}$$

式中，建筑基底总面积按建筑的底层总建筑面积计算。

12. 绿地率

是指一定地区内，各绿地总面积占该地区总面积的比例（%）。

$$绿地率 = \frac{绿化用地总面积(m^2)}{场地总用地面积(m^2)} \times 100\% \qquad (1-4)$$

场地内的绿地包括公共绿地、专用绿地、防护绿地、宅旁绿地、道路红线内的绿地及其他用以绿化的用地等，但不包括屋顶、晒台的人工绿地。

公共绿地面积的计算起止界线一般为：绿地边界距房屋墙脚 1.5m；临城市道路时算到道路红线；临场地内道路时，有控制线的算到控制线；道路外侧有人行道的算到人行道外线，否则算到道路路缘石外 1.0m 处；临围墙、院墙时算到墙脚。

13. 建筑形态

建筑形态控制主要针对文物保护地段、城市重点区段、风貌街区及特色街道附近的场地，有不同的限制要求。

第二节 规 范 规 定

一、道路红线对场地建筑的限制

《民用建筑设计统一标准》GB 50352—2019 规定：

4.3.1 除骑楼、建筑连接体、地铁相关设施及连接城市的管线、管沟、管廊等市政公共设施以外，建筑物及其附属的下列设施不应突出道路红线或用地红线建造：☆

1 地下设施，应包括支护桩、地下连续墙、地下室底板及其基础、化粪池、各类水池、处理池、沉淀池等构筑物及其他附属设施等；

2 地上设施，应包括门廊、连廊、阳台、室外楼梯、凸窗、空调机位、雨篷、挑檐、装饰构架、固定遮阳板、台阶、坡道、花池、围墙、平台、散水明沟、地下室进风及排风口、地下室出入口、集水井、采光井、烟囱等。

4.3.2 经当地规划行政主管部门批准，既有建筑改造工程必须突出道路红线的建筑突出物应符合下列规定：

1 在人行道上空

1）2.5m 以下，不应突出凸窗、窗扇、窗罩等建筑构件；2.5m 及以上突出凸窗、窗扇、窗罩时，其深度不应大于 0.6m。

2）2.5m 以下，不应突出活动遮阳；2.5m 及以上突出活动遮阳时，其宽度不应大于人行道宽度减 1.0m，并不应大于 3.0m。

3）3.0m 以下，不应突出雨篷、挑檐；3.0m 及以上突出雨篷、挑檐时，其突出的深度不应大于 2.0m。

4）3.0m 以下，不应突出空调机位；3.0m 及以上突出空调机位时，其突出的深度不应大于 0.6m。

2 在无人行道的路面上空，4.0m 以下不应突出凸窗、窗扇、窗罩、空调机位等建筑构件；4.0m 及以上突出凸窗、窗扇、窗罩、空调机位时，其突出深度不应大于 0.6m。

3 任何建筑突出物与建筑本身均应结合牢固。

4 建筑物和建筑突出物均不得向道路上空直接排泄雨水、空调冷凝水等。

☆ 书中出现下划线的部分为规范强制性条文。

4.3.3 除地下室、窗井、建筑入口的台阶、坡道、雨篷等以外，建（构）筑物的主体不得突出建筑控制线建造。

4.3.4 治安岗、公交候车亭，地铁、地下隧道、过街天桥等相关设施，以及临时性建（构）筑物等，当确有需要，且不影响交通及消防安全，应经当地规划行政主管部门批准，可突入道路红线建造。

4.3.5 骑楼、建筑连接体和沿道路红线的悬挑建筑的建造，不应影响交通、环保及消防安全。在有顶盖的城市公共空间内，不应设置直接排气的空调机、排气扇等设施或排出有害气体的其他通风系统。

二、场地中建筑物的布置与相邻场地的关系

《民用建筑设计统一标准》GB 50352—2019 规定：

4.2.3 建筑物与相邻建筑基地及其建筑物的关系应符合下列规定：

1 建筑基地内建筑物的布局应符合控制性详细规划对建筑控制线的规定；

2 建筑物与相邻建筑基地之间应按建筑防火等国家现行相关标准留出空地或道路；

3 当相邻基地的建筑物毗邻建造时，应符合现行国家标准《建筑设计防火规范》GB 50016 的有关规定；

4 新建建筑物或构筑物应满足周边建筑物的日照标准；

5 紧贴建筑基地边界建造的建筑物不得向相邻建筑基地方向开设洞口、门、废气排出口及雨水排泄口。

三、建筑高度

《民用建筑设计统一标准》GB 50352——2019 规定：

4.5.1 建筑高度不应危害公共空间安全和公共卫生，且不宜影响景观，下列地区应实行建筑高度控制，并应符合下列规定：

1 对建筑高度有特别要求的地区，建筑高度应符合所在地城乡规划的有关规定；

2 沿城市道路的建筑物，应根据道路红线的宽度及街道空间尺度控制建筑裙楼和主体的高度；

3 当建筑位于机场、电台、电信、微波通信、气象台、卫星地面站、军事要塞工程等设施的技术作业控制区内及机场航线控制范围内时，应按净空要求控制建筑高度及施工设备高度；

4 建筑处在历史文化名城名镇名村、历史文化街区、文物保护单位、历史建筑和风景名胜区、自然保护区的各项建设，应按规划控制建筑高度。

注：建筑高度控制尚应符合所在地城市规划行政主管部门和有关专业部门的规定。

4.5.2 建筑高度的计算应符合下列规定：

1 本标准第 4.5.1 条第 3 款、第 4 款控制区内建筑，建筑高度应以绝对海拔高度控制建筑物室外地面至建筑物和构筑物最高点的高度。

2 非本标准第 4.5.1 条第 3 款、第 4 款控制区内建筑，平屋顶建筑高度应按建筑物主入口场地室外设计地面至建筑女儿墙顶点的高度计算，无女儿墙的建筑物应计算至其屋面檐口；坡屋顶建筑高度应按建筑物室外地面至屋檐和屋脊的平均高度计算；当同一座建筑物有多种屋面形式时，建筑高度应按上述方法分别计算后取其中最大值；下列突出物不计入建筑高度内：

1）局部突出屋面的楼梯间、电梯机房、水箱间等辅助用房占屋顶平面面积不超过1/4者；

2）突出屋面的通风道、烟囱、装饰构件、花架、通信设施等；

3）空调冷却塔等设备。

四、日照标准

日照标准即建筑物的最低日照要求，与建筑物的性质和使用对象有关。我国采用的日照标准日是冬至日或大寒日。在日照标准日，要保证建筑物的日照量，即日照质量和日照时间。日照质量是每小时室内地面和墙面阳光投射面积累计的大小及阳光中紫外线的作用。

A.《民用建筑设计统一标准》GB 50352—2019 规定：

5.1.2 建筑间距应符合下列规定：

1 建筑间距应符合现行国家标准《建筑设计防火规范》GB 50016 的规定及当地城市规划要求；

2 建筑间距应符合本标准第 7.1 节建筑用房天然采光的规定，有日照要求的建筑和场地应符合国家相关日照标准的规定。

7.1.2 居住建筑的卧室和起居室（厅），医疗建筑的一般病房的采光不应低于采光等级Ⅳ级的采光系数标准值，教育建筑的普通教室的采光不应低于采光等级Ⅲ级的采光系数标准值，且应进行采光计算。采光应符合下列规定：

1 每套住宅至少应有一个居住空间满足采光系数标准要求，当一套住宅中居住空间总数超过 4 个时，其中应有 2 个及以上满足采光系数标准要求；

2 老年人居住建筑和幼儿园的主要功能房间应有不小于 75% 的面积满足采光系数标准要求。

B.《城市居住区规划设计标准》GB 50180—2018 规定：

4.0.9 住宅建筑的间距应符合表 4.0.9 的规定；对特定情况还应符合下列规定：

1 老年人居住建筑日照标准不应低于冬至日日照时数 2h；

2 在原设计建筑外增加任何设施不应使相邻住宅原有日照标准降低，既有住宅建筑进行无障碍改造加装电梯除外；

3 旧区改建项目内新建住宅建筑日照标准不应低于大寒日日照时数 1h。

住宅建筑日照标准 表 4.0.9

建筑气候区划	Ⅰ、Ⅱ、Ⅲ、Ⅶ气候区			Ⅳ气候区		Ⅴ、Ⅵ气候区
城区常住人口（万人）	≥50	<50	≥50	<50		无限定
日照标准日	大寒日			冬至日		
日照时数（h）	≥2	≥3		≥1		
有效日照时间带（当地真太阳时）	8 时～16 时			9 时～15 时		
计算起点	底层窗台面					

注：底层窗台面是指距室内地坪 0.9m 高的外墙位置。

五、防火间距

1. 民用建筑的防火间距

《建筑设计防火规范》GB 50016—2014 局部修订条文（2018 年版）规定：

2.1.1　高层建筑　high-rise building

建筑高度大于 27m 的住宅建筑和建筑高度大于 24m 的非单层厂房、仓库和其他民用建筑。

注：建筑高度的计算应符合本规范附录 A 的规定。

2.1.2　裙房　podium

在高层建筑主体投影范围外，与建筑主体相连且建筑高度不大于 24m 的附属建筑。

3.4　厂房的防火间距

3.4.1　除本规范另有规定外，厂房之间及与乙、丙、丁、戊类仓库、民用建筑等的防火间距不应小于表 3.4.1 的规定，与甲类仓库的防火间距应符合本规范第 3.5.1 条的规定。

厂房之间及与乙、丙、丁、戊类仓库、民用建筑等的防火间距（m）　　表 3.4.1

名称			甲类厂房	乙类厂房（仓库）			丙、丁、戊类厂房（仓库）				民用建筑				
			单、多层	单、多层		高层	单、多层			高层	裙房，单、多层			高层	
			一、二级	一、二级	三级	一、二级	一、二级	三级	四级	一、二级	一、二级	三级	四级	一类	二类
甲类厂房	单、多层	二级	12	12	14	13	12	14	16	13					
乙类厂房	单、多层	二级	12	10	12	13	10	12	14	13	25			50	
	单、多层	三级	14	12	14	15	12	14	16	15					
	高层	二级	13	13	15	13	13	15	17	13					
丙类厂房	单、多层	二级	12	10	12	13	10	12	14	13	10	12	14	20	15
	单、多层	三级	14	12	14	15	12	14	16	15	12	14	16	25	20
	单、多层	四级	16	14	16	17	14	16	18	17	14	16	18		
	高层	二级	13	13	15	13	13	15	17	13	13	15	17	20	15
丁、戊类厂房	单、多层	二级	12	10	12	13	10	12	14	13	10	12	14	15	13
	单、多层	三级	14	12	14	15	12	14	16	15	12	14	16	18	15
	单、多层	四级	16	14	16	17	14	16	18	17	14	16	18		
	高层	二级	13	13	15	13	13	15	17	13	13	15	17	15	13

名称			甲类厂房	乙类厂房（仓库）			丙、丁、戊类厂房（仓库）				民用建筑				
			单、多层	单、多层		高层	单、多层			高层	裙房，单、多层			高层	
			一、二级	一、二级	三级	一、二级	一、二级	三级	四级	一、二级	一、二级	三级	四级	一类	二类
室外变、配电站	变压器总油量（t）	≥5,≤10					12	15	20	12	15	20	25	20	
		>10,≤50	25	25	25	25	15	20	25	15	20	25	30	25	
		>50					20	25	30	20	25	30	35	30	

注：1. 乙类厂房与重要公共建筑的防火间距不宜小于50m；与明火或散发火花地点，不宜小于30m。单、多层戊类厂房之间及与戊类仓库的防火间距可按本表的规定减少2m，与民用建筑的防火间距可将戊类厂房等同民用建筑按本规范第5.2.2的规范执行。为丙、丁、戊类厂房服务而单独设置的生活用房应按民用建筑确定，与所属厂房的防火间距不应小于6m。确需相邻布置时，应符合本表注2、3的规定。

2. 两座厂房相邻较高一面外墙为防火墙，或相邻两座高度相同的一、二级耐火等级建筑中相邻任一侧为防火墙且屋顶的耐火极限不低于1.00h时，其防火间距不限，但甲类厂房之间不应小于4m，两座丙、丁、戊类厂房相邻两面外墙均为不燃性墙体，当无外露的可燃性屋檐，每面外墙上的门、窗、洞口面积之和各不大于外墙面积的5%，且门、窗、洞口不正对开设时，其防火间距可按本表的规定减少25%，甲、乙类厂房（仓库）不应与本规范第3.3.5条规定外的其他建筑贴邻。

3. 两座一、二级耐火等级的厂房，当相邻较低一面外墙为防火墙且较低一座厂房的屋顶无天窗，屋顶的耐火极限不低于1.00h，或邻较高一面外墙的门、窗等开口部位设置甲级防火门、窗或防火分隔水幕或按本规范第6.5.3条的规定设置防火卷帘时，甲、乙类厂房之间的防火间距不应小于6m；丙、丁、戊类厂房之间的防火间距不应小于4m。

4. 发电厂内的主要变压器，其油量可按单台确定。

5. 耐火等级低于四级的既有厂房，其耐火等级可按四级确定。

6. 当丙、丁、戊类厂房与丙、丁、戊类仓库相邻时，应符合本表注2、3的规定。

3.4.2 甲类厂房与重要公共建筑的防火间距不应小于50m，与明火或散发火花地点的防火间距不应小于30m。

5.1.1 民用建筑根据其高度和层数可分为单、多层民用建筑和高层民用建筑。高层民用建筑根据其建筑高度、使用功能和楼层的建筑面积可分为一类和二类。民用建筑的分类应符合表5.1.1的规定。

民用建筑的分类　　　　　　　　　　　表5.1.1

名称	高层民用建筑		单、多层民用建筑
	一类	二类	
住宅建筑	建筑高度大于54m的住宅建筑（包括设置商业服务网点的住宅建筑）	建筑高度大于27m，但不大于54m的住宅建筑（包括设置商业服务网点的住宅建筑）	建筑高度不大于27m的住宅建筑（包括设置商业服务网点的住宅建筑）

名称	高层民用建筑		单、多层民用建筑
	一类	二类	
公共建筑	1. 建筑高度大于50m的公共建筑； 2. 建筑高度24m以上部分任一楼层建筑面积大于1000m²的商店、展览、电信、邮政、财贸金融建筑和其他多种功能组合的建筑； 3. 医疗建筑、重要公共建筑； 4. 省级及以上的广播电视和防灾指挥调度建筑、网局级和省级电力调度建筑； 5. 藏书超过100万册的图书馆、书库	除一类高层公共建筑外的其他高层公共建筑	1. 建筑高度大于24m的单层公共建筑； 2. 建筑高度不大于24m的其他公共建筑

注：1. 表中未列入的建筑，其类别应根据本表类比确定。

2. 除本规范另有规定外，宿舍、公寓等非住宅类居住建筑的防火要求，应符合本规范有关公共建筑的规定。

3. 除本规范另有规定外，裙房的防火要求应符合本规范的有关高层民用建筑的规定。

5.1.3 民用建筑的耐火等级应根据其建筑高度、使用功能、重要性和火灾扑救难度等确定并应符合下列规定：

1 地下或半地下建筑（室）和一类高层建筑的耐火等级不应低于一级；

2 单、多层重要公共建筑和二类高层建筑的耐火等级不应低于二级。

5.2.2 民用建筑之间的防火间距不应小于表5.2.2的规定［图1-5］（一）、（二），与其他建筑的防火间距，除应符合本节规定外，尚应符合本规范其他章的有关规定。

民用建筑之间的防火间距（m） 表5.2.2

建筑类别		高层民用建筑	裙房和其他民用建筑		
		一、二级	一、二级	三级	四级
高层民用建筑	一、二级	13	9	11	14
裙房和其他民用建筑	一、二级	9	6	7	9
	三级	11	7	8	10
	四级	14	9	10	12

注：1. 相邻两座单、多层建筑，当相邻外墙为不燃性墙体且无外露的可燃性屋檐，每面外墙上无防火保护的门、窗、洞口不正对开设且设该门、窗、洞口的面积之和不大于外墙面积的5%时，其防火间距可按本表的规定减少25%。

2. 两座建筑相邻较高一面外墙为防火墙，或高出相邻较低一座一、二级耐火等级建筑的屋面15m及以下范围的外墙为防火墙时，其防火间距不限。

3. 相邻两座高度相同的一、二级耐火等级建筑中相邻任一侧外墙为防火墙，屋顶的耐火极限不低于1.00h时，其防火间距不限。

4. 相邻两座建筑中较低一座建筑的耐火等级不低于二级，相邻较低一面外墙为防火墙且屋顶无天窗，屋顶的耐火极限不低于1.00h时，其防火间距不应小于3.5m；对于高层建筑，不应小于4m。

5. 相邻两座建筑中较低一座建筑的耐火等级不低于二级且屋顶无天窗，相邻较高一面外墙高出较低一座建筑的屋面15m及以下范围内的开口部位设置甲级防火门、窗，或设置符合现行国家标准《自动喷水灭火系统设计规范》GB 50084规定的防火分隔水幕或本规范第6.5.3条规定的防火卷帘时，其防火间距不应小于3.5m；对于高层建筑，不应小于4m。

6. 相邻建筑通过连廊、天桥或底部的建筑物等连接时，其间距不应小于本表的规定。

7. 耐火等级低于四级的既有建筑，其耐火等级可按四级确定。

2. 车库的防火间距

A. 《车库建筑设计规范》JGJ 100—2015 规定：

1.0.4 机动车车库建筑规模应按停车当量数划分为特大型、大型、中型、小型，非机动车库应按停车当量数划分为大型、中型、小型。车库建筑规模及停车当量数应符合表1.0.4 的规定。

车库建筑规模及停车当量数 表 1.0.4

当量数 / 规模 类型	特大型	大型	中型	小型
机动车库停车当量数	>1000	301~1000	51~300	≤50
非机动车库停车当量数	—	>500	251~500	≤250

B. 《汽车库、修车库、停车场设计防火规范》GB 50067—2014 规定：

3.0.3 汽车库和修车库的耐火等级应符合下列规定：

1 地下、半地下和高层汽车库应为一级；

2 甲、乙类物品运输车的汽车库、修车库和Ⅰ类的汽车库、修车库，应为一级；

3 Ⅱ、Ⅲ类的汽车库、修车库的耐火等级不应低于二级；

4 Ⅳ类的汽车库、修车库的耐火等级不应低于三级。

4.2 防火间距

4.2.1 除本规范另有规定者外，汽车库、修车库、停车场之间及汽车库、修车库、停车场与除甲类物品仓库外的其他建筑物的防火间距，不应小于表4.2.1 的规定。其中，高层汽车库与其他建筑物，汽车库、修车库与高层建筑的防火间距应按表4.2.1 的规定值增加3m；汽车库、修车库与甲类厂房的防火间距应按表4.2.1 的规定值增加2m［图1-5（三）］。

汽车库、修车库、停车场之间及汽车库、修车库、停车场
与除甲类物品仓库外的其他建筑物之间的防火间距（m） 表 4.2.1

名称和耐火等级	汽车库、修车库		厂房、仓库、民用建筑		
	一、二级	三级	一、二级	三级	四级
一、二级汽车库、修车库	10	12	10	12	14
三级汽车库、修车库	12	14	12	14	16
停车场	6	8	6	8	10

注：1. 防火间距应按相邻建筑物外墙的最近距离算起，如外墙有凸出的可燃物构件时，则应从其凸出部分外缘算起，停车场从靠近建筑物的最近停车位置边缘算起。

2. 厂房、仓库的火灾危险性分类应符合现行国家标准《建筑设计防火规范》GB 50016 的有关规定。

4.2.10 停车场的汽车宜分组停放，每组的停车数量不宜大于50辆，组之间的防火间距不应小于6m。

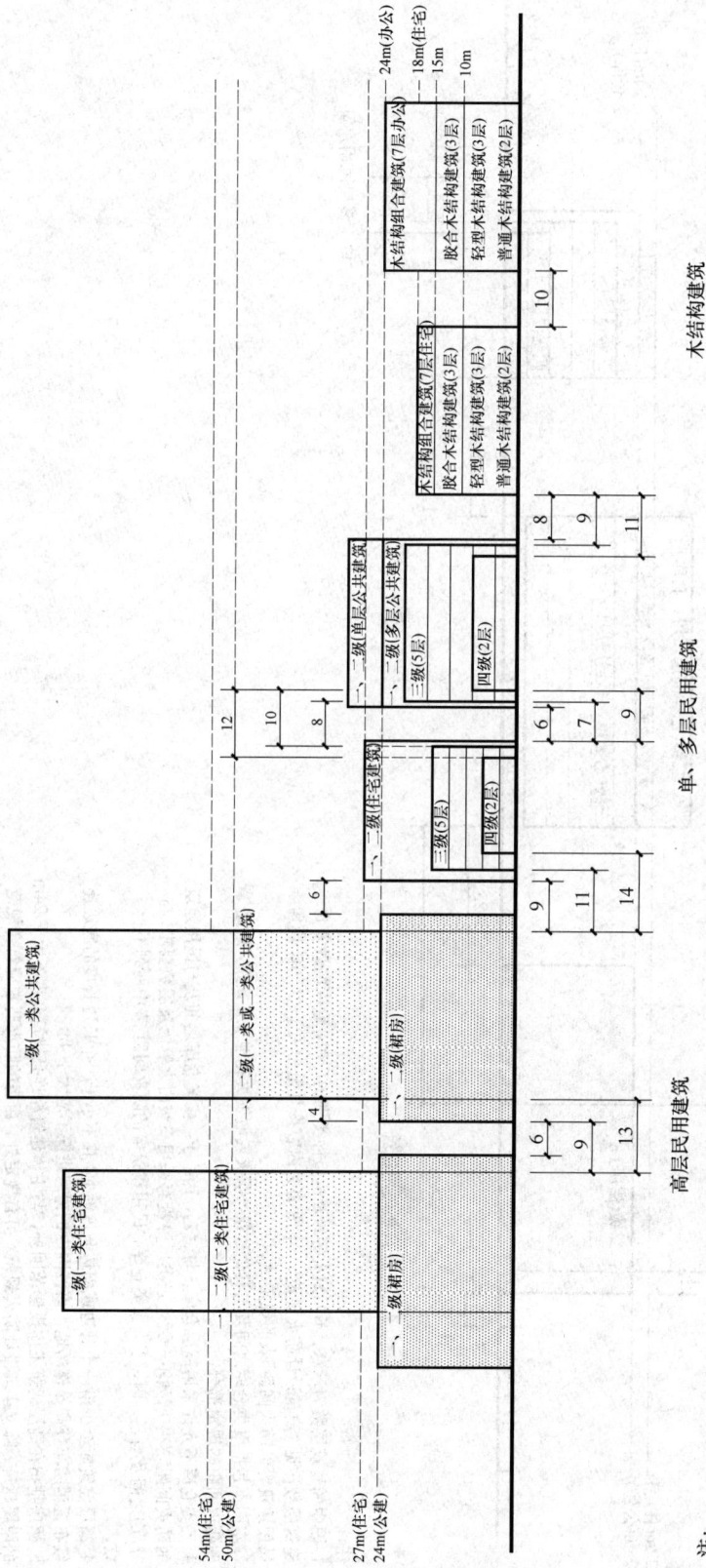

图 1-5　各类建筑间的防火间距示意图

（一）民用建筑、民用木结构建筑间的防火间距示意图

注：
1. 裙房与单、多层建筑间的防火间距，按《建筑设计防火规范》和《住宅设计防火规范》进行防火设计均可。四级耐火等级的住宅建筑允许建造3层，三级耐火等级的住宅建筑为4层建造9层，但其构件的燃烧性能及耐火极限比《建筑设计防火规范》有所提高。
2. 三、四级耐火等级的住宅的《建筑设计防火规范》和《住宅设计防火规范》进行防火设计均可。四级耐火等级的住宅建筑允许建造3层，三级耐火等级的住宅建筑为4层，不限高度。
3. 当胶合木结构建筑为1层时，不限高度。

15

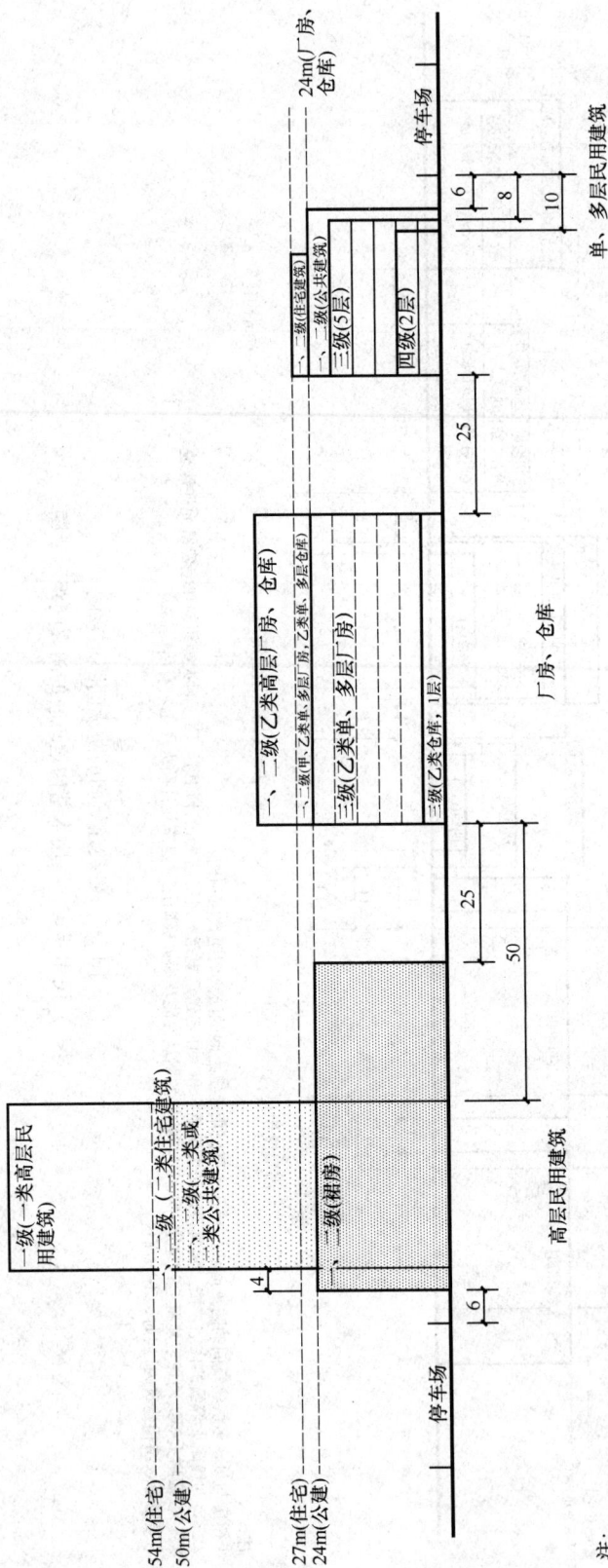

图 1-5　各类建筑间的防火间距示意图

（二）民用建筑、厂房、仓库、停车场间的防火间距示意图

注：
1. 图中的建筑层数为示意，不同耐火等级及危险性类别的厂房、仓库的最多允许建筑层数详见《建筑设计防火规范》。本图有关内容按规范中关于"厂房、库房、民用建筑等"表的规定绘制。
2. 本图不包括甲类厂房、明火或散发火花地点、铁路、道路等的防火间距的规定部分。
3. 乙类仓库不允许采用高层。与"乙、丙、丁、戊"厂房设有采用三级耐火等级的防火间距。乙类仓库之间及与民用建筑及层数要求，与"厂房之间及与乙、丙、丁、戊类仓库、民用建筑等的防火间距"表中所列不一致。
4. 高层建筑应至少沿一个长边或周边长度的1/4且不小于一个长边的底边连续布置消防车登高操作场地，该范围内的裙房进深不应大于4m。
5. 裙房是指在高层建筑主体投影范围外，与主体建筑相连且建筑高度不大于24m的附属建筑。除《建筑设计防火规范》另有规定外，裙房的防火要求应符合规范有关高层民用建筑的规定。宿舍、公寓等非住宅类居住建筑的防火要求，应符合规范有关公共建筑的规定。

16

图1-5 各类建筑间的防火间距示意图

（三）民用建筑、汽车库、修车库、停车场间的防火间距示意图

54m（住宅）
50m（公建）

27m（住宅）
24m（公建）

24m（车库）

一类高层民用建筑
二级（二类住宅建筑）
二级（一类建筑）
一、二类公共建筑

二级（住宅建筑包含裙房）
二级（公共建筑 5层）
三级（住宅建筑）
四级（2层）

一级（高层）
一级（Ⅰ类）
二级（Ⅱ·Ⅲ类）
三级（Ⅳ类）

一级（Ⅰ类）
二级（Ⅱ·Ⅲ类）
三级（Ⅳ类）

停车场

高层民用建筑
裙房及单、多层民用建筑

高层及多层汽车库、修车库、候车库

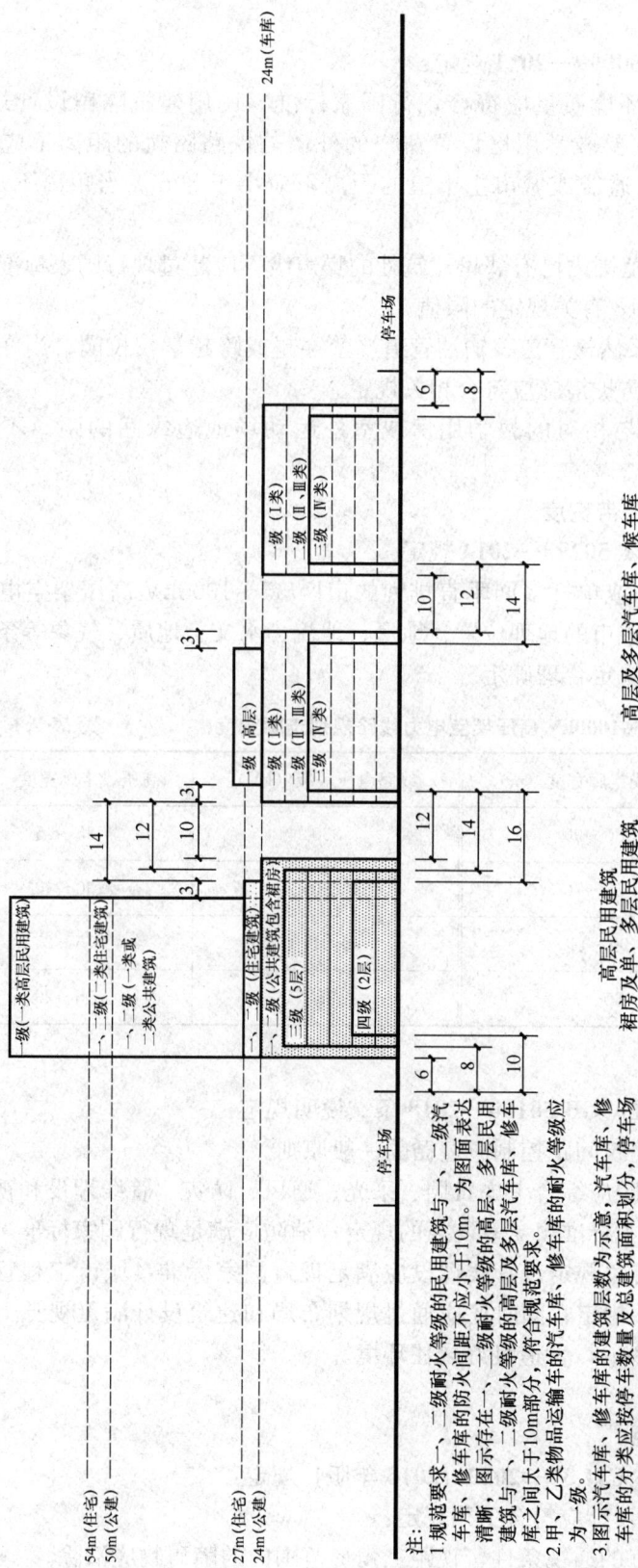

注:
1. 规范要求一、二级耐火等级的民用建筑与一、二级汽车库、修车库间距不应小于10m。为图面表达清晰，图示存在一、二级耐火等级的高层及多层民用建筑与一、二级耐火等级的高层及多层汽车库、修车库之间距离大于10m部分，符合规范要求。
2. 甲、乙类物品运输车的汽车库、修车库的耐火等级应为一级。
3. 图示汽车库、修车库的建筑层数按停车数量及建筑面积及总建筑面积划分，停车场按停车数量划分。
4. 高层汽车库是指建筑高度大于24m的汽车库。高层汽车库与其他建筑物，汽车库、修车库与高层建筑的防火间距应按规范中表4.2.1的规定增加3m。
5. 多层汽车库或是指建筑高度小于或等于24m的两层以上的汽车库或设在多层建筑内地面层以上楼层的汽车库。

六、防噪标准

《中小学校设计规范》GB 50099—2011 规定：

4.1.6 学校教学区的声环境质量应符合现行国家标准《民用建筑隔声设计规范》GB 50118 的有关规定。学校主要教学用房设置窗户的外墙与铁路路轨的距离不应小于 300m，与高速路、地上轨道交通线或城市主干道的距离不应小于 80m。当距离不足时，应采取有效的隔声措施。

4.1.7 学校周界外 25m 范围内已有邻里建筑处的噪声级不应超过现行国家标准《民用建筑隔声设计规范》GB 50118 有关规定的限值。

4.1.8 高压电线、长输天然气管道、输油管道严禁穿越或跨越学校校园；当在学校周边敷设时，安全防护距离及防护措施应符合相关规定。

4.3.7 各类教室的外窗与相对的教学用房或室外运动场地边缘间的距离不应小于 25m。

七、城市高压走廊安全隔离带宽度

《城市电力规划规范》GB/T 50293—2014 规定：

7.6.3 单杆单回水平排列或单杆多回垂直排列的市区 35～1000kV 高压架空电力线路规划走廊宽度，宜根据所在城市的地理位置、地形、地貌、水文、地质、气象等条件及当地用地条件，按表 7.6.3 的规定合理确定。

市区 35～1000kV 高压架空电力线路规划走廊宽度 表 7.6.3

线路电压等级（kV）	高压线走廊宽度（m）	线路电压等级（kV）	高压线走廊宽度（m）
直流±800	80～90	330	35～45
直流±500	55～70	220	30～40
1000（750）	90～110	66，110	15～25
500	60～75	35	15～20

八、视觉卫生

《城市居住区规划设计标准》GB 50180—2018 条文说明规定：

4.0.8 本条明确了住宅建筑间距控制应遵循的一般原则。

本标准明确了住宅建筑间距应综合考虑日照、采光、通风、防灾、管线埋设和视觉卫生等要求。其中，日照应满足本标准第 4.0.9 条的规定；消防应满足现行国家标准《建筑设计防火规范》GB 50016 的有关规定；管线埋设应满足现行国家标准《城市工程管线综合规划规范》GB 50289 的有关规定；同时还应通过规划布局和建筑设计满足视觉卫生的需求（一般情况下不宜低于 18m），营造良好居住环境。

九、视距要求

（一）停车场出入口的视距

《城市道路工程设计规范》CJJ 37—2012（2016 年版）规定：

11.2.5 机动车停车场的设计应符合下列规定：

6 停车场出入口应有良好的通视条件，视距三角形范围内的障碍物应清除。

（二）汽车库出入口的视距

A.《车库建筑设计规范》JGJ 100—2015 规定：

3.1.6 车库基地出入口的设计应符合下列规定：

5 机动车库基地出入口应具有通视条件，与城市道路连接的出入口地面坡度不宜大于 5%；

条文说明规定：

基地出入口必须保证良好的通视条件，并在车辆出入口设置明显的减速或停车等交通安全标识，提醒驾驶员出入口的存在，以保证车辆出入时的安全。机动车经基地出入口汇入城市道路时，驾驶员必须保证良好的视线条件，通视要求参照行业标准《城市道路工程设计规范》CJJ 37—2012 第 11.2.9 条，不应有遮挡视线障碍物的范围，应控制在距离出入口边线以内 2m 处作视点的 120°范围内，如图 1-6 所示。设计应保证驾驶员在视点位置可以看到全部通视区范围内的车辆、行人情况。人行道的行道树不属于遮挡视线障碍物。

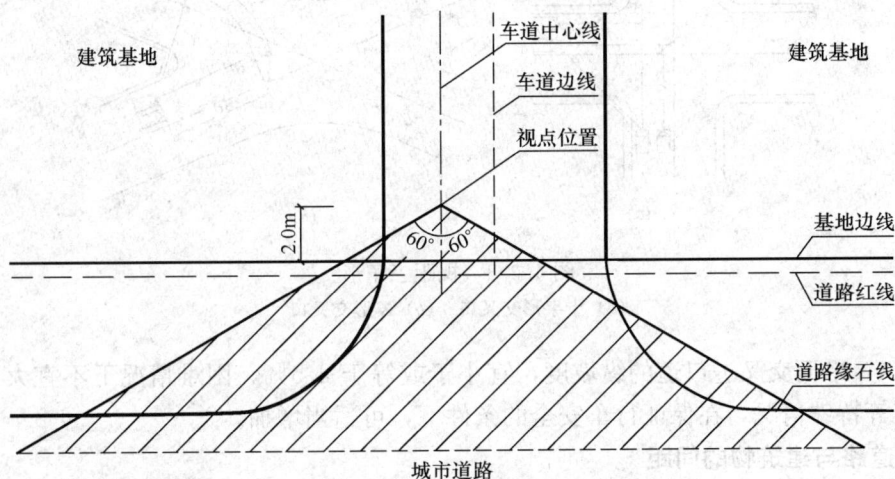

图 1-6　机动车基地出入口通视要求示意图

B.《民用建筑设计统一标准》GB 50352—2019 规定：

5.2.4 建筑基地内地下机动车车库出入口与连接道路间宜设置缓冲段，缓冲段应从车库出入口坡道起坡点算起，并应符合下列规定：

1 出入口缓冲段与基地内道路连接处的转弯半径不宜小于 5.5m；

2 当出入口与基地道路垂直时，缓冲段长度不应小于 5.5m；

3 当出入口与基地道路平行时，应设不小于 5.5m 长的缓冲段再汇入基地道路；

4 当出入口直接连接基地外接城市道路时，其缓冲段长度不宜小于 7.5m。

（三）道路交叉口的视距

《城市道路交叉口设计规程》CJJ 152—2010 规定：

4.3.2 平面交叉口转角处缘石宜为圆曲线或复曲线，其转弯半径应满足机动车和非机动车的行驶要求，可按表 4.3.2 选定。当平面交叉口为非机动车专用路交叉口时，路缘石转弯半径可取 5m～10m。

路缘石转弯半径				表 4.3.2
右转弯设计速度（km/h）	30	25	20	15
无非机动车道路缘石推荐半径（m）	25	20	15	10

注：有非机动车道时，推荐转弯半径可减去非机动车道及机非分隔带的宽度。

4.3.3 平面交叉口视距三角形范围内（图 4.3.3），不得有任何高出路面 1.2m 的妨碍驾驶员视线的障碍物。交叉口视距三角形要求的停车视距应符合表 4.3.3 的规定。

交叉口视距三角形要求的停车视距										表 4.3.3
交叉口直行车设计速度（km/h）	60	50	45	40	35	30	25	20	15	10
安全停车视距 S_s（m）	75	60	50	40	35	30	25	20	15	10

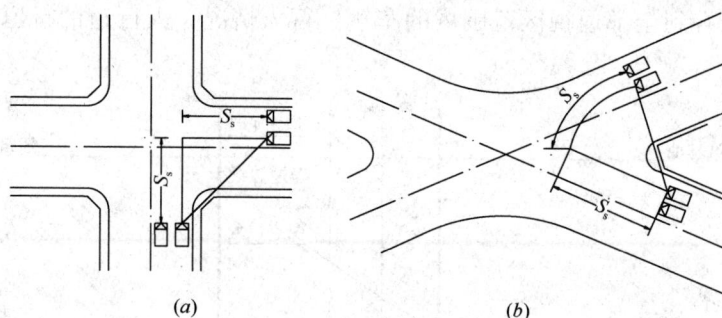

图 4.3.3 视距三角形
（a）十字形交叉口；（b）X 形交叉口

4.3.4 平面交叉进口道的纵坡度，宜小于或等于 2.5%，困难情况下不宜大于 3%。山区城市等特殊情况，在保证行车安全的条件下，可适当增加。

十、道路与建筑物的间距

A.《城市居住区规划设计标准》GB 50180—2018 规定：

第 6.0.5 条 居住区内道路边缘至建筑物、构筑物的最小距离，应符合表 6.0.5 规定；

居住区道路边缘至建筑物、构筑物最小距离（m）			表 6.0.5
与建、构筑物关系		城市道路	附属道路
建筑物面向道路	无出入口	3.0	2.0
	有出入口	5.0	2.5
建筑物山墙面向道路		2.0	1.5
围墙面向道路		1.5	1.5

B.《民用建筑设计统一标准》GB 50352—2019 规定：

5.2.3 基地道路与建筑物的关系应符合下列规定：

1 当道路用作消防车道时，其边缘与建（构）筑物的最小距离应符合现行国家标准《建筑设计防火规范》GB 50016 的相关规定；

2 基地内不宜设高架车行道路，当设置与建筑平行的高架车行道路时，应采取保护私密性的视距和防噪声的措施。

十一、挡土墙、护坡与建筑的最小间距

《城乡建设用地竖向规划规范》CJJ 83—2016 规定：

4.0.7 高度大于 2m 的挡土墙和护坡，其上缘与建筑物的水平净距不应小于 3m，下缘与建筑物的水平净距不应小于 2m；高度大于 3m 的挡土墙与建筑物的水平净距还应满足日照标准（图 4.0.7）要求。

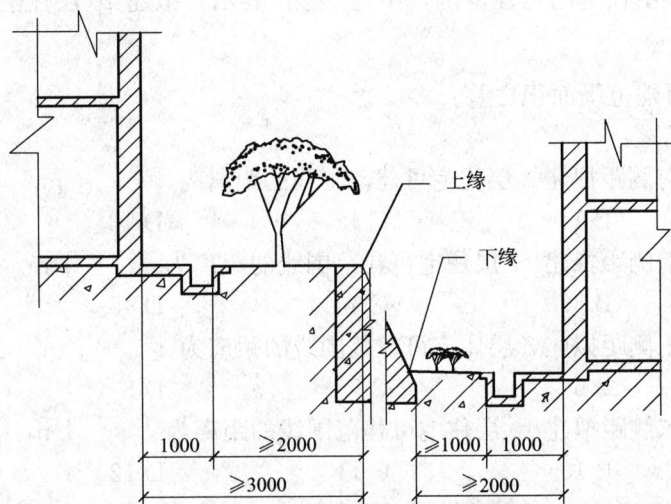

图 4.0.7 挡土墙与建筑间的最小间距示意图（单位：mm）

条文说明规定：

挡土墙和护坡上、下缘距建筑物水平净距 2m，已可满足布设建筑物散水、排水沟及边缘种植槽的宽度要求。但上、下缘有所不同的是：上缘与建筑物的水平净距还应包括挡土墙顶厚度，种植槽应可种植乔木，至少应有 1.2m 以上宽度，故应保证 3m。下缘种植槽仅考虑花草、小灌木和爬藤植物种植。严格控制 3m 以上挡土墙与建筑物的水平净距，除以上基本间距要求外，还应满足建筑日照标准控制要求，具体应依据当地日照标准规定执行。

第三节 历年试题及解答提示

【习题 1-1】（2005 年）

比例：见图 1-7。

单位：m。

设计条件：

在某用地内拟建 3 层（高 10m，耐火等级二级）和 10 层的住宅（高 30m），场地现状如图 1-7 所示。用地南侧为古城墙，其余三侧为城市道路。东南角有一座古亭（长×宽＝20m×20m，高 10m，耐火等级三级），西北角有一幢 9 层住宅（高 27m，长×宽＝24m×

12m，耐火等级二级）。

规划要求如下：

1. 新建建筑应后退用地红线 5m。

2. 当地日照间距系数为 1.2。

3. 拟建多层和高层住宅须分别距古城墙 30m 和 45m。

4. 拟建多层和高层住宅须分别距古亭 12m 和 20m。

任务要求：

1. 绘出拟建 3 层住宅的可建范围，用 ▨▨▨ 表示；拟建 10 层住宅的可建范围，用 ▨▨▨ 表示。

2. 求出二者可建范围面积之差。

3. 回答下列问题：

（1）9 层住宅南侧距拟建 3 层住宅可建范围线的距离为 〔　　〕m。
A 10　　　　　　B 11　　　　　　C 12　　　　　　D 13

（2）9 层住宅南侧距拟建 10 层住宅可建范围线的距离为 〔　　〕m。
A 30　　　　　　B 36　　　　　　C 40　　　　　　D 45

（3）9 层住宅东侧距拟建 3 层住宅可建范围线的距离为 〔　　〕m。
A 5　　　　　　　B 6　　　　　　　C 7　　　　　　　D 8

（4）9 层住宅东侧距拟建 10 层住宅可建范围线的距离为 〔　　〕m。
A 9　　　　　　　B 10　　　　　　C 11　　　　　　D 12

（5）拟建 3 层与 10 层住宅可建范围面积之差为 〔　　〕m²。
A 2565　　　　　B 3278　　　　　C 3689　　　　　D 4005

选择题参考答案：
（1）C　　　（2）B　　　（3）B　　　（4）A　　　（5）B

22

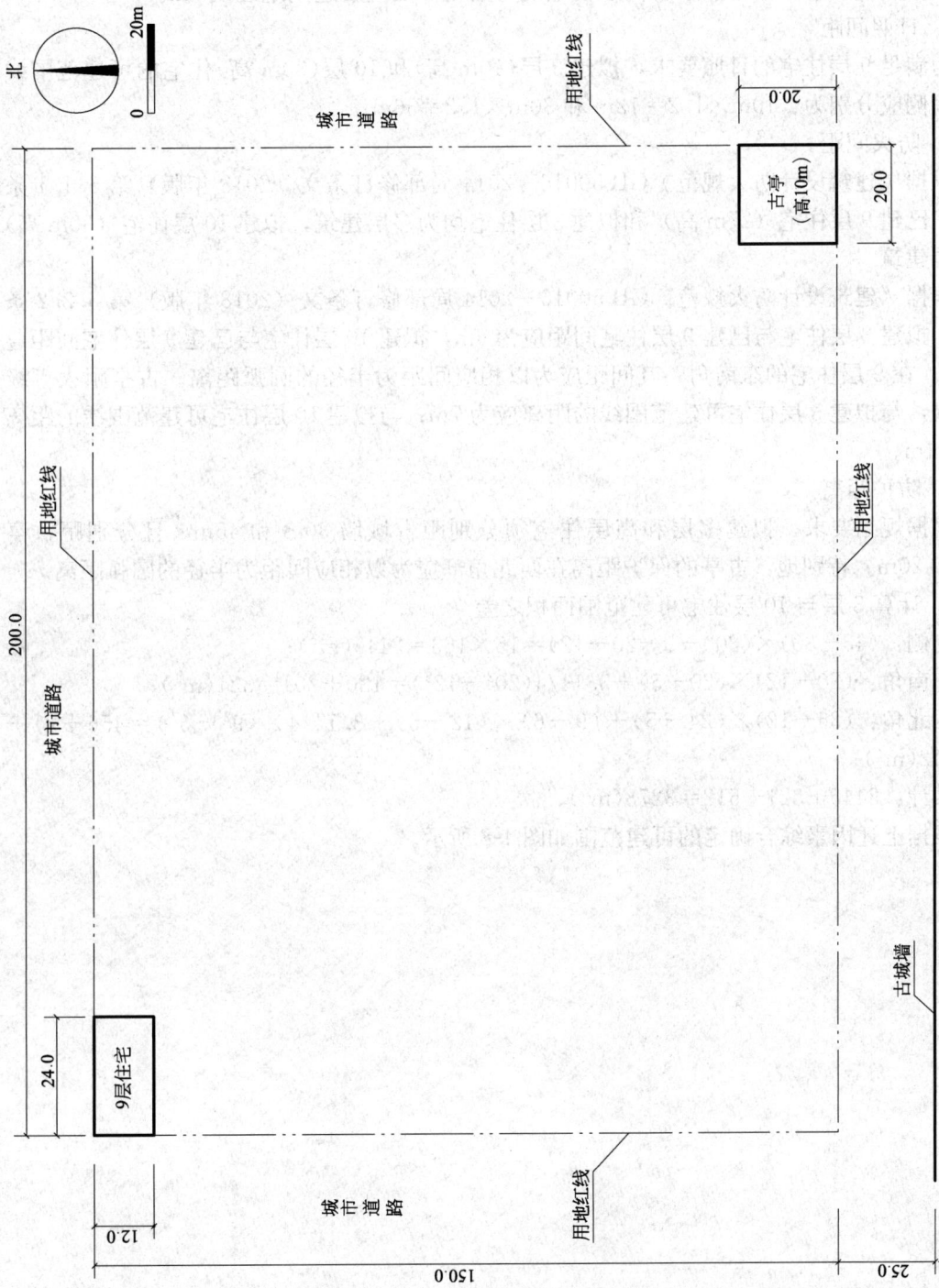

图 1-7

解答提示：

1. 建筑退界

根据规划要求，拟建多层和高层住宅的可建范围线应后退用地红线 5m。

2. 日照间距

为满足 9 层住宅的日照要求，拟建 3 层(10m 高)和 10 层(30m 高)住宅的可建范围线距其南侧应分别为：10m×1.2＝12m 和 30m×1.2＝36m。

3. 防火间距

根据《建筑设计防火规范》GB 50016—2014 局部修订条文（2018 年版）第 5.1.1 条规定，已建 9 层住宅（27m 高）和拟建 3 层住宅均为多层建筑，拟建 10 层住宅（30m 高）为高层建筑。

根据《建筑设计防火规范》GB 50016—2014 局部修订条文（2018 年版）第 5.2.2 条规定，拟建 3 层住宅与已建 9 层住宅间距应为 6m，拟建 10 层住宅与已建 9 层住宅间距应为 9m。在 9 层住宅的东南角，其间距应为以相应间距为半径的圆弧距离。古亭耐火等级为三级，与拟建 3 层住宅可建范围线的距离应为 7m；与拟建 10 层住宅可建范围线的距离应为 11m。

4. 防护距离

根据规划要求，拟建多层和高层住宅须分别距古城墙 30m 和 45m，且分别距古亭 12m 和 20m。特别地，古亭的保护距离在西北角部应为以相应间距为半径的圆弧距离。

5. 计算 3 层与 10 层住宅可建范围面积之差

南侧：$(45-30) \times (200-5-20-12) = 15 \times 163 = 2445 (m^2)$；

东南角：$(20-12) \times (20-5) + 3.14/4(20^2-12^2) = 120 + 201 = 321 (m^2)$；

西北角：$(36-12) \times (24-5) + (9-6) \times (12-5) + 3.14/4 \times (9^2-6^2) = 456 + 21 + 35 = 512 (m^2)$；

共计：$2445 + 321 + 512 = 3278 (m^2)$。

根据上述因素综合确定的可建范围如图 1-8 所示。

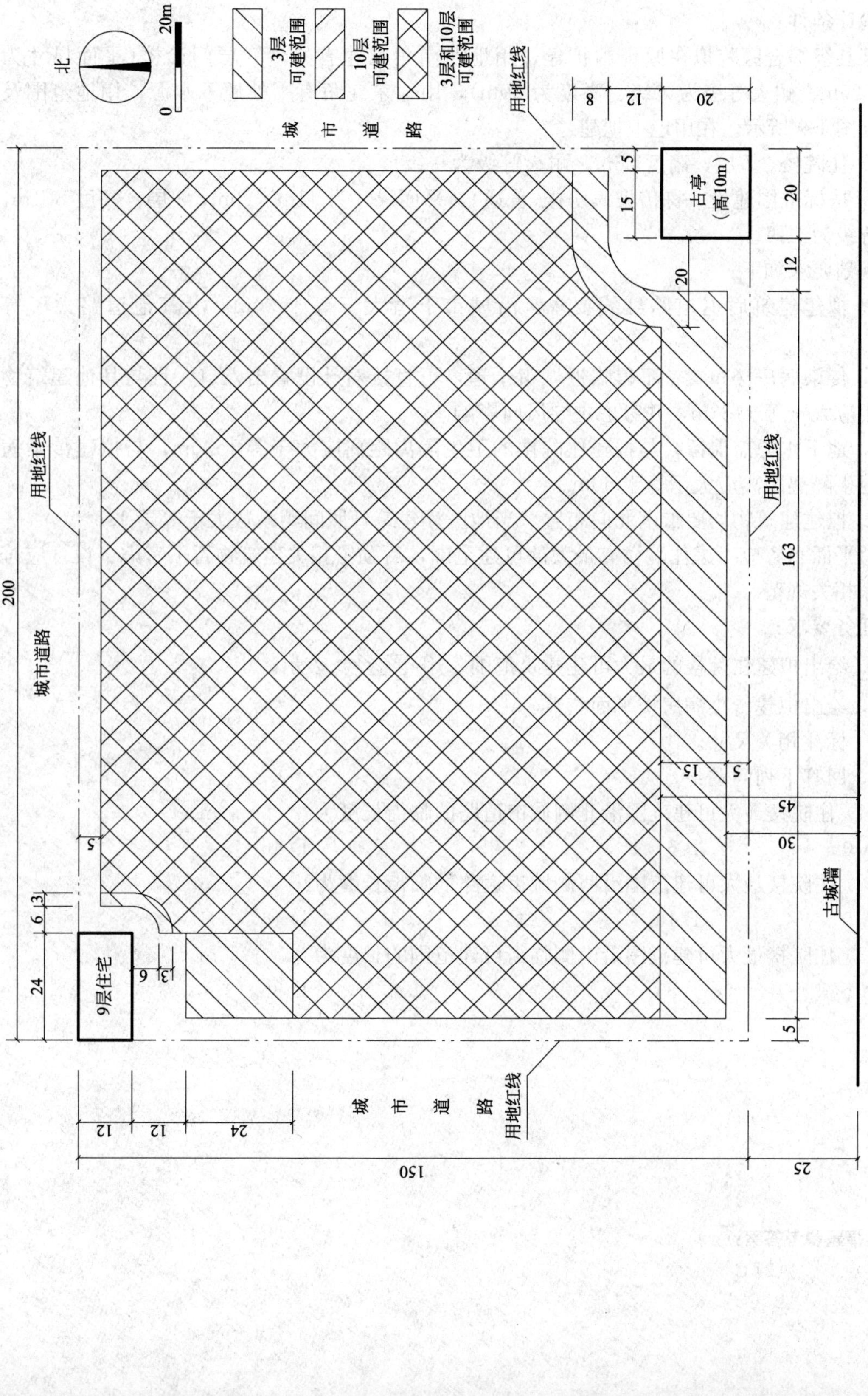

图 1-8

图例：
- 3层可建范围
- 10层可建范围
- 3层和10层可建范围

北

0 20m

城 市 道 路

用地红线

城市道路

用地红线

用地红线

用地红线

城 市 道 路

古亭（高10m）

古城墙

9层住宅

200

150

163

24

12

12

24

6（3）

5

5

5

5

15

45

30

15

20

12

20

8

12

20

5

25

【习题 1-2】（2006 年）

比例：见图 1-9。

单位：m。

设计条件：

某县级综合医院拟在原址内扩建，用地西南角已建有一幢 5 层门诊楼（平面尺寸为 81m×25m、耐火等级为二级、高度为 20m)，用地东北角有一处地下水源，用地范围及现状如图 1-9 所示。在用地上拟建：

1. 住院楼，7 层，高度 26m，耐火等级为一级；

2. 按标准图建设一栋传染病房楼（普通），平面尺寸为 41m×20m，2 层，高度 8.1m，耐火等级为二级。

规划要求如下：

1. 拟建建筑后退道路红线要求：沿城市干道大于等于 30m，沿其他道路大于等于 9m。

2. 传染病房楼布置：不得临近城市干道，可直接对外设置出入口，且与其他建筑物的间距应大于等于 30m，并考虑主导风向影响。

3. 地下水源需保留，与拟建住院楼的卫生隔离距离应大于等于 30m，与拟建传染病楼的卫生隔离距离应大于等于 60m。

4. 拟建建筑物均要求南北向布置，当地医疗建筑日照间距系数大于等于 1.5。

总平面布置应考虑住院楼有最大的可建范围，后勤等相关建筑物暂不考虑。设计应符合国家相关规范。

任务要求：

1. 绘出拟建住院楼的最大可建建筑范围，用 ▨▨▨▨ 表示。

2. 绘出拟建传染病房楼平面。

3. 标注相关尺寸。

4. 回答下列问题：

(1) 住院楼最大可建范围沿北侧城市道路的临街长度为 [　　] m。

A 0 　　　　　 B 6 　　　　　 C 25 　　　　　 D 46

(2) 住院楼最大可建范围沿西侧城市道路的临街长度为 [　　] m。

A 0 　　　　　 B 16 　　　　　 C 37 　　　　　 D 46

(3) 住院楼最大可建范围沿南侧临街可建范围的长度为 [　　] m。

A 6 　　　　　 B 8 　　　　　 C 9 　　　　　 D 36

选择题参考答案：

(1) C　　　(2) C　　　(3) D

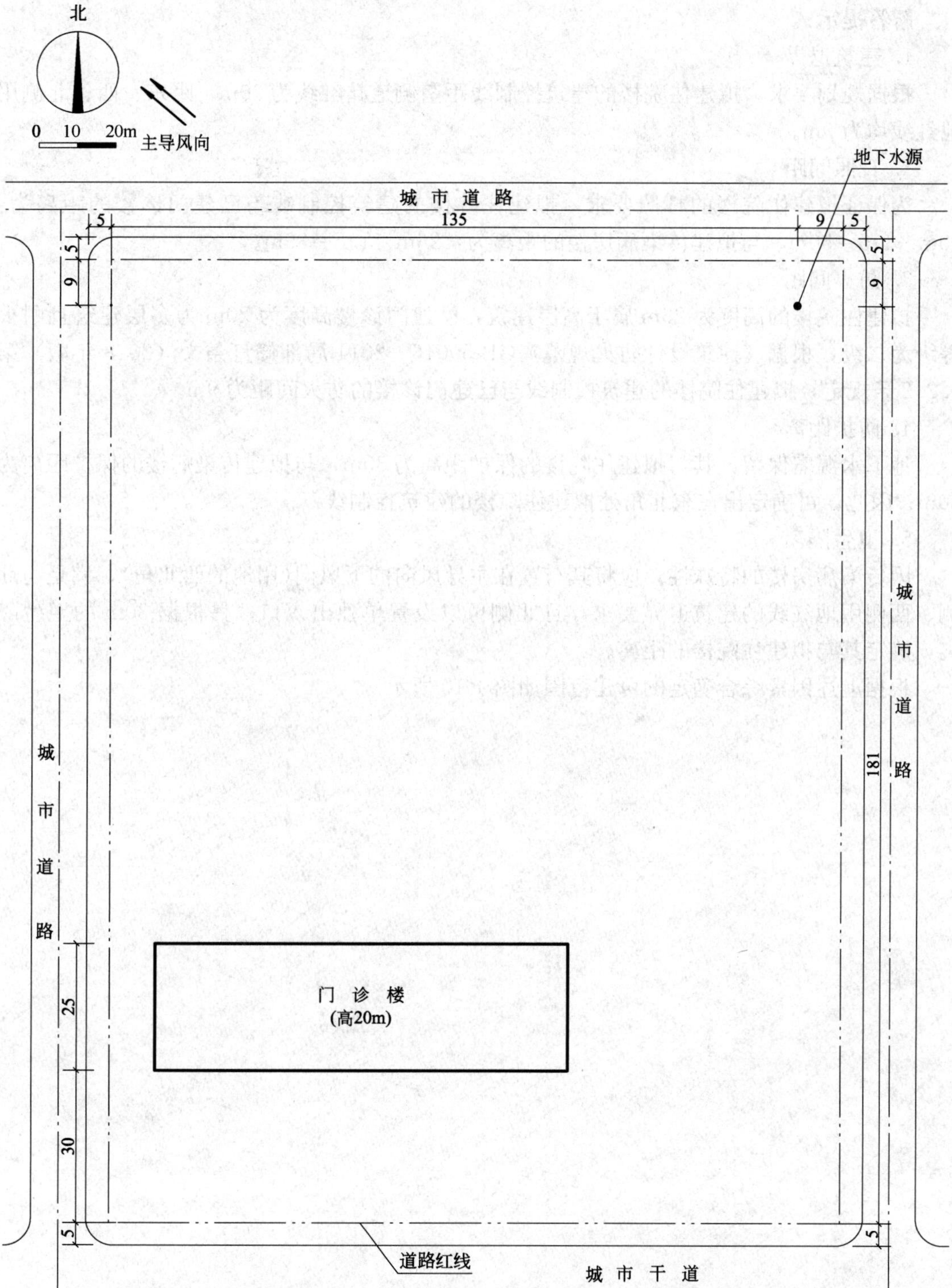

北

0 10 20m 主导风向

地下水源

城市道路

135　9　5

5

5

9

城市道路

181

城市道路

25

门诊楼
(高20m)

30

5

道路红线

城市干道

5　9

81

54

5

图 1-9

解答提示：

1. 建筑退界

根据规划要求，拟建住院楼的建筑控制线距南侧道路红线为30m，距东、西、北侧用地红线均为9m。

2. 日照间距

为保证拟建住院楼的日照要求，拟建住院楼的建筑控制线与已建门诊楼的距离为：20m×1.5＝30m，与拟建传染病房楼的距离为：26m×1.5＝39m。

3. 防火间距

拟建住院楼的高度为26m属于高层建筑，已建门诊楼高度为20m为多层建筑且耐火等级为二级，根据《建筑设计防火规范》GB 50016—2014局部修订条文（2018年版）第5.2.2条规定，拟建住院楼的建筑控制线与已建门诊楼的防火间距为9m。

4. 防护距离

地下水源需保留，其与拟建住院楼的保护距离为30m，与拟建传染病楼的保护距离为60m；因此，可确定出在东北角处拟建住院楼的建筑控制线。

5. 卫生隔离

因传染病房楼的特殊性，应将其布置在主导风向的下风向（用地的西北角），满足与北侧、西侧用地红线的建筑退界要求，且北侧可以设置单独出入口；另根据30m的卫生隔离，确定其与拟建住院楼的距离。

根据上述因素综合确定的可建范围如图1-10所示。

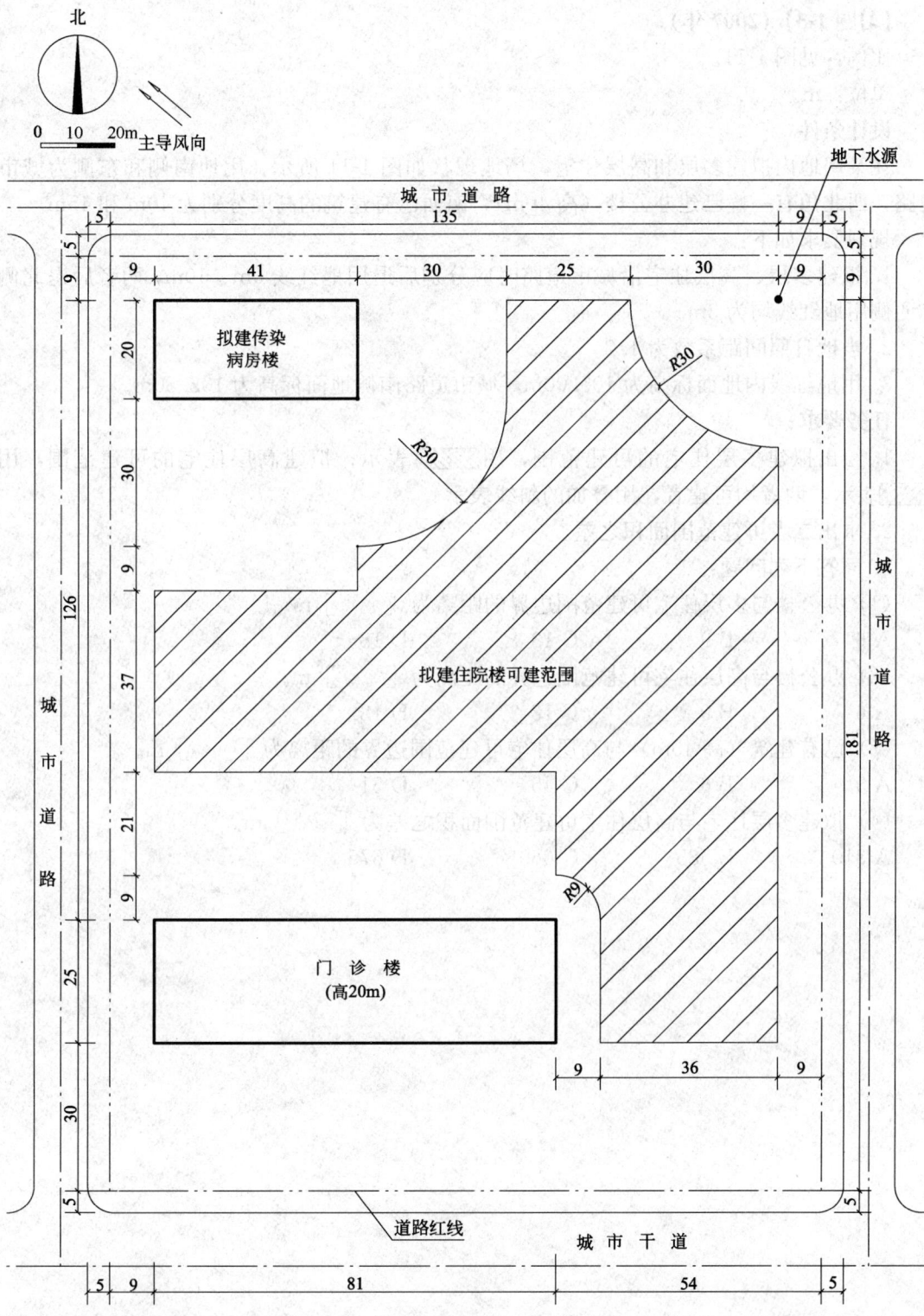

图 1-10

【习题 1-3】（2007 年）

比例：见图 1-11。

单位：m。

设计条件：

在某用地内拟建多层和高层住宅，场地现状如图 1-11 所示。用地南侧和东侧为城市道路，西北角有一幢已建办公楼（高 40m），南面已有建筑的高度分别为 40m 和 45m。

规划要求如下：

1. 拟建多层、高层住宅沿城市道路时应分别后退用地红线 5m、10m，两者后退北侧和西侧用地红线均为 3m。

2. 当地日照间距系数为 1.2。

3. 用地红线内地面标高为 105.00m，城市道路南侧地面标高为 102.50m。

任务要求：

1. 绘出拟建多层住宅的可建范围，用▨▨表示；拟建高层住宅的可建范围，用▨▨表示，两者均可建者，用叠加的斜线表示。

2. 求出二者可建范围面积之差。

3. 回答下列问题：

（1）办公楼与多层住宅可建范围边界的距离为〔 〕m。

A 6   B 9   C 13   D 18

（2）办公楼与高层住宅可建范围边界的距离为〔 〕m。

A 6   B 9   C 13   D 18

（3）已有建筑（高 40m）与高层住宅可建范围边界的距离为〔 〕m。

A 5   B 6   C 45   D 51

（4）拟建多层住宅与高层住宅可建范围面积之差为〔 〕m²。

A 310   B 585   C 660   D 675

选择题参考答案：

（1）B   （2）C   （3）C   （4）C

30

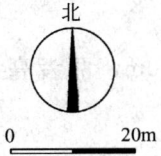

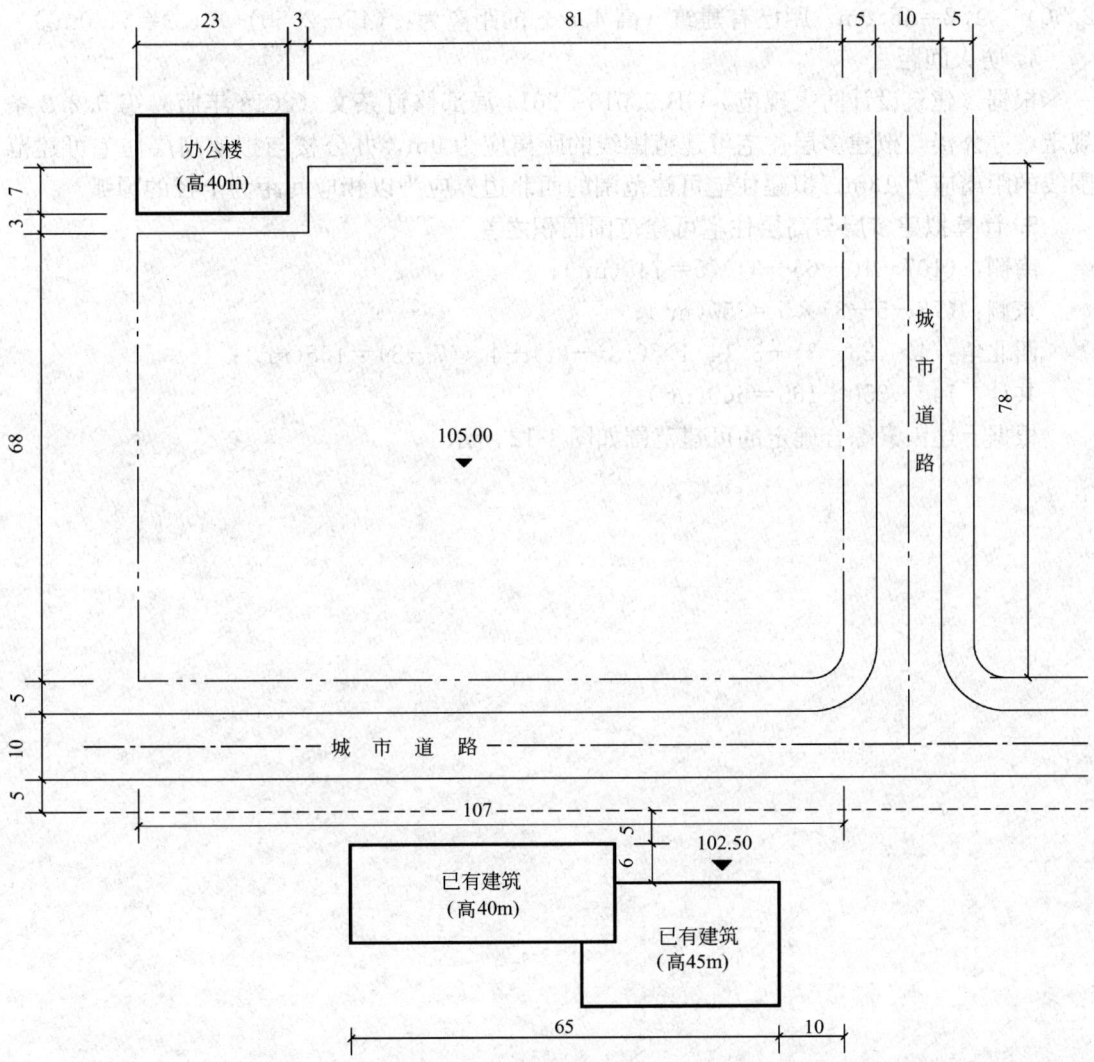

北

0   20m

23   3   81   5 10 5

办公楼
(高40m)

7

3

城
市
道
路

68

78

105.00
▼

城　市　道　路

5

10

5

107

5

6

102.50
▼

已有建筑
(高40m)

已有建筑
(高45m)

65   10

图 1-11

解答提示：

1. 建筑退界

根据规划要求，拟建多层住宅沿城市道路时应后退用地红线 5m，拟建高层住宅沿城市道路时应后退用地红线 10m，两者后退西侧和北侧用地红线均为 3m。

2. 地形高差

用地红线内地面标高为 105.00m，城市道路南侧地面标高为 102.50m，两者高差为 2.50m。

3. 日照间距

为满足拟建住宅的日照要求，其可建范围线距已有建筑（高 40m）的距离为：$(40-2.50) \times 1.2 = 45.0m$，距已有建筑（高 45m）的距离为：$(45-2.50) \times 1.2 = 51.0m$。

4. 防火间距

根据《建筑设计防火规范》GB 50016—2014 局部修订条文（2018 年版）第 5.2.2 条规定，办公楼与拟建多层住宅可建范围线的距离应为 9m，办公楼与拟建高层住宅可建范围线的距离应为 13m。拟建住宅可建范围的西北边界应为以相应间距为半径的圆弧。

5. 计算拟建多层与高层住宅可建范围面积之差

南侧：$(107-10-65-3) \times 5 = 145(m^2)$；

东侧：$(78-5-3) \times 5 = 350(m^2)$；

西北角：$4 \times (23-3) + 3.14/4 \times (13^2-9^2) + 4 \times (7-3) = 165(m^2)$；

共计：$145+350+165 = 660(m^2)$。

根据上述因素综合确定的可建范围如图 1-12 所示。

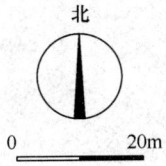

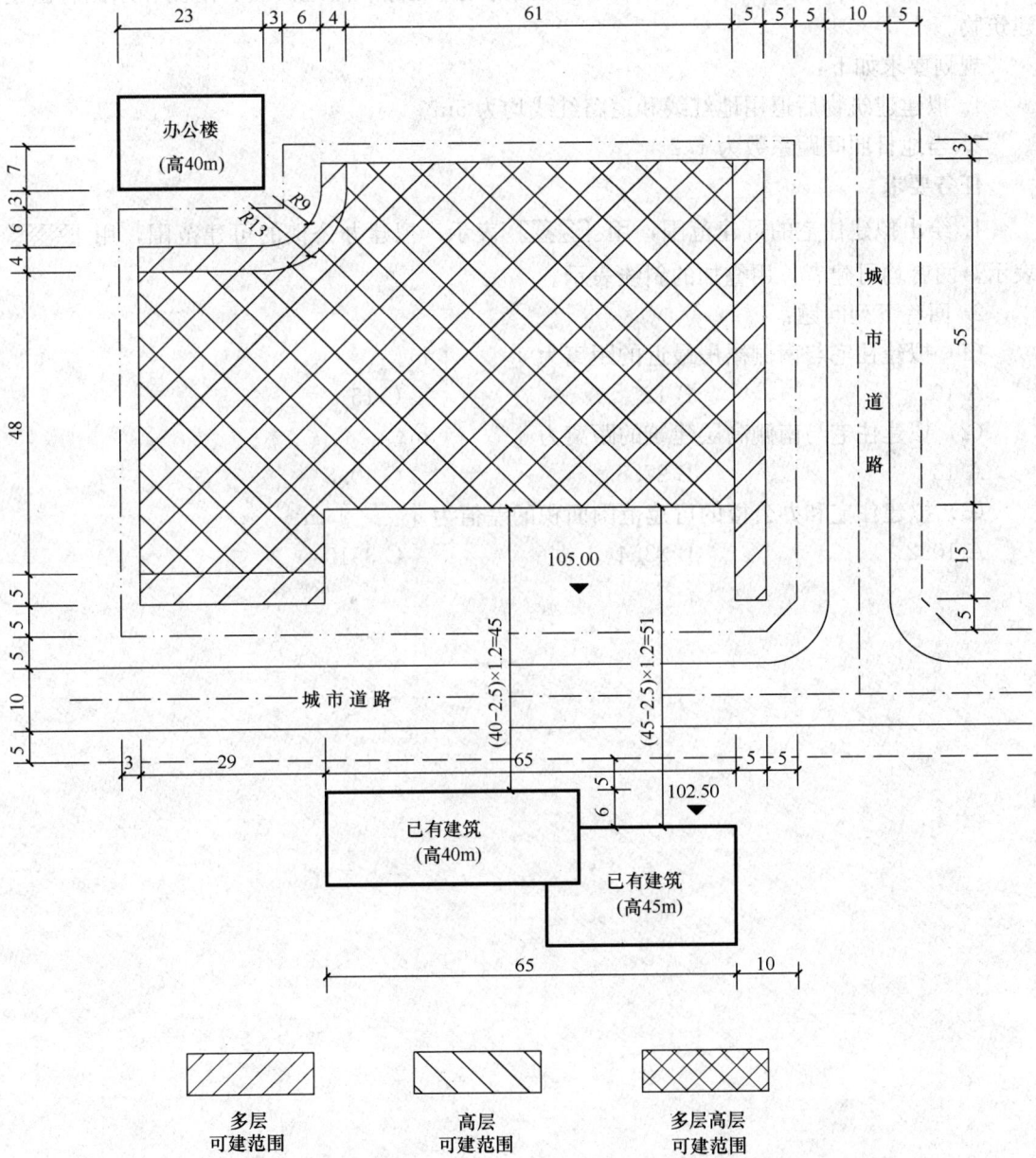

北

0   20m

办公楼
(高40m)

R9
R13

城
市
道
路

105.00

(40-2.5)×1.2=45

(45-2.5)×1.2=51

城 市 道 路

已有建筑
(高40m)

已有建筑
(高45m)

102.50

多层
可建范围

高层
可建范围

多层高层
可建范围

图 1-12

33

【习题 1-4】（2008 年）

比例：见图 1-13。

单位：m。

设计条件：

在某用地内拟建住宅（10 层，高 30m，耐火等级一级）和办公楼（高 29m，耐火等级一级），场地现状如图 1-13 所示。用地北侧为城市道路，用地西侧、南侧和东侧有已建建筑物。

规划要求如下：

1. 拟建建筑物后退用地红线和道路红线均为 5m。

2. 当地日照间距系数为 1.2。

任务要求：

1. 绘出拟建住宅的可建范围，用 ▨ 表示；拟建办公楼的可建范围，用 ▨ 表示，两者均可建者，用叠加的斜线表示。

2. 回答下列问题：

（1）拟建住宅与南侧裙房最近的距离为 〔   〕m。

A 10   B 13   C 15

（2）拟建住宅与南侧高层建筑的距离为 〔   〕m。

A 13   B 27.8   C 40.8

（3）拟建住宅和办公楼的可建范围面积的差值为 〔   〕m²。

A 1032   B 2354   C 3510

选择题参考答案：

（1）C   （2）C   （3）A

34

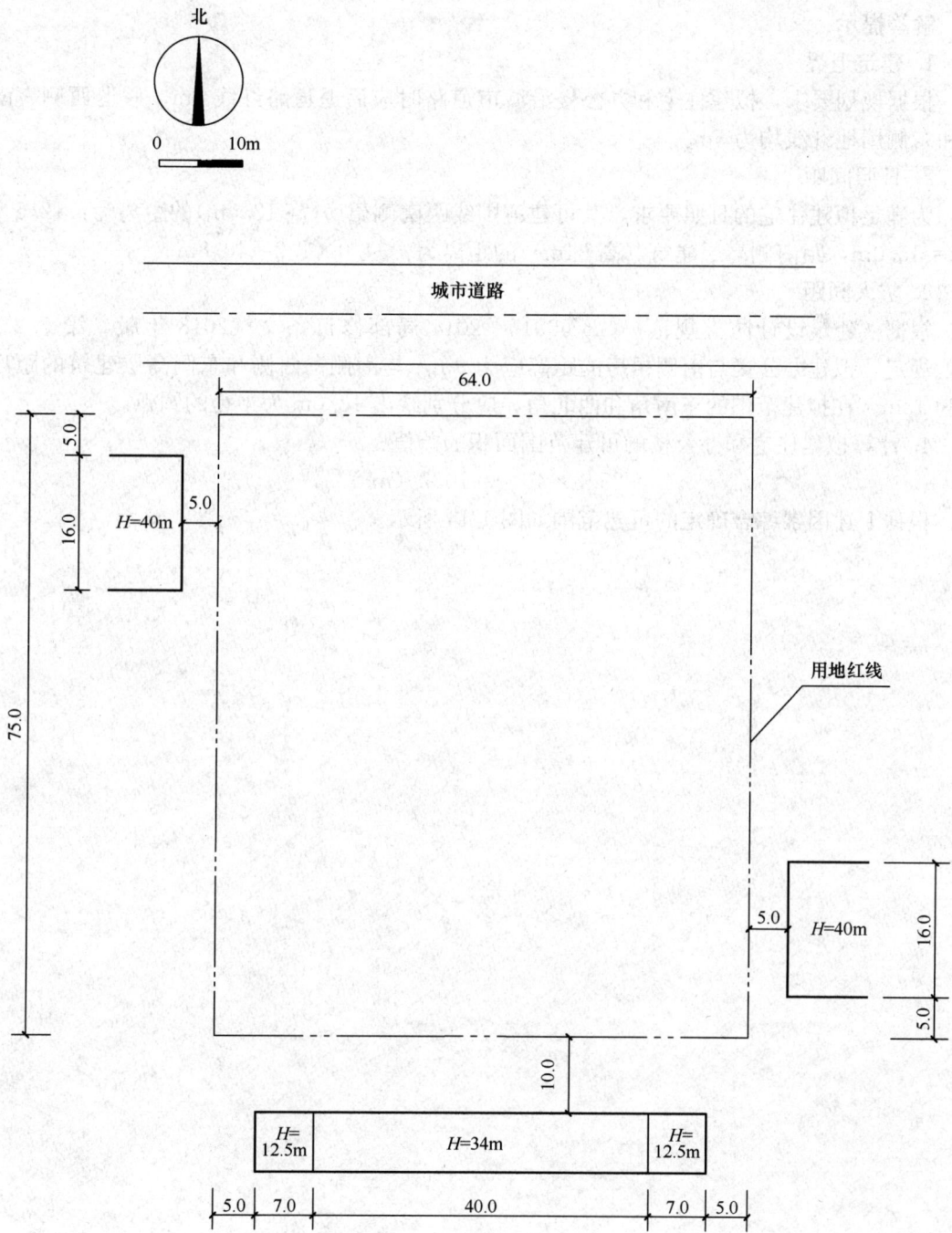

北

0　　10m

城市道路

64.0

5.0

16.0

H=40m

5.0

75.0

用地红线

5.0

H=40m

16.0

5.0

10.0

H= 12.5m	H=34m	H= 12.5m

5.0　7.0　　40.0　　7.0　5.0

图 1-13

35

解答提示：

1. 建筑退界

根据规划要求，拟建住宅和办公楼沿城市道路时应后退道路红线 5m，后退西侧、南侧和东侧用地红线均为 5m。

2. 日照间距

为满足拟建住宅的日照要求，其可建范围线距南侧裙房（高 12.5m）的距离为：12.5×1.2＝15.0m，距南侧高层建筑（高 34m）的距离为：34.0×1.2＝40.8m。

3. 防火间距

根据《建筑设计防火规范》GB 50016—2014 局部修订条文（2018 年版）第 5.2.2 条，规定，拟建办公楼与南侧裙房的距离应为 9m，与南侧、西侧和东侧高层建筑的距离应为 13m。在拟建范围的东南角和西北角，应分别绘出 13.0m 为半径的圆弧。

4. 计算拟建住宅和办公楼的可建范围面积的差值：

$$25.8×40.0＝1032（m^2）$$

根据上述因素综合确定的可建范围如图 1-14 所示。

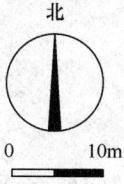

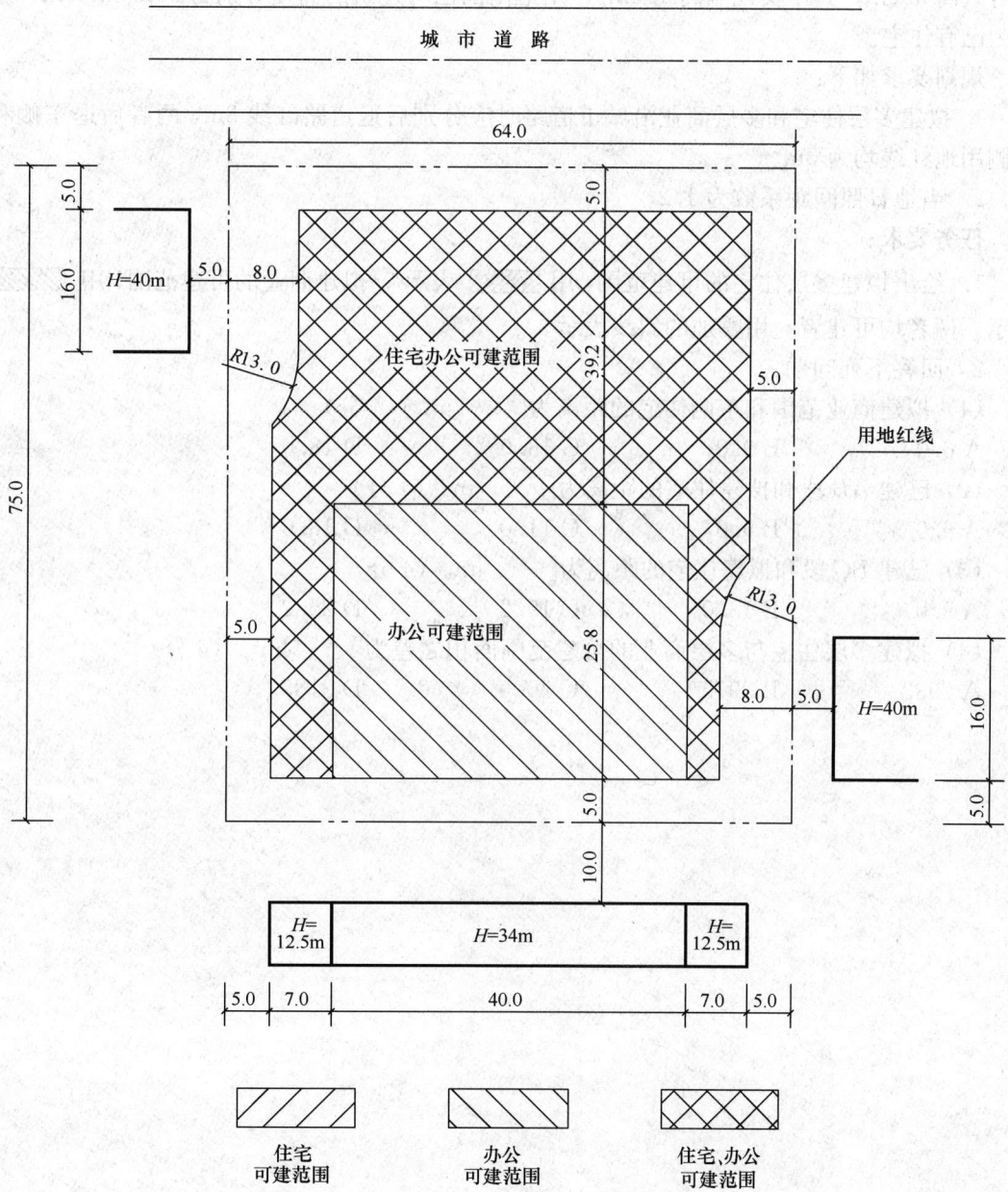

北

0   10m

城 市 道 路

64.0

5.0

16.0

5.0

H=40m

5.0

8.0

5.0

*R*13.0

住宅办公可建范围

39.2

5.0

用地红线

75.0

办公可建范围

25.8

*R*13.0

5.0

8.0

5.0

H=40m

16.0

5.0

5.0

10.0

| *H*=12.5m | *H*=34m | *H*=12.5m |

5.0 | 7.0 | 40.0 | 7.0 | 5.0

住宅
可建范围

办公
可建范围

住宅,办公
可建范围

图 1-14

37

【习题 1-5】（2009 年）

比例：见图 1-15。

单位：m。

设计条件：

在某用地内拟建多层住宅（高度为 21m）和多层商业（高度为 16.5m），场地现状如图 1-15 所示。用地西侧和北侧为城市道路，西北角有一幢已建高层商住楼（高 40m）和裙房（高 6.2m，其中女儿墙高 1.2m），用地南面已有建筑的高度分别为 30m 和 45m，东面为已有住宅。

规划要求如下：

1. 拟建多层住宅和多层商业沿城市道路时应分别后退道路红线 8m，两者后退东侧和南侧用地红线均为 5m。

2. 当地日照间距系数为 1.2。

任务要求：

1. 绘出拟建多层住宅的可建范围，用 ▨ 表示；拟建商业的可建范围，用 ▨ 表示，两者均可建者，用叠加的斜线表示。

2. 回答下列问题：

（1）拟建商业范围和东侧住宅的距离为 [   ] m。（4 分）

A 6.0   B 9.0   C 13.0   D 18.0

（2）已建 AB 段和拟建住宅的距离为 [   ] m。（4 分）

A 6.0   B 9.0   C 11.0   D 18.0

（3）已建 BC 段和拟建住宅的距离为 [   ] m。（4 分）

A 9.0   B 13.0   C 19.2   D 25.2

（4）拟建多层住宅与多层商业的可建范围面积之差为 [   ] m^2。（6 分）

A 2933   B 2975   C 3000   D 3185

选择题参考答案：

（1）C   （2）C   （3）C   （4）A

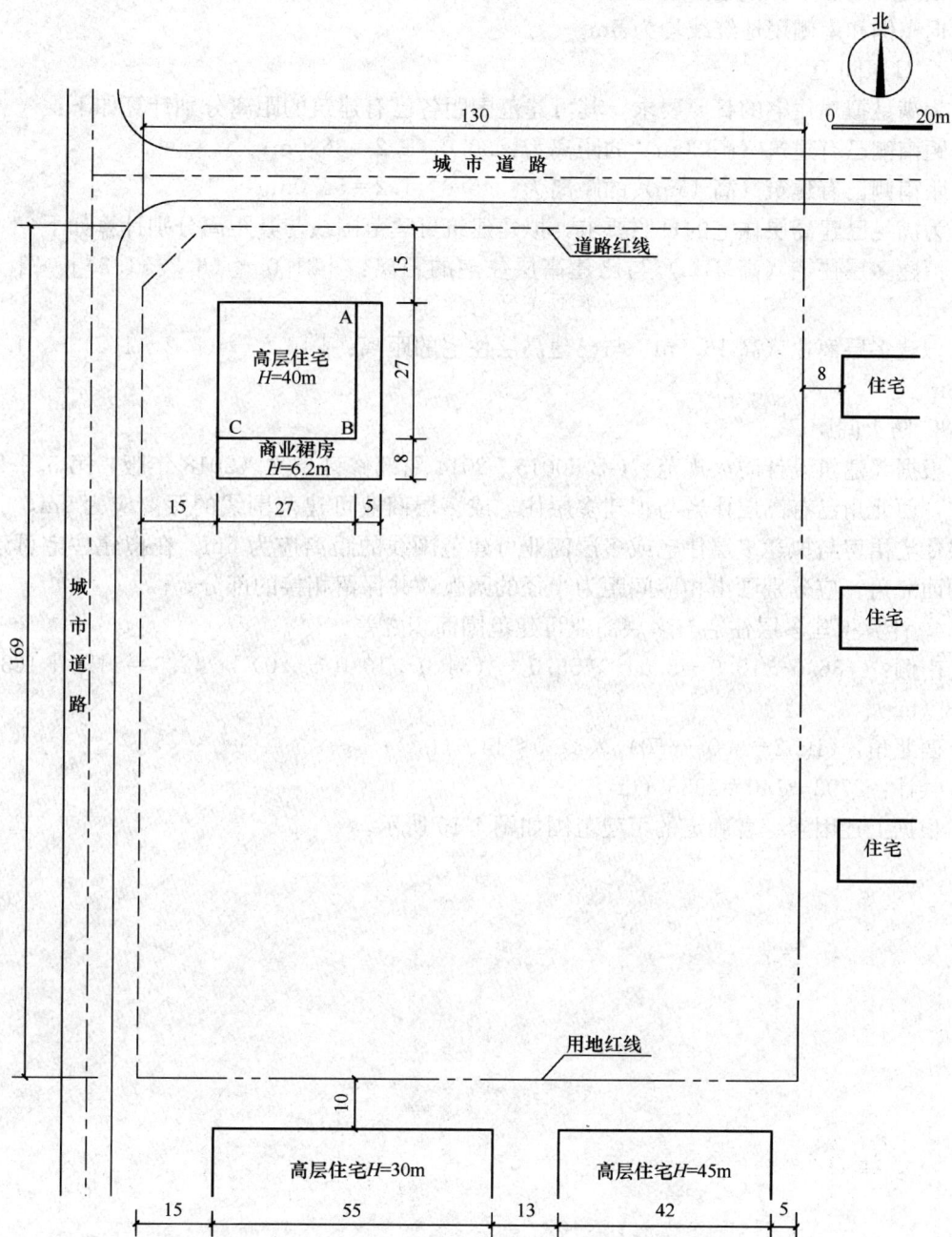

北

0   20m

130

城 市 道 路

道路红线

15

A

高层住宅
H=40m

27

8 | 住宅

C   B

商业裙房
H=6.2m

8

城
市
道
路

169

15   27   5

住宅

住宅

用地红线

10

高层住宅*H*=30m

高层住宅*H*=45m

15   55   13   42   5

图 1-15

解答提示：

1. 建筑退界

根据规划要求，拟建多层住宅和多层商业沿城市道路时应分别后退道路红线 8m，两者后退东侧和南侧用地红线均为 5m。

2. 日照间距

为满足拟建住宅的日照要求，其可建范围距各已有建筑的距离分别计算如下：

距南侧已有建筑（高 30m）的距离为：$30.0 \times 1.2 = 36.0m$；

距南侧已有建筑（高 45m）的距离为：$45.0 \times 1.2 = 54.0m$。

为满足已建高层住宅的日照要求，拟建建筑可建范围线与其距离分别计算如下：

拟建多层住宅（高 21m）与已建高层住宅的距离：$[21.0 - (6.2 - 1.2)] \times 1.2 = 19.2m$。

拟建多层商业（高 16.5m）与已建高层住宅的距离：$[16.5 - (6.2 - 1.2)] \times 1.2 = 13.8m$。

3. 防火间距

根据《建筑设计防火规范》GB 50016—2014 局部修订条文（2018 年版）第 5.2.2 条规定，西北角已有高层住宅与拟建多层住宅或多层商业可建范围线的距离应为 9m，已有高层住宅裙房与拟建多层住宅或多层商业可建范围线的距离应为 6m。在拟建住宅可建范围的西北角，应分别画出相应间距为半径的圆弧，并保留相接的部分。

4. 计算拟建多层住宅与多层商业可建范围面积之差

南侧：$(36.0 - 10.0 - 5.0) \times 55.0 + (54.0 - 10.0 - 5.0) \times 42.0 = 1155 + 1638 = 2793（m^2）$；

西北角：$(19.2 - 8.0 - 6.0) \times 27.0 \approx 140（m^2）$；

共计：$2793 + 140 = 2933（m^2）$。

根据上述因素综合确定的可建范围如图 1-16 所示。

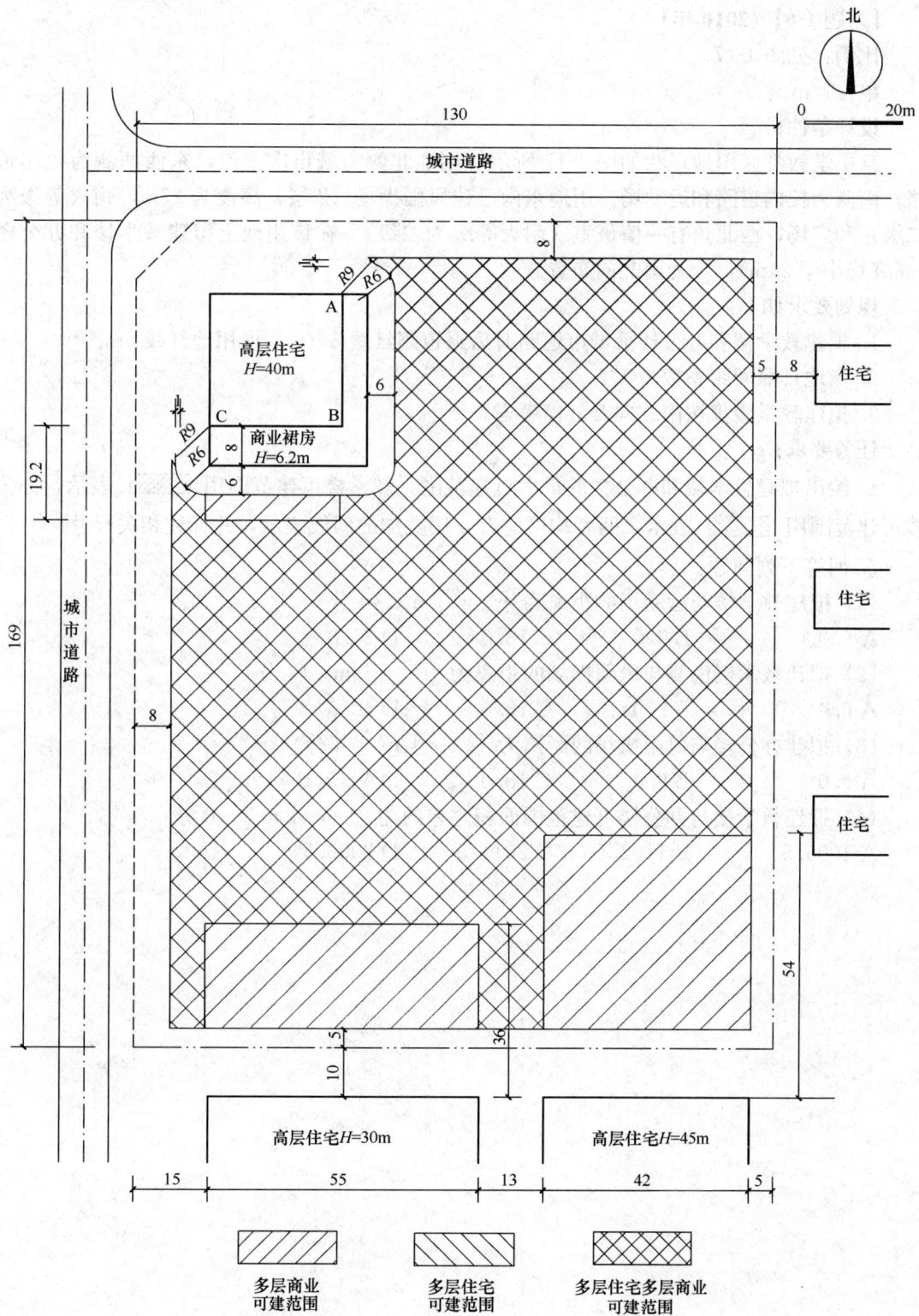

图 1-16

北

130

城市道路

0   20m

8

R9 R6

A

高层住宅
H=40m

6

B

住宅

5 8

R9

C

R6 8

商业裙房
H=6.2m

6

城市道路

169

19.2

8

住宅

54

住宅

5

10   5

36

高层住宅H=30m

高层住宅H=45m

15   55   13   42   5

多层商业
可建范围

多层住宅
可建范围

多层住宅多层商业
可建范围

【习题1-6】（2010年）

比例：见图1-17。

单位：m。

设计条件：

某中学教学区用地现状如图1-17所示，用地北侧为城市次干道，东西两侧为校园道路，南侧为校内道路和运动场。用地东南已建风雨操场（2层，高度为27m，耐火等级为二级）和广场，西北角有一值班室（耐火等级为二级）。在该用地上拟建教学楼和办公楼（高度均小于24m），均为南北向布置。

规划要求如下：

1. 拟建教学楼和办公楼沿城市道路时后退道路红线8m，后退用地红线5m。

2. 当地日照间距系数为1.5。

3. 拟建教学楼仅按南北向开外窗考虑。

任务要求：

1. 绘出拟建教学楼和办公楼的最大可建范围，教学楼可建范围用 ▨ 表示，办公楼可建范围用 ▧ 表示，两者均可建者，用叠加的斜线表示，并标注相关尺寸。

2. 回答下列问题：

（1）拟建教学楼与运动场的距离为〔　　〕m。（4分）

A 6.0　　　　　B 9.0　　　　C 13.0　　　　D 25.0

（2）拟建教学楼南侧与风雨操场的距离为〔　　〕m。（4分）

A 6.0　　　　　B 9.0　　　　C 13.0　　　　D 40.5

（3）拟建办公楼与风雨操场的距离为〔　　〕m。（4分）

A 6.0　　　　　B 9.0　　　　C 13.0　　　　D 40.5

（4）拟建教学楼与办公楼可建范围面积之差约为〔　　〕m^2。（6分）

A 1005.5　　　B 1102.5　　　C 2014.5　　　D 3000.5

选择题参考答案：

（1）D　　　（2）D　　　（3）B　　　（4）C

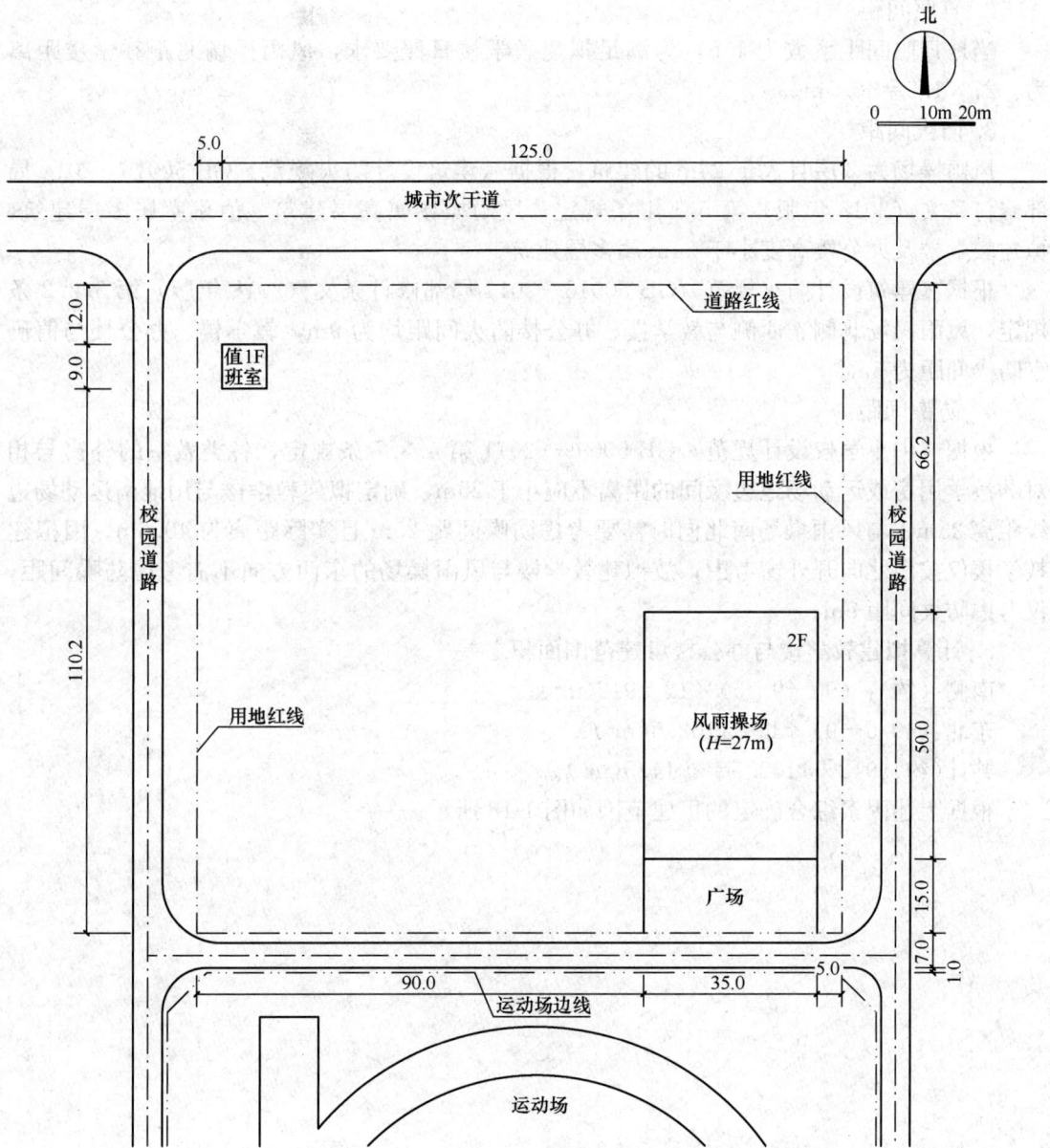

图 1-17

解答提示：

1. 建筑退界

根据规划要求，拟建教学楼和办公楼沿城市道路时应后退道路红线 8m，两者后退东侧、南侧和西侧用地红线均为 5m。

2. 日照间距

当地日照间距系数为 1.5，为满足拟建教学楼日照要求，风雨操场北距教学楼距离为：27×1.5＝40.5m。

3. 防火间距

风雨操场为 2 层且大于 24m 的建筑，根据《建筑设计防火规范》GB 50016—2014 局部修订条文（2018 年版）第 5.1.1 条规定，风雨操场属高层建筑，值班室属多层建筑，拟建教学楼及办公楼高度小于 24m 属多层建筑。

根据《建筑设计防火规范》GB 50016—2014 局部修订条文（2018 年版）第 5.2.2 条规定，风雨操场北侧、西侧与教学楼、办公楼防火间距均为 9m，教学楼、办公楼与值班室防火间距为 6m。

4. 防噪间距

根据《中小学校设计规范》GB 50099—2011 第 4.3.7 条规定，各类教室的外窗与相对的教学用房或运动场地边缘间的距离不应小于 25m，确定拟建教学楼与用地南运动场边线距离 25m，与风雨操场南北向时需要考虑防噪间距 25m 且实际距离为 40.5m。因拟建教学楼仅按南北向开外窗考虑，故拟建教学楼与风雨操场的东西方向不需考虑防噪间距，仅考虑防火间距 9m。

5. 计算拟建教学楼与办公楼可建范围面积之差

南侧（约）：（90－9－5）×12＝912（m²）；

东北：（40.5－9）×35＝1102.5（m²）；

共计（约）：912＋1102.5＝2014.5（m²）。

根据上述因素综合确定的可建范围如图 1-18 所示。

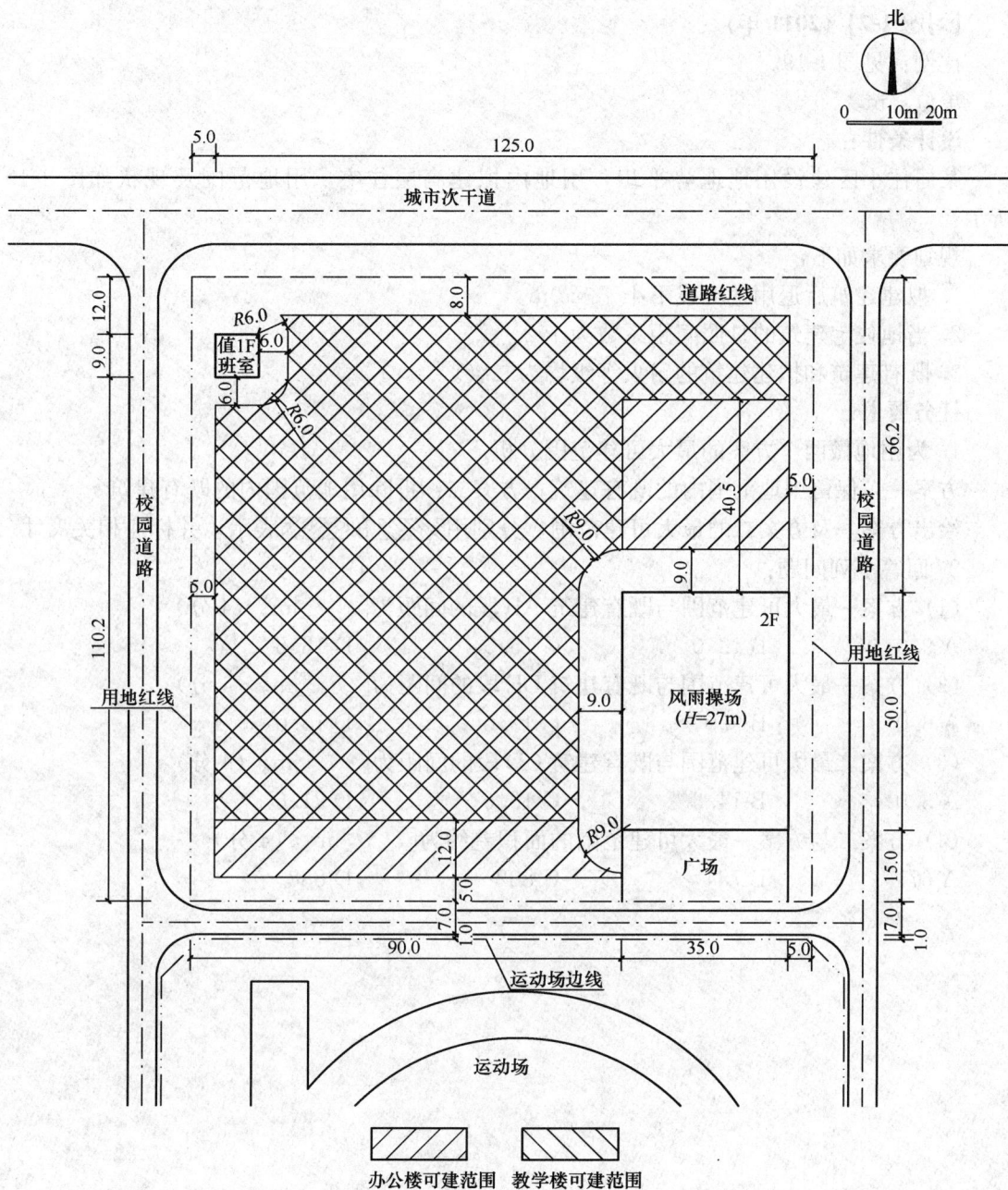

图 1-18

【习题 1-7】（2011 年）

比例：见图 1-19。

单位：m。

设计条件：

某居住小区建设用地地势平坦，用地内拟建高层住宅，用地范围及现状如图 1-19 所示：

规划要求如下：

1. 拟建建筑后退用地红线不小于 5.0m。

2. 当地住宅建筑的日照间距系数为 1.2。

3. 既有建筑和拟建建筑的耐火等级均为二级。

任务要求：

1. 为用地做两个方案的最大可建范围分析。

方案一：保留用地范围内的既有建筑；方案二：拆除用地范围内的既有建筑。

绘出方案一及方案二的最大可建范围，分别用▨▨和▧▧表示，并标注相关尺寸。

2. 回答下列问题：

（1）方案一最大可建范围与既有建筑 AB 段的间距为〔　　〕m。（4分）

A 9.0　　　　　　B 13.0　　　　　　C 15.5　　　　　　D 18.6

（2）方案一最大可建范围与既有建筑 DE 段的间距为〔　　〕m。（4分）

A 6.0　　　　　　B 9.0　　　　　　C 13.0　　　　　　D 15.0

（3）方案二最大可建范围与既有建筑 CD 段的间距为〔　　〕m。（4分）

A 3.0　　　　　　B 14.3　　　　　　C 18.6　　　　　　D 21.6

（4）方案二与方案一最大可建范围的面积差约为〔　　〕m²。（4分）

A 671　　　　　　B 784　　　　　　C 802　　　　　　D 888

选择题参考答案：

（1）D　　　　　（2）B　　　　　（3）B　　　　　（4）B

46

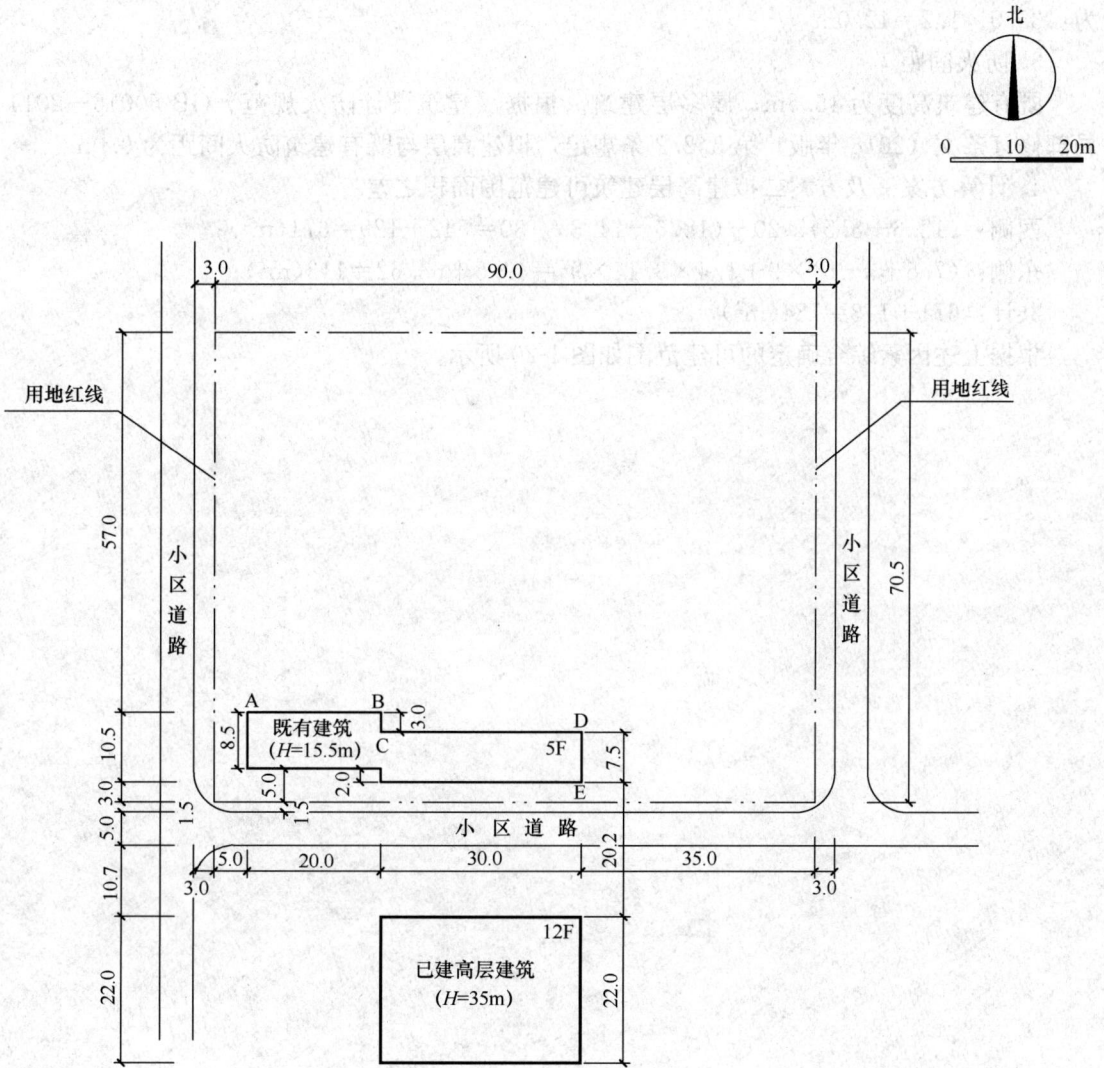

北

0　10　20m

用地红线

用地红线

3.0　90.0　3.0

57.0

小区道路

70.5

10.5

A　B　3.0

8.5　既有建筑
(*H*=15.5m)　C　D

5F　7.5

5.0　2.0　E

1.5　1.5

5.0 3.0

小区道路

1.5

10.7

5.0　20.0　30.0　35.0

3.0　20.2　3.0

22.0

12F

已建高层建筑
(*H*=35m)　22.0

图 1-19

解答提示：

1. 建筑退界

根据规划要求，在两个方案中拟建高层建筑退后用地红线均为 5.0m。

2. 日照间距

当地日照间距系数为 1.2。方案一，保留既有建筑，拟建高层建筑南距既有建筑距离为：$15.5 \times 1.2 = 18.6m$。方案二，拆除既有建筑，拟建高层建筑南距既有高层建筑距离为：$35.0 \times 1.2 = 42.0m$

3. 防火间距

既有建筑高度为 15.5m，属多层建筑。根据《建筑设计防火规范》GB 50016—2014 局部修订条文（2018 年版）第 5.2.2 条规定，拟建高层与既有建筑防火间距为 9.0m。

4. 计算方案一及方案二拟建高层建筑可建范围面积之差

西侧：$(18.6 + 8.5) \times 20 + (18.6 - 14.3) \times 30 = 542 + 129 = 671(m^2)$；

东侧：$(7.5 + 3 - 5) \times 9 + 1/4 \times 3.14 \times 9^2 = 49.5 + 63.62 = 113(m^2)$；

共计：$671 + 113 = 784(m^2)$。

根据上述因素综合确定的可建范围如图 1-20 所示。

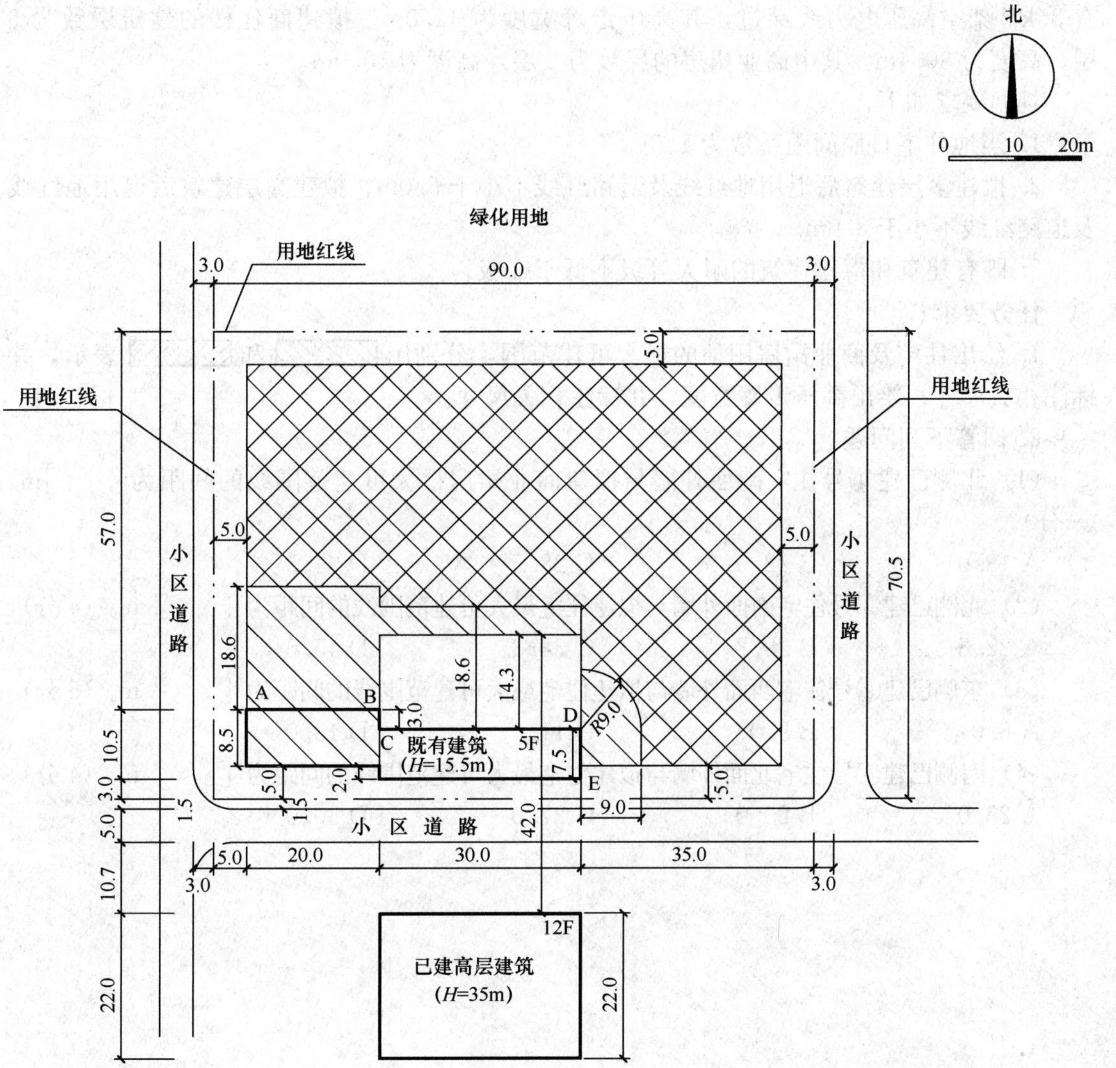

图 1-20

【习题 1-8】（2012 年）

比例：见图 1-21。

单位：m。

设计条件：

用地内拟建由商业裙房及住宅组成的商住楼，用地及现状如图 1-21 所示，用地以北有 35kV 架空高压电力线穿过，其高压走廊宽度为 12.0m。拟建商住楼的建筑层数为 9 层，高度为 30.4m，其中商业裙房的层数为 2 层，高度为 10.0m。

规划要求如下：

1. 当地住宅日照间距系数为 1.5。

2. 拟建多层建筑后退用地红线及道路红线不小于 5.0m，拟建高层建筑后退用地红线及道路红线不小于 8.0m。

3. 既有建筑和拟建建筑的耐火等级不低于二级。

任务要求：

1. 绘出住宅及商业裙房用地的最大可建范围，分别用 ⊿⊿⊿⊿ 和 ⊠⊠⊠⊠ 表示，并标注相关尺寸；绘出高压走廊宽度，并标注相关尺寸。

2. 回答下列问题：

（1）北侧已建④号住宅南面外墙与拟建商业裙房最大可建范围线的间距为［   ］m。（5 分）

    A 18.0　　　　B 22.5　　　　C 28.5　　　　D 34.5

（2）北侧已建③号住宅南面外墙与拟建住宅最大可建范围线的间距为［   ］m。（4 分）

    A 22.8　　　　B 28.8　　　　C 34.3　　　　D 45.6

（3）东侧已建②号住宅西面外墙与拟建住宅最大可建范围线的间距为［   ］m。（5 分）

    A 6.0　　　　B 9.0　　　　C 11.0　　　　D 13.0

（4）南侧已建⑥号住宅北面外墙与拟建住宅最大可建范围线的间距为［   ］m。（4 分）

    A 23.0　　　　B 25.0　　　　C 27.0　　　　D 30.0

选择题参考答案：

（1）C　　（2）D　　（3）D　　（4）B

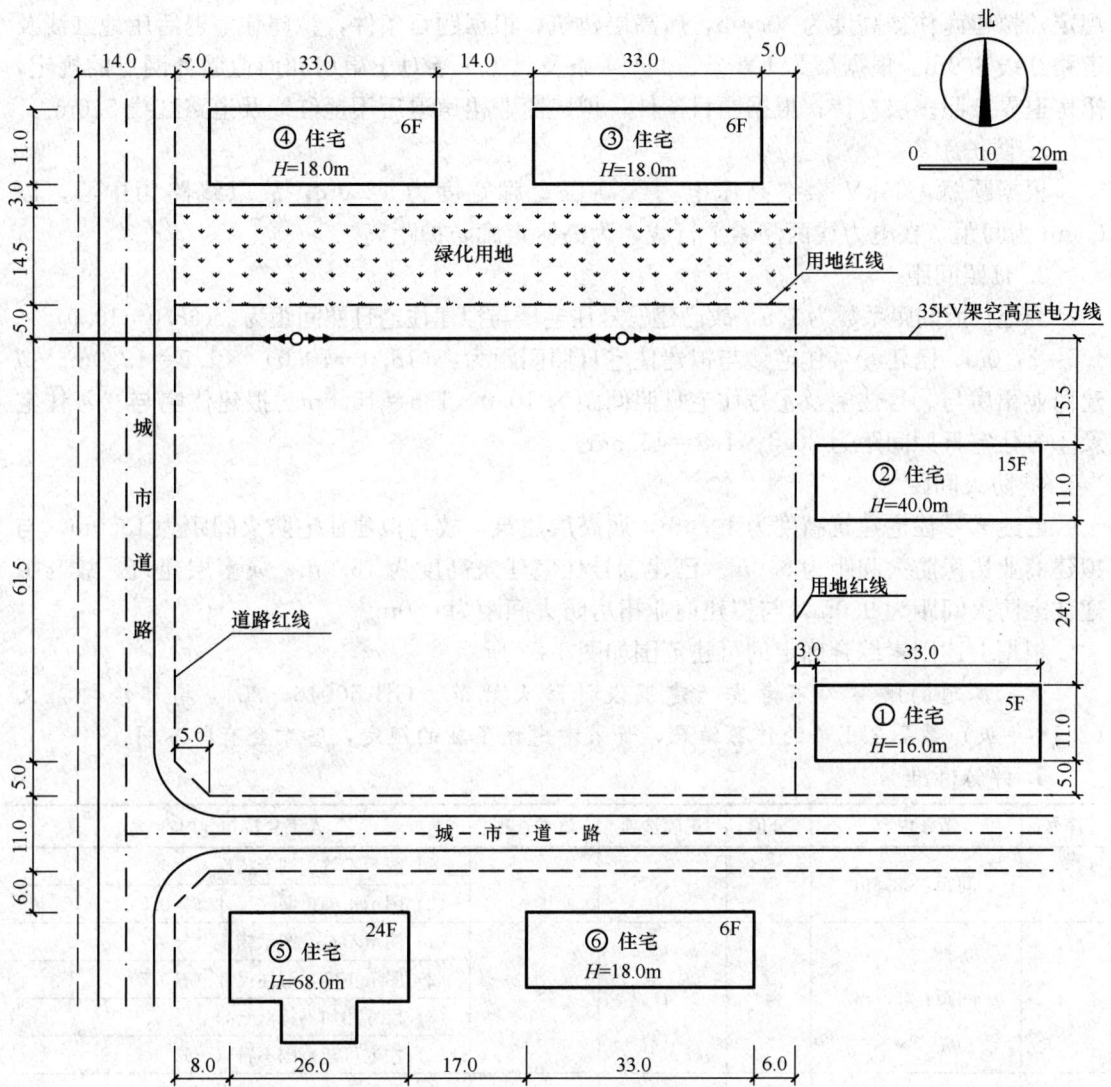

北

0 10 20m

14.0 5.0 33.0 14.0 33.0 5.0

11.0 ④ 住宅 6F ③ 住宅 6F
3.0 H=18.0m H=18.0m
14.5

绿化用地 用地红线

5.0 35kV架空高压电力线

城市道路

② 住宅 15F 15.5
H=40.0m 11.0

61.5 用地红线 24.0

道路红线

3.0 33.0

① 住宅 5F 11.0
H=16.0m 5.0

5.0

5.0

11.0 城·市·道·路

6.0

⑤ 住宅 24F ⑥ 住宅 6F
H=68.0m H=18.0m

8.0 26.0 17.0 33.0 6.0

图 1-21

51

解答提示：

1. 建筑退界

根据《建筑设计防火规范》GB 50016—2014 局部修订条文（2018 年版）第 5.1.1 条规定，拟建商住楼高度为 30.4m，属高层建筑；根据题目条件，拟建住宅退后用地红线及道路红线 8.0m。根据第 2.1.2 条、2.1.4 条及 5.1.1 条对于裙房和商业服务网点的规定，裙房退界按照多层对待；根据题目条件，拟建商业裙房退后用地红线及道路红线 5.0m。

2. 防护距离

根据题意，35kV 架空高压电力线高压走廊宽度为 12.0m，故以线路为中心，以 6.0m 为间距，在电力线两侧做平行线，为高压走廊防护距离。

3. 日照间距

当地日照间距系数为 1.5，故已建⑤号住宅楼与拟建住宅日照间距为：（68.0－10.0）× 1.5＝87.0m。已建⑥号住宅楼与拟建住宅日照间距为：（18.0－10.0）×1.5＝12.0m。拟建商业裙房与③号住宅及④号住宅日照间距为 10.0×1.5＝15.0m。拟建住宅与③号住宅及④号住宅日照间距为 30.4×1.5＝45.6m。

4. 防火间距

已建②号住宅建筑高度为 40.0m，属高层建筑，故与拟建住宅防火间距为 13.0m，与拟建商业裙房防火间距为 9.0m。已建①号住宅建筑高度为 16.0m，属多层建筑，故与拟建住宅防火间距为 9.0m，与拟建商业裙房防火间距为 6.0m。

根据上述因素综合确定的可建范围如图 1-22 所示。

注：本题的解答为不考虑《建筑设计防火规范》GB 50016—2014 局部修订条文（2018 年版）第 7.2.1 条的作答结果，如果考虑该条款的规定，答案会有所不同。

5. 评分标准

序号	考核内容	分值	正确选项	试卷选项	人工复核扣分内容
1	间距：28.5m	5	C		（1）图示不符、图示错误（－5）
					（2）图示正确，漏注尺寸（－0.5）
2	间距：45.6m	4	D		（1）图示不符、图示错误（－4）
					（2）图示正确，漏注尺寸（－0.5）
					（3）尺寸相加不符（－4）
					（4）住宅可建范围不符（－1）
3	间距：13.0m	5	D		（1）图示不符、图示错误（－5）
					（2）图示正确，漏注尺寸（－0.5）
					（3）商业裙房可建范围不符（－1）
					（4）住宅可建范围不符（－1）
					（5）漏画圆弧每处（－0.5）
4	间距：25.0m	4	B		（1）图示不符、图示错误（－4）
					（2）图示正确，漏注尺寸（－0.5）
					（3）住宅可建范围不符（－1）
					（4）商业可建范围不符（－1）

注：西侧商业用地范围不符（－1）；未反映商业与住宅用地重合范围（－1）。

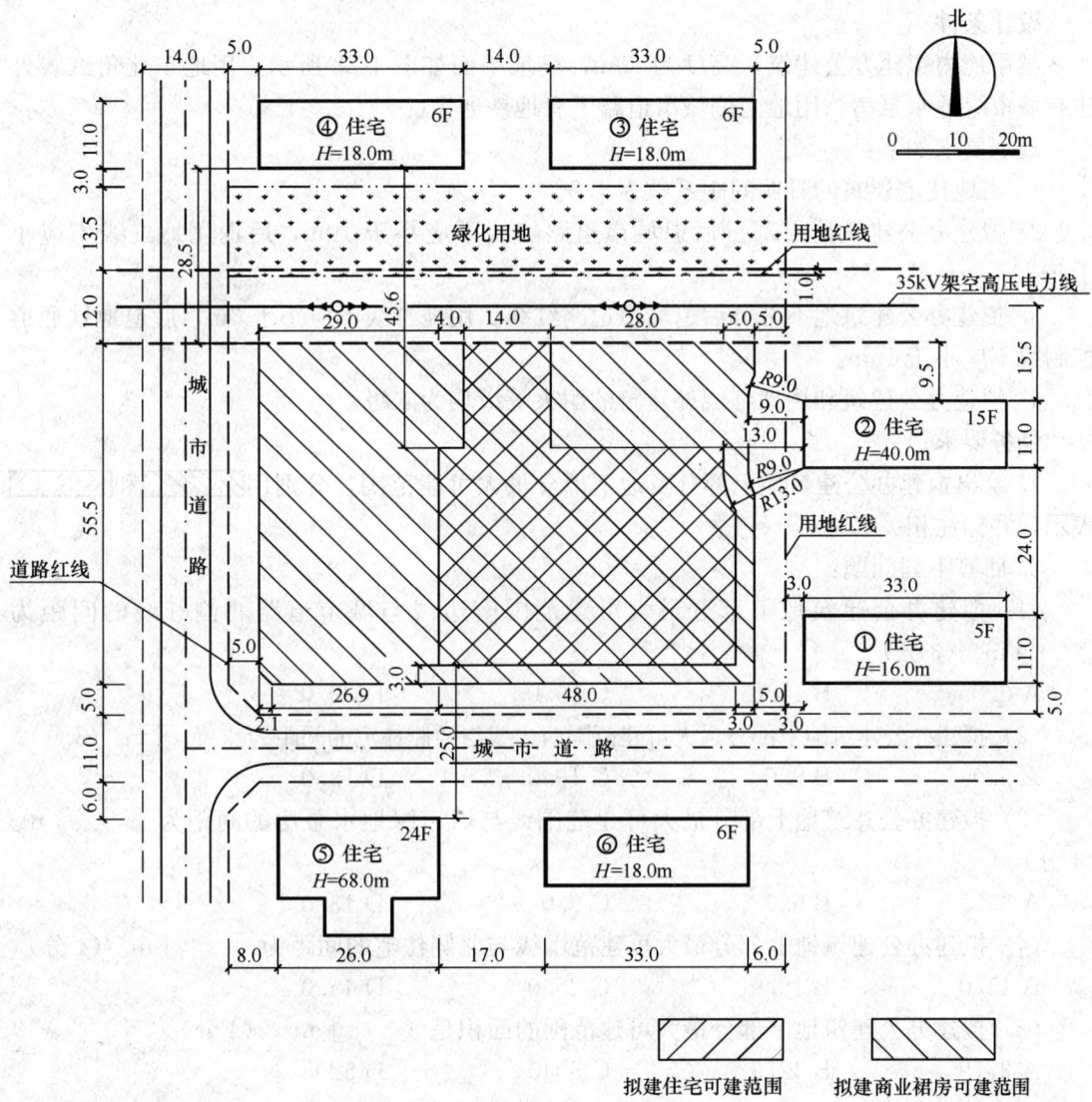

图 1-22

【习题 1-9】（2013 年）

比例：见图 1-23。

单位：m。

设计条件：

某用地内拟建办公建筑，高度为 30m，场地平面如图 1-23 所示。用地东北角红线外建有城市绿地水泵房，用地南侧城市道路下有地铁通道。

规划要求如下：

1. 当地住宅建筑的日照间距系数为 1.5。

2. 拟建办公建筑地上部分后退城市道路红线不应小于 10m，后退用地红线不应小于 5m。

3. 拟建办公建筑地下部分后退城市道路红线、用地红线不应小于 3m，后退地铁通道控制线不应小于 16m。

4. 拟建办公建筑和用地红线外建筑的耐火等级均为二级。

任务要求：

1. 绘出拟建办公建筑地上部分及地下部分最大可建范围，分别用▨▨▨和▨▨▨表示，并标注相关尺寸。

2. 回答下列问题：

（1）拟建办公建筑地下部分最大可建范围南边线与城市道路北侧红线的间距为〔　　〕m。（3分）

A 6.0　　　　　B 10.0　　　　　C 16.0　　　　　D 20.0

（2）拟建办公建筑地下部分最大可建范围西边线与西侧住宅的间距为〔　　〕m。（3分）

A 5.0　　　　　B 8.0　　　　　C 10.0　　　　　D 13.0

（3）拟建办公建筑地上部分最大可建范围线与城市绿地水泵房的间距为〔　　〕m。（4分）

A 3.0　　　　　B 6.0　　　　　C 9.0　　　　　D 13.0

（4）拟建办公建筑地上部分最大可建范围线与北侧住宅的间距为〔　　〕m。（4分）

A 15.0　　　　　B 18.0　　　　　C 25.0　　　　　D 45.0

（5）拟建办公建筑地下部分最大可建范围的面积是〔　　〕m²。（4分）

A 3779　　　　　B 4279　　　　　C 5040　　　　　D 5298

选择题参考答案：

（1）A　　　（2）B　　　（3）C　　　（4）D　　　（5）C

54

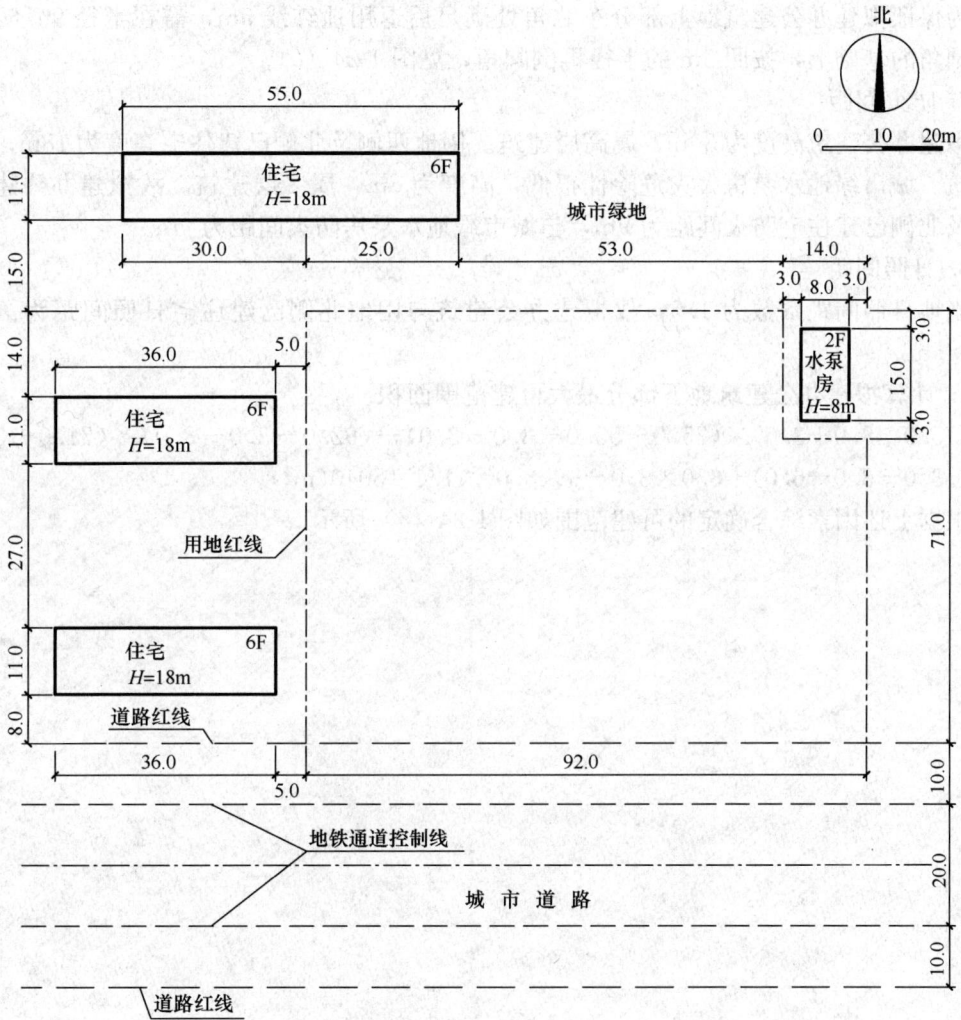

图 1-23

解答提示：

1. 建筑退界

根据规划要求，拟建建筑地上部分后退城市道路红线 10m，后退用地红线 5m；拟建建筑地下部分后退城市道路红线、用地红线均为 3m，南侧后退地铁通道控制线为 16m。

为保证拟建办公建筑地下部分的最大的可建范围，在地下部分可建范围的东北角处，以 3m 半径倒圆角。

为保证拟建办公建筑地上部分东北角处满足后退用地红线 5m，需在半径 9m 防火间距倒圆角的基础上，按照 5m 的半径再倒圆角，见图 1-24（b）。

2. 防火间距

拟建办公建筑高度为 30m，属高层建筑。用地西侧及北侧已建住宅高度为 18m，属多层建筑。城市绿地水泵房火灾危险性很低，高度为 8m，属多层建筑。故拟建办公建筑与西侧及北侧已建住宅防火间距为 9m，与城市绿地水泵房防火间距为 9m。

3. 日照间距

当地日照间距系数为 1.5，故拟建办公建筑与用地北侧已建住宅日照间距为：$30 \times 1.5 = 45m$。

4. 计算拟建办公建筑地下部分最大可建范围面积

$(15.0+3.0+3.0) \times (25.0+53.0-3.0-3.0) + (92.0-3.0-3.0) \times (71.0-3.0-15.0-3.0-3.0-6.0) + 3.0 \times 3.0 - \pi \times 3.0^2 \times 1/4 = 5040(m^2)$。

根据上述因素综合确定的可建范围如图 1-24（a）所示。

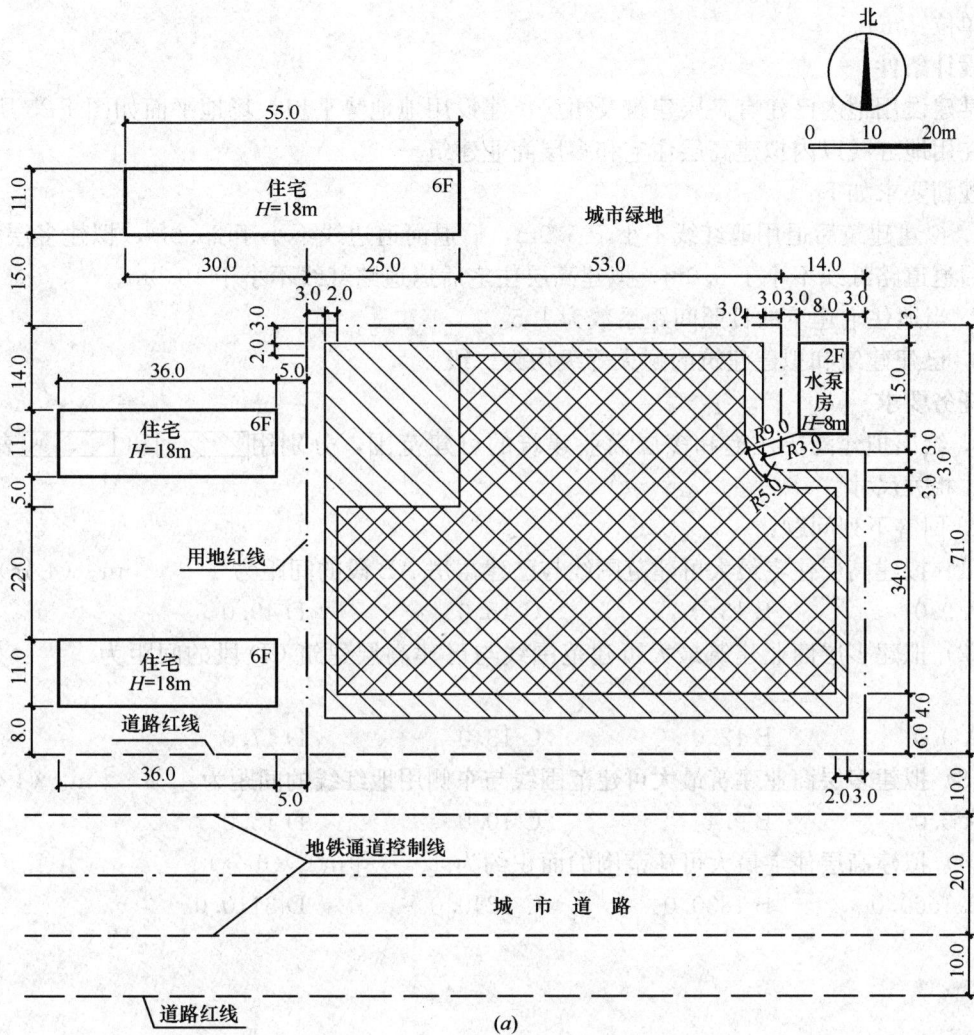

北

0　10　20m

55.0

| 住宅 | 6F |
| *H*=18m | |

城市绿地

11.0

15.0

30.0 ── 25.0 ── 53.0 ── 14.0

3.0 2.0

2.0 3.0 3.0

14.0

36.0

| 住宅 | 6F |
| *H*=18m | |

5.0

11.0

5.0

用地红线

22.0

| 住宅 | 6F |
| *H*=18m | |

11.0

道路红线

8.0

36.0

5.0

地铁通道控制线

城 市 道 路

道路红线

3.0 3.0 8.0 3.0

3.0

15.0

2F
水泵房
H=8m

R9.0

R3.0

R5.0

3.0
3.0

3.0
3.0

71.0

34.0

6.0 4.0

10.0

2.0 3.0

20.0

10.0

(a)

3.0 3.0 3.0

2F
水泵房
H=8m

R9.0

R3.0

3.0

3.0 3.0

R5.0

3.0

0　5　10m

(b)

拟建办公建筑
地上部分可建范围

拟建办公建筑
地下部分可建范围

图 1-24

【习题 1-10】（2014 年）

比例：见图 1-25。

单位：m。

设计条件：

某建设用地内已建有高层建筑及裙房，建设用地地势平坦，场地平面如图 1-25 所示，要求在用地红线以内拟建高层住宅和多层商业建筑。

规划要求如下：

1. 拟建建筑后退用地红线不小于 5.0m，后退河道边线不小于 20.0m，拟建多层商业建筑后退道路红线不小于 5.0m，拟建高层住宅后退道路红线不小于 10.0m。

2. 当地住宅建筑的日照间距系数为 1.5。

3. 已建建筑和拟建建筑的耐火等级均为二级。

任务要求：

1. 绘出拟建高层住宅和多层商业建筑的可建范围，分别用 ▨ 和 ▨ 表示，并标注相关尺寸。

2. 回答下列问题：

（1）拟建高层住宅最大可建范围线与已建裙房 AB 段的间距为 〔   〕m。（4 分）

A 9.0   B 13.0   C 15.0   D 49.0

（2）拟建多层商业建筑最大可建范围线与已建高层建筑 CD 段的间距为 〔   〕m。（4 分）

A 9.0   B 12.0   C 13.0   D 17.0

（3）拟建多层商业建筑最大可建范围线与东侧用地红线的间距为 〔   〕m。（4 分）

A 5.0   B 9.4   C 10.0   D 15.0

（4）拟建高层住宅最大可建范围的面积约为 〔   〕m²。（6 分）

A 1560.0   B 1830.0   C 2240.0   D 3110.0

选择题参考答案：

（1）C   （2）D   （3）C   （4）B

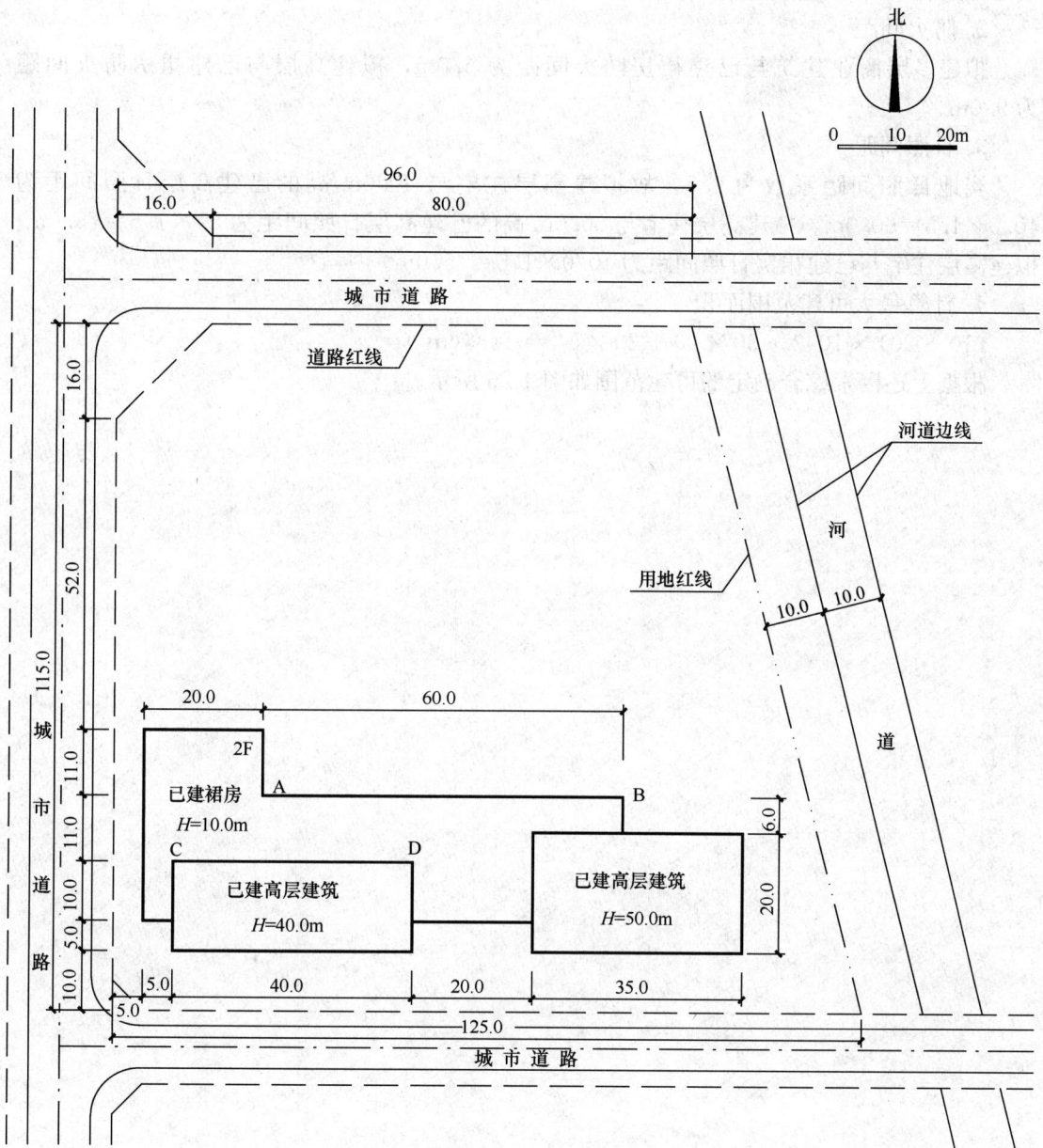

北

0 10 20m

96.0

16.0　　　　80.0

城 市 道 路

道路红线

河道边线

16.0

河

用地红线

10.0　10.0

52.0

115.0

道

城

20.0　　　　　60.0

市

2F

道

已建裙房

A　　　　　　　　B

6.0

11.0

H=10.0m

路

C　　　　　　D

20.0

11.0

已建高层建筑

已建高层建筑

10.0

H=40.0m

H=50.0m

5.0

10.0　5.0　　　40.0　　　　20.0　　　35.0

5.0

125.0

城 市 道 路

图 1-25

解答提示：

1. 建筑退界

根据规划要求，拟建建筑后退用地红线 5.0m，后退河道边线 20.0m，拟建多层建筑后退道路红线 5.0m，拟建高层建筑后退道路红线 10.0m。

2. 防火间距

拟建多层商业建筑与已建裙房防火间距为 6.0m，拟建高层与已建裙房防火间距为 9.0m。

3. 日照间距

当地日照间距系数为 1.5，故拟建高层住宅与 40.0m 高的已建高层日照间距为 40.0×1.5＝60.0m。拟建高层住宅与 50.0m 高的已建高层日照间距为 50×1.5＝75.0m。拟建高层住宅与已建裙房日照间距为 10.0×1.5＝15.0m。

4. 计算最大可建范围面积：

$(10＋20)×10/2＋30×20＋20×54 = 1830(m^2)$

根据上述因素综合确定的可建范围如图 1-26 所示。

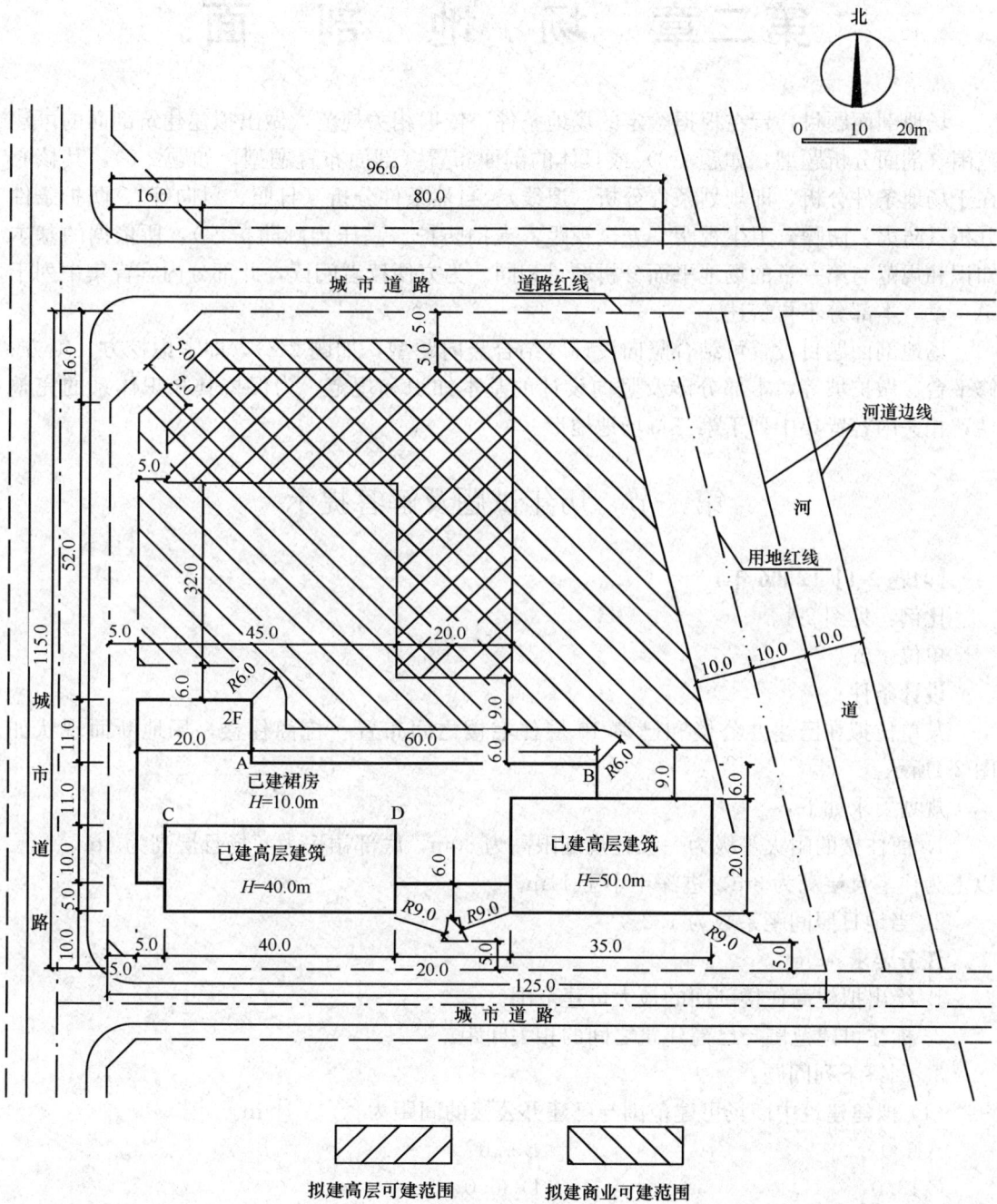

图 1-26

第二章 场 地 剖 面

场地剖面题目，旨在根据给定的场地条件，依据相关规范，做出拟建建筑剖面的可建范围（剖面分析题型，如题 2-3）或具体的剖面布置（剖面布置题型，如题 2-5），其核心在于场地条件分析，即规划条件分析（退线）、自然条件分析（日照、风向等）、防护条件分析（防火、防噪、卫生视距、安全视距、支挡防护、高压走廊防护等），所依据的基本知识和规范与第一章的场地平面分析题目相同。为方便读者阅读，此部分内容皆集中列于第一章，本部分不再赘述。

场地剖面题目设置可结合竖向设计（结合竖向题型，如题 2-2），即考虑挖方、填方、修平台、做护坡等，本部分涉及竖向设计的基本知识和规范，为保持其知识体系的完整性，相关内容皆集中列于第三章场地地形。

第一节 历年试题及解答提示

【习题 2-1】（2006 年）

比例：见图 2-1。

单位：m。

设计条件：

某单位拟在已建办公楼和已建 10 层住宅楼之间布置一栋商住楼，场地断面现状如图 2-1 所示。

规划要求如下：

1. 商住楼的耐火等级为一级，规划限高为 30m，底部裙房为商场且层高为 4m，二层以上为住宅且层高为 3m，进深不小于 11m。

2. 当地日照间距系数为 1.2。

任务要求：

1. 绘出拟建商住楼剖面的最大可建范围。

2. 标注可建范围与已建建筑之间的相关间距。

3. 回答下列问题：

（1）拟建建筑中商场可建范围与已建办公楼的间距为〔　　〕m。

A 6.0 B 9.0

C 13.0 D 36.0

（2）拟建建筑中住宅可建范围与已建办公楼的间距为〔　　〕m。

A 16.8 B 20.0

C 24.0 D 28.8

（3）拟建建筑中商场可建范围与已建 10 层住宅的间距为〔　　〕m。

A 6.0   B 9.0
C 13.0   D 36.0

（4）当拟建住宅进深不小于 11m 时，其住宅部分的可建层数最多为〔　　〕。
A 6   B 7
C 8   D 9

选择题参考答案：
（1）A　　（2）C　　（3）B　　（4）C

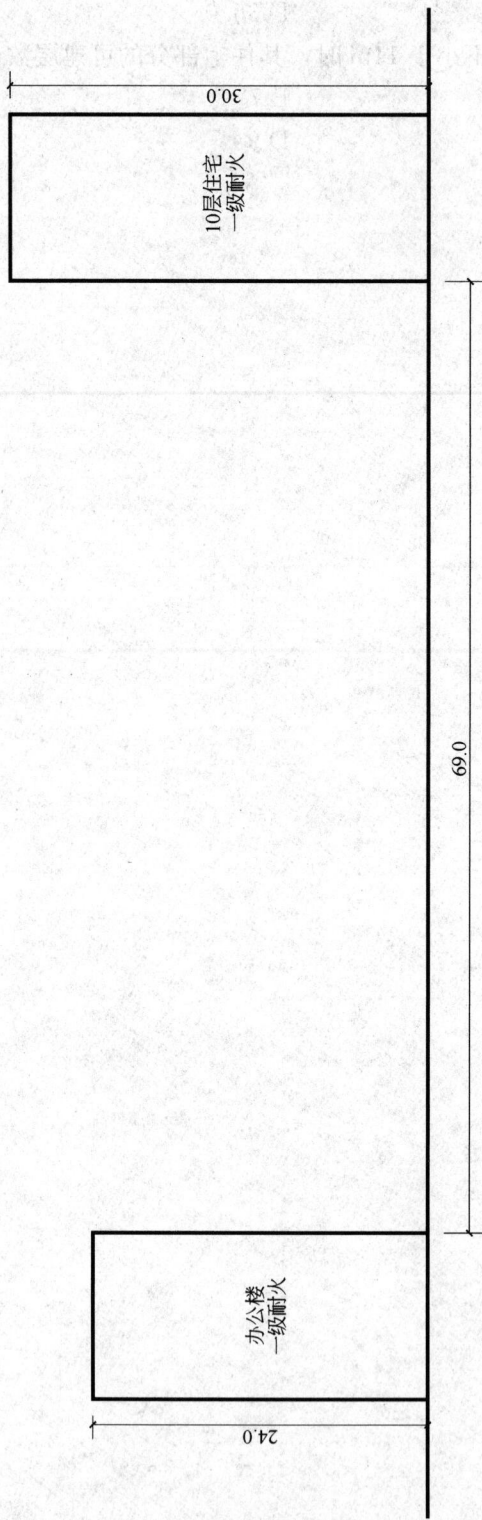

图 2-1

30.0

10层住宅
一级耐火

69.0

办公楼
一级耐火

24.0

10m

0

解答提示:

1. 建筑分类

已建高 24m 的办公楼为多层建筑,已建 10 层住宅高 30m 为高层建筑,商住楼是底部商业营业厅与住宅组成的高层建筑。

2. 防火间距

根据《建筑设计防火规范》GB 50016—2014 局部修订条文(2018 年版)第 5.2.2 条规定,商住楼的裙房与已建办公楼的防火间距为 6m;商住楼的裙房与已建 10 层住宅的防火间距 9m,商住楼住宅与已建 10 层住宅的防火间距 13m。

3. 日照间距

因为当地日照间距系数为 1.2,商住楼与已建办公楼的日照间距:$(24.0-4.0)\times 1.2=24.0(m)$。

首先,得出了 A 点的位置。然后,推算拟建住宅的层数,当层数为 8 层时总高度为 28.0m 能满足规划限高 30.0m 的要求,即得 B 点位置。然后,计算拟建住宅与已建 10 层住宅的日照要求,其水平距离为 S:$S=1.2\times H=1.2\times 28.0=33.6(m)$。B 点与 C 点的距离为 11.4m,满足进深不小于 11.0m 的要求。由商住楼的裙房、住宅与已建 10 层住宅的防火距离,得到 E 点位置。从 C 点到 D 点设了五个退台。最后,推算出 D、E 点的水平距离为 2.6m。

商住楼的最大可建范围,如图 2-2 所示。

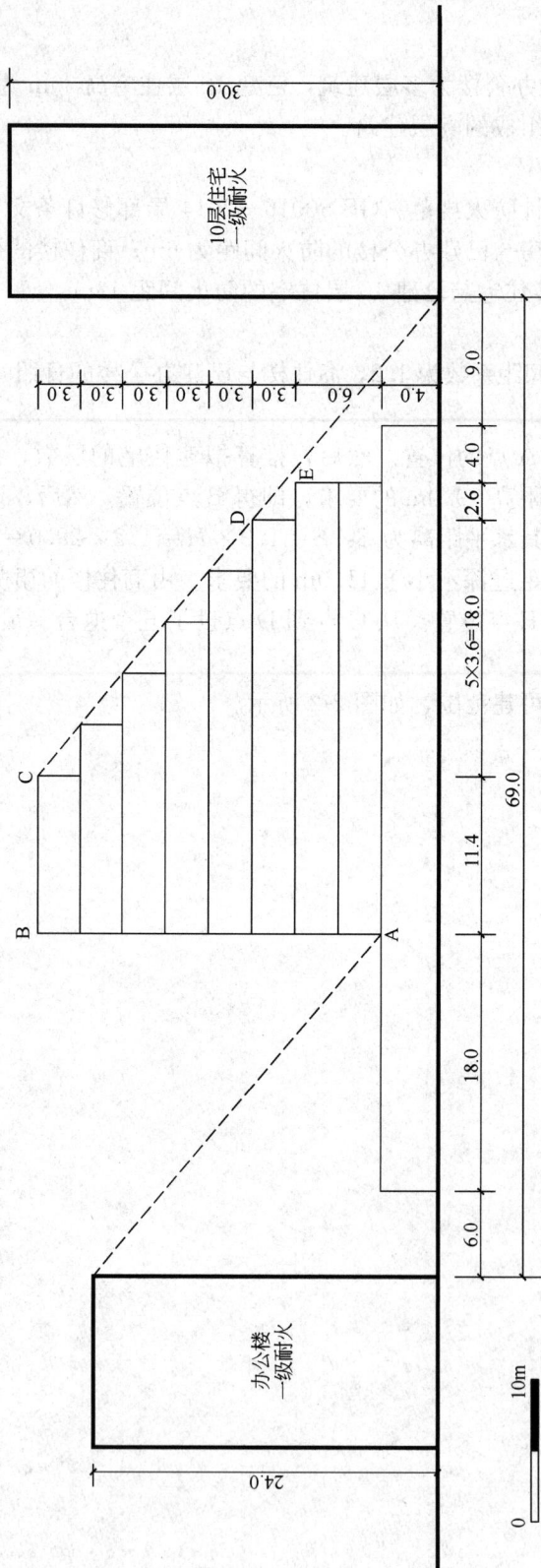

图 2-2

【习题 2-2】（2007 年）

比例：见图 2-3。

单位：m。

设计条件：

在坡地内拟建一幢疗养楼，场地现状如图 2-3（*a*）所示，其北侧疗养楼的地面标高为 50.00m，南侧疗养楼的地面标高为 54.00m。

规划要求如下：

1. 土方平衡，土方量最小。

2. 离南面疗养楼最近。

3. 当地日照间距系数为 2.0。

4. 设计地面的排水坡度忽略不计。

任务要求：

1. 根据所提供的场地剖面图，选定拟建项目的合理位置，适度调整场地地面 [图2-3（*b*）]，允许设置挡土墙而不考虑设置边坡，并绘制场地设计地面。

2. 回答下列问题：

（1）台地的设计标高为 [　] m。

A 52.00 　　　　　　 B 53.00 　　　　　　 C 53.50

（2）拟建疗养楼与南侧疗养楼最近的距离为 [　] m。

A 12.00 　　　　　　 B 16.00 　　　　　　 C 18.00

（3）北侧挡土墙与北侧疗养楼的距离为 [　] m。

A 5.00 　　　　　　 B 13.00 　　　　　　 C 15.00

参考答案：

（1）A 　　　（2）C 　　　（3）C

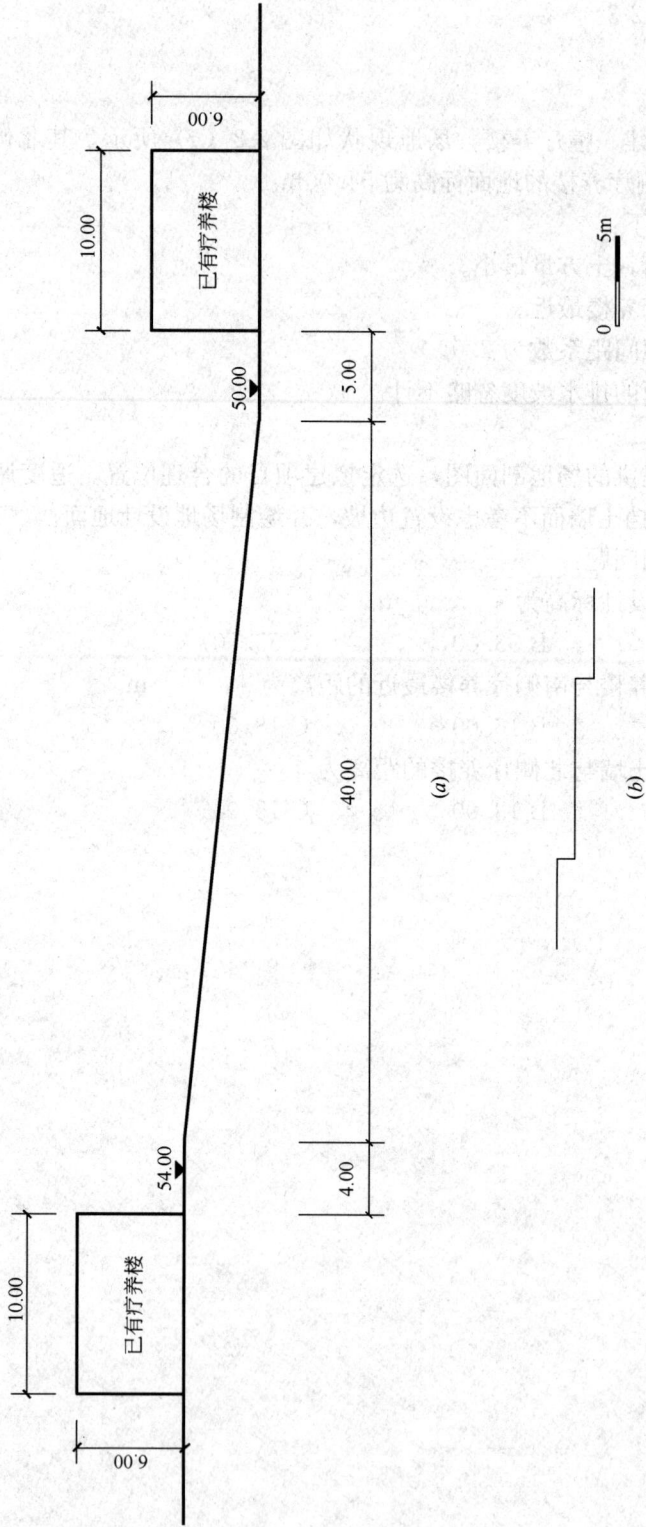

图 2-3

(a) 场地剖面图；(b) 设计地面示意图

解答提示：

1. 地形分析

用地地势为南高北低，从绝对标高 54.00～50.00m，高差为 4.00m，地形坡度为 10%，竖向设计应采取台阶式布置。

2. 竖向设计

设计地面的中心应位于斜坡中点，可使挖方与填方的三角形面积相等，从而保证其土方量平衡。设计地面标高为（54.00－50.00）/2＋50.00＝52.00m，即台阶高度均为 2.00m。如果把斜坡处理为一个设计地面，即台阶宽度定为 40.00m，其挖（填）方面积分别为 S_1：S_1＝1/2×20.00×2.00＝20.00m^2 ［图 2-4（a）］，但运距最大；如果把斜坡的水平距离划分为四等份，即台阶宽度定为 20.00m，其挖（填）方面积分别为 S_2：S_2＝1/2×10.00×1.00×2＝10.00m^2 ［图 2-4（b）］，其运距最小。当抬高或降低设计地面标高后，都会使三角形的面积增加，从而其总土方量加大。

3. 确定拟建疗养楼位置

拟建疗养楼的位置与南侧挡土墙的下缘距离应满足《城乡建设用地竖向规划规范》CJJ 83—2016 第 4.0.7 条规定，即 2.00m，另外，还要满足挡土墙对其的日照间距要求。据此，推算出拟建建筑与南侧疗养楼的最近距离为 18.00m。在设计地面标高变化处布置相应的挡土墙并用粗实线绘出设计地面，如图 2-4（c）所示。

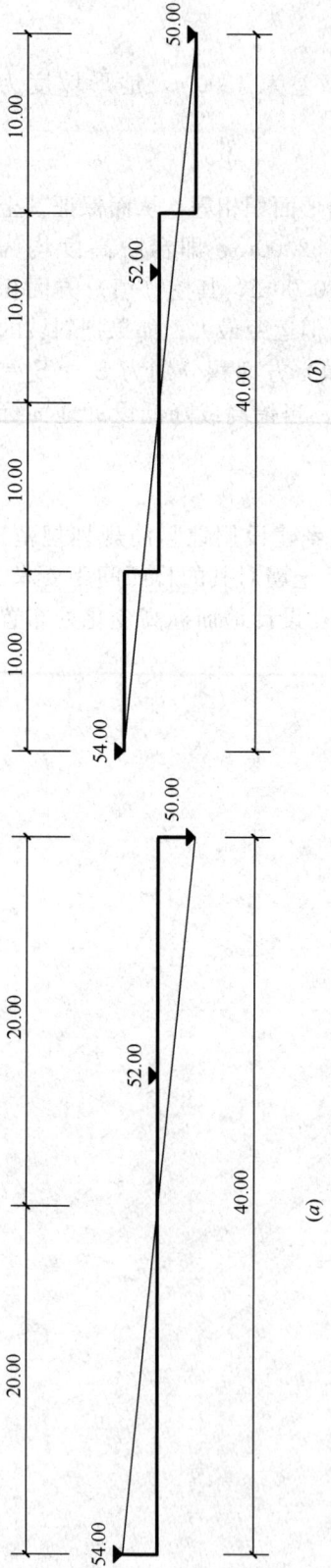

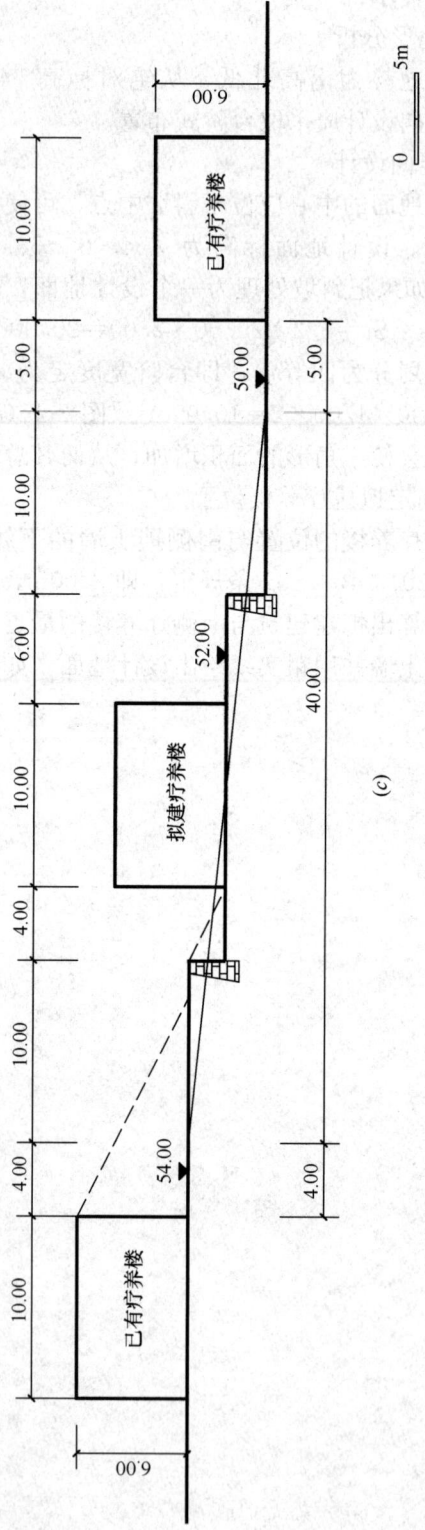

(a) 土方量最大且运距最大；(b) 土方量最小且运距最小；(c) 拟建疗养楼与南侧疗养楼的最近位置

图 2-4

【习题 2-3】（2008 年）

比例：见图 2-5。

单位：m。

设计条件：

某单位拟在保护建筑和城市道路之间布置一栋商住楼，场地断面现状如图 2-5 所示。

规划要求如下：

1. 商住楼的耐火等级为一级，底部裙房为商场且层高为 5.6m，二层以上为住宅，建筑限高为 50m，二者均退道路红线 8.0m。

2. 当视高 1.6m、1：2 仰角为视觉控制线时，在保护建筑的院里看不到拟建商住楼，拟建商住楼与保护建筑的距离为 12m。

3. 当地日照间距系数为 1.5。

4. 从教学楼南侧地面算起，城市道路两侧建筑物限高线的高宽比为 1：2。

任务要求：

1. 绘出场地剖面的最大可开发范围。

2. 在图上注出商住楼与保护建筑以及道路红线之间的有关距离及高度的尺寸。

3. 回答下列问题：

(1) 拟建商场与保护建筑的间距为 ［　　　］m。（4 分）

A 6.0 　　　　　　　 B 9.0 　　　　　　　 C 12.0

(2) 拟建住宅与保护建筑的距离为 ［　　　］m。（5 分）

A 12.0 　　　　　　　 B 18.0 　　　　　　　 C 24.0

(3) 拟建商住楼南侧待建最高点为 ［　　　］m。（4 分）

A 30.0 　　　　　　　 B 31.6

(4) 拟建商住楼北侧待建最高点为 ［　　　］m。（5 分）

A 44.0 　　　　　　　 B 50.0

选择题参考答案：

(1) C 　　　 (2) B 　　　 (3) B 　　　 (4) A

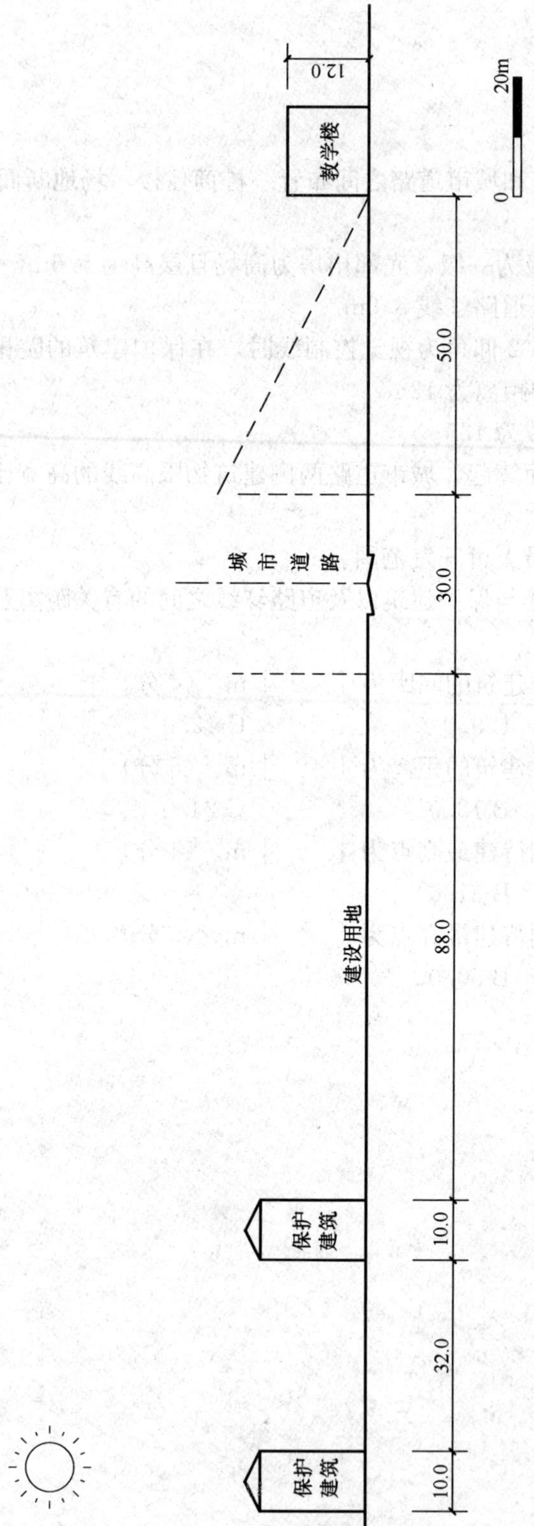
教学楼
12.0
20m
0
50.0
城市道路
30.0
建设用地
88.0
保护建筑
10.0
32.0
保护建筑
10.0
17.6

图 2-5

解答提示:

1. 建筑分类

建筑限高为 50m,拟建商住楼为高层建筑。

2. 防火间距

根据《建筑设计防火规范》GB 50016—2014 局部修订条文(2018 年版)第 5.2.2 条规定,商住楼的商场与保护建筑的防火距离为 6m,商住楼的住宅与保护建筑的防火距离为 9m。

3. 保护距离

保护建筑与周围建筑的距离为 12m,所以,商场与保护建筑的距离为 12m。

4. 日照间距

日照间距系数为 1.5,拟建住宅与保护建筑的距离为:(17.6−5.6)×1.5=18.0m,因此,拟建商住楼南侧待建最高点为:(32.0+10.0+18.0)/2+1.6=31.6m。

5. 建筑退界

拟建商住楼北侧后退道路红线 8m,因此,拟建商住楼北侧待建最高点为:(50.0+30.0+8.0)/2=44.0m。

拟建商住楼的最大可建范围如图 2-6 所示。

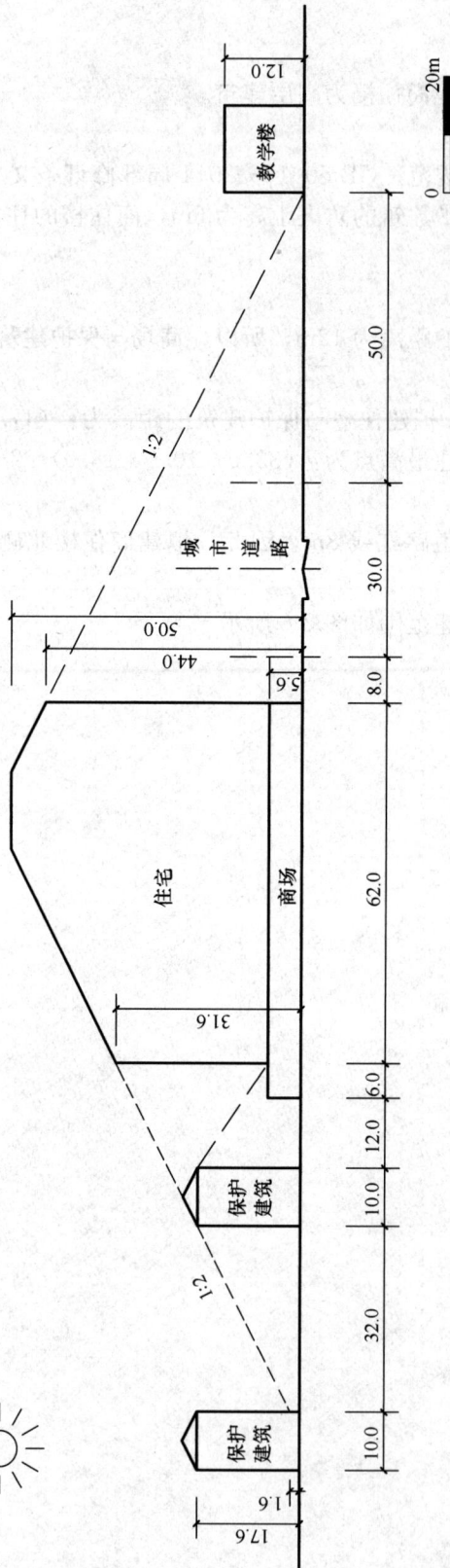

图 2-6

74

【习题 2-4】（2009 年）

比例：见图 2-7。

单位：m。

设计条件：

已知用地两端为已有边坡，其坡比为 1：2，场地内已有一座商场（高度为 9.0m），如图 2-7 所示。

规划要求如下：

1. 拟建一座 12 层住宅楼（高 36.0m，宽 12.0m）；

2. 当地住宅的日照间距系数为 2.0。

3. 拟建住宅楼与商场距离最近

任务要求：

1. 进行住宅的布置。

2. 布置消防车道和围墙（墙高 3.0m）。

3. 将场地再向外拓宽 7.0m 与已有护坡相接，设计坡比为 1：1。

4. 在图上注出商场、住宅、消防车道以及围墙的有关距离及高度尺寸。

5. 回答下列问题：

（1）商场和住宅的距离为〔   〕m。（6 分）

A 9.0   B 18.0

（2）住宅和围墙的最小距离为〔   〕m。（6 分）

A 9.0   B 9.05   C 10.0   D 10.5

（3）1：1 护坡水平投影长度为〔   〕m。（6 分）

A 6.0   B 7.0   C 8.0   D 9.0

选择题参考答案：

（1）B   （2）D   （3）B

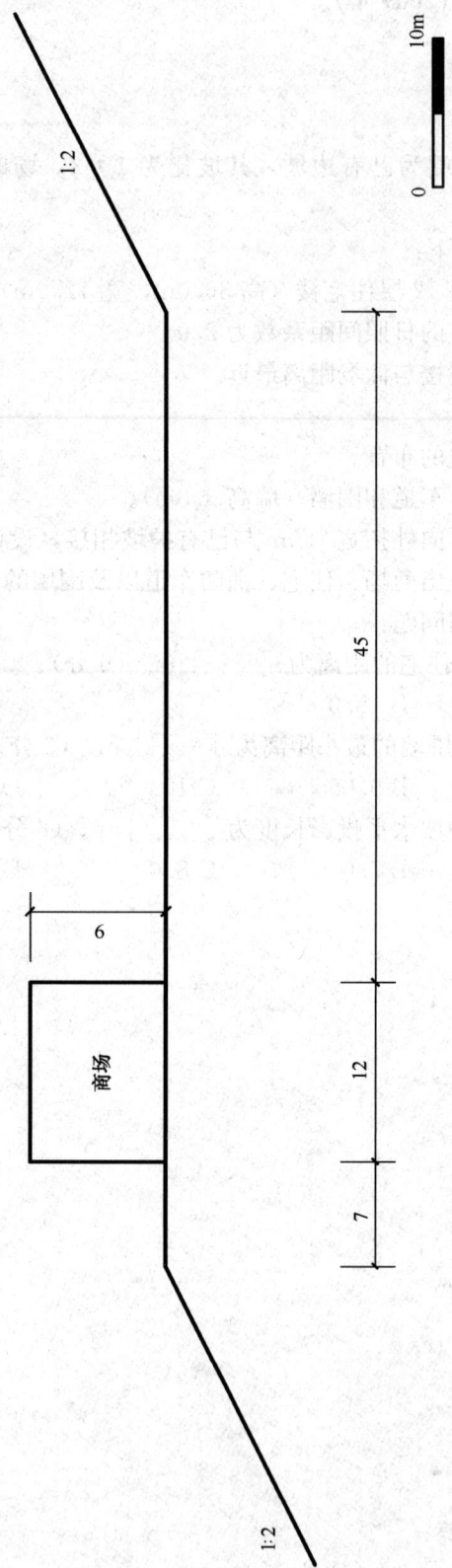

图 2-7

商场

6

7　12

45

1:2

1:2

0　10m

解答提示：

1. 日照间距

为满足拟建 12 层住宅的日照要求，与商场的距离为：9.0m×2.0＝18.0m。

2. 消防车道

根据《建筑设计防火规范》GB 50016—2014 局部修订条文（2018 年版）第 7.1.2 条规定，高层民用建筑的周围，应设环形消防车道。第 7.1.8 条规定，消防车道的宽度不应小于 4.00m，距建筑外墙不宜小于 5.00m。

3. 围墙

《城市居住区规划设计标准》GB 50180—2018 第 6.0.5 条规定，围墙面向道路时距离为 1.5m。

4. 边坡与护栏

根据《城乡建设用地竖向规划规范》CJJ 83—2016 第 8.0.4 条规定，相邻台地间高差大于 0.7m 时，宜在挡土墙顶或坡比值大于 0.5 的护坡顶设置安全防护设施。

用地红线内的商场、住宅、消防车道及围墙的间距和高度尺寸如图 2-8 所示。

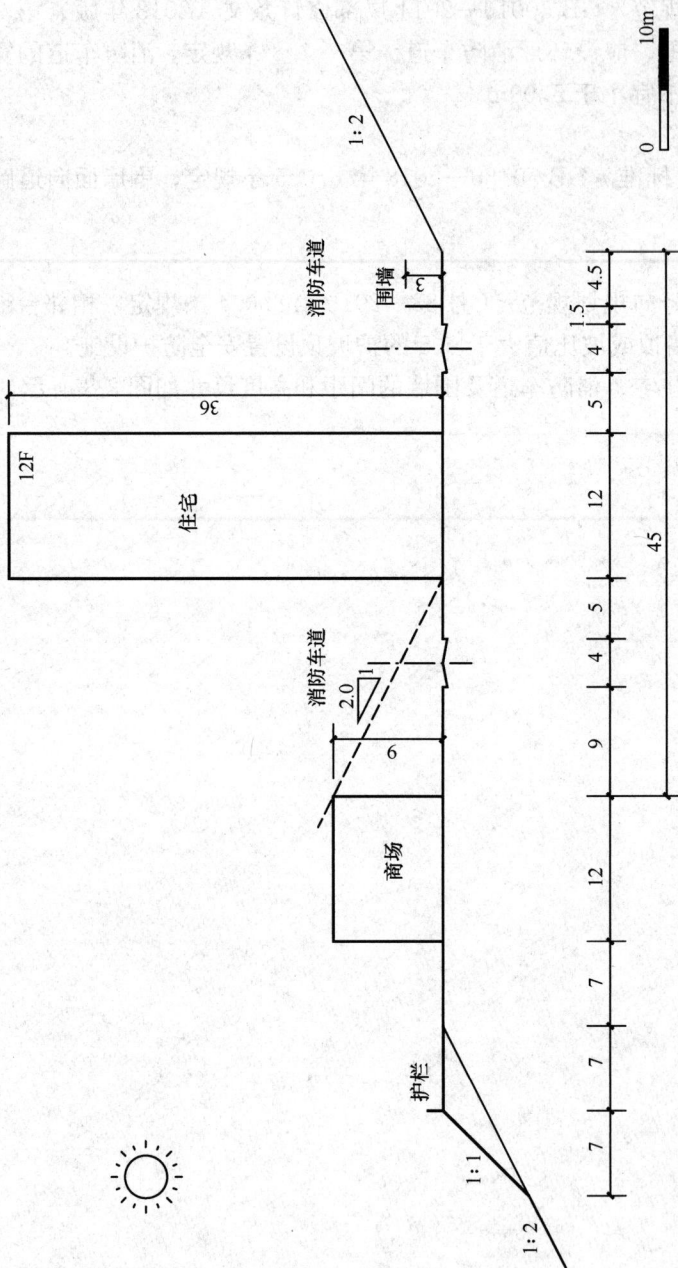

图 2-8

【习题 2-5】（2010 年）

比例：见图 2-9。

单位：m。

设计条件：

某场地剖面如图 2-9 所示，自南向北现状有保护性建筑、古树、商场、城市道路及 9 层住宅楼。保护性建筑耐火等级为三级，其他为二级。拟在保护建筑与古树间布置管理用房；在古树和城市道路之间布置会所、11 层住宅及 9 层住宅。

规划要求如下：

1. 管理用房与保护建筑距离最近；

2. 会所、11 层住宅及 9 层住宅要布置紧凑，并尽量远离古树和城市道路；

3. 当地日照间距系数为 1.5。

任务要求：

1. 在剖面图上，标注各个建筑物的水平距离。

2. 回答下列问题：

（1）拟建管理用房与保护性建筑的最小距离为 ［   ］m。（4 分）

A 6.0   B 7.0   C 9.0   D 13.0

（2）拟建住宅楼与城市道路的距离为 ［   ］m。（4 分）

A 10.5   B 11.5   C 12.5   D 13.5

（3）拟建住宅楼与古树的距离为 ［   ］m。（5 分）

A 22.0   B 33.0   C 40.0   D 43.0

（4）拟建会所与商场的距离为 ［   ］m。（5 分）

A 6.0   B 7.0   C 9.0   D 13.0

选择题参考答案：

（1）B   （2）B   （3）B   （4）A

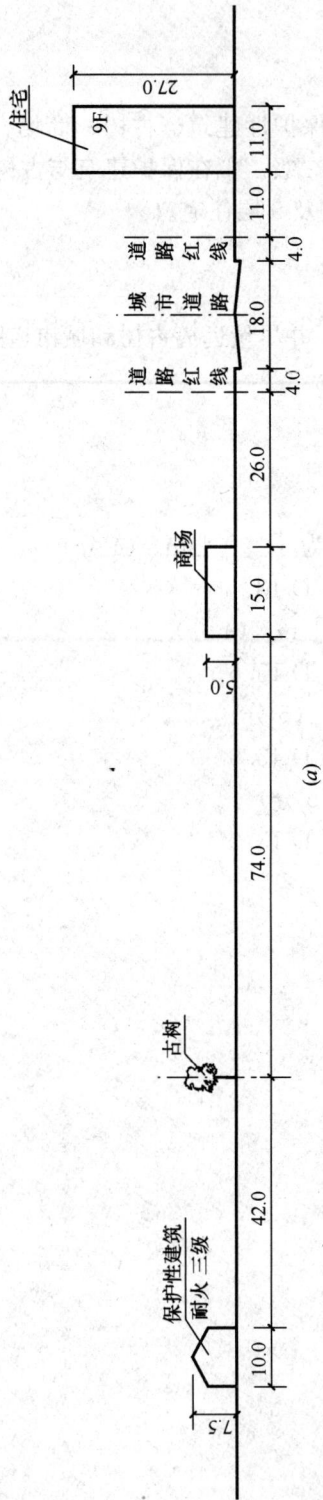

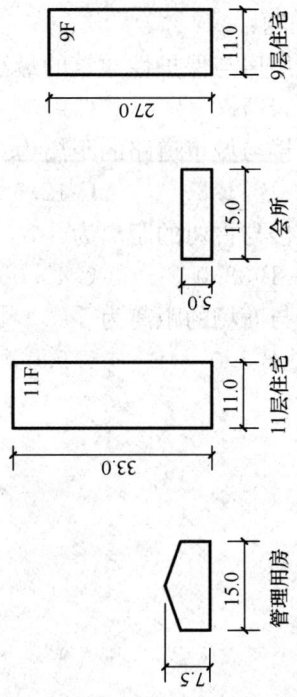

图 2-9

解答提示：

1. 建筑分类

已建保护性建筑、商场及已建9层住宅楼高27.0m为多层建筑；拟建管理用房、会所及拟建9层住宅楼为高27.0m多层建筑，拟建11层住宅楼高33.0m为高层建筑。

2. 管理用房布置

保护性建筑耐火等级三级，根据《建筑设计防火规范》GB 50016—2014局部修订条文（2018年版）第5.2.2条规定，管理用房与保护性建筑距离为7m。

3. 会所、拟建9层及11层住宅布置

因会所对日照无要求，为使会所、拟建9层及11层住宅布置紧凑，并离古树和城市道路最远，会所应位于已建商场以南，满足防火间距6m即可。

9层住宅及11层住宅均需考虑日照及防火间距，故两者应位于商场两侧。若11层住宅位于商场北侧，如图2-10（a），11层住宅与商场需同时满足日照距离（5×1.5＝7.5m）及防火间距（9m），拟建11层住宅与已建9层住宅实际距离为10＋18＋15＝43m，而两者日照间距应为33×1.5＝49.5m，故按图2-10（a）布置不能满足日照要求。

如图2-10（b），将11层住宅布置在会所南侧，9层住宅布置在已建商场北侧。拟建11层住宅与会所的防火间距为9m；拟建9层住宅与已建商场需同时满足日照距离（5×1.5＝7.5m）及防火间距（6m），即9层住宅与已建商场间距7.5m；拟建11层住宅与拟建9层住宅日照间距应为33×1.5＝49.5m，而两者实际距离为9＋15＋6＋15＋7.5＝52.5m，即满足日照间距；拟建9层住宅与已建9层住宅日照间距应为27×1.5＝40.5m，而实际距离为11.5＋18＋15＝44.5m，即满足日照间距。

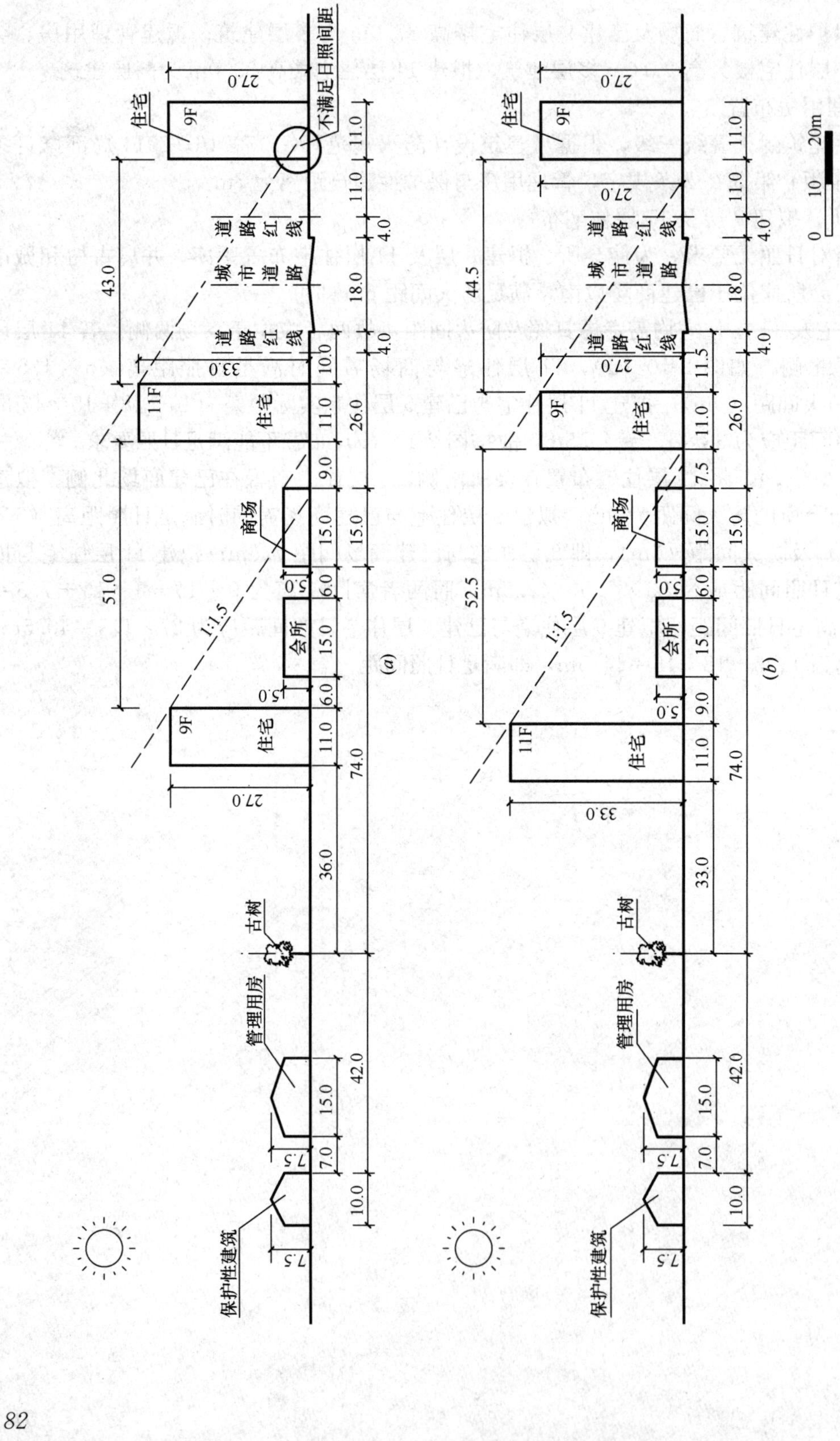

图 2-10

【习题 2-6】（2011 年）

比例：见图 2-11。

单位：m。

设计条件：

某场地剖面如图 2-11（*a*）所示，自南向北现状有保留建筑、城市道路及已建商住楼。在保留建筑及已建商住楼之间场地上拟建住宅楼及商住楼各一栋，其剖面及局部尺寸见图 2-11（*b*）。拟建商住楼一、二层为商业，层高 4.5m；拟建住宅层高均为 3.0m。保留建筑、已建建筑及拟建建筑均为条形建筑，正南北向布置，耐火等级多层为二级，高层为一级。

规划要求如下：

1. 该地段建筑限高为 45.0m，拟建建筑后退道路红线不小于 15.0m。

2. 当地住宅建筑的日照间距系数为 1.5。

3. 拟建建筑的建设规模最大。

任务要求：

1. 根据设计条件在场地剖面图上绘出拟建建筑物，标注各建筑物之间及建筑物与道路红线之间的距离，并标注建筑层数、高度及相关尺寸。

2. 回答下列问题：

（1）拟建住宅楼与保留建筑的间距为 [　　] m。（4 分）

A 6.0　　　　B 9.0　　　　C 13.0　　　　D 15.0

（2）拟建住宅楼与拟建商住楼的间距为 [　　] m。（4 分）

A 54.0　　　　B 58.5　　　　C 60.0　　　　D 67.5

（3）拟建住宅楼的层数为 [　　] 层。（5 分）

A 12　　　　B 13　　　　C 14　　　　D 15

（4）拟建商住楼中住宅部分的层数为 [　　] 层。（5 分）

A 7　　　　B 10　　　　C 12　　　　D 14

选择题参考答案：

（1）B　　（2）A　　（3）D　　（4）C

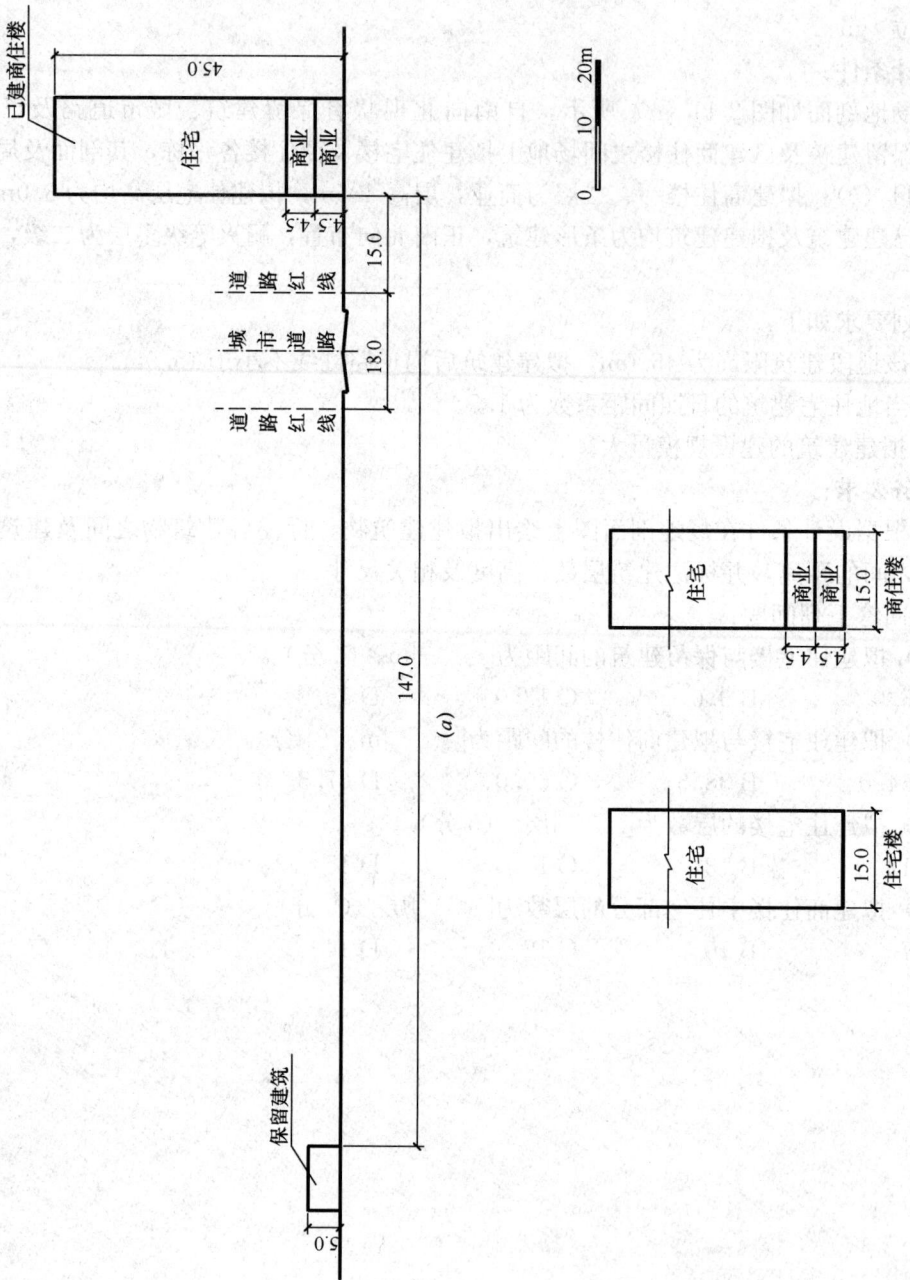

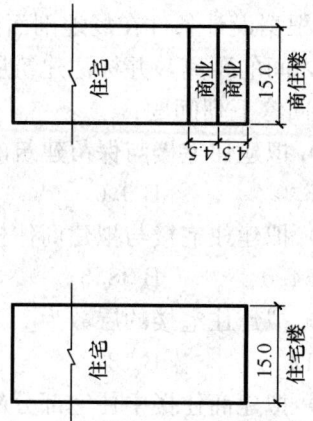

图 2-11

解答提示：

1. 建筑分类

保留建筑高 5.0m，为多层建筑；已建商住楼高 45.0m，为高层建筑。

2. 拟建商住楼布置及层数

拟建商住楼中的商业不考虑日照要求，故将拟建商住楼布置在拟建住宅楼北侧。因规划要求建筑限高为 45m，日照间距系数为 1.5，考虑拟建建筑建设的最大规模，故沿已建商住楼标高 9.0m 处作 1：1.5 的日照分析辅助线（图 2-12），与 45.0m 限高分析辅助线相交，在交点处布置拟建商住楼。拟建商住楼中住宅的层数为（45−2×4.5）÷3＝12。拟建商住楼与道路红线相距 21m，满足题目中后退道路红线 15m 的要求。

3. 拟建住宅楼布置及层数

同理，沿拟建商住楼标高 9.0m 处作 1：1.5 的日照分析辅助线（图 2-12），与 45.0m 限高分析辅助线相交，在交点处布置拟建住宅楼。拟建住宅楼层数为 45÷3＝15。

4. 校核防火间距及日照间距

按照上述布置，拟建住宅楼与保留建筑间距为 9.0m，满足高层建筑与耐火等级二级的多层建筑的防火要求。拟建住宅楼、拟建商住楼与已建商住楼均为高层建筑，防火间距均为 13m，上述布置方式满足防火要求。

保留建筑高 5.0m，与其北侧的日照间距为 5.0m×1.5＝7.5m＜9.0m，故满足日照要求。

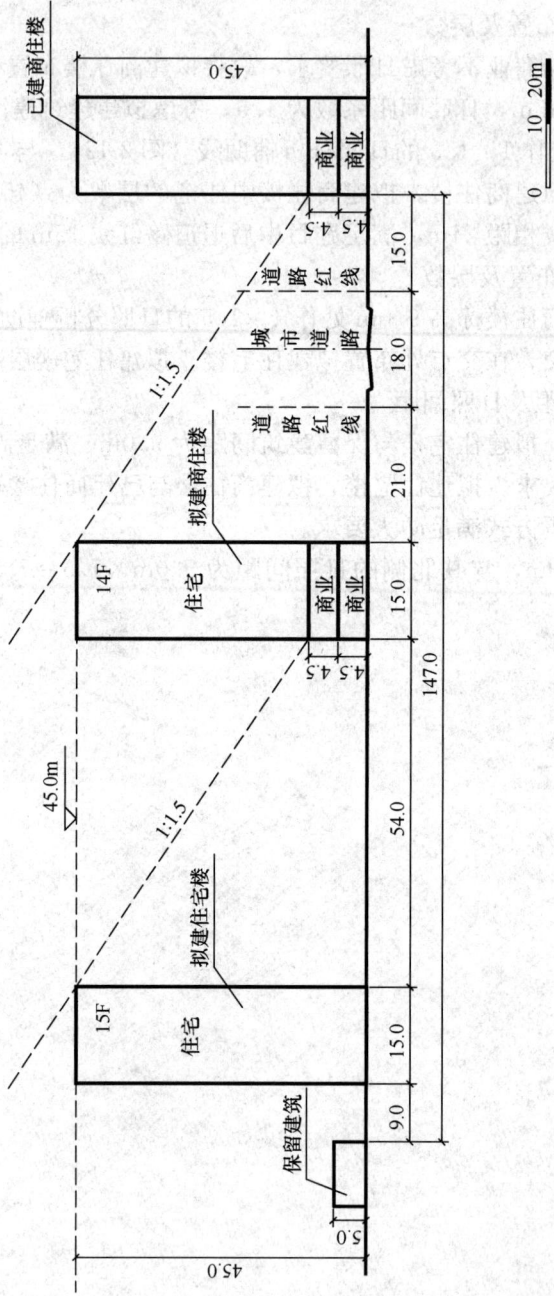

图 2-12

【习题 2-7】（2012 年）

比例：见图 2-13。

单位：m。

设计条件：

某场地剖面如图 2-13 所示，自南向北有城市道路、已建 10 层商住楼及 80m 高观光塔。在城市道路与已建 10 层商住楼之间拟建一栋商业楼，层高为 4.5m、平屋面（室内外高差及女儿墙高度不计）。拟建商业楼及已建商住楼均为条形建筑，正南北向布置，耐火等级不低于二级。

规划要求如下：

1. 拟建商业楼后退道路红线不小于 15.0m。

2. 当地住宅建筑的日照间距系数为 1.5。

3. 在城市道路人行道上视点高 1.5m 处可看到观光塔上部的 1/4 段。

4. 拟建商业楼的建设规模最大。

任务要求：

1. 根据设计条件在场地剖面图上绘出拟建商业楼的剖面最大可建层数范围（用 ▨ 表示），并标注相关尺寸，计算一、二层剖面面积。

2. 回答下列问题：

（1）拟建商业楼与已建 10 层商住楼的间距为〔　　〕m。（4 分）

A 6.0   B 9.0   C 11.0   D 13.0

（2）拟建商业楼的层数为〔　　〕层。（4 分）

A 2   B 3   C 4   D 5

（3）拟建商业楼一层剖切面的面积约为〔　　〕m^2。（5 分）

A 167.5   B 184.5   C 195.5   D 198.5

（4）拟建商业楼二层剖切面的面积约为〔　　〕m^2。（5 分）

A 167.5   B 184.5   C 195.5   D 198.5

选择题参考答案：

（1）B   （2）C   （3）B   （4）B

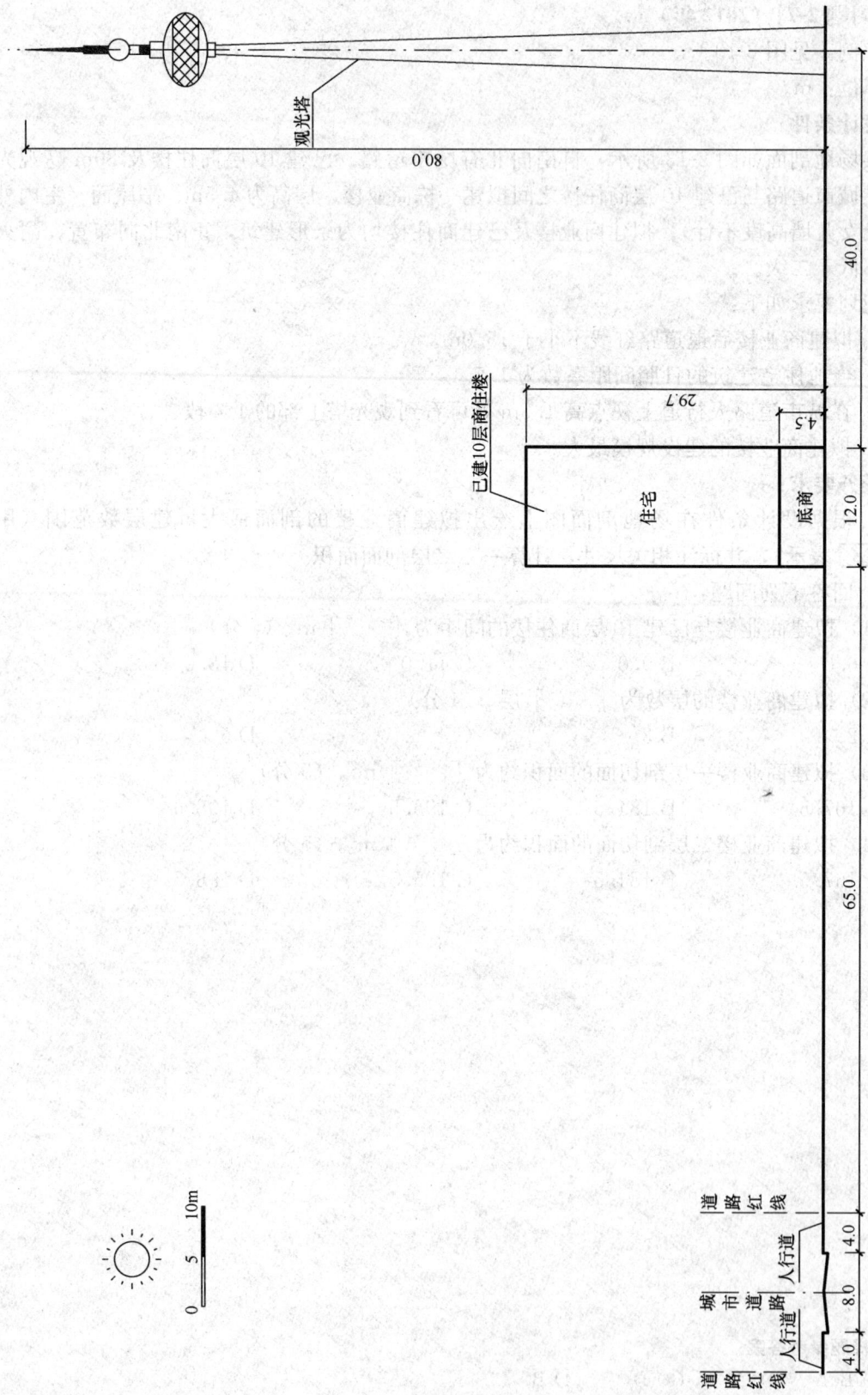

图 2-13

解答提示：

1. 建筑分类

拟建建筑为商业楼，根据《建筑设计防火规范》GB 50016—2014 局部修订条文（2018 年版）第 5.1.1 条规定，已建 10 层商住楼总高度 29.7m，属高层建筑。

2. 拟建商业楼布置及层数

首先，分析视线要求。题目要求在城市道路人行道视点高 1.5m 处可看到观光塔上部的 1/4 段（即 20m），故在城市道路北侧人行道边缘做 1.5m 高的视点，在此视点上，应能看到观光塔塔高的 60~80m 段，故连接此视点及塔高 60m 的点构成视线，拟建商业楼高度不能高于此视线。

其次，分析日照要求。已建 10 层商住楼中底商无日照要求，日照间距系数为 1.5，考虑拟建商业楼建设的最大规模，故沿已建商住楼标高 4.5m 处做 1：1.5 的日照分析辅助线，拟建商业楼高度不能高于此日照分析辅助线。

再次，分析退界要求。题目要求拟建商业楼退后道路红线 15.0m，故在后退道路红线 15.0m 处做出退界分析辅助线。

最后，分析防火要求。为了拟建商业楼的规模最大，假设拟建商业楼为多层，与北侧已建 10 层商住楼防火间距为 9.0m，故在距已建 10 层商住楼 9.0m 处做出防火间距分析辅助线。

在上述视线、日照分析辅助线、退界分析辅助线及防火间距分析辅助线控制范围内，按照 4.5m 层高由下向上绘出商业楼，可绘出 4 层商业楼，总高度 $4 \times 4.5m = 18.0m$，为多层，与之前假设相符。

商业楼一层和二层剖切面积均为：$41 \times 4.5 = 184.5（m^2）$。

拟建商业楼场地剖面及相关尺寸如图 2-14 所示。

3. 评分标准

序号	考核内容	分值	正确选项	试卷选项	人工复核扣分内容
1	间距：9m	4	B		（1）图示错误、图示不符（-4）
					（2）图示正确，漏注尺寸（-0.5）
2	层数：4 层	4	C		（1）图示错误、图示不符（-4）
					（2）可见范围没有退台（-1）、退台不全（-0.5）（层数不是四层属图示不符）
3	一层剖面面积：184.5m²	5	B		（1）图示错误、图示不符（-5）
					（2）后退道路红线错误（-2）
					（3）观光塔视线错误（-2）
4	二层剖面面积：184.5m²	5	B		（1）图示错误、图示不符（-5）
					（2）已建商住楼日照线错误（-3）（图示正确已建商住楼日照线未画不扣分）

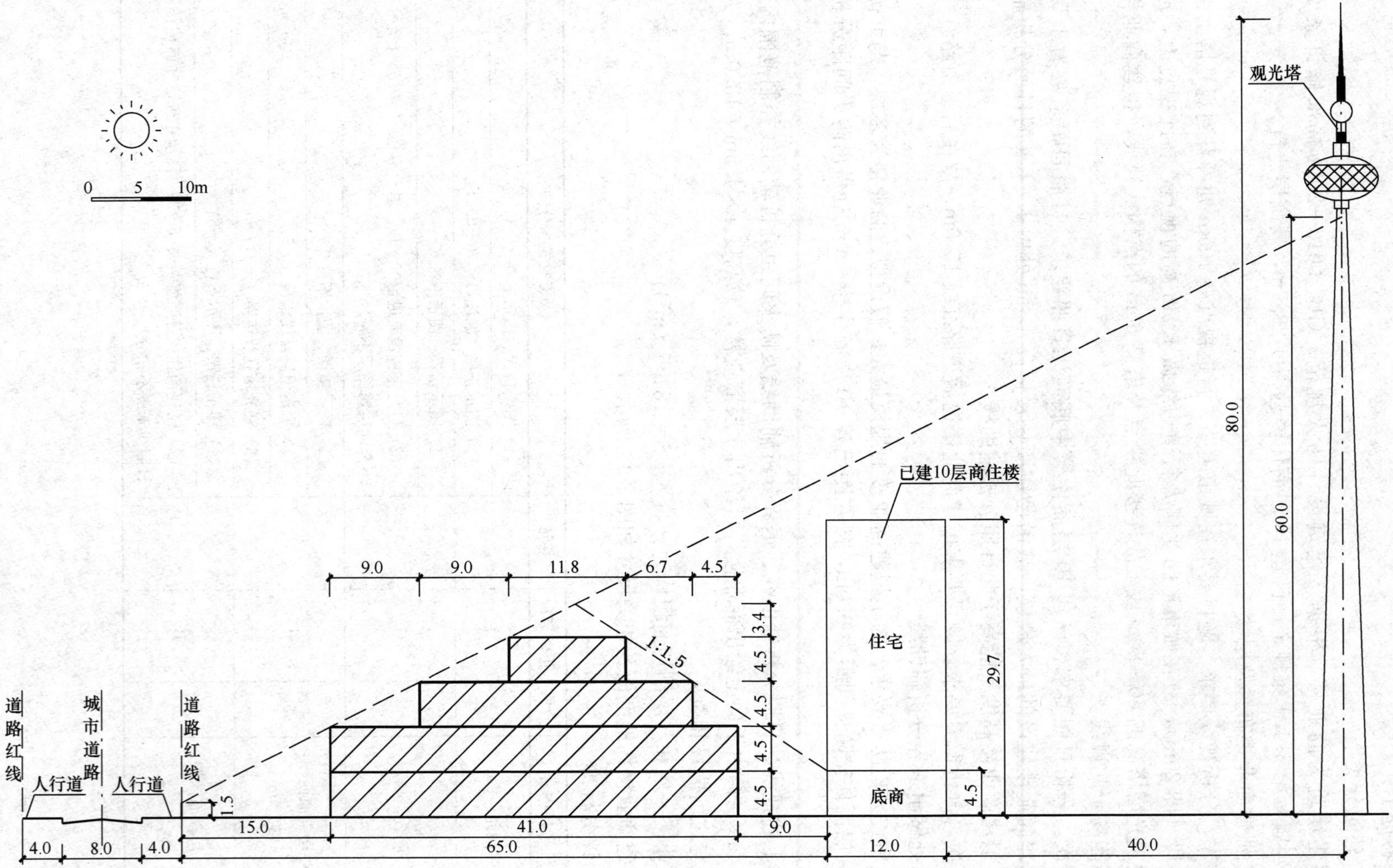

图 2-14

【习题 2-8】（2013 年）

比例：见图 2-15。

单位：m。

设计条件：

某丘陵地区养老院的场地剖面如图 2-15（a）所示，场地南侧为已建 11 层老年公寓楼，其中一、二层为活动用房；场地北侧为已建 5 层老年公寓楼，其中一层为停车库。在上述两栋建筑间拟建 2 层服务楼、9 层老年公寓楼各一栋，如图 2-15（b）所示，并在同一台地上设置一块室外集中场地。

规划要求如下：

1. 不允许对原有地形进行改造，拟建建筑不允许布置在坡地上。

2. 建筑退场地 A 点不小于 12m。

3. 当地老年公寓日照间距系数为 1.5。

4. 已建及拟建建筑均为正南北方向布置，耐火等级均为二级。

5. 室外集中场地最大，且应有良好的日照条件。

任务要求：

1. 在场地剖面上绘出拟建建筑物，并标注拟建建筑与已建建筑之间的相关尺寸。

2. 回答下列问题：

（1）拟建建筑与已建 11 层老年公寓楼之间的最近距离为〔   〕m。（6 分）

A 6   B 9   C 57   D 63

（2）室外集中场地的进深为〔   〕m。（6 分）

A 45   B 57   C 63   D 67.5

（3）拟建建筑与已建 5 层老年公寓楼之间的最近水平距离为〔   〕m。（6 分）

A 36   B 54   C 58.5   D 91.5

选择题参考答案：

（1）B   （2）C   （3）C

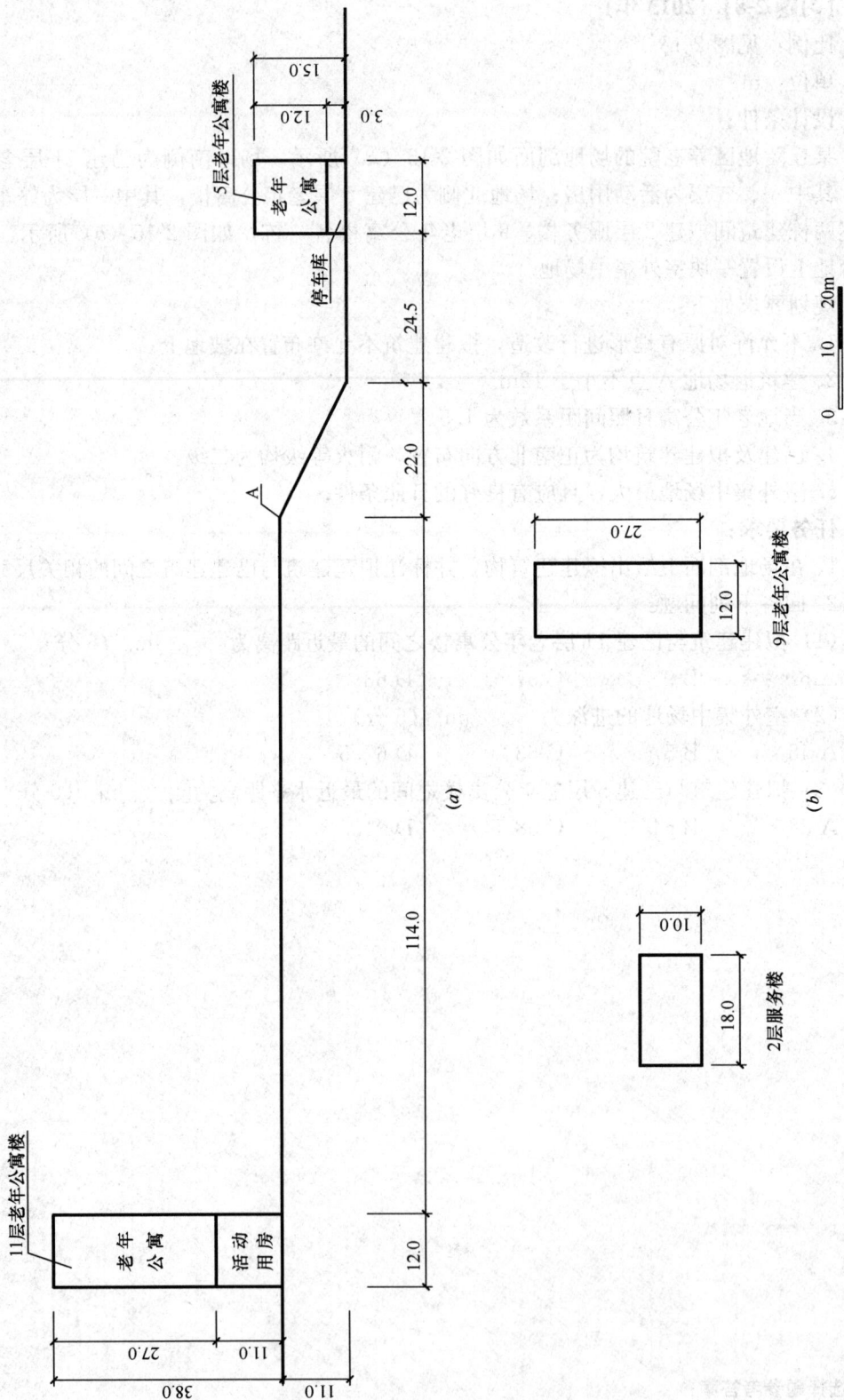

图 2-15

解答提示：

1. 建筑分类

老年公寓楼属非住宅类居住建筑，按照《建筑设计防火规范》GB 50016—2014 局部修订条文（2018 年版）表 5.1.1 注 2 规定，公寓楼的防火间距应按公共建筑控制。已建 11 层老年公寓楼高 38.0m 为高层建筑，已建 5 层老年公寓楼高 15.0m 为多层建筑，拟建 9 层老年公寓楼高 27.0m 为高层建筑，拟建 2 层服务楼高度为 10m，为多层建筑。

2. 建筑布置

若将拟建 2 层服务楼布置在 5 层老年公寓楼以南，坡地以北处，则拟建 2 层服务楼与已建 5 层老年公寓日照间距为（10－3）×1.5＝10.5m。拟建 2 层服务楼水平占地为 18m，故 10.5＋18.0＝28.0m＞24.5m，因题目要求不能破坏原有地形，也不能将拟建建筑布置在坡地上，故拟建 2 层服务楼不能布置在 5 层老年公寓楼以南，坡地以北处。

若将拟建 2 层服务楼布置在拟建 9 层老年公寓楼以北，考虑到题目要求室外集中场地最大，将拟建 2 层服务楼布置在 A 点以南 12m 处。拟建 9 层老年公寓楼布置于拟建 2 层服务楼以南，防火间距为 9m。此时，拟建 9 层老年公寓楼与已建 11 层老年公寓楼之间的室外集中场地距离为 63m，如图 2-16（a）所示。从图中可知，在这种情况下，室外集中场地大部分处于已建 11 层老年公寓楼日照阴影范围中。

若将拟建 2 层服务楼布置在拟建 9 层老年公寓楼以南，如图 2-16（b）所示，拟建 9 层老年公寓楼布置在 A 点以南 12m 处。考虑到题目要求室外集中场地最大且日照条件最优，将 2 层服务楼布置在已建 11 层老年公寓楼以北的日照阴影区内，防火间距为 9m。此时，室外集中场地距离为 63m，相对前述布置方案，拥有良好的日照条件。

故最终布置方案如图 2-16（b）所示。

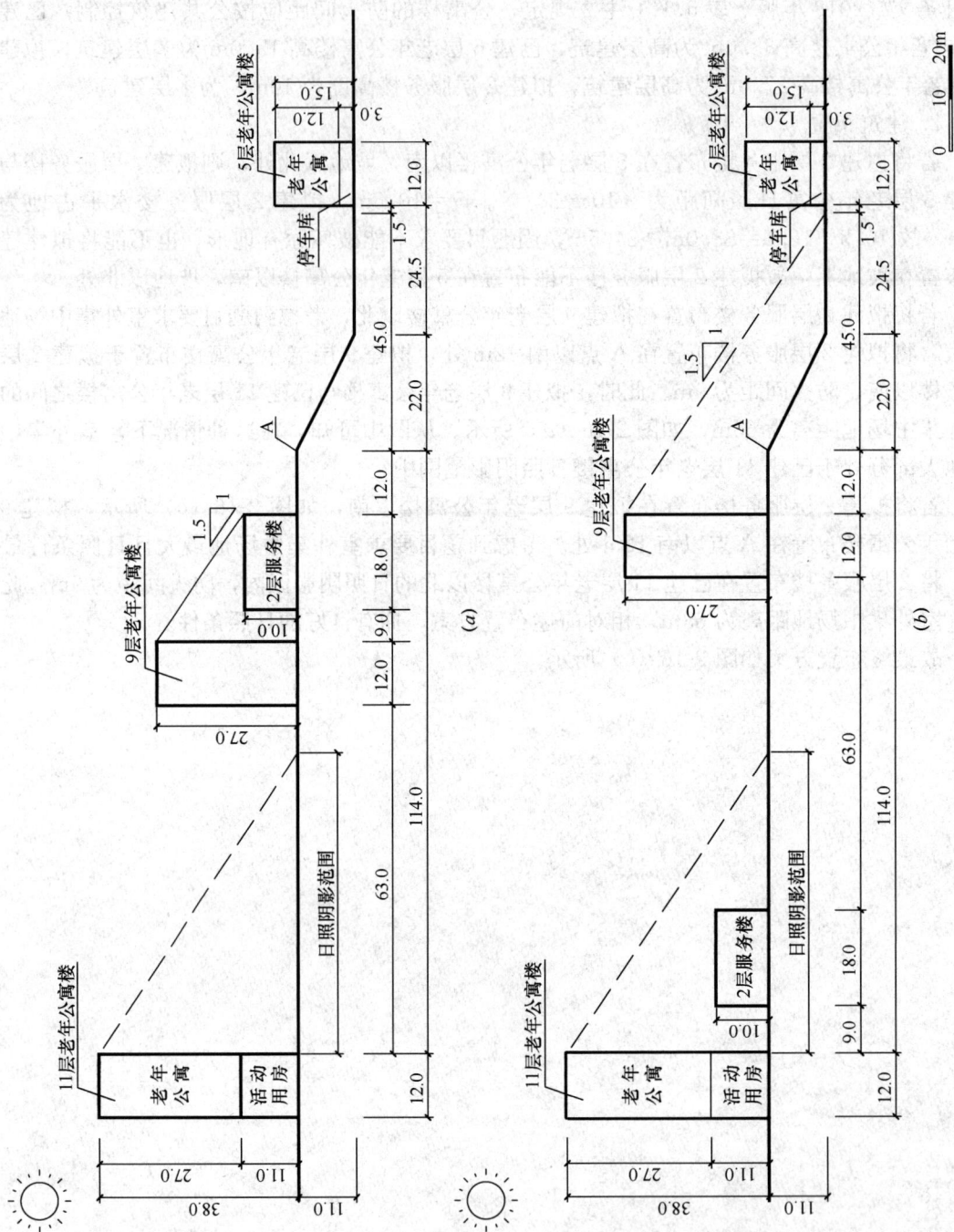

图 2-16

【习题2-9】（2014年）

比例：见图2-17。

单位：m。

设计条件：

某医院用地内有一栋保留建筑，用地北侧有一栋三层老年公寓，场地剖面如图2-17（a）所示。拟在医院用地内A、B点之间进行改、扩建，保留建筑改建为门、急诊楼，拟建一栋贵宾病房楼、一栋普通病房楼。普通病房楼底层作为医技用房，二层及以上作为普通病房。贵宾病房楼为4层，建筑层高均为4.0m，总高度16.0m；普通病房楼底层层高5.5m，二层及以上建筑层高均为4.0m，层数通过作图确定，拟建建筑剖面如图2-17（b）所示。

规划要求如下：

1. 拟建建筑高度计算均不考虑女儿墙高度及室内外高差，建筑顶部不设置退台。

2. 建筑物退界，多层建筑退场地变坡点A不小于5.0m，高层建筑退场地变坡点A不小于8.0m。

3. 当地病房建筑、老年公寓建筑日照间距系数为2.0，保留建筑及拟建建筑均为条形建筑且正南北向布置，耐火等级均为二级。

4. 应满足国家有关规范要求。

任务要求：

1. 在场地剖面上绘出贵宾病房楼及普通病房楼的位置，使两栋病房楼间距最大且普通病房楼层数最多，并标注拟建建筑与保留建筑之间的相关尺寸。

2. 回答下列问题：

（1）拟建建筑与A点的间距为〔　　〕m。（6分）

A 5.0　　　　　B 6.0　　　　　C 7.0　　　　　D 8.0

（2）贵宾病房楼与普通病房楼的间距为〔　　〕m。（6分）

A 21.0　　　　B 22.0　　　　C 25.0　　　　D 28.0

（3）普通病房楼的高度为〔　　〕m。（6分）

A 41.5　　　　B 45.5　　　　C 49.5　　　　D 53.5

选择题参考答案：

（1）A　　　（2）B　　　（3）B

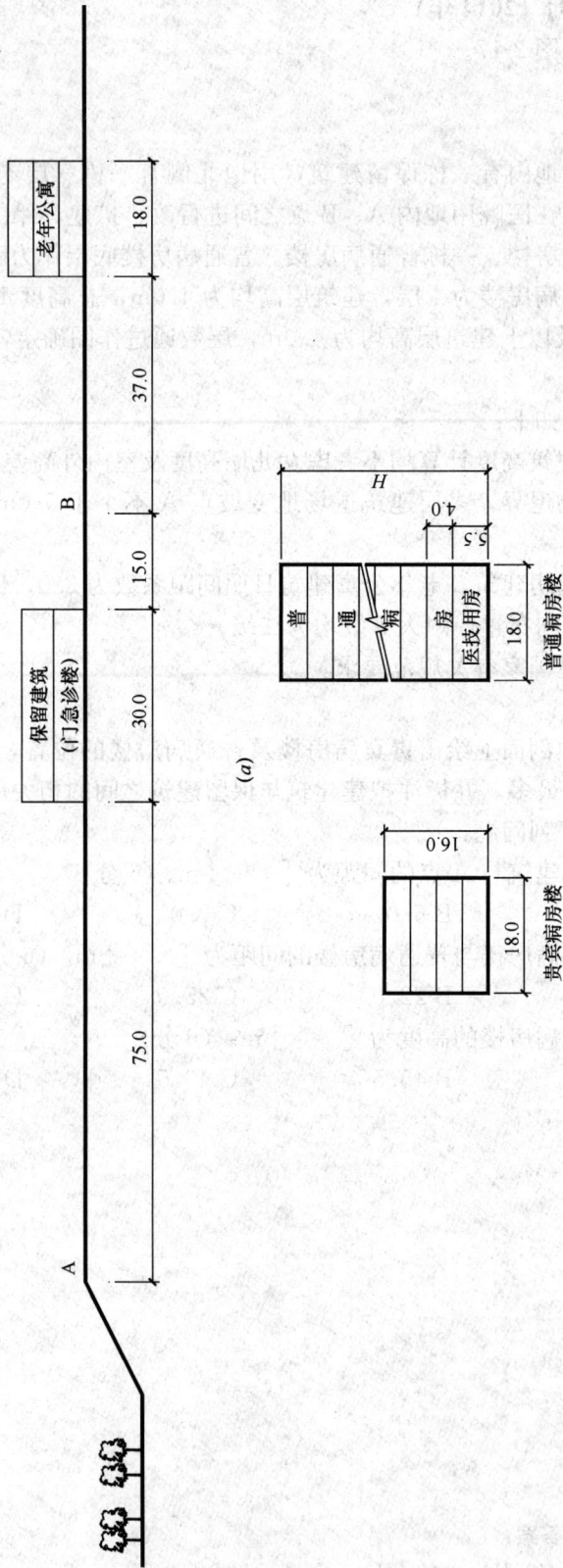

（a）

（b）

图 2-17

解答提示:

1. 建筑分类

保留建筑（门急诊楼）及老年公寓楼为多层建筑。拟建贵宾病房楼为公共建筑，建筑高度 16.0m 为多层建筑。拟建普通病房楼暂按高层建筑对待。

2. 建筑布置

贵宾病房楼及普通病房楼皆有日照要求，且考虑普通病房楼层数最多，普通病房楼应布置在贵宾病房楼以北。

欲使贵宾病房楼与普通病房楼间距最大，故将贵宾病房楼布置在 A 点以北 5.0m 处。考虑老年公寓楼的日照要求，应将普通病房楼布置在保留建筑（门急诊楼）以南。根据《综合医院建筑设计规范》GB 501039—2014 第 4.2.6 条规定，病房楼建筑的前后间距应满足日照和卫生间距要求，且不宜小于 12m。故普通病房楼与保留建筑（门急诊楼）间距为 12.0m，普通病房楼与贵宾病房楼间距为 22.0m。

普通病房楼不考虑女儿墙及室内外高差，且顶部不设置退台，当其为 11 层时，即高度为 5.5＋4.0×10＝45.5m 时，普通病房楼与老年公寓间需满足的日照间距为 45.5×2.0＝91.0m；实际距离 94.0m，按照上述布置，可满足日照要求。

两栋病房楼日照间距需满足日照间距（16.0－5.5）×2.0＝21.0（m）；实际距离 22.0m，按照上述布置，可满足日照要求。

场地布置剖面如图 2-18 所示。

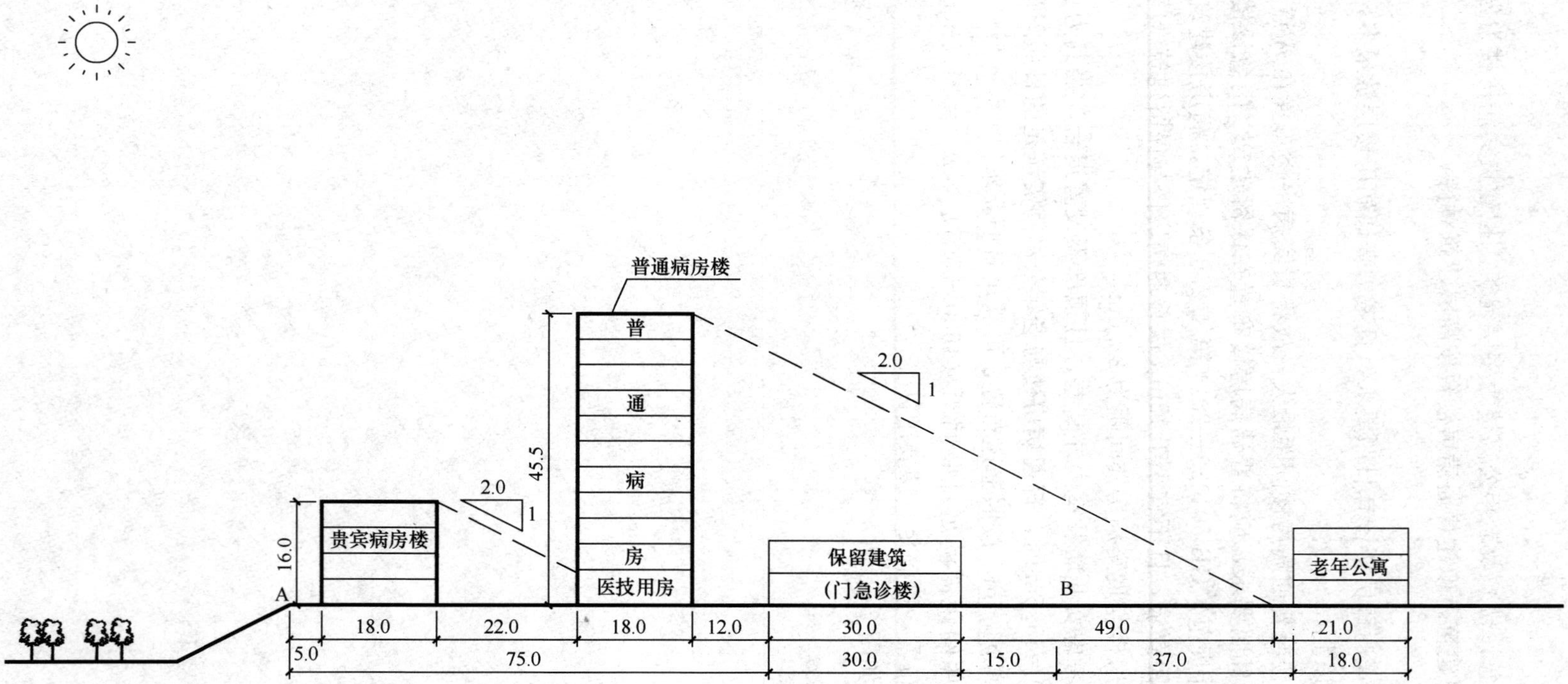

图 2-18

第三章　场　地　地　形

【考核点】

1. 等高距和等高线间距；
2. 场地设计标高；
3. 边坡及挡土墙；
4. 竖向设计表示方法——设计标高法、设计等高线法；
5. 排水设施布置——雨水口、排水沟；
6. 零线和土方平衡。

第一节　基　本　知　识

一、地形图应用

1. 等高距和等高线间距

地形图上相邻两条等高线间的高差称为等高距（h），如图 3-1（a）。在同一幅地形图上，等高距是相同的。地形图上等高距的选择与比例尺及地面坡度有关（表 3-1）。

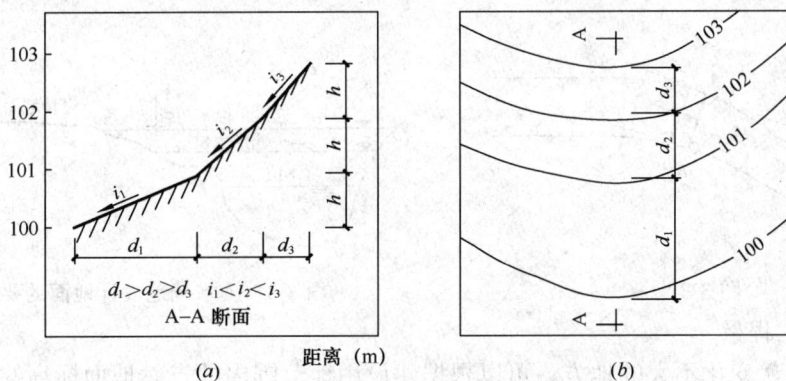

图 3-1　等高距与等高线间距

（a）等高距 h；（b）等高线间距 d

地形图的等高距　　　　　　　　　　表 3-1

地面倾角	比例尺				备注
	1：500	1：1000	1：2000	1：5000	等高距为 0.5m 时，特征点高程可注至 cm，其余均注至 dm
0°～6°	0.5m	0.5m	1m	2m	
6°～15°	0.5m	1m	2m	5m	
15°以上	1m	1m	2m	5m	

地形图上相邻两条等高线之间的水平距离称为等高线间距，如图 3-1 中的 d_1、d_2 和 d_3 所示。在同一幅地形图上，等高线间距与地面坡度成反比。如图 3-1，等高线间距（d_1）越大则地面坡度（i_1）越小；间距（d_2、d_3）越小则坡度（i_2、i_3）越大。

2. 坡度分析

根据上述等高距与等高距之间的关系，可分析地形图中规定坡度的范围。首先，根据所要分析的坡度 i，按照公式 3-1 求得所对应坡度 i 的等高线间距 d。

$$d = \frac{h}{iM} \tag{3-1}$$

式中　d——与坡度 i 相对应的等高线间距（m）；

　　　h——等高距（m）；

　　　i——要求分析的坡度值；

　　　M——所用地形图的比例尺分母数。

其次，在地形图上截取对应长度 d 的等高线间距。如图 3-2 所示，以 A 点和 B 点做相应等高线的切线，两条切线与 AB 所成的夹角 α 和 β 应近似相等（也可近似为 AB 与等高线的夹角相等），此时，线段 AB 为通过 A、B 两点的相应等高线间距，当 AB 的长度与对应坡度 i 的等高线间距 d 相同时，所对应的坡度即为 i。

二、设计地面的标高

设计地面的标高是指经过场地整平形成的设计地面的控制性高程。

1. 防洪排涝

进行滨水场地设计时，应保证场地设计地面的标高高出设计频率洪水位及涌浪高 0.5m 以上，如图 3-3 所示；否则应有有效的防洪措施。设计洪水位视建设项目的规模、使用年限确定。

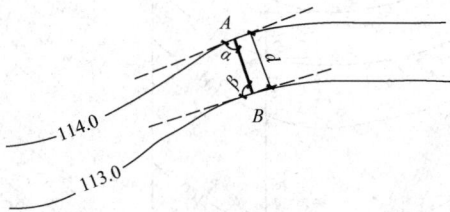

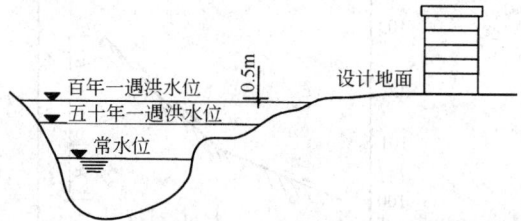

图 3-2　　　　　　　　　　图 3-3　滨水场地设计地面的要求

2. 土方工程量

在地形起伏变化不大的地方，可以根据建设用地范围内的自然地面标高的平均值初步确定设计地面的标高；否则，应充分利用地形，适当地加大设计地面的坡度，反复调整设计地面标高，使设计地面尽可能地与自然地面接近，两者形成的高差较小，才能减少土石方工程量、支挡构筑物和建筑基础的工程量。

3. 城市下水管道接入点标高

面积较大的平坦场地，由于地势平坦，重力自流管线又有纵坡的关系，场地雨水和污水排水口的标高可能比较低，如果低于城市下水井接入点的标高，场地的雨水和污水就不能顺利排放。

4. 地下水位高低

地下水较高的地段不宜挖方，减少处理地下水位造成的防水施工费用；地下水较低的地段，可考虑适当挖方，以获得较高地耐力，减少基础埋深。

5. 环境景观要求

在场地平整中，应根据环境景观的不同要求来采取不同措施。

6. 当场地与城市道路相临时，用地红线处的标高应高出城市道路中心线标高0.20～0.40m。

三、室内外地坪标高

1. 建筑物室内地坪标高

建筑物室内地坪标高是指±0.00平面的标高。

2. 建筑物室外地坪标高

室外场地的设计标高是指散水坡脚处地面标高（图3-4）。

3. 建筑物室内外地坪高差

一般应根据各种建筑物的使用性质、出入口要求、场地地形和地质条件等因素确定，其室内外最小高差见表3-2。含有地下室的建筑物，其室内地坪标高一般应比室外地坪高0.5m，以免雨水倒灌。

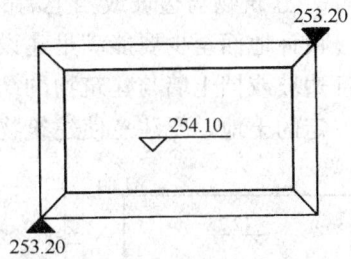

图3-4 建筑物室内、室外设计标高（单位：m）

建筑物室内外地坪的最小高差 表3-2

建 筑 类 型	最小高差（m）	建 筑 类 型	最小高差（m）
宿舍、住宅	0.15～0.75	学校、医院	0.30～0.90
办 公 楼	0.50～0.60	重载仓库	0.15～0.30

4. 确定方法

当自然地形较为平坦不进行场地平整，且建筑长度不是很长时，建筑物的室内地坪标高取地形的最高点标高加建筑物室内外地坪的最小高差确定，建筑物室外散水坡脚标高根据地形图直接读取；当建筑群两端的地形标高落差较大时，取地形标高的平均值加上建筑物室内外地坪的最小高差确定，同时做好高处排水沟。如果进行了场地平整，建筑物的室外地坪（散水坡脚）标高就等于设计地面标高，建筑物室内地坪标高的确定可根据最高点、平均值或最低处标高加上建筑物室内外地坪的最小高差确定。

5. 各设计标高之间的协调

一般的应使道路设计标高低于建筑物室外地坪标高，满足场地不积水的要求即可。

四、设计地面与自然地面的连接

1. 边坡

边坡是一段连续的斜坡面。为了保证土体和岩石的稳定，斜坡面必须具有稳定的坡度，称为边坡坡度，一般用高宽比表示，见图3-5。

2. 挡土墙

挡土墙是主要承受土压力，防止土体塌滑的墙式构筑物，多用砖、毛石和混凝土建造。当设

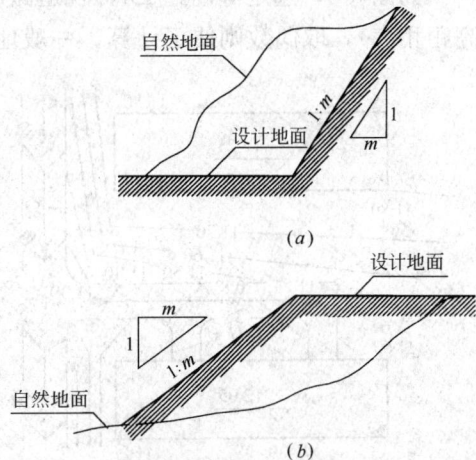

图3-5 边坡坡度
(a)挖方边坡；(b)填方边坡

计地面与自然地形之间有一定高差时，设坡后的陡坎，或处在不良地质处，或易受水流冲刷而坍塌或有滑动可能的边坡，当采用一般铺砌护坡不能满足防护要求时，或用地受限制的地段，宜设置挡土墙。

3. 建筑物与边坡或挡土墙的距离要求

设计地面至少要能满足建设项目的使用和所有设施的布置，在有边坡或挡土墙时还要保证边坡或挡土墙与建筑物的结构安全距离。因为，不论是边坡或挡土墙，其本身都会占用一定的土地，要注意使建筑物距离边坡或挡土墙一段距离，以保证场地的安全。

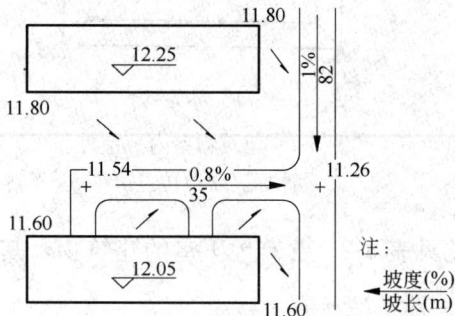

图 3-6　设计标高法

五、竖向设计表示方法

1. 设计标高法

设计标高法也称高程箭头法，根据地形图上所指示的地面高程，确定道路控制点（起止点、交叉口）与变坡点的设计标高和建筑室内外地坪的设计标高，以及场地内地形控制点的标高，将其注在图上。设计道路的坡度及坡向，以地面排水符（即箭头）表示不同地段、不同坡面地表水的排除方向，见图 3-6。

基地中建筑物、道路、地面、挡土墙和边坡的标高各不相同，应协调处理有利于场地排水。条件允许时应保证建筑物、地面、场地道路、城市道路的设计标高要由高到低变化，否则，应在可能的积水处布置雨水口或设置排水沟。

2. 设计等高线法

设计等高线法是用等高线表示设计地面、道路、广场、停车场和绿地等的地形设计情况。一般用于平坦场地或对室外场地要求较高的情况。设计等高线法表达地面设计标高清楚明了，能较完整表达任何一块设计用地的高程情况，见图 3-7。资料表明，美国的竖向设计通常采用设计等高线法，所以，在注册建筑师考试中，也有相应的题目出现。

道路直线段等高线的计算方法如下：

如图 3-8，选定等高距 Δh，视道路纵坡坡度大小一般为 0.02～0.10m（美国的设计等高距稍大），取偶数则便于计算。一般地，人行道纵坡与道路纵坡一致。

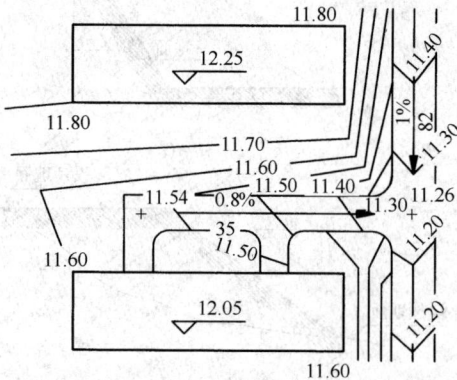

图 3-7　设计等高线法

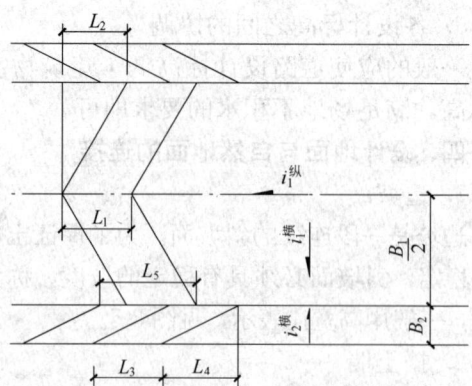

图 3-8　道路等高线的绘制

102

$$L_1 = L_3 = \frac{\Delta h}{i_1^{纵}} \tag{3-2}$$

$$L_2 = \frac{\dfrac{B_1}{2} \times i_1^{横}}{i_1^{纵}} \tag{3-3}$$

$$L_4 = \frac{B_2 \times i_2^{横}}{i_1^{纵}} \tag{3-4}$$

$$L_5 = \frac{h_{路}}{i_1^{纵}} \tag{3-5}$$

式中　　L_1——道路中心线处等高线间距（m）；

L_2——道路边缘至拱顶同名等高线的水平距离（m）；

L_3——人行道外缘线处等高线的间距（m）；

L_4——人行道内缘至外缘同名等高线的水平距离（m）；

L_5——人行道与路面同名等高线的水平距离(m)；

$i_1^{纵}$——道路纵坡度（％）；

$i_1^{横}$——道路横坡度（％）；

B_1——道路路面宽度（m）；

B_2——人行道宽度（m）；

$i_2^{横}$——人行道横坡度（％）；

六、常见的排水设施布置

1. 雨水口

雨水口（也称雨水篦子）常布置在道路、停车场、广场和绿地的积水处，可根据纵坡坡向判断场地上的积水点位置。以道路为例，如变坡点相邻的坡向箭头相对（图 3-9a、b 中的 i_1 和 i_2），该变坡点即为积水点。而变坡点相邻的坡向箭头相离（图 3-9a、b 中的 i_2

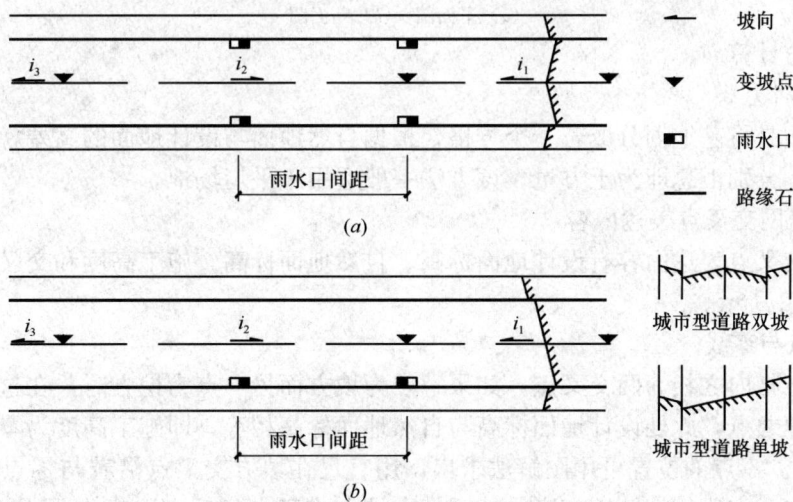

图 3-9　道路路面上雨水口分布

（a）道路为双坡；（b）道路为单坡

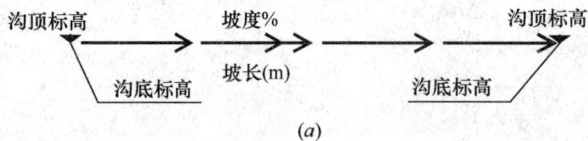

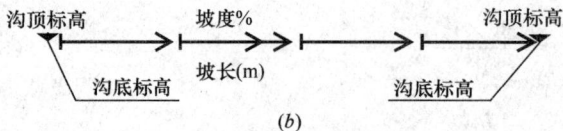

图 3-10 排水沟图例

(a) 明沟；(b) 盖板沟

和 i_3），该边坡点则为分水点，不需要布置雨水口。道路横断面为双坡时，雨水口一般成对布置（图 3-9a）；道路横断面为单坡时，雨水口仅设在路面较低的一侧（图 3-9b）。

2. 排水沟

排水沟（图 3-10）一般布置在场地地势较低处、挡土墙墙趾、边坡坡底、公路型道路两侧、下沉式地形边缘、面向建筑物的下坡道路适当位置处。

排水沟的设计内容包括布置各条排水沟、确定每条排水沟起点和终点的沟顶标高和沟底标高、水沟长度和沟底纵坡度，以及配置各条水沟内的雨水口等，见图 3-11。

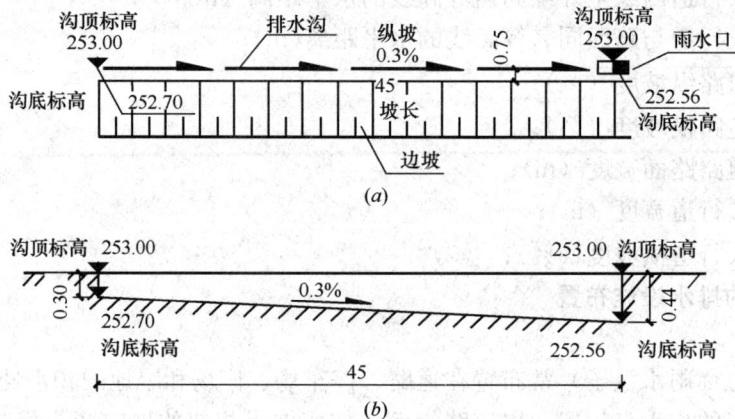

图 3-11　排水沟设计内容（单位：m）

（a）平面图；（b）断面图

七、土方计算

1. 方格网法

方格网法是将基地划分成若干个方格，根据自然地面与设计地面的高差，计算挖方和填方的体积，分别汇总即为土方量。该方法一般适用于平坦场地。

（1）方格网交叉点表达内容

方格网交叉点表达内容有设计地面标高、自然地面标高、施工高度和交叉点编号，其位置如图 3-12 所示。

（2）零点与零线

在一个方格内之相邻两交叉点，如果一点为填方而另一点为挖方时，在这两点之间必有一不挖不填之点，此处设计地面标高与自然地面标高相等，即施工高度为零，故称为零点（图 3-13）。零点的位置可用图解法求出，用直尺在填方交叉点沿着与零点所在边垂直的边上，标出一定比例的填方高度，然后，在挖方交叉点相反方向标出同样比例的挖方高度，两高度点连线与方格边相交点，即为零点。将零点相连接成线段，即为零线（挖方区和填方区的分界线）。

（施工高度）（设计地面标高）
（填）+2.30　20.50
　　　　1 | 18.20
（交叉点编号）（自然地面标高）

（施工高度）（设计地面标高）
（挖）−0.80　20.60
　　　　13 | 21.40
（交叉点编号）（自然地面标高）

图 3-12　方格网交叉点表达内容

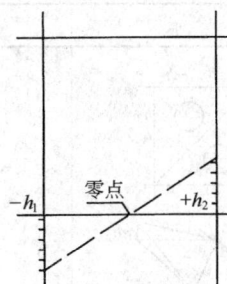

图 3-13　零点与零线

（3）方格网土方计算公式（表 3-3）

方格网土方计算公式　　　　　　　　　　　　　　表 3-3

图　　示	计　算　公　式	说　明
$\pm h_1$　$\pm h_2$ $(\pm V)$ $\pm h_3$　$\pm h_4$	四点为填方或挖方时 $$\pm V = \frac{a^2(h_1+h_2+h_3+h_4)}{4} = \frac{a^2}{4}\Sigma h \quad (3\text{-}6)$$	
$-h_1$　$+h_2$ $(-V)$ $(+V)$ $-h_3$　$+h_4$	相邻二点为填方或二点为挖方时 $$-V = \frac{a^2(h_1+h_3)^2}{4(h_1+h_2+h_3+h_4)}$$ $$= \frac{a^2(h_1+h_3)^2}{4\Sigma h} \quad (3\text{-}7)$$ $$+V = \frac{a^2(h_2+h_4)^2}{4(h_1+h_2+h_3+h_4)}$$ $$= \frac{a^2(h_2+h_4)^2}{4\Sigma h} \quad (3\text{-}8)$$	V——填方（＋）或挖方（－）的体积（m^3） h——方格网交叉点的施工高度（m，用绝对值） a——方格边长（m）
$+h_1$　$-h_2$ $(+V_{三角锥体})$ $(-V)$ $-h_3$　$-h_4$	三点挖方一点填方或三点填方一点挖方时 $$+V_{三角锥体} = \frac{a^2 h_1^3}{6(h_1+h_2)(h_1+h_3)} \quad (3\text{-}9)$$ $$-V = \frac{a^2}{6}(2h_2+2h_3+h_4-h_1)+V_{三角锥体} \quad (3\text{-}10)$$	
$+h_1$　$-h_2$ $(-V)$ $(+V)$ $-h_3$　$+h_4$	相对二点为填方或挖方时 $$-V_1 = \frac{a^2 h_2^3}{6(h_2+h_1)(h_2+h_4)} \quad (3\text{-}11)$$ $$-V_2 = \frac{a^2 h_3^3}{6(h_3+h_1)(h_3+h_4)} \quad (3\text{-}12)$$ $$+V = \frac{a^2}{6}(2h_1+2h_4-h_2-h_3)+V_1+V_2 \quad (3\text{-}13)$$	

图 示	计 算 公 式	说 明
	$-V=\dfrac{a^2 h_2}{6}$ (3-14) $+V=\dfrac{a^2 h_3}{6}$ (3-15)	V——填方（＋）或挖方（－）的体积（m³） h——方格网交叉点的施工高度（m，用绝对值） a——方格边长（m）

注：1. 摘自《总图设计》，井生瑞主编，冶金工业出版社，1989 年 5 月。

　　2. 方格网交叉点的施工高度 h 要用绝对值。

2. 横断面法

断面法是将基地划分成若干段，根据每段两端的断面面积，计算各段挖方和填方的体积（图 3-14），分别汇总即为土方量。该方法适用于地形起伏变化较大，自然地形复杂的坡地场地。

$$V_T = \frac{A_{T1} + A_{T2}}{2} \times L \qquad (3\text{-}16)$$

$$V_W = \frac{A_{W1} + A_{W2}}{2} \times L \qquad (3\text{-}17)$$

式中　V_T（V_W）——相邻两断面间填（挖）方体积（m³）；

　　　　A_{T1}，A_{T2}——相邻两断面之填方断面面积（m²）；

　　　　A_{W1}，A_{W2}——相邻两断面之挖方断面面积（m²）；

　　　　L——相邻两断面之间的距离（m）。

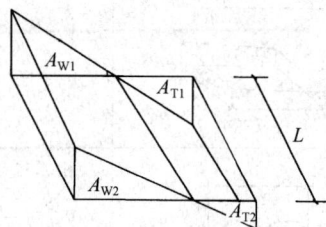

图 3-14　各段体积计算

第二节　规　范　规　定

一、地面形式选择

A.《城乡建设用地竖向规划规范》CJJ 83—2016 规定：

4.0.2　根据城乡建设用地的性质、功能，结合自然地形，规划地面形式可分为平坡式、台阶式和混合式。

4.0.3　用地自然坡度小于 5％时，宜规划为平坡式；用地自然坡度大于 8％时，宜规划为台阶式；用地自然坡度为 5％～8％时，宜规划为混合式；

4.0.4　台阶式和混合式中的台地规划应符合下列规定：

1　台地划分应与建设用地规划布局和总平面布置相协调，应满足使用性质相同的用地或功能联系密切的建（构）筑物布置在同一台地或相邻台地的布局要求；

2　台地的长边应平行于等高线布置；

3　台地高度、宽度和长度应结合地形并满足使用要求确定。

B. **《民用建筑设计统一标准》GB 50352—2019 规定：**

5.3.1 建筑基地场地设计应符合下列规定：

1 当基地自然坡度小于 5%时，宜采用平坡式布置方式；当大于 8%时，宜采用台阶式布置方式，台地连接处应设挡墙或护坡；基地临近挡墙或护坡的地段，宜设置排水沟，且坡向排水沟的地面坡度不应小于 1%。

二、确定设计标高

A. **《民用建筑设计统一标准》GB 50352—2019 规定：**

4.2.2 建筑基地地面高程应符合下列规定：

1 应根据详细规划确定的控制标高进行设计；

2 应与相邻基地标高相协调，不得妨碍相邻基地的雨水排放；

3 应兼顾场地雨水的收集与排放，有利于滞蓄雨水、减少径流外排，并应有利于超标雨水的自然排放。

5.3.1 建筑基地场地设计应符合下列规定：

3 场地设计标高不应低于城市的设计防洪、防涝水位标高；沿江、河、湖、海岸或受洪水、潮水泛滥威胁的地区，除设有可靠防洪堤、坝的城市、街区外，场地设计标高不应低于设计洪水位 0.5m，否则应采取相应的防洪措施；有内涝威胁的用地应采取可靠的防、排内涝水措施，否则其场地设计标高不应低于内涝水位 0.5m。

4 当基地外围有较大汇水汇入或穿越基地时，宜设置边沟或排（截）洪沟，有组织进行地面排水。

5 场地设计标高宜比周边城市市政道路的最低路段标高高 0.2m 以上；当市政道路标高高于基地标高时，应有防止客水进入基地的措施。

6 场地设计标高应高于多年最高地下水位。

7 面积较大或地形较复杂的基地，建筑布局应合理利用地形，减少土石方工程量，并使基地内填挖方量接近平衡。

B. **《城乡建设用地竖向规划规范》CJJ 83—2016 规定：**

7.0.2 城乡建设用地防洪（潮）应符合下列规定：

1 应符合现行国家标准《防洪标准》GB 50201 的规定；

2 建设用地外围设防洪（潮）堤时，其用地高程应按排涝控制高程加安全超高确定；建设用地外围不设防洪（潮）堤时，其用地地面高程应按设防洪标准的规定所推算的洪（潮）水位加安全超高确定。

三、广场设计坡度

A. **《城市道路工程设计规范》CJJ 37—2012（2016 年版）规定：**

11.3.4 广场竖向设计应符合下列规定：

1 竖向设计应根据平面布置、地形、周围主要建筑物及道路标高、排水等要求进行，并兼顾广场整体布置的美观。

2 广场设计坡度宜为 0.3%～3.0%。地形困难时，可建成阶梯式。

3 与广场相连接的道路纵坡宜为 0.5%～2.0%。困难时纵坡不应大于 7.0%，积雪及寒冷地区不应大于 5.0%。

4 出入口处应设置纵坡小于或等于 2.0%的缓坡段。

B.《城乡建设用地竖向规划规范》CJJ 83—2016 规定：

5.0.3 广场竖向规划除满足自身功能要求外，尚应与相邻道路和建筑物相协调。广场规划坡度宜为 0.3%～3%。地形困难时，可建成阶梯式广场。

四、地面排水

A.《民用建筑设计统一标准》GB 50352—2019 规定：

5.3.3 建筑基地地面排水应符合下列规定：

1 基地内应有排除地面及路面雨水至城市排水系统的措施，排水方式应根据城市规划的要求确定。有条件的地区应充分利用场地空间设置绿色雨水设施，采取雨水回收利用措施。

2 当采用车行道排泄地面雨水时，雨水口形式及数量应根据汇水面积、流量、道路纵坡等确定。

3 单侧排水的道路及低洼易积水的地段，应采取排雨水时不影响交通和路面清洁的措施。

B.《城乡建设用地竖向规划规范》CJJ 83—2016 规定：

6.0.2 城乡建设用地竖向规划应符合下列规定：

1 满足地面排水的规划要求；地面自然排水坡度不宜小于 0.3%；小于 0.3%时应采用多坡向或特殊措施排水；

2 除用于雨水调蓄的下凹式绿地和滞水区等之外，建设用地的规划高程宜比周边道路的最低路段的地面高程或地面雨水收集点高出 0.2m 以上，小于 0.2m 时应有排水安全保障措施或雨水滞蓄利用方案。

五、地面坡度、道路坡度和纵坡控制

A.《民用建筑设计统一标准》GB 50352—2019 规定：

5.3.1 建筑基地场地设计应符合下列规定：

2 基地地面坡度不宜小于 0.2%；当坡度小于 0.2%时，宜采用多坡向或特殊措施排水。

5.3.2 建筑基地内道路设计坡度应符合下列规定：

1 基地内机动车道的纵坡不应小于 0.3%，且不应大于 8%，当采用 8%坡度时，其坡长不应大于 200.0m。当遇特殊困难纵坡小于 0.3%时，应采取有效的排水措施；个别特殊路段，坡度不应大于 11%，其坡长不应大于 100.0m，在积雪或冰冻地区不应大于 6%，其坡长不应大于 350.0m；横坡宜为 1%～2%。

2 基地内非机动车道的纵坡不应小于 0.2%，最大纵坡不宜大于 2.5%；困难时不应大于 3.5%，当采用 3.5%坡度时，其坡长不应大于 150.0m；横坡宜为 1%～2%。

3 基地内步行道的纵坡不应小于 0.2%，且不应大于 8%，积雪或冰冻地区不应大于 4%；横坡应为 1%～2%；当大于极限坡度时，应设置为台阶步道。

4 基地内人流活动的主要地段，应设置无障碍通道。

5 位于山地和丘陵地区的基地道路设计纵坡可适当放宽，且应符合地方相关标准的规定，或经当地相关管理部门的批准。

B.《城市居住区规划设计标准》GB 50180—2018 规定：

6.0.4 居住区街坊内附属道路的规划设计应满足消防、救护、搬家等车辆的通达要求，并符合下列规定：

3 最小纵坡不应小于 0.3%，最大纵坡应符合表 6.0.4 的规定；机动车与非机动车混行的道路，其纵坡宜按照分段按照非机动车要求进行设计。

附属道路最大纵坡控制指标（%）　　　　　　表 6.0.4

道路类别及其控制内容	一般地区	积雪或冰冻地区
机动车道	8.0	6.0
非机动车道	3.0	2.0
步行道	8.0	4.0

C. 《城市道路工程设计规范》CJJ 37—2012（2016 年版）规定：

6.3.1 机动车道最大纵坡应符合表 6.3.1 的规定，并应符合下列规定：

机动车道最大纵坡度　　　　　　表 6.3.1

设计速度（km/h）		40	30	20
最大纵坡（%）	一般值	6	7	8
	极限值	7	8	

1 新建道路应采用小于或等于最大纵坡一般值；改建道路、受地形条件或其他特殊情况限制时，可采用最大纵坡极限值。

2 除快速路外的其他等级道路，受地形条件或其他特殊情况限制时，经技术经济论证后，最大纵坡极限值可增加 1.0%。

3 积雪或冰冻地区的快速路最大纵坡不应大于 3.5%，其他等级道路最大纵坡不应大于 6.0%。

6.3.2 道路最小纵坡不应小于 0.3%；当遇特殊困难纵坡小于 0.3%时，应设置锯齿形边沟或采取其他排水设施。

6.3.3 纵坡的最小坡长应符合表 6.3.3 的规定。

最　小　坡　长　　　　　　表 6.3.3

设计速度（km/h）	40	30	20
最小坡长	110	85	60

6.3.4 当道路纵坡大于本规范表 6.3.1 所列的一般值时，纵坡最大坡长应符合表 6.3.4 的规定。道路连续上坡或下坡，应在不大于表 6.3.4 规定的纵坡长度之间设置纵坡缓和段。缓和段的纵坡应不大于 3%，其长度应符合本规范表 6.3.3 最小坡长的规定。

最　大　坡　长　　　　　　表 6.3.4

设计速度（km/h）	40		
纵坡（%）	6.5	7	8
最大坡长（m）	300	250	200

D. 《城乡建设用地竖向规划规范》CJJ 83—2016 规定：

5.0.2 道路规划纵坡和横坡的确定，应符合下列规定：

1 城镇道路机动车车行道规划纵坡应符合表 5.0.2-1 的规定；山区城镇道路和其他

特殊性质道路，经技术经济论证，最大纵坡可适当增加；积雪或冰冻地区快速路最大纵坡不应超过 3.5％，其他等级道路最大纵坡不应大于 6.0％。内涝高风险区域，应考虑排除超标雨水的需求。

城镇道路机动车车行道规划纵坡　　　　　　表 5.0.2-1

道路类别	设计速度（km/h）	最小纵坡（%）	最大纵坡（%）
快速路	60～100		4～6
主干路	40～60	0.3	6～7
次干路	30～50		6～8
支（街坊）路	20～40		7～8

2　村庄道路纵坡应符合现行国家标准《村庄整治技术规范》GB 50445 的规定。

3　非机动车车道规划纵坡宜小于 2.5％。大于或等于 2.5％时，应按表 5.0.2-2 的规定限制坡长。机动车与非机动车混行道路，其纵坡应按非机动车车行道的纵坡取值。

非机动车车行道规划纵坡与限制坡长（m）　　　　表 5.0.2-2

限制坡长（m）　　　　车种 坡度（%）	自行车	三轮车
3.5	150	—
3.0	200	100
2.5	300	150

六、路拱设计坡度

A.《城市道路工程设计规范》CJJ 37—2012（2016 年版）规定：

5.4.1　道路横坡应根据路面宽度、路面类型、纵坡及气候条件确定，宜采用1.0％～2.0％。快速路及降雨量大的地区宜采用 1.5％～2.0％；严寒积雪地区、透水路面宜采用1.0％～1.5％。保护性路肩横坡度可比路面横坡度加大 1.0％。

B.《城乡建设用地竖向规划规范》CJJ 83—2016 规定：

5.0.2　道路规划纵坡和横坡的确定，应符合下列规定：

4　道路的横坡宜为 1‰～2‰。

七、车道纵坡及缓和坡段

《车库建筑设计规范》JGJ 100—2015 规定：

4.2.10　坡道式出入口应符合下列规定：

3　坡道的最大纵向坡度应符合表 4.2.10-2 的规定。

坡道的最大纵向坡度　　　　　　表 4.2.10-2

车型	直线坡道		曲线坡道	
	百分比（%）	比值（高：长）	百分比（%）	比值（高：长）
微型车 小型车	15.0	1：6.67	12	1：8.3

车型	直线坡道		曲线坡道	
	百分比（%）	比值（高：长）	百分比（%）	比值（高：长）
轻型车	13.3	1：7.50	10	1：10.0
中型车	12.0	1：8.3		
大型客车 大型货车	10.0	1：10	8	1：1.25

4　当坡道纵向坡度大于 10％时，坡道上、下端均应设缓坡段，其直线缓坡段的水平长度不应小于 3.6m，缓坡坡度应为坡道坡度的 1/2；曲线缓坡段的水平长度不应小于 2.4m，曲率半径不应小于 20m，缓坡段的中心为坡道原起点或止点（图 3-15）；大型车的坡道应根据车型确定缓坡的坡度和长度。

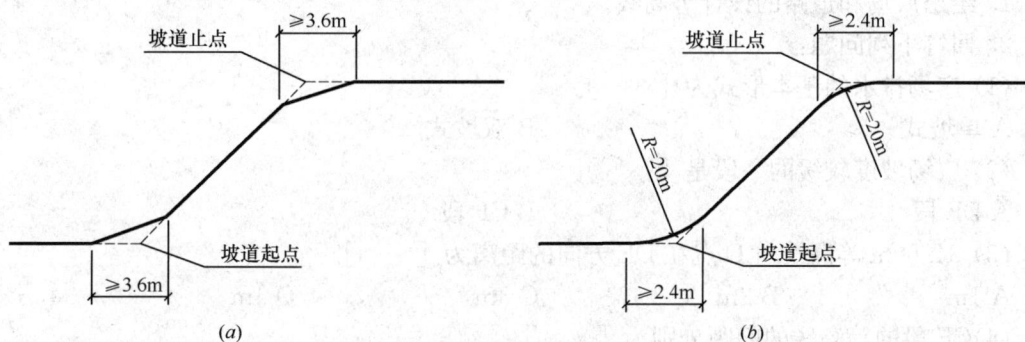

图 3-15　缓坡
（a）直线缓坡；（b）曲线缓坡

八、防护工程

《城乡建设用地竖向规划规范》CJJ 83—2016 规定：

8.0.3　街区用地的防护应与其外围道路工程的防护相结合。

8.0.4　台阶式用地的台地之间宜采用护坡或挡土墙连接。相邻台地间高差大于 0.7m 时，宜在挡土墙墙顶或坡比值大于 0.5 的护坡顶设置安全防护设施。

8.0.5　相邻台地间高差宜为 1.5～3.0m，台地间宜采取护坡连接，土质护坡的坡比值不应大于 0.67，砌筑型护坡的坡比值宜为 0.67～1.0；相邻台地间的高差大于或等于 3.0m 时，宜采取挡土墙结合放坡方式处理，挡土墙高度不宜高于 6m；人口密度大、工程地质条件差、降雨量多的地区，不宜采用土质护坡。

8.0.6　在建（构）筑物密集、用地紧张区域及有装卸作业要求的台地应采用挡土墙防护。

8.0.9　在地形复杂的地区，应避免大挖高填；岩质建筑边坡宜低于 30m，土质建筑边坡宜低于 15m。超过 15m 的土质边坡应分级放坡，不同级之间边坡平台高度不应小于 2m。建筑边坡的防护工程设置应符合国家现行有关标准的规定。

第三节 历年试题及解答提示

【习题 3-1】(2005 年)

比例：见图 3-16。

单位：m。

设计条件：

1. 拟建一个 45m×120m 的广场，其纵向及横向坡度为 0.3%～1.0%，相邻道路宽度为 24.00m，路拱坡度为 2.0%，纵坡为 1.5%，路面上 A 点的设计标高为 85.70m，设计条件如图 3-16 所示。

2. 设计等高距为 0.10m。

任务要求：

1. 绘出广场和道路的设计等高线。

2. 回答下列问题：

(1) 广场排水的基本形式为 [   ]。

A 单坡式   B 双坡式

(2) 广场坡度较缓的一段是 [   ]。

A DE 段   B CF 段

(3) 84.60m 等高线与 D 点在 DE 方向的距离为 [   ]。

A 1m   B 2m   C 3m   D 4m

(4)CF 段的等高线的间距分别为 [   ]。

A 10m   B 20m   C 30m   D 40m

选择题参考答案：

(1) B   (2) B   (3) D   (4) C

112

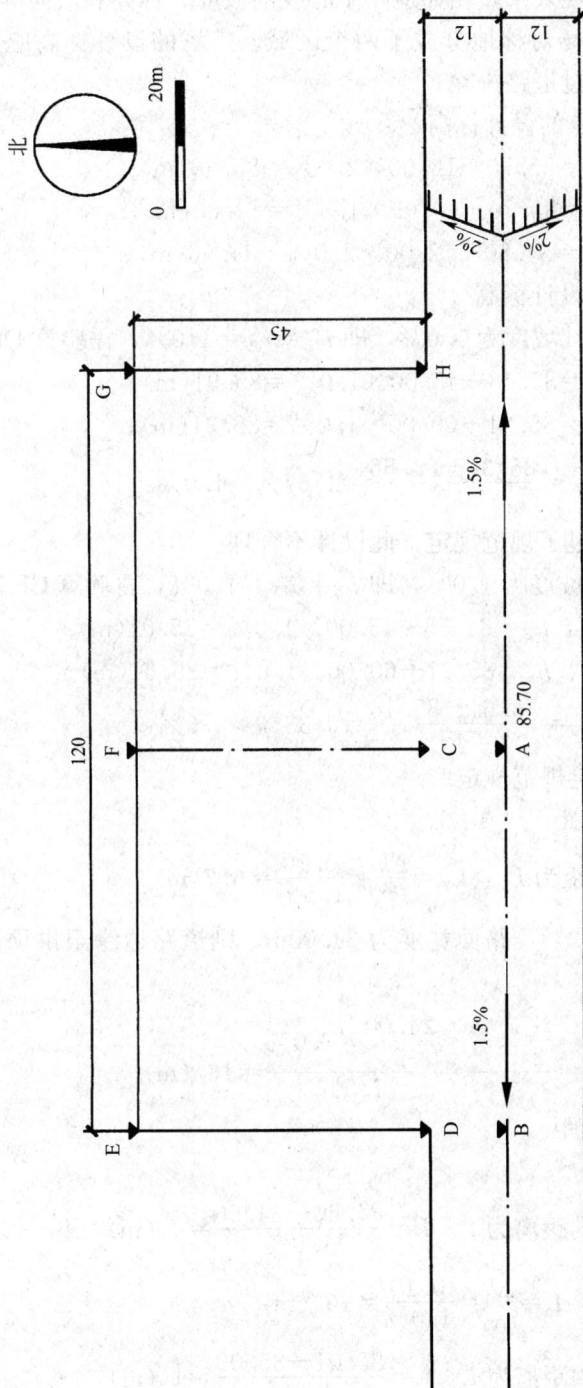

图 3-16

解答提示：

1. 确定广场排水的基本形式

根据广场面积大小、景观效果，相邻道路中心线的坡度、标高和坡向等条件，可以将广场设计为双坡式，即将广场对称地分成了两个区域。广场的设计标高应高于相邻的道路，以保证雨水能顺利地通过道路排除。

2. 计算路面 C、B、D 点的设计标高

C 的设计标高为 h_C：$h_C = 85.70 - 12.00 \times 2.0\% = 85.46(m)$；

B 的设计标高为 h_B：$h_B = 85.70 - 60.00 \times 1.5\% = 84.80(m)$；

D 的设计标高为 h_D：$h_D = 84.80 - 12.00 \times 2.0\% = 84.56(m)$。

3. 确定广场 E、F 点的设计标高

如果假定 CF、EF 的设计坡度为 1.0%，即 $i_{CF} = i_{EF} = 1.0\%$，需验算 DE 段的坡度：

F 的设计标高为 h_F：$h_F = 85.46 + 45.00 \times 1.0\% = 85.91(m)$；

E 的设计标高为 h_E：$h_E = 85.91 - 60.00 \times 1.0\% = 85.31(m)$；

$$i_{DE} = \frac{85.31 - 84.56}{45} = 1.67\% > 1.0\%$$

即 DE 段的设计坡度超过了规范规定，此设计不合理。

另假定 DE、EF 的设计坡度为 1.0%，即 $i_{DE} = i_{EF} = 1.0\%$，再验算 CF 段的坡度：

广场 E 的设计标高为 h_E：$h_E = 84.56 + 45.00 \times 1.0\% = 85.01(m)$；

广场 F 的设计标高为 h_F：$h_F = 85.01 + 60.00 \times 1.0\% = 85.61(m)$。

$$i_{CF} = \frac{85.61 - 85.46}{45} = 0.33\% > 0.3\%$$

即 CF 段的设计坡度满足规范规定。

4. 计算道路等高线的间距

道路中心线处等高线间距为 L_1：$L_1 = \frac{\Delta h}{i_1^{纵}} = \frac{0.10}{1.5\%} = 6.7(m)$

因为道路的路拱坡度为 2%，路面宽度为 24.00m，则道路边缘至拱顶同名等高线的水平距离为 L_2：

$$L_2 = \frac{\frac{B_1}{2} \times i_1^{横}}{i_1^{纵}} = \frac{\frac{24.00}{2} \times 2.0\%}{1.5\%} = 16 \ (m)$$

5. 计算广场等高线的间距

(1) DE 段等高线绘制

84.60m 等高线与 D 点的距离为 L：$L = \frac{84.60 - 84.56}{1.0\%} = 4 \ (m)$

等高线的水平距离为 L：$L = \frac{\Delta h}{i_{DE}} = \frac{0.10}{1.0\%} = 10 \ (m)$

85.00m 等高线与 E 点的距离为 L：$L = \frac{85.01 - 85.00}{1.0\%} = 1 \ (m)$

(2) EF 段等高线绘制

85.10m 等高线与 E 点的距离为 L：$L = \frac{85.10 - 85.01}{1.0\%} = 9 \ (m)$

等高线的水平距离为 L：$L = \dfrac{\Delta h}{i_{EF}} = \dfrac{0.10}{1.0\%} = 10$（m）

85.60m 等高线与 F 点的距离为 L：$L = \dfrac{85.61 - 85.60}{1.0\%} = 1$（m）

（3）CF 段等高线绘制

85.60m 等高线与 F 点的距离为 L：$L = \dfrac{85.61 - 85.60}{0.33\%} = 3$（m）

等高线的水平距离为 L：$L = \dfrac{\Delta h}{i_{CF}} = \dfrac{0.10}{0.33\%} = 30$（m）

85.50m 等高线与 C 点的距离为 L：$L = \dfrac{85.50 - 85.46}{0.33\%} = 12$（m）

6. 绘图道路和广场的等高线

用细虚线连接 CD 和 CH，其南为道路、北为广场。用细实线连接标高相同的点，即可绘制出广场轴线以西的道路和广场的等高线。为便于识读，应间隔 4 根加粗一条等高线，并标注数值。最后，对称地绘出另一半道路和广场的等高线。因为道路 AB 段和 CD 段的纵坡为 1.5%，AC 段和 BD 段的路拱坡度为 2.0%，所以道路的等高线相互平行；而广场的 DE 段和 EF 段坡度为 1.0%，CF 段为 0.33%，而 CD 段为 1.5%，所以广场的等高线不完全平行。

拟建广场和道路的设计等高线见图 3-17。

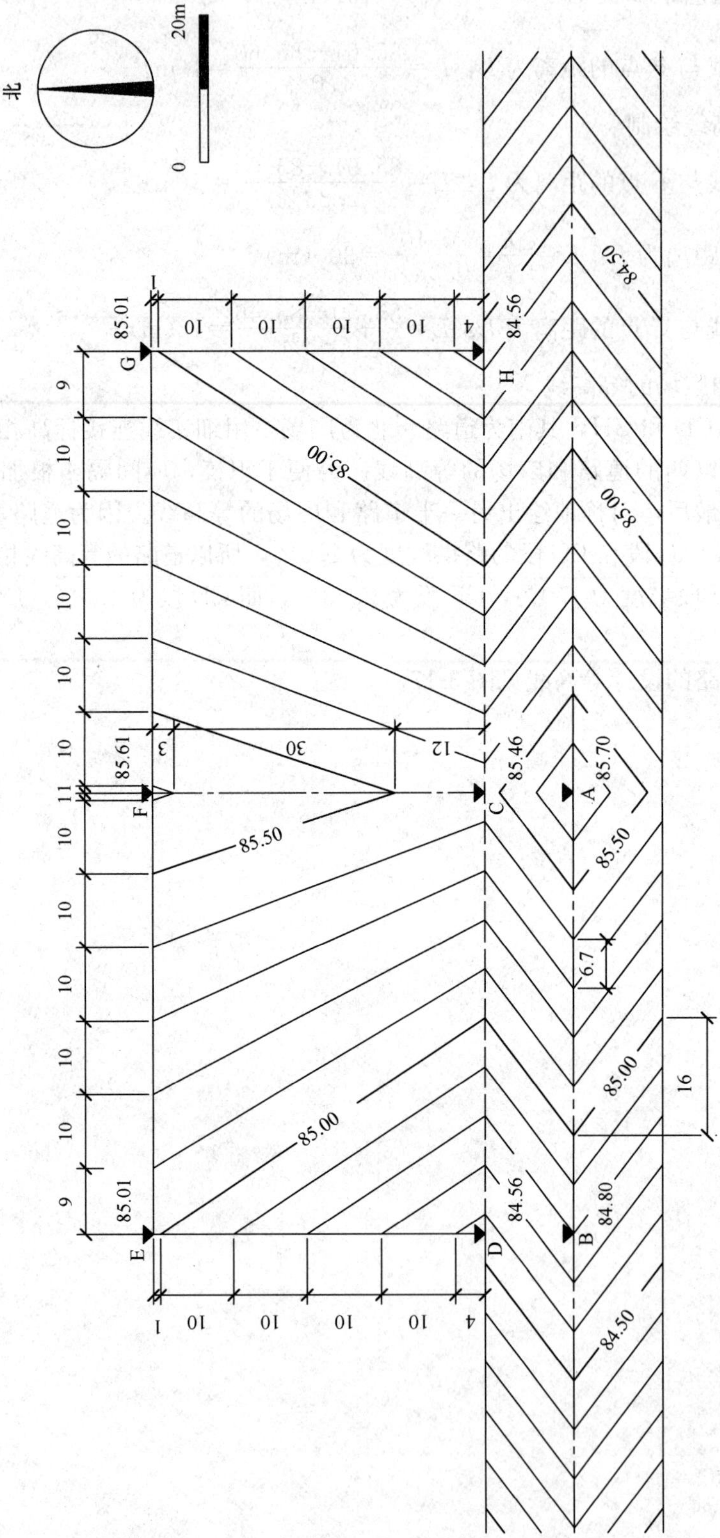

图 3-17

【习题 3-2】（2006 年）

比例：见图 3-18。

单位：m。

设计条件：

在山坡上有一块建设场地，等高距为 1m，其用地红线范围为 A、B、C、D，场地现状如图 3-18 所示。

规划要求如下：

1. 设计地面标高为 50m，挖方地段采用 1：1 设护坡，填方地段布置挡土墙；

2. 在平面图上绘出边坡和挡土墙的布置。

任务要求：

1. 绘出边坡和挡土墙位置并标注相关尺寸。

2. 回答下列问题：

（1）A 点南北方向边坡距北侧用地红线的距离为〔　　〕m。

A 4　　　　　　　B 6　　　　　　　C 8　　　　　　　D 12

（2）B 点边坡距北侧用地红线的距离为〔　　〕m。

A 3　　　　　　　B 4　　　　　　　C 6　　　　　　　D 8

（3）D 点南北向挡土墙的长度为〔　　〕m。

A 2　　　　　　　B 4　　　　　　　C 6　　　　　　　D 8

（4）挡土墙总长度为〔　　〕m。

A 26　　　　　　　B 28　　　　　　　C 34　　　　　　　D 36

选择题参考答案：

（1）A　　（2）A　　（3）D　　（4）C

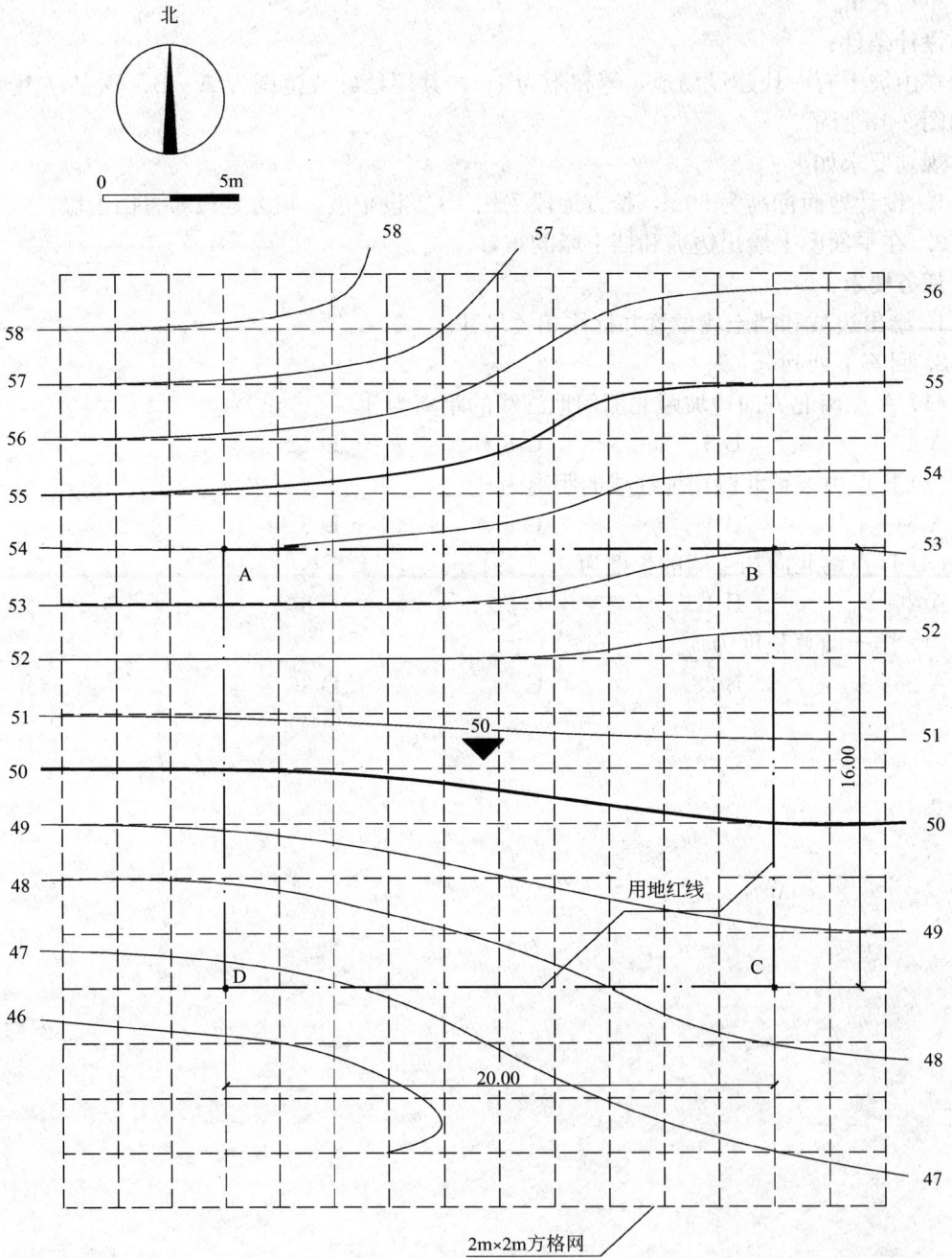

图 3-18

解答提示：

1. 用地红线

场地用地红线围合的范围即土地使用权属范围，所以，要求挡土墙和边坡的布置仅能在A、B、C、D围合的范围内而不应超出。

2. 填方区和挖方区

场地的自然地形标高从 46～58m，地势北高南低，用地西侧坡度陡而东侧较缓。因设计地面标高为 50m，则在自然地形标高为 50m 的等高线以北部分为挖方区，以南则为填方区。

3. 挡土墙布置

分别从 50m 等高线与西侧和东侧用地界线的交点 E、F 向南布置挡土墙，EDCF 的总长度为 34m（图 3-19）。图中粗虚线表示土壤高的一侧。

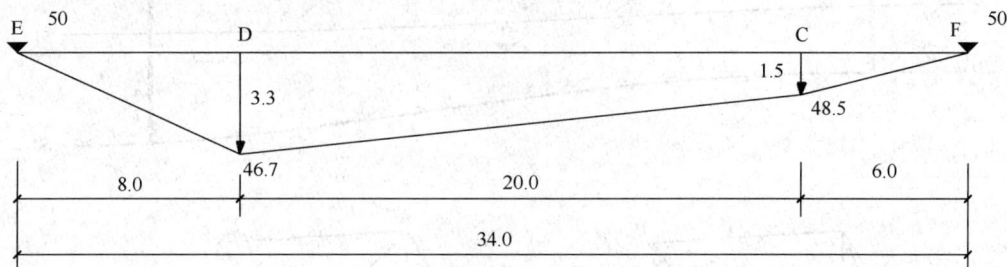

图 3-19

4. 边坡布置

边坡的坡顶位于 E、A、B、F 点构成的线段处（即对应的用地红线处），边坡的坡脚位置需要如下推算出来。

首先，假设东、西两侧为挡土墙，绘出北侧边坡的占地宽度 [图 3-20（一）（a）]。方法是读出自然地形标高，计算挖方的施工高度＝自然地形标高－设计地面标高，根据边坡的坡比，可得出边坡水平占地宽度。如 A 点自然地形标高为 54m，设计地面标高为 50m，即挖方的施工高度为 4m，且坡比为 1：1，则边坡水平占地宽度为 4m，从 A 点向用地内侧画出 4m 即得 I 点；同理，B 点自然地形标高为 53m，设计地面标高为 50m，挖方的施工高度为 3m，即边坡水平占地宽度为 3m，从 A 点向用地内侧画出 3m 即得 P 点，连接 I、P 点即得北侧边坡的坡脚线 [图 3-20（一）（a）、（b）]。

其次，假设北侧为挡土墙，分别绘出东、西侧边坡的占地宽度 [图 3-20（一）（c）]。在 A 点，其自然地形标高为 54m，设计地面标高为 50m，挖方的施工高度为 4m，即边坡水平占地宽度为 4m，从 A 点向用地内侧画出 4m 即得 M 点；同理，依次绘出 H、J、L、O、Q、R 点，连接 E、H、J、L、M 点即得西侧边坡的坡脚线，连接 F、O、Q、R 点即得东侧边坡的坡角线 [图 3-20（一）（c）、（d）]。

最后，将以上两次结果叠加起来，即为完整的边坡 [图 3-20（二）（e）、（f）]，注意相交点为 J′、Q′ 点 [图 3-20（二）（g）、（h）]，边坡交线为 A、J′ 点和 B、Q′ 点连线。用中粗线连接 E、A、B 和 F 点，即为坡顶线，再用细实线连接 E、H、J′、Q′、O 和 F 点，即为坡脚线。在边坡坡顶处，做垂直于坡脚的长短线，将短线绘在坡顶上。

场地边坡和挡土墙的布置见图 3-21。

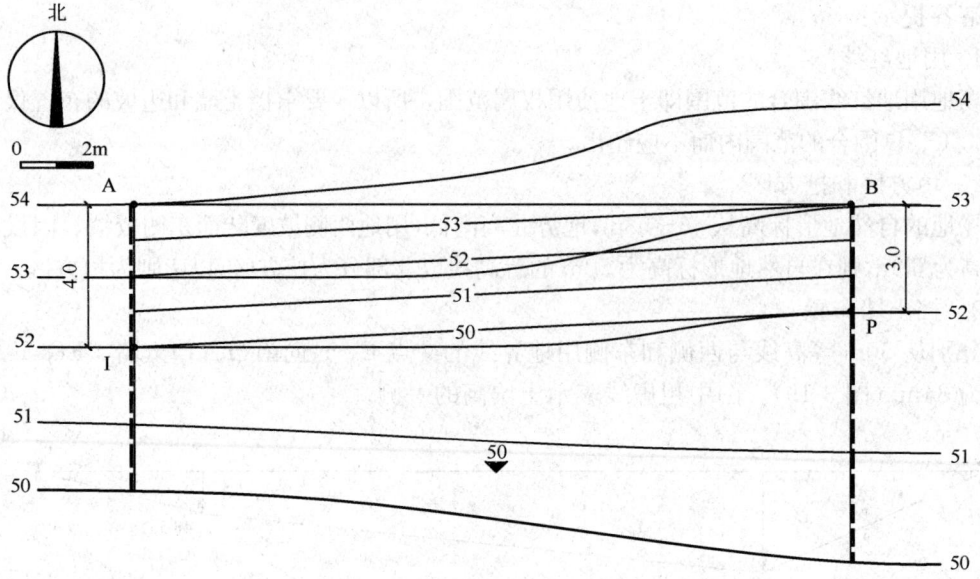

(a)

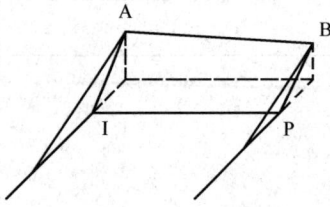

(b)

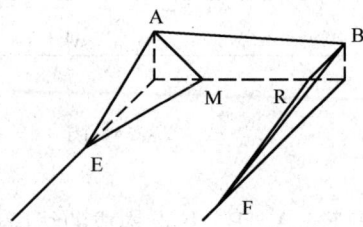

(d)

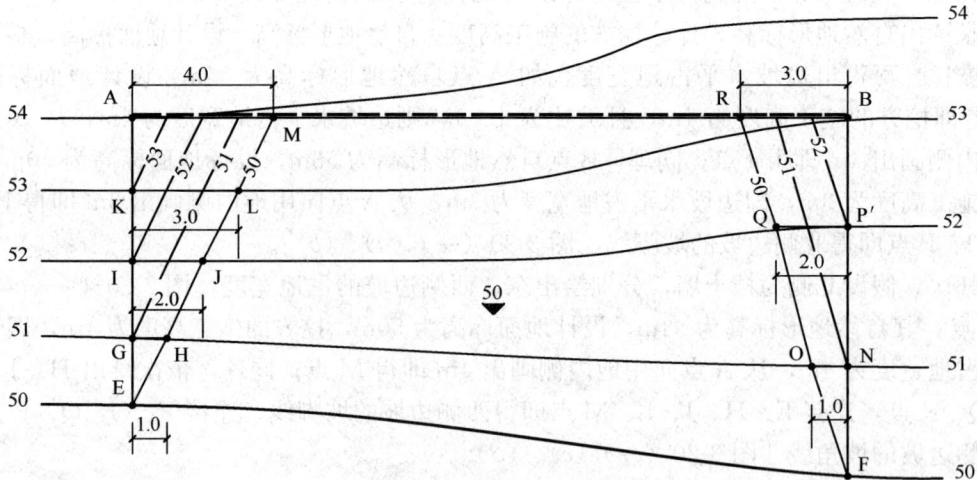

(c)

图 3-20 （一）

(a)北侧边坡画法(假设东西两侧为挡土墙时)；(b)北侧边坡透视图；
(c)东西两侧边坡画法(假设北侧为挡土墙时)；(d)东西两侧边坡透视图

北

0   2m

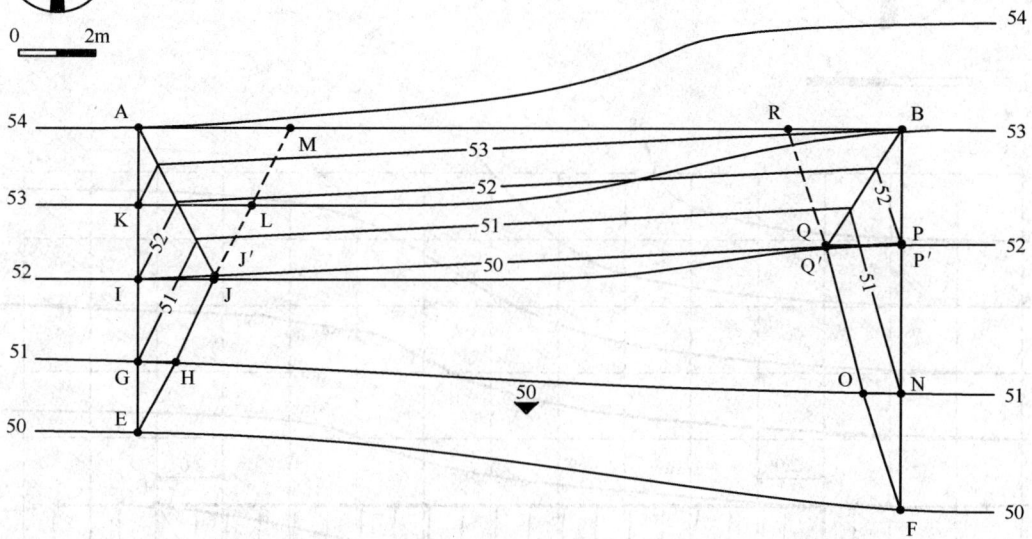

(e)

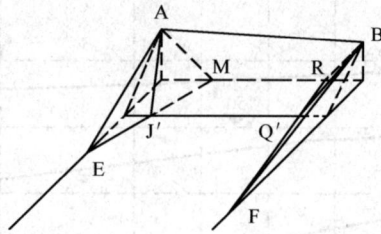

(f)

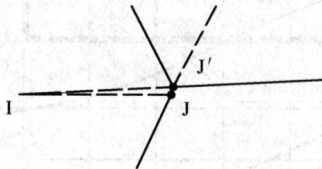

(g)

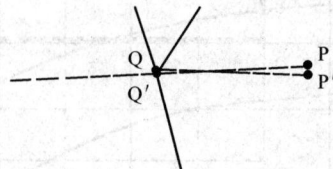

(h)

图 3-20 （二）

(e)完整的坡脚线 EHJ′Q′OF；(f)完整的边坡透视图；

(g)J 和 J′大样图；(h)Q 和 Q′大样图

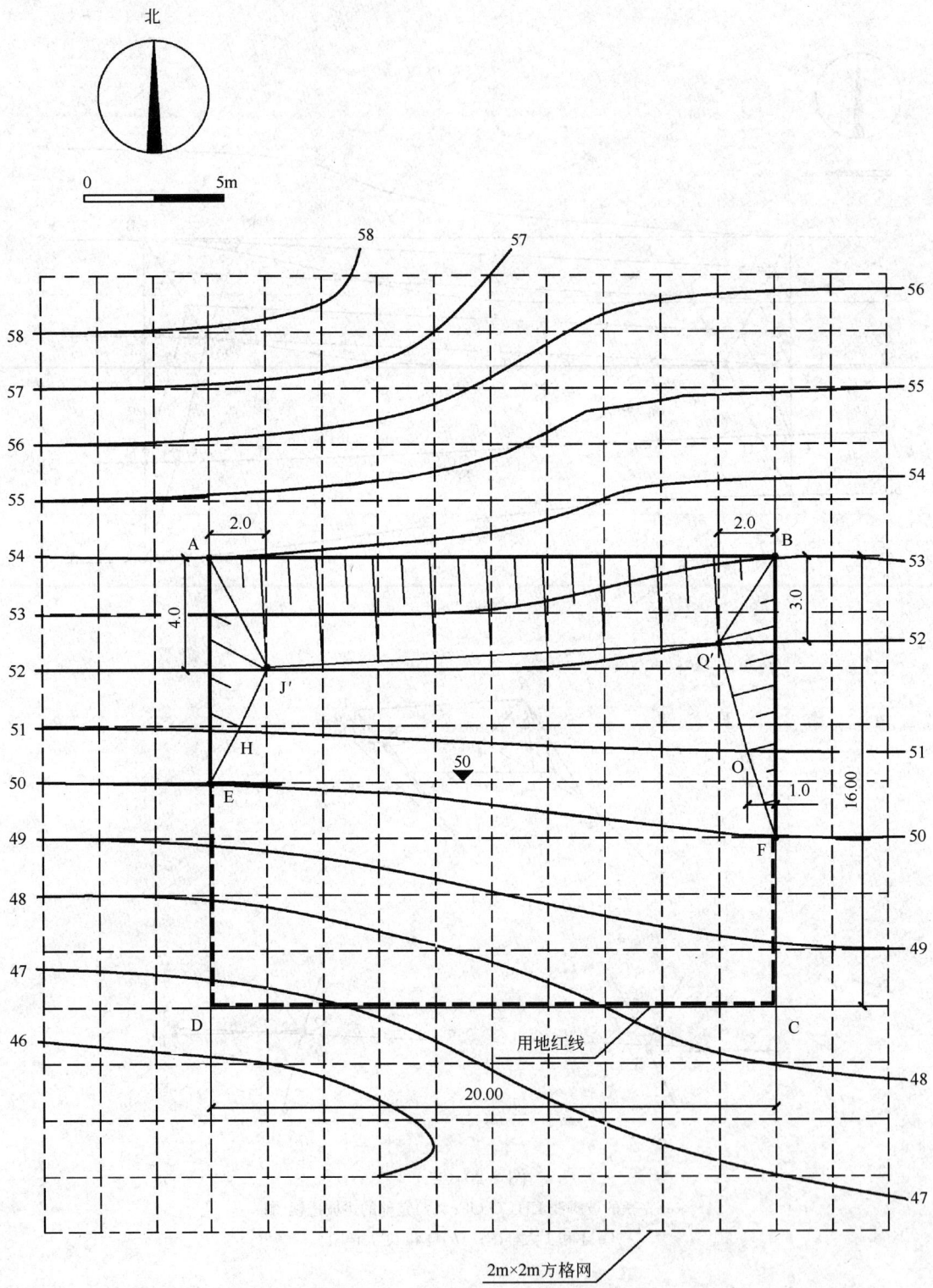

北

0　5m

58　57

58
57
56
55
54
53
52
51
50
49
48
47
46

56
55
54
53
52
51
50
49
48
47

A　2.0
2.0　B
4.0
3.0
J'
Q'
H
O
1.0
E
50
F
16.00
D
用地红线
C
20.00

2m×2m方格网

图 3-21

122

【习题 3-3】（2007 年）

比例：见图 3-22。

单位：m。

设计条件：

已知某用地红线四周的标高，并要求设计地面的排水坡度为 2.5%，其方向如图 3-22 所示。设计等高距为 0.05m。

任务要求：

1. 绘出用地红线内设计地面的等高线。

2. 回答下列问题：

（1）设计等高线的间距为 ［　　　］m。（10 分）

A 1.0　　　　　　　　B 2.0

（2）*A* 点设计标高为 ［　　　］m。（4 分）

A 10.25　　　　　　　B 10.30

（3）*B* 点的设计标高为 ［　　　］m。（4 分）

A 10.25　　　　　　　B 10.30

选择题参考答案：

（1）B　　　（2）B　　　（3）A

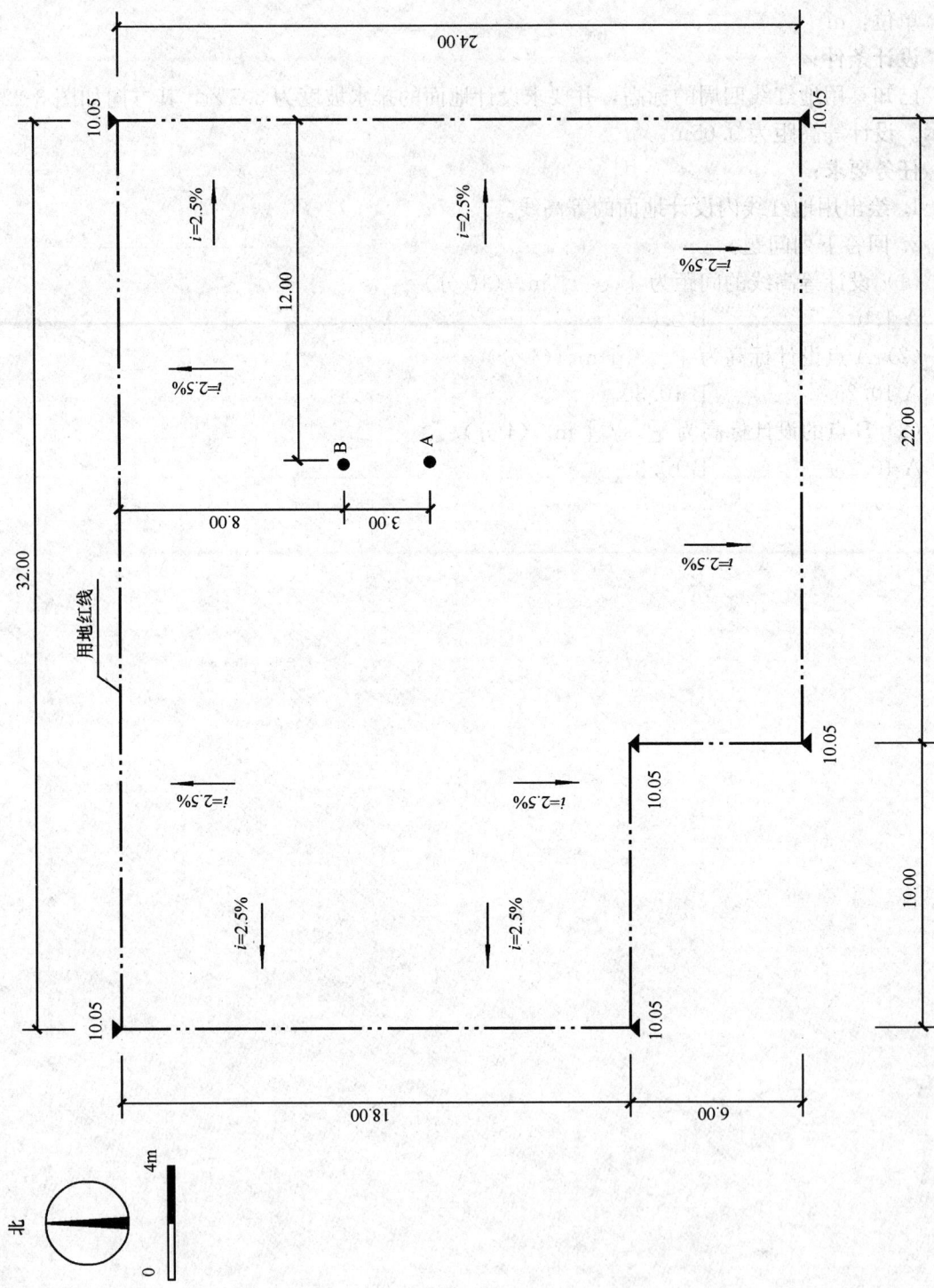

图 3-22

解答提示：

根据用地红线四周标高、设计地面给定的排水坡度 2.5% 和排水方向，结合用地形状可知，设计地面由六个不同方向的斜面组成。

因为 $i = \dfrac{\Delta h}{L}$，所以等高线的间距为 L：$L = \dfrac{\Delta h}{i} = \dfrac{0.05}{2.5\%} = 2.0$（m）。

平行用地红线各边，间隔 2.0m 逐一绘出全部等高线，每一条转折后均闭合。从而，可得出 A 点设计标高为 10.30m，B 点设计标高为 10.25m。

用地红线内的设计等高线如图 3-23 所示。

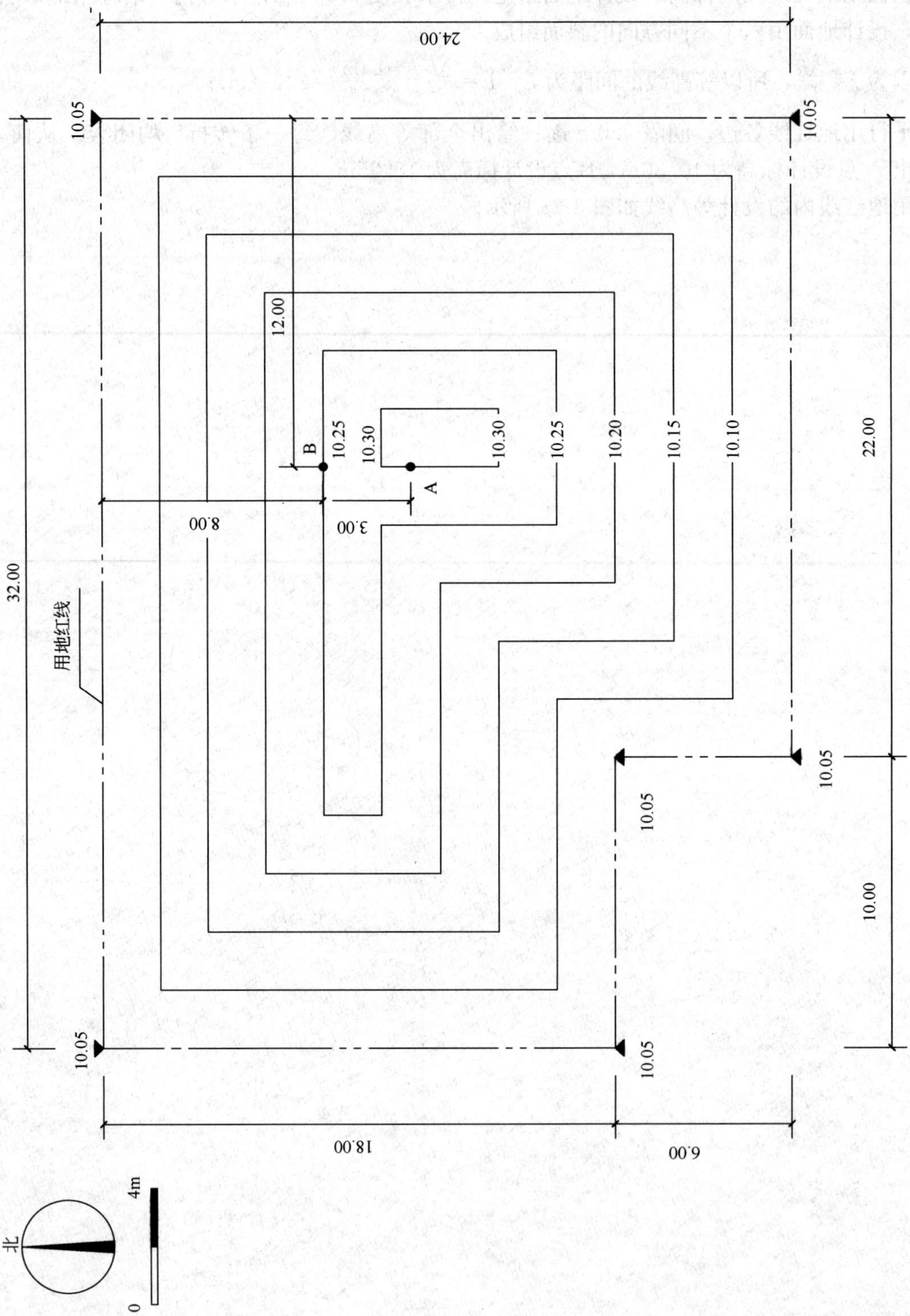

图 3-23

【习题3-4】（2008年）

比例：见图3-24。

单位：m。

设计条件：

在10％以下坡度的地段内拟建两幢疗养楼（18m×10m，高度12m），等高距1m，场地现状如图3-24所示，由南向北编号为B、C。

规划要求如下：

1. 土方平衡，土方量最小；

2. 各个建筑物均南北向布置，且与A楼在南北方向顺序布置；

3. 当地日照间距系数为2.0；

4. 要求占地紧凑。

任务要求：

1. 绘出坡度大于10％的场地范围，并用 ▨ 表示。

2. 绘出疗养楼布置，标注间距和室外地面设计标高。

3. 回答下列问题：

（1）B楼的设计标高为 ［   ］m。（8分）

A 50.00　　　　　　B 51.00　　　　　　C 52.00

（2）A楼和B楼的距离为 ［   ］m。（6分）

A 20.0　　　　　　B 24.00　　　　　　C 26.0　　　　　　D 28.0

（3）A楼和C楼的距离为 ［   ］m。（4分）

A 20.0　　　　　　B 24.0　　　　　　C 26.0　　　　　　D 28.0

选择题参考答案：

（1）A　　　（2）A　　　（3）B

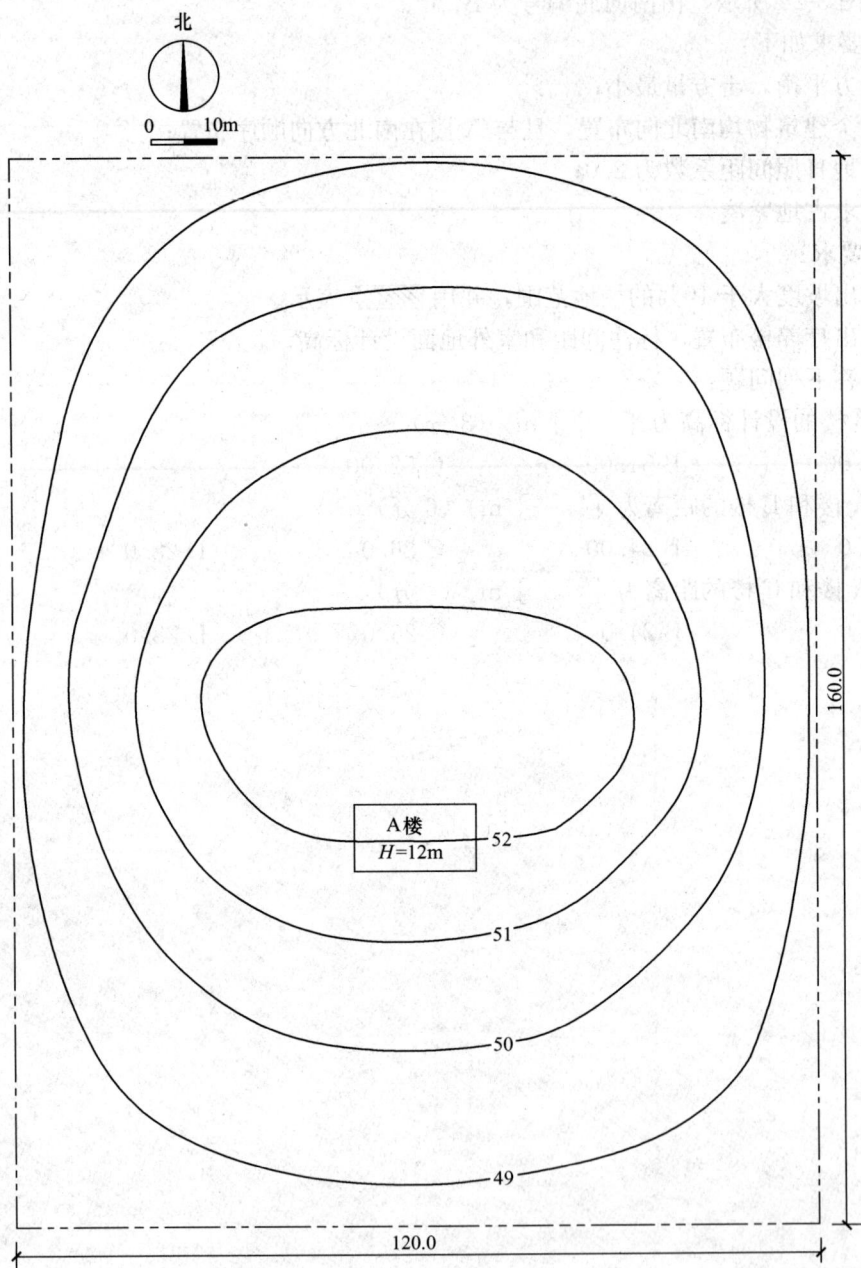

北

0　10m

A楼
H=12m

52

51

50

49

160.0

120.0

图 3-24

128

解答提示：

1. 坡度分析

因为等高距为1m，所以，当等高线的间距为10m时，其坡度为10%。在用地内相邻等高线之间分别找出间距为10m的位置，其间距小于10m时则地形坡度大于10%，用阴影线表示如图3-25所示。

2. 建筑物布置和竖向布置

将建筑物布置在地形小于10%的范围内，使B楼位于南坡上，其地面标高为50.00m，则A、B楼日照间距为：(12－2)×2.0＝20.0m；使C楼位于平坡上，其地面标高为52.00m，同样场地半填半挖，则A、C楼日照间距为：12×2.0＝24.0m，如图3-25所示。

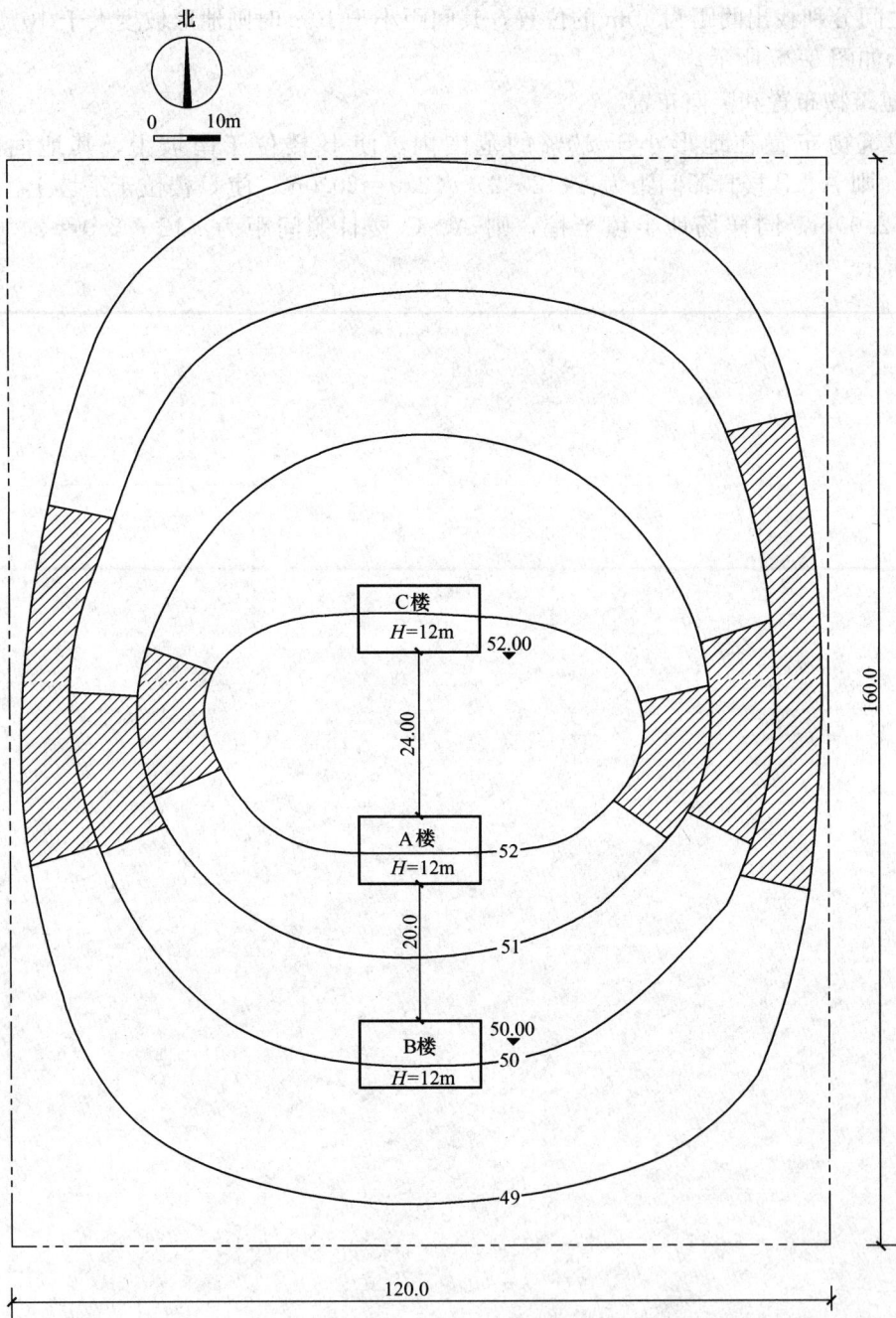

北

0　10m

C楼
H=12m
52.00

24.00

A楼
H=12m
52

20.0

51

B楼
H=12m
50.00
50

49

160.0

120.0

图 3-25

【习题 3-5】（2009 年）

比例：见图 3-26。

单位：m。

设计条件：

已知某用地北界的设计标高为 100.00m，雕塑平台的设计标高为 98.50m，要求设计地面的排水坡度为 10%，地面分区范围与排水方向如图 3-26 所示。设计等高距为 0.50m。

任务要求：

1. 绘出用地红线内设计地面的等高线。

2. 绘出雕塑平台挡土墙布置。

3. 回答下列问题：

（1）设计等高线的间距为〔　　〕m。（6 分）

A 2.00　　　　　　B 5.00　　　　　　C 10.00

（2）C 点设计标高为〔　　〕m。（4 分）

A 93.50　　　　　　B 94.50　　　　　　C 95.70

（3）D 点设计标高为〔　　〕m。（4 分）

A 93.50　　　　　　B 94.50　　　　　　C 95.70

（4）E 点设计标高为〔　　〕m。（4 分）

A 95.00　　　　　　B 95.70　　　　　　C 96.00

选择题参考答案：

（1）B　　（2）B　　（3）A　　（4）B

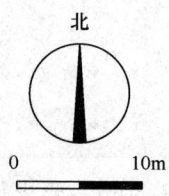

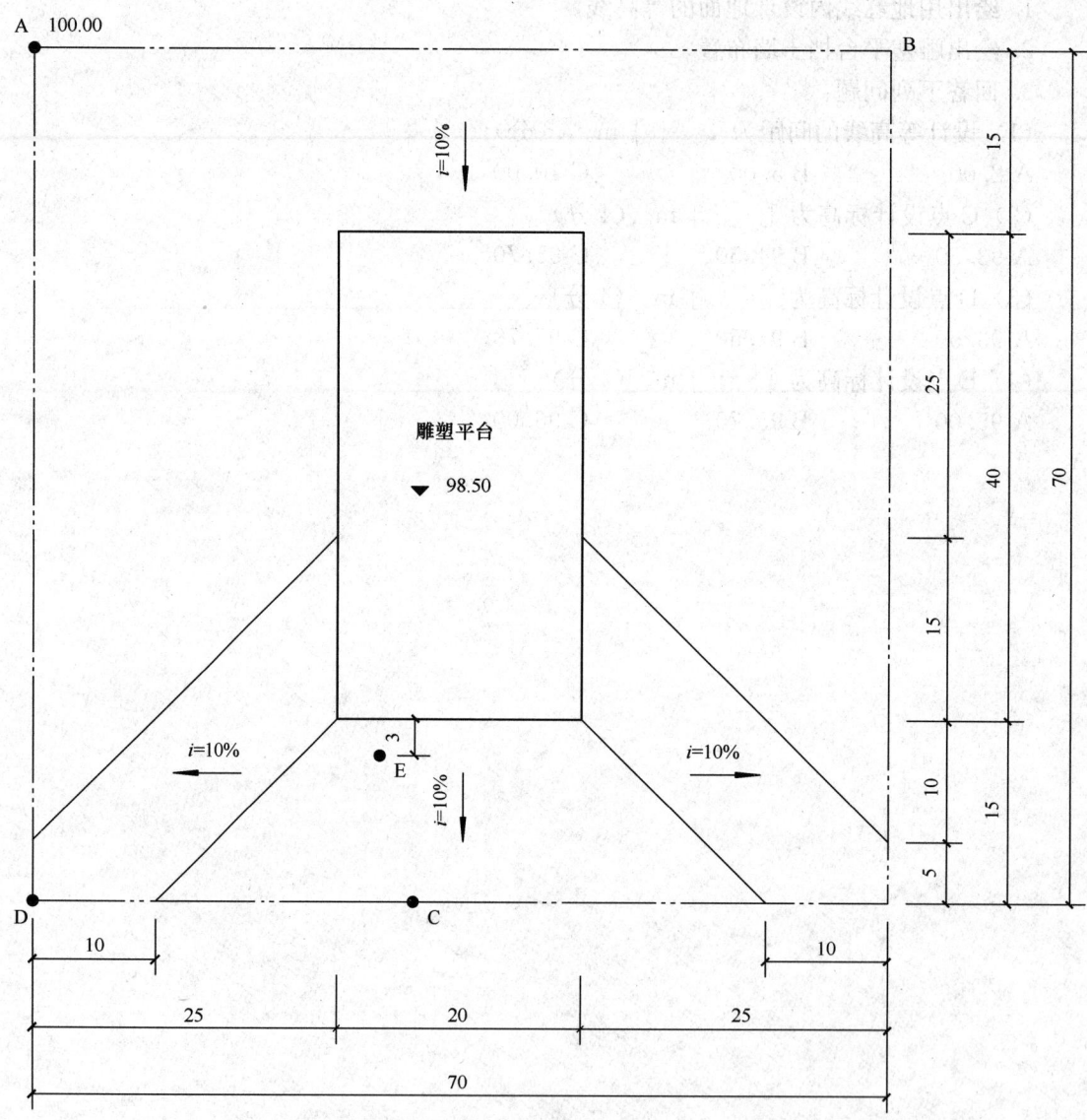

北

0　　　10m

A 100.00

B

i=10%

雕塑平台

▼ 98.50

i=10%

i=10%

3

E

i=10%

i=10%

15

25

40

70

15

10

15

5

D

C

10

10

25

20

25

70

图 3-26

解答提示：

1. 设计等高线间距 L

$$L = \Delta h / i = 0.50/10\% = 5.0 \ (\text{m})$$

2. 计算各点的设计标高

场地排水分为五个区：北区、南区、东南区和西南区，中间为雕塑平台。

$h_F = h_L = 100.00 - (15 + 25) \times 10\% = 96.00(\text{m})$，

$h_G = h_M = 100.00 - (70 - 5) \times 10\% = 93.50(\text{m})$，

$h_H = h_J = h_F = h_L = 96.00(\text{m})$，

$h_I = h_K = 96.00 - (25 - 10) \times 10\% = 94.50(\text{m})$。

3. 绘制设计等高线

根据设计等高线与排水方向垂直的原理，在北区里由北向南从标高为 100.00m 递减为 94.00m，其余三区的最高点标高与北区相等，均为 96.00m，在东南区由西向东从标高为 96.00m 递减为 93.50m，在西南区由东向西从标高为 96.00m 递减为 93.50m，在南区由北向南从标高为 96.00m 递减为 94.50m。则图中，$h_C = 94.50\text{m}$，$h_D = 93.50\text{m}$，$h_E = 95.70\text{m}$。

4. 绘制挡土墙

沿雕塑平台的东面、南面和西面设置挡土墙，其上缘标高为 98.50，下缘标高随地形而变化，如图 3-27 所示。

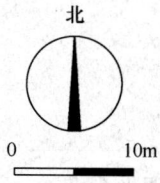

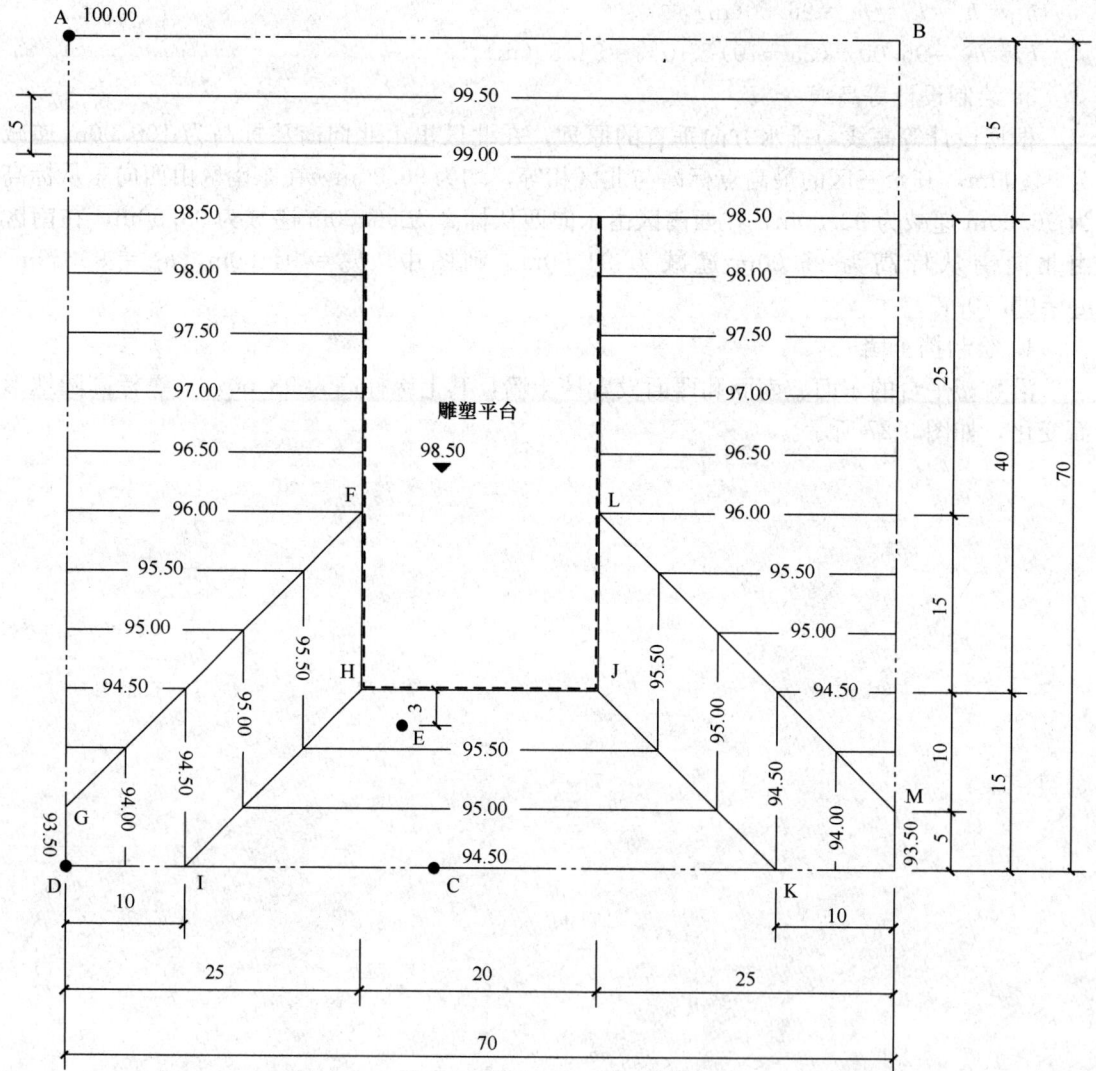

图 3-27

【习题 3-6】（2010 年）

比例：见图 3-28。

单位：m。

设计条件：

某项目用地如图 3-28 所示，北侧为规划城市道路，设计标高为 5.0m，用地南侧有两个山丘，山顶 A、B 自然地形标高均为 10.0m，等高距为 1.0m；要求在紧邻城市道路以南、两山丘之间平整出一个广场。

规划要求如下：

1. 形状为正方形。

2. 设计标高为 5.0m。

3. 广场、城市道路与自然地形的高差以挡土墙处理，挡土墙高度不得超过 3.0m。

任务要求：

1. 以 5.0m×5.0m 方格网绘出广场，并标注挡土墙及相关尺寸，填方用 ▨ 表示。

2. 回答下列问题：

（1）广场的尺寸为 ［   ］。（5 分）

A 30m×30m   B 40m×40m   C 50m×50m   D 60m×60m

（2）A 山丘与广场相交的挡土墙长度为 ［   ］m。（4 分）

A 30.0   B 35.0   C 40.0   D 45.0

（3）广场南侧挡土墙高度最大为 ［   ］m。（4 分）

A 2.0   B 3.0   C 4.0   D 5.0

（4）广场的填方面积约为 ［   ］m²。（5 分）

A 500～700   B 1000～1200   C 1500～1700   D 2000～2200

选择题参考答案：

（1）C   （2）D   （3）A   （4）B

135

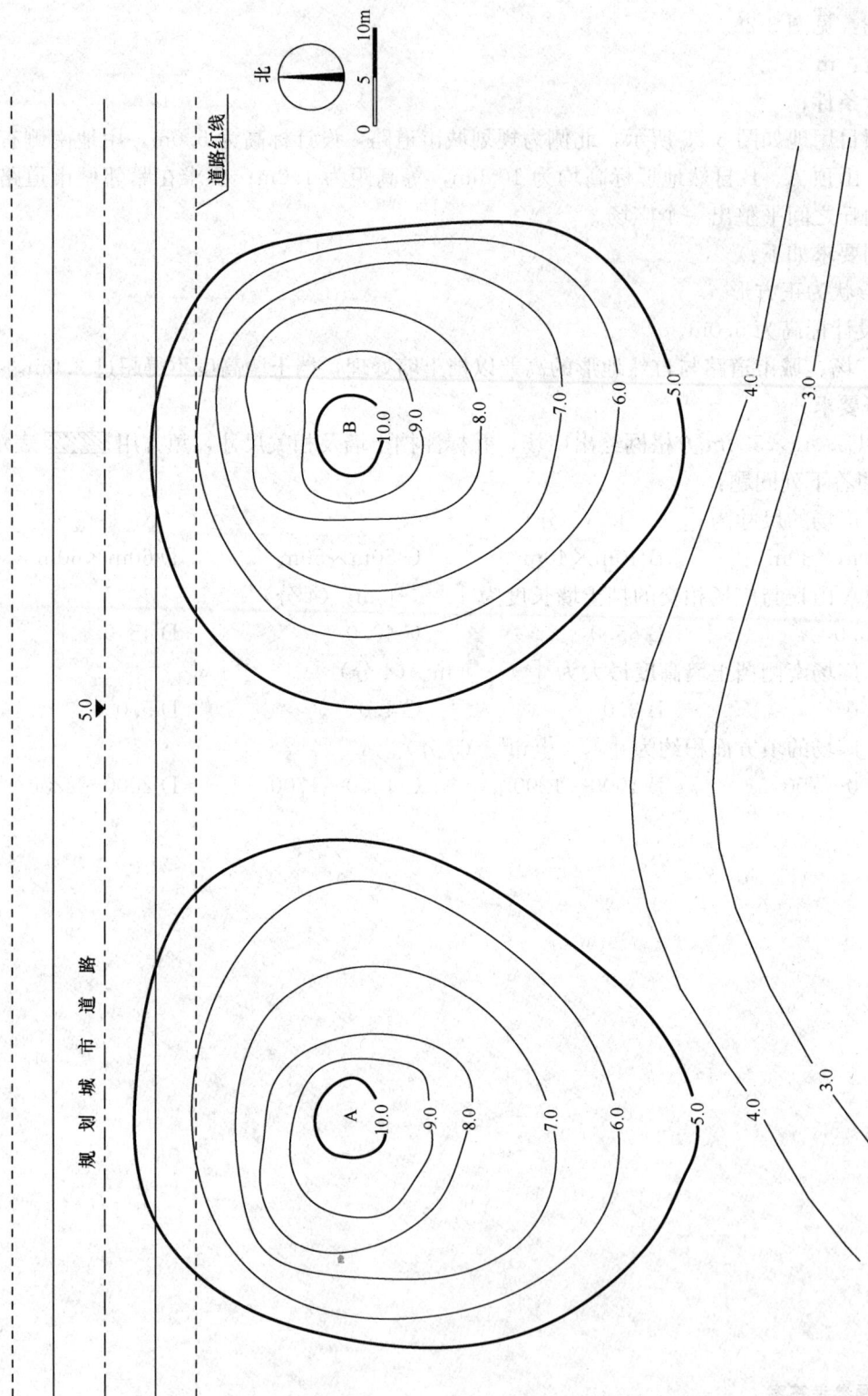

图 3-28

解答提示：

1. 确定广场尺寸

按题目要求，广场与北侧城市道路相接，设计标高为 5.0m，形状为正方形，挡土墙高度最高 3.0m，故东西方向应以 A、B 两山丘 8.0m 等高线为界，即做两条城市道路的垂线，分别与 A、B 两山丘 8.0m 等高线相切，测得两条垂线的距离为 50.0m。

因广场为正方形，故距城市道路南侧红线 50.0m 处做平行线，此平行线与 3.0m 等高线相切，即南侧挡土墙最大高差为 2.0m，符合题目要求。

2. 确定填方与挖方

以 5.0m 等高线为界，在广场范围内，大于 5.0m 等高线区域为挖方，小于 5.0m 等高线区域为填方。

画出 5.0m×5.0m 的方格网，确定填方面积约为 1000～1200m²；确定 A 山丘挡土墙长度为 45.0m。

场地广场布置见图 3-29。

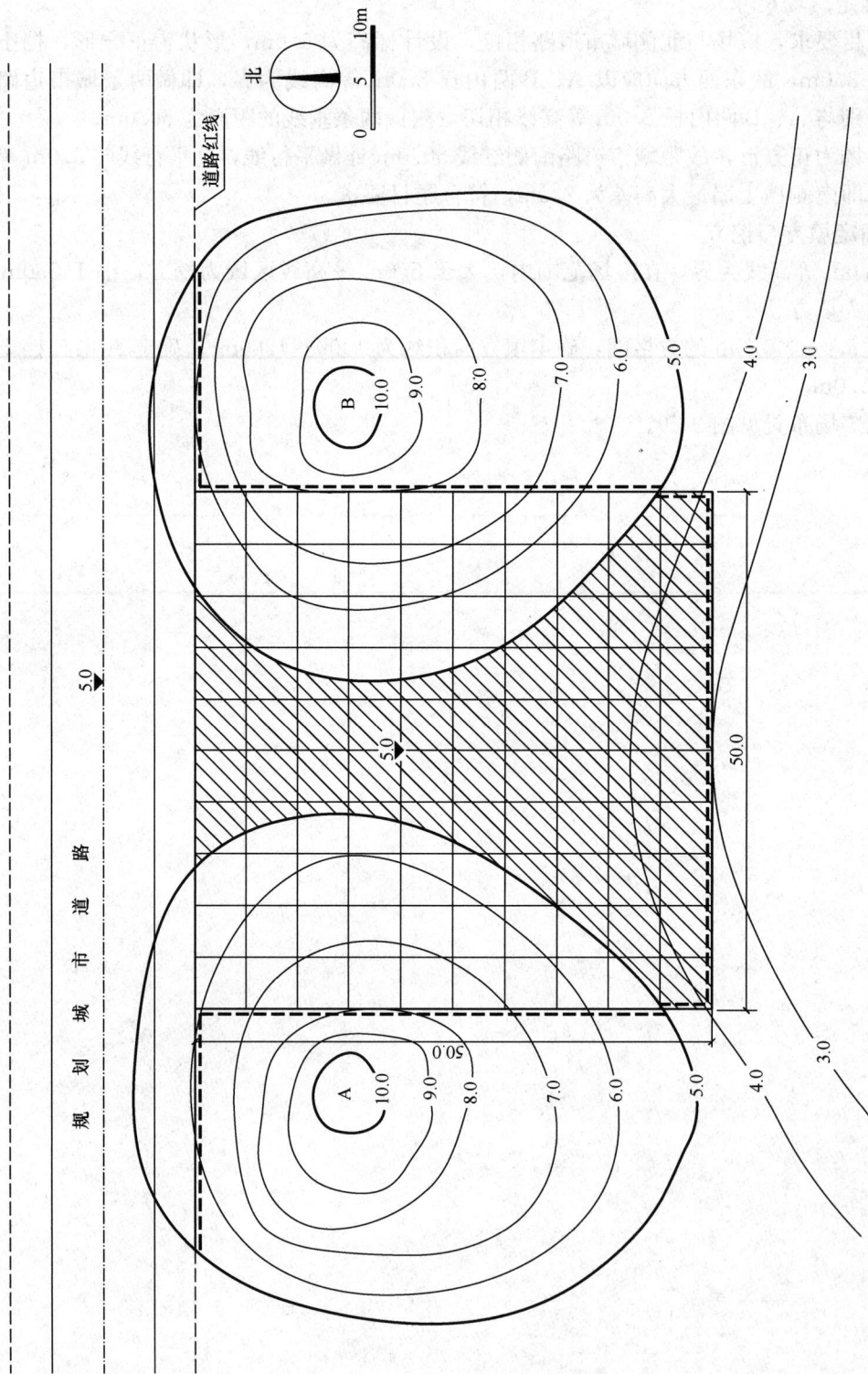

图 3-29

【习题 3-7】（2011 年）

比例：见图 3-30。

单位：m。

设计条件：

某项目用地如图 3-30 所示，已知坡地上 A 点标高及坡地坡度，要求在现有坡地上平整出三块台地，每块台地均高于相邻坡地，台地与相邻坡地间的最小高差为 0.15m。

任务要求：

1. 绘制等高距为 0.15m，且通过 A 点的坡地等高线，标注各等高线高程，标注三个台地标高及坡地上 B 点的标高。

2. 回答下列问题：

（1）坡地上 B 点的标高为 〔　　〕m。（4 分）

A 101.20　　　　B 101.50　　　　C 101.65　　　　D 101.95

（2）台地一与台地二的高差为 〔　　〕m。（4 分）

A 0.15　　　　B 0.45　　　　C 0.60　　　　D 0.90

（3）台地二与相邻坡地的最大高差为 〔　　〕m。（4 分）

A 0.15　　　　B 0.75　　　　C 0.90　　　　D 1.05

（4）台地三的标高为 〔　　〕m。（4 分）

A 101.50　　　　B 101.65　　　　C 101.80　　　　D 101.95

选择题参考答案：

（1）B　　（2）C　　（3）B　　（4）D

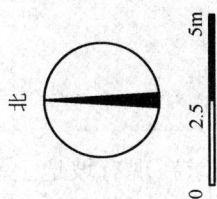

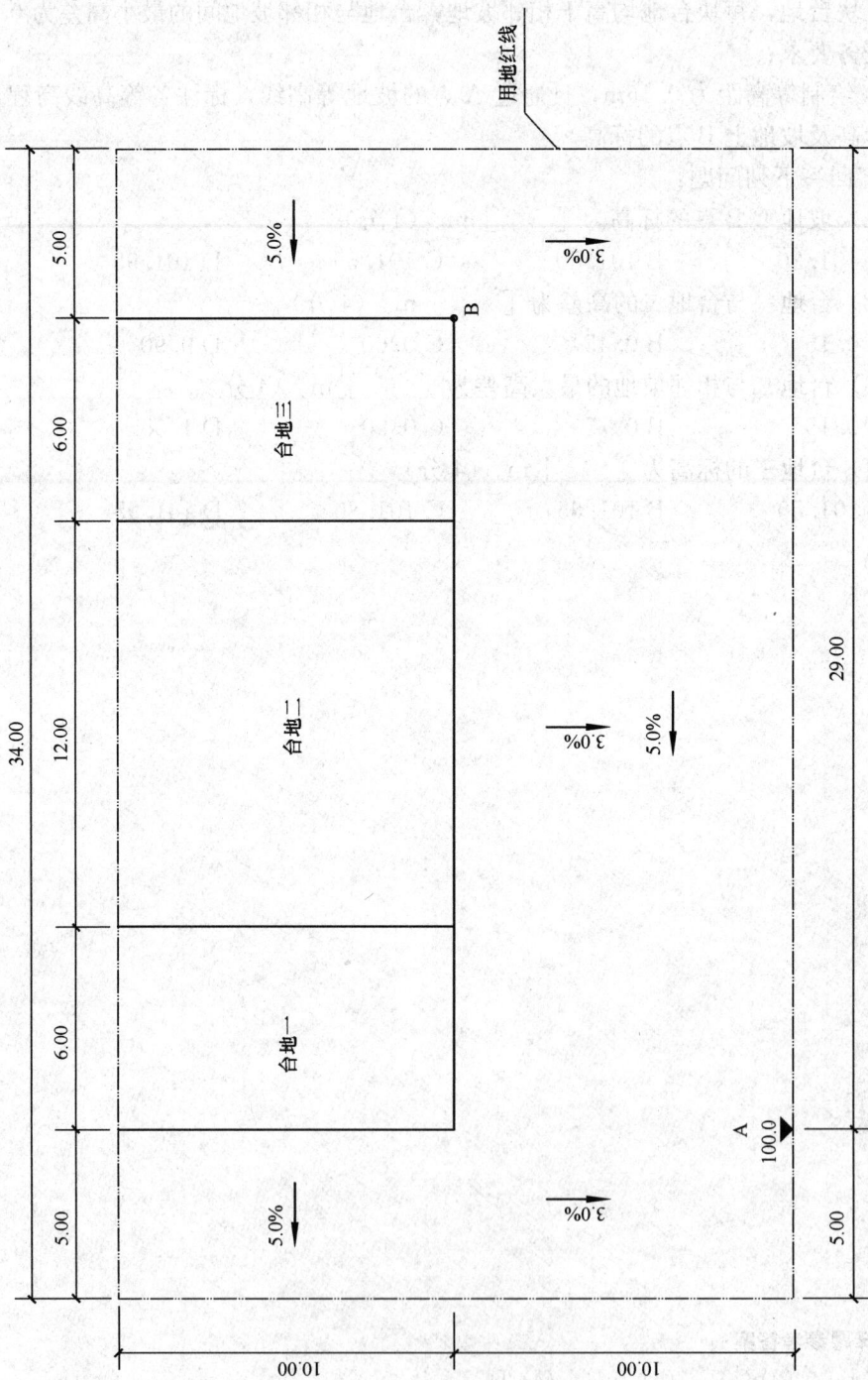

图 3-30

解答提示：

1. 计算等高线间距

东西方向坡度为 5%，等高线间距为 $L=\Delta h/i=0.15/5\%=3.00$（m）；

南北方向坡度为 3%，等高线间距为 $L=\Delta h/i=0.15/3\%=5.00$（m）。

2. 绘制等高线

因题目中给定的坡度东西方向及南北方向数据为固定值，可以判断出等高线为直线，只需找到两点同名标高点，连接同名标高点即为同名等高线。

以标高 100.00 等高线绘制为例：A 点为第一处 100 标高点，按照 5% 的坡度，沿此点向正西方向 3m 处为 99.85 标高点。通过 99.85 标高点向正北方向画辅助线，在此辅助线上，按照 3% 的坡度，正北方向 5m 处为第二处 100 标高点。连接上述两个 100 标高点，即为标高 100 等高线。同理可绘出等高距为 0.15m 的其他等高线。

3. 确定台地标高

根据题目要求，台地与相邻坡地最小高差为 0.15m，可得出三个台地标高分别为 100.75m、101.35m 及 101.95m。

等高线绘制详见图 3-31。

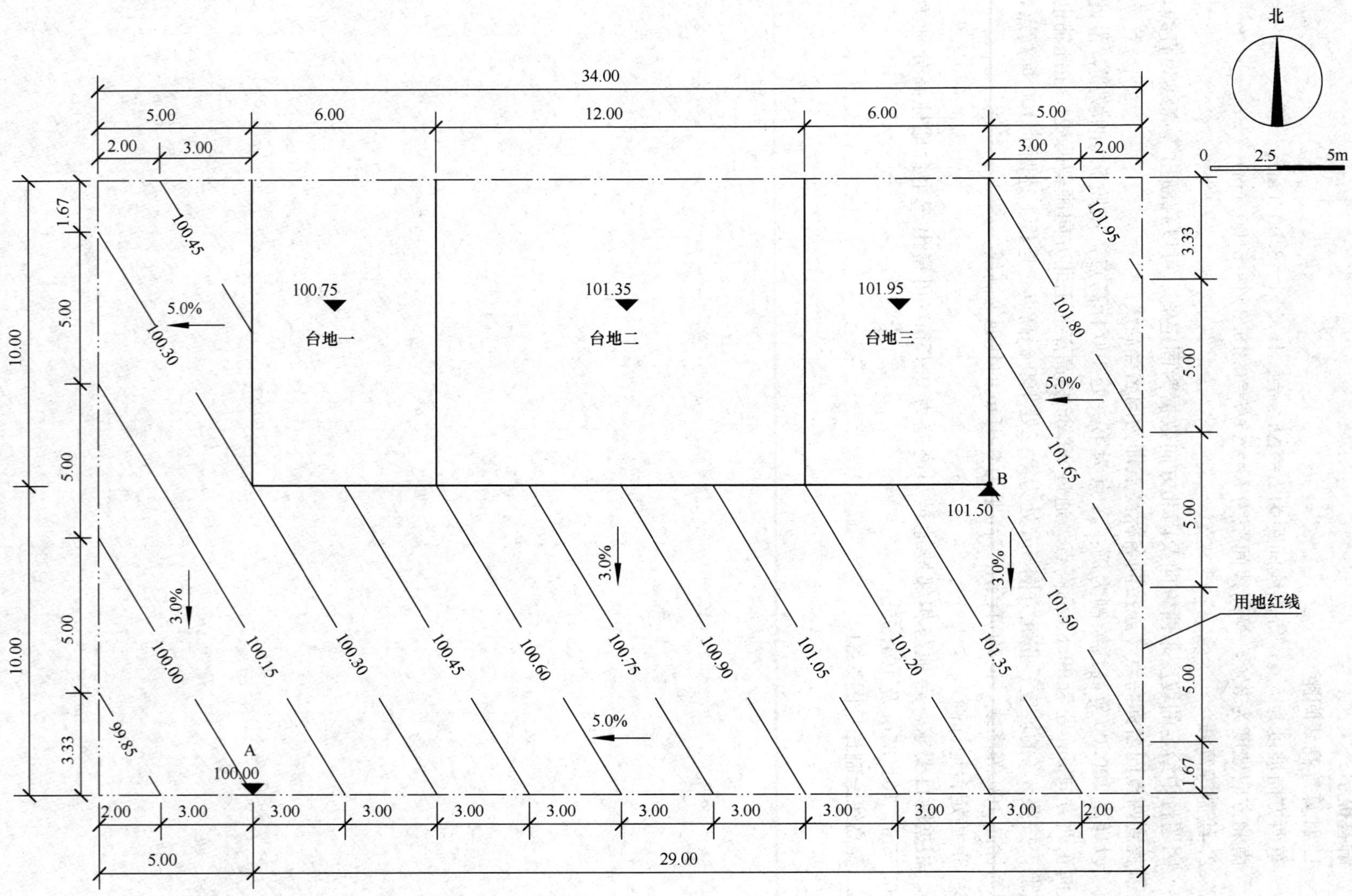

图 3-31

【习题 3-8】（2012 年）

比例：见图 3-32。

单位：m。

设计条件：

某坡地上拟建三栋住宅楼及共用的一层地下车库，其平面布局，场地出入口处 A、B 点标高，地形等高线及高程如图 3-32 所示。建筑周边设置环形车行道，车行道距用地红线不小于 5.0m，宽度为 4.0m，转弯半径为 8.0m，除南侧车行道不考虑道路纵向坡度外，其余车行道纵坡不大于 5.0%。在南侧车行道外 3.0m 处设置挡土墙，其顶标高与相邻道路标高一致，不考虑道路横坡，车行道两侧均为自然放坡，不考虑道路外场地的地形处理。地下车库底板及顶板均为平板，地下车库底板标高与车库出入口及相邻车行道标高一致，确定最大开挖深度，要求地下车库填方区土方量最小。

任务要求：

1. 绘出车行道，标注其标高、坡度、坡长、坡向及相关尺寸；绘出挡土墙并标注顶面标高及相关尺寸，估算挡土墙高度；用 ▨ 表示地下车库填方区域，并计算其面积，确定地下车库出入口方向及标高并标明其位置。

2. 回答下列问题：

（1）地下车库出入口方向及标高分别是 ［ 　 ］。（5 分）

A 南侧，92.00m　　　　　　　　B 南侧，92.50m

C 东、西侧，93.00m　　　　　　D 东、西侧，93.50m

（2）地下车库范围填方区域面积大约是 ［ 　 ］m²。（5 分）

A 500　　　　B 1300　　　　C 1600　　　　D 4100

（3）南侧挡土墙的高度为 ［ 　 ］m。（4 分）

A 1.5　　　　B 2.0　　　　C 2.5　　　　D 3.0

（4）地下车库开挖最大深度为 ［ 　 ］m。（4 分）

A 3.00　　　　B 3.50　　　　C 4.00　　　　D 4.50

选择题参考答案：

（1）A　　　（2）B　　　（3）C　　　（4）D

143

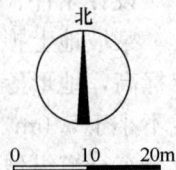

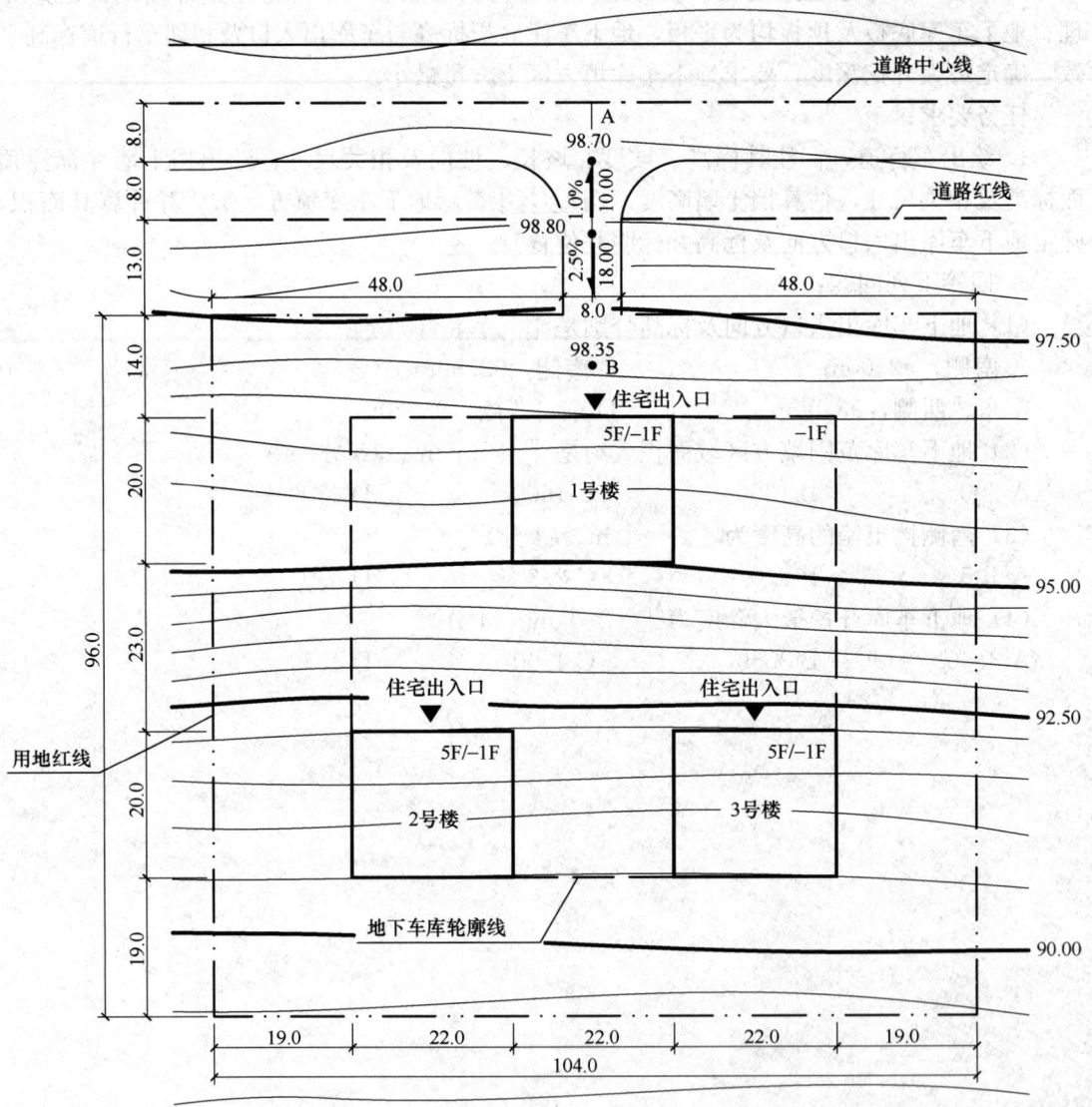

北

0　　10　　20m

道路中心线

8.0

A

98.70

1.0%

10.00

道路红线

8.0

98.80

2.5%

18.00

13.0

48.0

48.0

8.0

97.50

14.0

98.35

B

▼ 住宅出入口

5F/-1F

-1F

20.0

1号楼

95.00

23.0

住宅出入口

住宅出入口

92.50

96.0

▼

▼

5F/-1F

5F/-1F

用地红线

20.0

2号楼

3号楼

地下车库轮廓线

90.00

19.0

19.0

22.0

22.0

22.0

19.0

104.0

图 3-32

解答提示：

1. 环形车行道

根据题目要求，在距离用地红线 5.0m 处，按照 4.0m 的宽度，绘出环形车行道，车行道转弯半径为 8.0m。

2. 地下车库出入口位置及底板标高

题目要求地下车库填方量最小，而现状自然地形为南低北高，且地下车库底板为平板，故地下车库的填方区域应在用地南侧，且地下车库底板标高越低，填方量越小。故由 B 点沿车行道中心线向西、向南经 C 点到达 E 点，纵坡均取最大纵坡 5.0%，计算出 C 点设计标高为 96.10m，E 点标高为 92.00m。同理，D 点标高为 96.10m，F 点标高为 92.00m。根据题意，车库底板标高与相邻道路标高一致，故车库底板标高也为 92.00m，此标高为符合题目要求的车库底板最低标高，故车库出入口应在用地南侧。

3. 地下车库填方区域

地下车库底板标高为 92.00m，自然地形标高 92.00m 处为地下车库开挖零线，零线以南为车库填方区域，面积估算为 1300m²。

4. 地下车库最大开挖深度

用地南低北高，地下车库底板标高 92.00m，故地下车库的北侧范围线为开挖的最大深度，车库北侧范围线的自然地形等高线标高为 96.50m，故开挖的最大深度为 96.5－92.0＝4.50m。

5. 挡土墙布置及标高

根据题意，在南侧车行道以南 3.0m 处设置挡土墙，挡土墙顶标高与道路标高一致，为 92.00m。挡土墙高度为 92.0－89.5＝2.5（m）

环形车行道、挡土墙布置及竖向设计如图 3-33 所示。

6. 评分标准

序号	考核内容	分值	正确选项	试卷选项	人工复核扣分内容
1	地下车库出入口方向及标高分别为：南侧 92.00m	5	A		图示错误、图示不符（－5）
					车库出入口位置未标注、标注有误（－2）
2	地下车库范围填方区面积大约为：1300m²	5	B		图示错误、图示不符（－5）
					填方区范围正确但未填充（－1）
3	南侧挡土墙高度为：2.5m	4	C		图示错误、图示不符（－4）
					图示正确，挡土墙顶标高未标注（－1）
4	地下车库开挖最大深度为：4.5m	4	D		

注：绘制车行道不完整（－1），车行道绘制正确，但各控制点标高、车道坡度、坡向未标注，标高有误（－5～－3）、标注正确，不完整（－2），尺寸未标注（－1）。

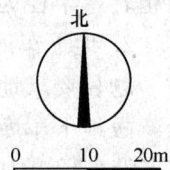

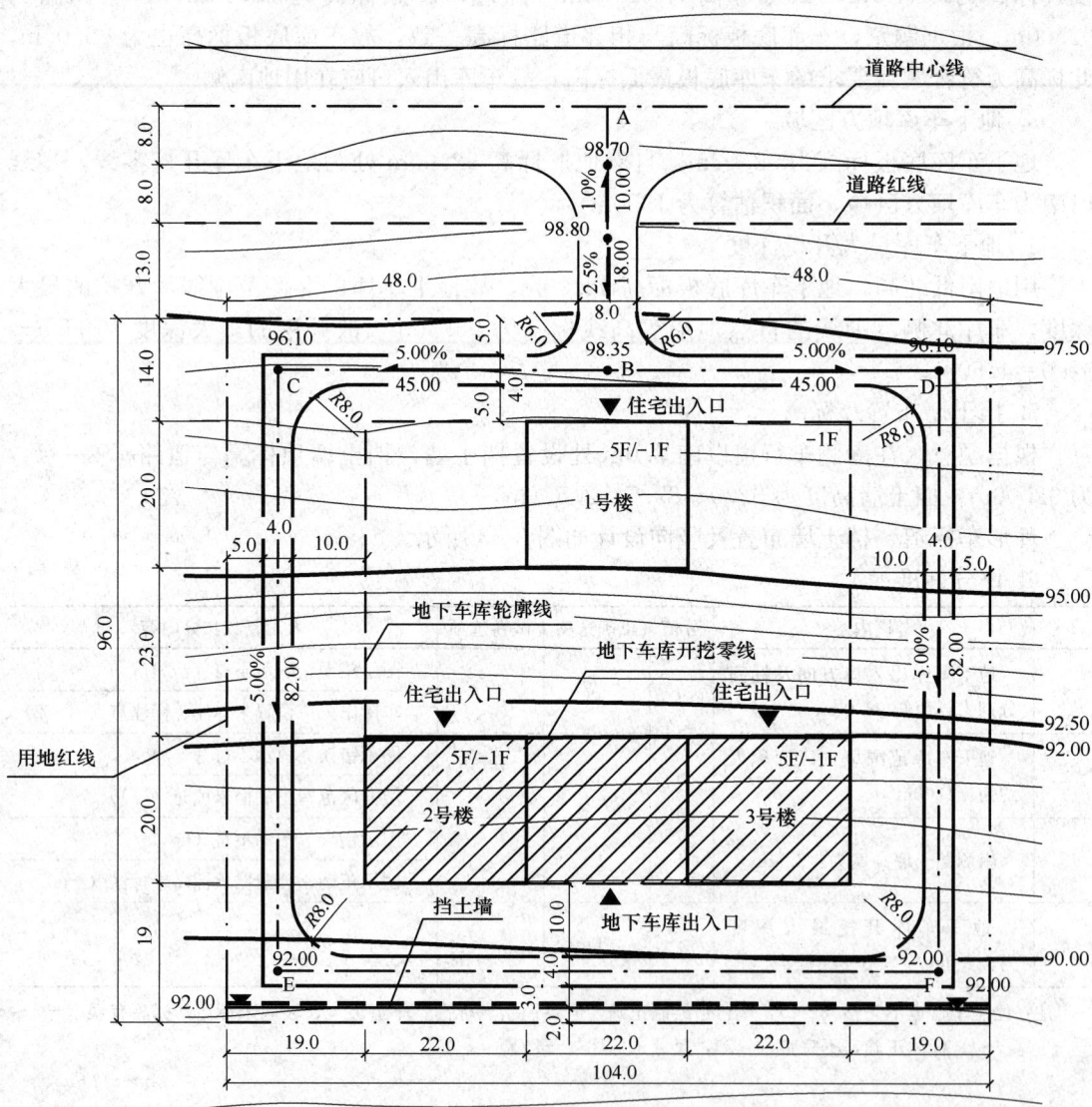

北

0　10　20m

道路中心线

A

98.70

1.0%

10.00

道路红线

98.80

2.5%

18.00

48.0

48.0

8.0

8.0

13.0

8.0

96.10

5.00%

5.0

R6.0

98.35

R6.0

5.00%

96.10

97.50

14.0

C

5.0

45.00

4.0

45.00

D

R8.0

▼ 住宅出入口

R8.0

5F/-1F

-1F

20.0

1号楼

5.0

4.0

10.0

10.0

4.0

5.0

95.00

23.0

地下车库轮廓线

地下车库开挖零线

5.00%

82.00

5.00%

82.00

住宅出入口

住宅出入口

92.50

用地红线

5F/-1F

5F/-1F

92.00

96.0

2号楼

3号楼

20.0

R8.0

挡土墙

10.0

R8.0

▲ 地下车库出入口

19

92.00

92.00

90.00

E

4.0

F

92.00

92.00

3.0

92.00

2.0

19.0

22.0

22.0

22.0

19.0

104.0

图 3-33

146

【习题 3-9】（2013 年）

比例：见图 3-34。

单位：m。

设计条件：

某丘陵地区城市广场及周边人行道平面如图 3-34 所示。人行道宽度 3.0m，纵坡为 1.0%（无横坡度），A、B 点高程均为 101.60m，人行道与城市广场之间无高差连接，城市广场按单一坡向、坡度设计。

任务要求：

1. 绘出经过 A、B 两点，设计等高距为 0.05m 的人行道及城市广场的等高线；标注 C 点、D 点及城市广场最高点的高程；绘出城市广场坡向并标注坡度。

2. 回答下列问题：

（1）C 点的场地高程为 ［   ］m。（5 分）

A 101.60　　　　　B 101.70　　　　　C 101.75　　　　　D 101.80

（2）D 点的场地高程为 ［   ］m。（5 分）

A 101.90　　　　　B 101.95　　　　　C 102.00　　　　　D 102.05

（3）城市广场的坡度为 ［   ］。（4 分）

A 0　　　　　　　　B 1.0%　　　　　　C 1.4%　　　　　　D 2.0%

（4）城市广场最高点的高程为 ［   ］m。（4 分）

A 101.80　　　　　B 101.95　　　　　C 102.15　　　　　D 102.20

选择题参考答案：

（1）C　　　（2）B　　　（3）C　　　（4）D

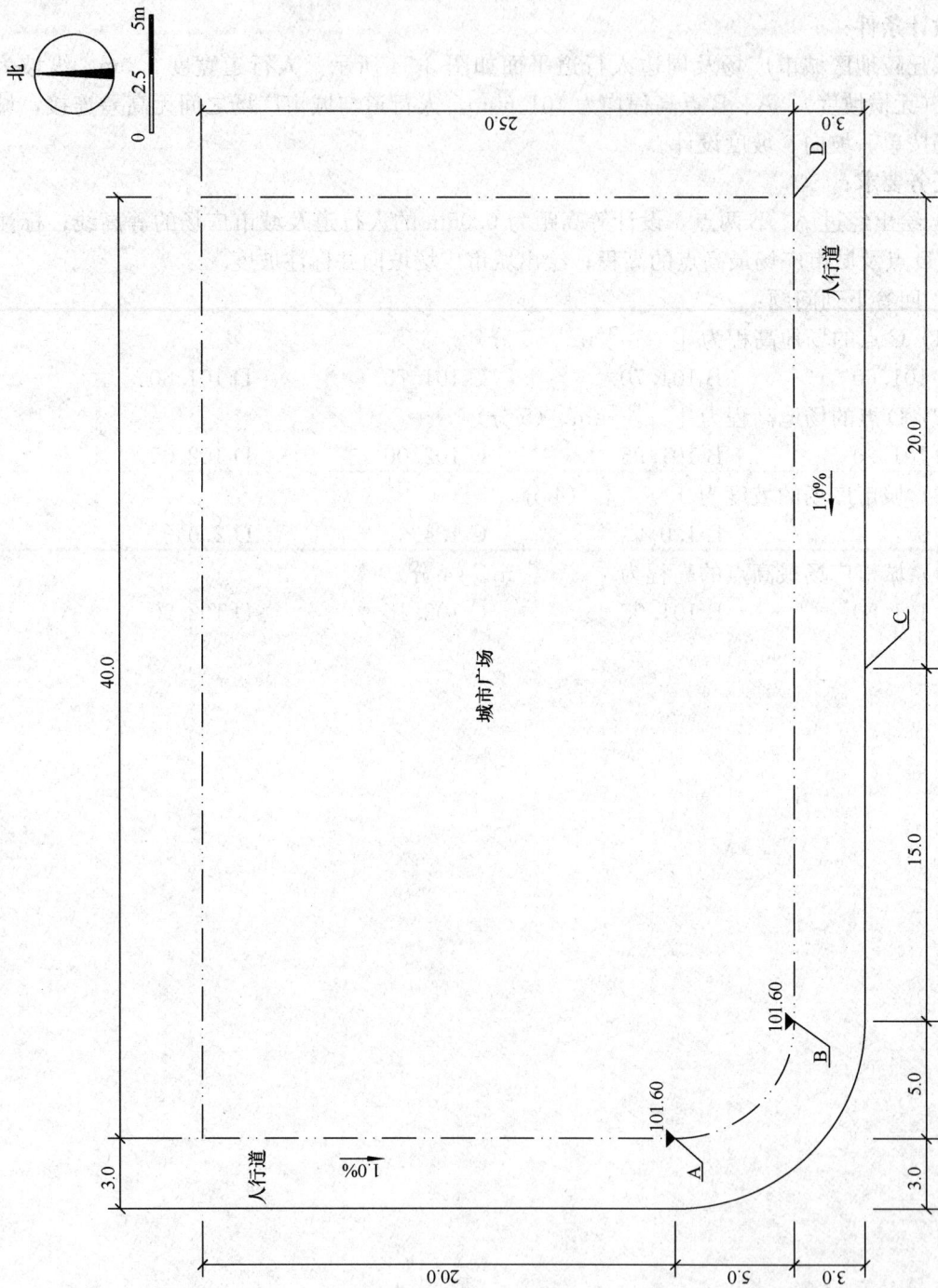

图 3-34

解答提示：

1. 人行道的设计等高线间距 L

$$L=\Delta h/i=0.05/1\%=5.0 \text{（m）}。$$

2. 绘制设计等高线

因人行道与城市广场无高差，即城市广场与人行道交界处南北向及东西向坡度与人行道相同，皆为 1%，故分别从 A、B 两点向正北、正东方向按照上述 5m 的设计等高线间距得到等高距为 0.05m 的等分点，如 101.65、101.70、101.75 等，然后将上述同名等分点连接，得到城市广场的设计等高线。

人行道因无横坡度，从上述等分点分别向西、向南做人行道内侧路缘石顶面的垂线，得到人行道设计等高线，如图 3-35 所示。

3. 城市广场的坡向及坡度

广场的坡向应垂直广场设计等高线，即由东北方坡向西南方。

坡度为南北向 1% 坡度及东西向 1% 坡度的合成坡度 $i_{合}$：

$$i_{合}=\sqrt{i_{南北}^2+i_{东西}^2}=\sqrt{1\%^2+1\%^2}\approx1.4\%。$$

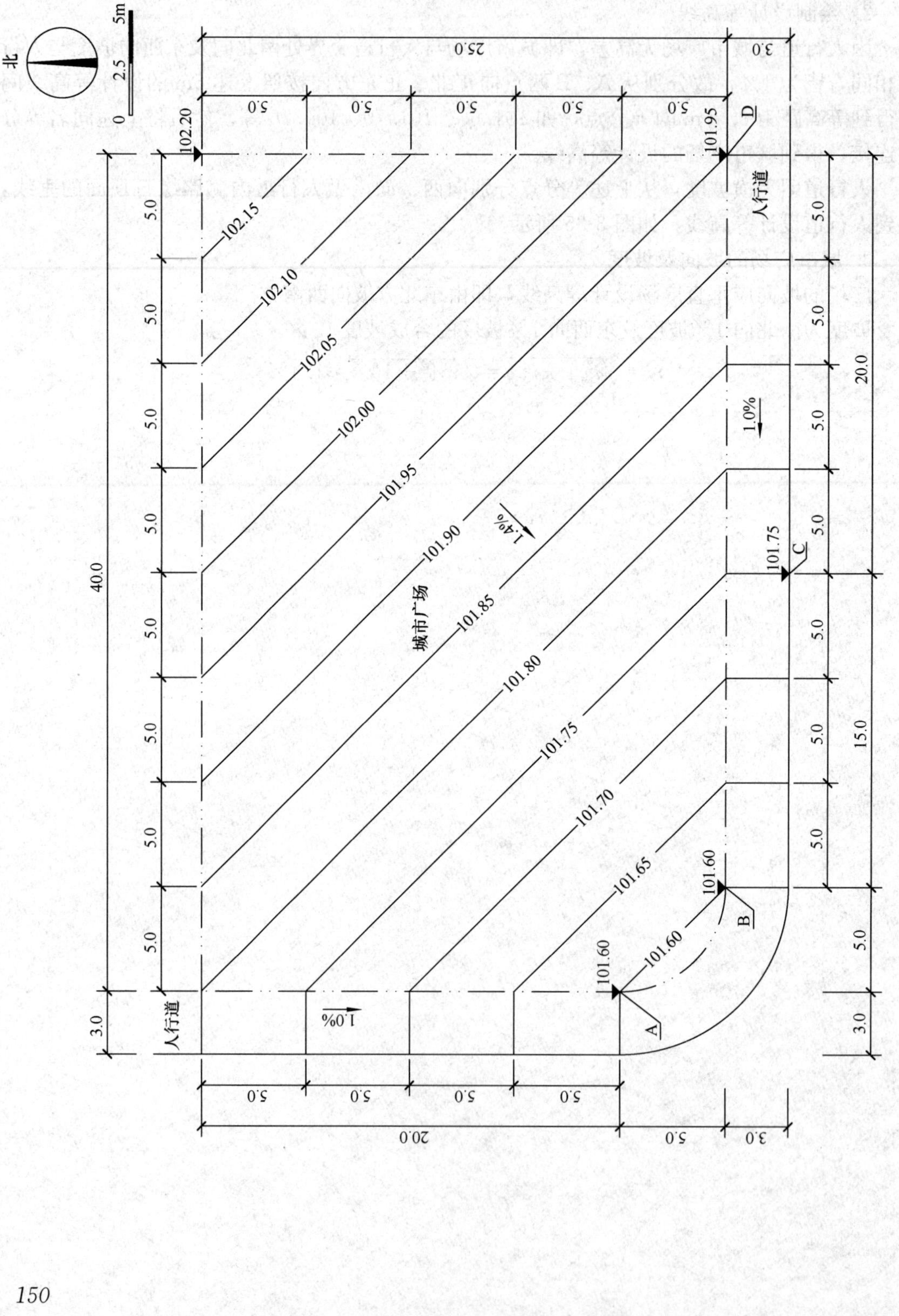

图 3-35

【习题 3-10】（2014 年）

比例：见图 3-36。

单位：m。

设计条件：

某坡地上拟建多层住宅，地形的等高距为 0.50m，建筑、道路及场地地形如图 3-36 所示。住宅均为 6 层，高度均为 18.00m；当地日照间距系数为 1.5。

每个住宅单元均建在各自高程的场地平台上，单元场地平台之间的高差需采用挡土墙处理。场地平台、住宅单元入口引路及道路交叉点取相同标高，建筑室内外高差为 0.30m。

场地竖向设计应顺应自然地形，已知 A 点设计标高为 99.00m，车行道坡度为 4.00%，不考虑场地与道路的排水关系。

任务要求：

1. 依据 A 点标注的道路控制点标高及控制点间道路的坡度、坡向及坡长（图例：$\xrightarrow{\text{坡度：\%}}$ 坡向）。标注每个住宅单元建筑地面首层地坪标高（±0.00）的绝对标高。绘制 3♯、4♯住宅单元室外场地平台周边的挡土墙，并标注室外场地平台的绝对标高。

2. 回答下列问题：

（1）场地内车行道最高点的绝对标高为〔　　〕m。（4 分）

A　103.00　　　　　B　103.50　　　　　C　104.00　　　　　D　104.50

（2）场地内车行道最低点的绝对标高为〔　　〕m。（4 分）

A　96.00　　　　　B　96.50　　　　　C　97.00　　　　　D　97.50

（3）4♯住宅单元建筑地面首层地坪标高（±0.00）的绝对标高为〔　　〕m。（5 分）

A　101.50　　　　　B　102.00　　　　　C　102.50　　　　　D　102.55

（4）B 点挡土墙的最大高度为〔　　〕m。（5 分）

A　1.50　　　　　B　2.25　　　　　C　3.00　　　　　D　4.50

选择题参考答案：

（1）B　　（2）B　　（3）D　　（4）B

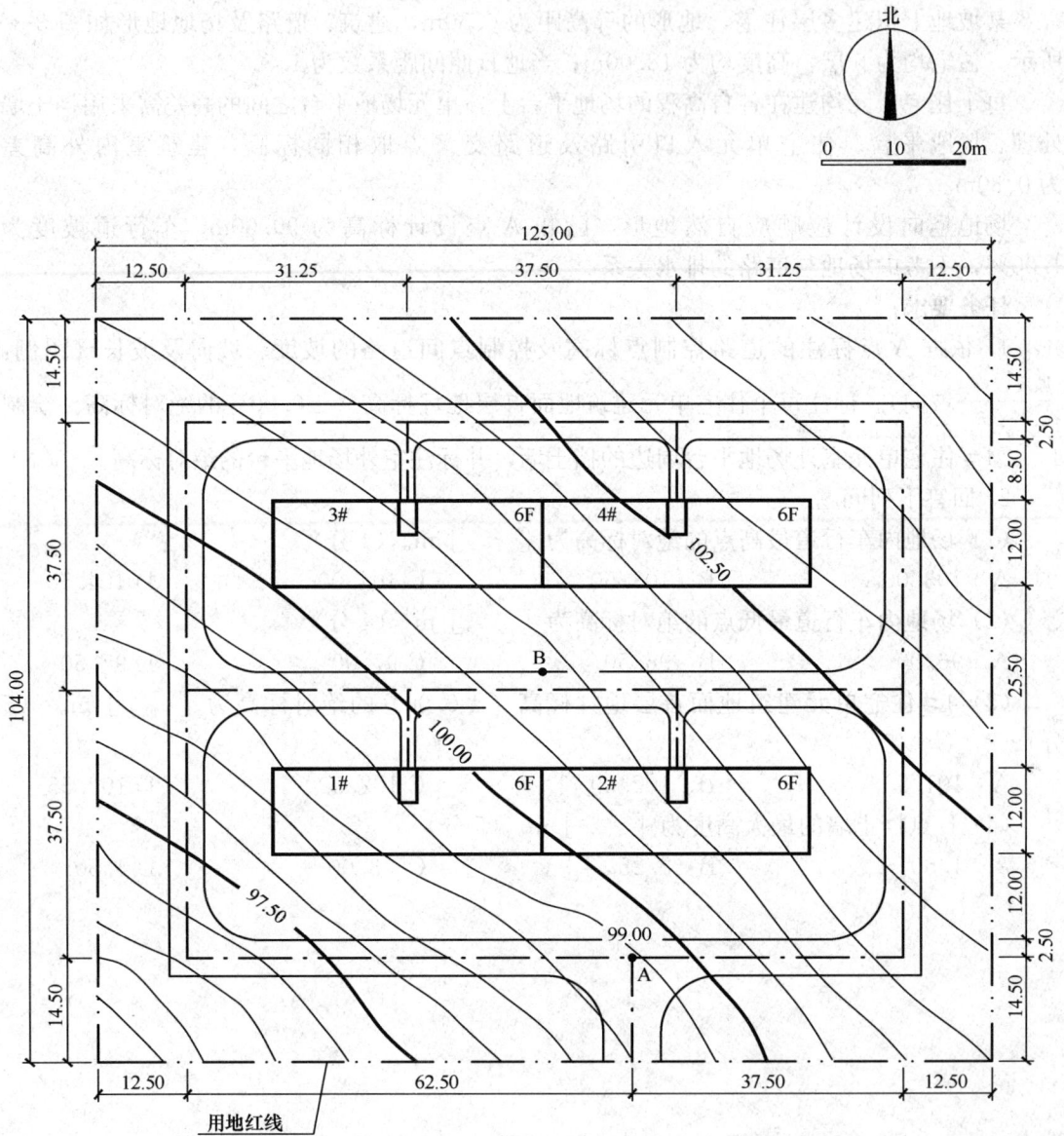

北

0　10　20m

125.00

12.50　31.25　37.50　31.25　12.50

14.50

14.50

2.50

8.50

3#　6F　4#　6F

102.50

12.00

B

25.50

100.00

1#　6F　2#　6F

12.00

97.50

99.00

12.00

A

2.50

14.50

104.00

37.50

37.50

14.50

12.50　62.50　37.50　12.50

用地红线

图 3-36

152

解答提示：

1. 道路竖向设计

基地地形西南低、东北高，应题目要求，道路竖向设计顺应自然地形，故南北向道路北高南低，东西向道路东高西低，场地车行道西南角设计标高最低，东北角设计标高最高。由 A 点标高 99.00m，按照 4.00％道路纵坡可推算出车行道西南角标高为 96.50m，东北角标高为 103.50m。

2. 场地平台标高

由 A 点标高 99.00m，按照 4.00％道路纵坡可推算出场地道路与 1＃、2＃、3＃、4＃单元住宅入口引路交叉点标高分别为 99.25m、100.75m、100.75m、102.25m。题目要求场地平台、住宅单元入口引路及道路交叉点取相同标高，故可确定各个单元场地平台标高。住宅单元建筑地面首层地坪标高（±0.00）绝对标高在单元场地平台标高基础上加室内外高差 0.30m。

3. 挡土墙布置

3＃场地平台标高为 100.75m，根据场地平台与周边道路设计标高的高差关系，以单元入口引路与场地道路交叉口为分界，交叉点以东的场地道路高于场地平台，场地平台周边的其他场地道路设计标高均低于场地平台标高。故可在场地平台周边绘制出挡土墙，挡土墙表达方式为细实线和粗虚线。细实线表示挡土墙定位线，粗虚线表示在台地高的一侧。

同理可绘制出 4＃场地平台的挡土墙。

B 点挡土墙最高标高应为 4＃场地平台标高 102.25m，最低标高应为 B 点场地道路标高，可由 1＃单元入口引路与场地道路交叉点标高 99.25m，按照 4.00％道路纵坡度，坡长 18.75m 推算：99.25＋18.75×4.00％＝100.00（m），故 B 点挡土墙最大高差应为 102.25－100.00＝2.25（m）。

该场地的竖向设计如图 3-37 所示。

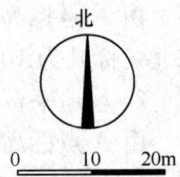

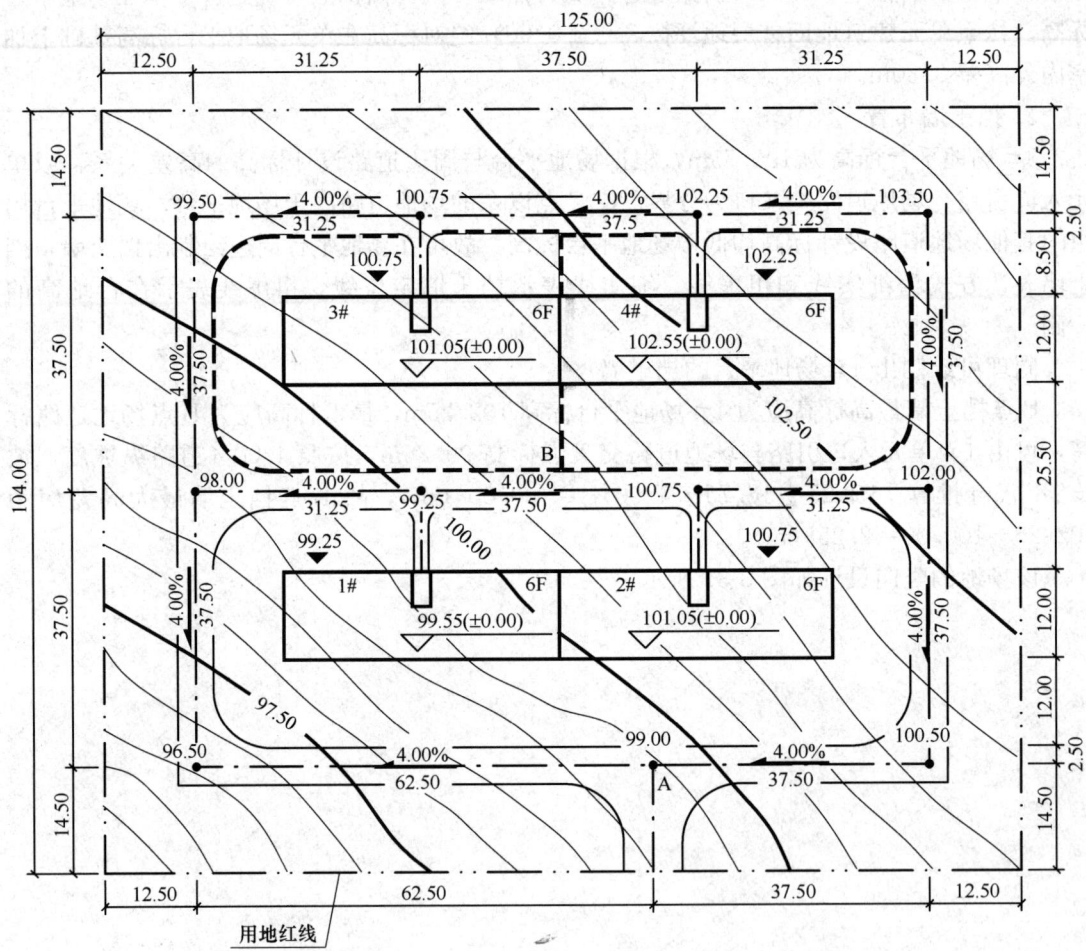

北

0　10　20m

125.00

12.50　31.25　37.50　31.25　12.50

14.50　14.50

2.50

99.50 —4.00%— 100.75 —4.00%— 102.25 —4.00%— 103.50

31.25　37.5　31.25

8.50

100.75　102.25

3#　6F　4#　6F

101.05(±0.00)　102.55(±0.00)

12.00

102.50

37.50

B

98.00 —4.00%— 99.25 —4.00%— 100.75 —4.00%— 102.00

31.25　37.50　31.25

25.50

99.25　100.75

100.00

1#　6F　2#　6F

99.55(±0.00)　101.05(±0.00)

12.00

97.50

96.50　99.00　100.50

62.50　4.00%　37.50　4.00%

A

2.50

14.50　14.50

12.50　62.50　37.50　12.50

用地红线

104.00

37.50

37.50

37.50

37.50

图 3-37

第四章　场　地　设　计

【考核点】

1. 出入口布置：数量、位置、入口广场等；

2. 总体布局（退线要求、功能分区、空间组合及景观分析、环境结合、对外联系、分期建设等）方案应体现出如何因地制宜，并表示出主要建筑物与用地红线（或道路红线、建筑红线）及相邻建筑物之间的距离；

3. 建筑物布置：必要的日照分析，朝向，拟建主要建筑物的名称、入口与层数；

4. 道路交通：交通分析（人流及车流的组织）、停车场的布置及停车泊位数量、消防车道及高层建筑消防扑救场地的布置、道路的主要技术条件；

5. 竖向设计：拟建主要建筑物的设计标高，地形复杂时主要道路、广场的控制标高；

6. 绿化布置与环境景观设计。

第一节　基　本　知　识

一、建筑物布置

1. 选择建筑朝向

（1）日照因素

建筑朝向是指一幢建筑的空间方位，常用建筑主要房间的面向来衡量。一般来讲，建筑朝向的选择是为了获得良好的日照和通风条件，因此要受到所在地区的日照条件和常年主导风向的影响。不同朝向的建筑可获得不同的日照效果，因而各有其不同的适应性。

（2）风向因素

我国大部分地区地处北温带，南北气候差异较大，在长江中、下游及华南广大地区，夏季持续时间长，而且湿度较大，因此必须重视自然通风，建筑主体应朝向当地夏季主导风向布置，以获得"穿堂风"；在冬季寒冷地区则存在防寒、保温和防风沙侵袭的需求，在淮河至秦岭以北地区，建筑朝向应避开冬季主导风向。

（3）其他因素

在实践中，建筑物的朝向还要结合场地具体条件，如道路走向、周围景观、地形变化和用地形状等因素，其中道路走向是影响建筑朝向的重要因素。

2. 确定建筑间距

（1）日照间距

前后两列房屋之间为保证后排房屋在规定时日获得必需日照量而保持一定的距离称为日照间距。

（2）通风的要求

建筑的布局（特别是南方湿热地区）要妥善处理通风问题，有利于获得良好的自然通风，并防止冬季寒冷地区及风沙地区风害的侵袭。我国大部地区夏、冬两季的主导风向大致相反，因而在解决通风、防风要求时，一般不至于矛盾。

（3）防火间距

为保证一旦发生火灾时相邻建筑的安全，防止火灾的蔓延，建筑物之间必须保持一定的防火间距。

（4）影响建筑间距的其他因素

对于学校建筑而言，还存在"防噪间距"这一特殊性要求。

总体布局中，建筑间距的确定要综合考虑各种因素。在按照各种因素对间距的要求所得出的间距值中，选择其中的大值作为实际建筑间距。例如，对住宅、宿舍、托幼、疗养院和医院等类建筑，其日照间距通常大于防火间距和其他方面要求的间距，因此要以日照间距确定建筑间距，但在山地中，当向阳坡计算的日照间距小于防火间距时，则建筑间距应以防火间距为标准确定。

3. 群体组合的协调和统一

（1）主从原则

一个完整统一的整体，首先意味着组成整体的要素必须主从分明，而不能平均对待或各自为政。建筑群体中，各组成部分如果竞相突出自己，或者处于同样重要的地位，不分主次，则会削弱其整体性。因而对各单体的形体处理不能不加区分地同等对待，它们之间应有主与从、重点与一般、核心与外围的差别。主体部分以其体量的高大和地位的突出而成为整体中的重点和核心，其他部分从属于主体，或环绕主体四周布置，或依附于主体。正是凭借着这种差异的对立，才形成统一协调的整体。

在场地布局中，可以利用某一构成要素在功能、形态、位置上的优势，作为重点加以突出，控制整个空间，形成视觉中心，而使其他部分明显地处于从属地位，以达到主从分明，完整统一。

（2）秩序建构

在群体组合中，需要建立一种内在的秩序，将各组成部分都纳入其中，由于这一制约关系的存在使它们具有内在的统一性，从而形成整体。从构图分析的角度，群体组合中秩序性的建立主要有以下几种途径：

1）轴线

轴线是空间组织中一种线性关系构件，属概念性元素，具有串联、控制、统辖、组织建筑和暗示、引导空间的作用，建筑或其他环境要素可沿轴线布置，也可在其两侧布置。轴线是贯穿全局的脊干，作为联系纽带，有益于将松散的个体建筑串联形成网络结构，即使是个体建筑特征不明显，作为群体仍然能感到一种秩序的力量。

2）对位

相邻建筑单体的位置之间存在着一定的几何关系，可以增强建筑物彼此之间的关系，使之相互协调。建筑与建筑之间呈平行或垂直关系，是一种最简单的情况；在建筑组合中运用"心理的导线"（即设想将建筑物的边线向外延伸，使其与邻近建筑的边线相重合），使各体部之间彼此相关或相互搭接，从而形成稳定完整的空间。

二、竖向布置

在方案设计阶段，进行竖向设计，确定是否需要对总平面布置进行调整。

1. 场地关键点标高

结合各种地形设计的因素，确定出以下各个点的设计标高，如城市道路衔接点、道路变坡点、建筑物室内外地坪标高、台阶式竖向布置时各个设计地面的标高。

2. 地形高差的处理

根据需要，绘制出场地剖面图。确定是否需要设置支挡构筑物，如边坡或挡土墙，并考虑场地雨水的排除，设置必要的排水沟、截洪沟等。

三、场地道路与交通

根据场地分区、使用活动路线与行为规律的要求，分析场地内各种交通流的流向与流量，选择适当的交通方式，建立场地内部完善的交通系统；充分协调场地内部交通与其周围城市道路之间的关系。依据城市规划要求，确定场地出入口位置，处理好由城市道路进入场地的交通衔接；有序组织各种人流、车流与客、货交通，合理布置道路、停车场和广场等相关设施，将场地各分区有机联系起来，形成统一整体。总体布局中，场地交通组织一般按照交通方式选择、场地出入口确定、流线分析及道路系统组织、停车场设置的基本步骤来进行。

1. 场地出入口设置

（1）场地出入口的数量

对于交通量不大的较小场地，一般设置一个出入口便可满足交通运输需要。在可能的情况下，场地宜分设主次出入口，主入口解决主要人流出入并与主体建筑联系方便，次入口作为后勤服务入口，与辅助用房相连。

（2）场地出入口的位置

在一般地段，场地出入口位置主要根据用地分区及相邻城市道路情况而定，应注意尽量减小对城市主干道交通的干扰。当场地同时毗邻城市主干道和次干道（或支路）时，一般主入口设在主路上，次入口设在次路上，并应优先选择次干道一侧作为主要机动车出入口。有时，场地仅与一条城市道路临接，主、次入口均在同一条道路上。场地或建筑物的主要出入口，应避免正对城市主要干道的交叉口。

2. 场地道路系统

（1）流线组织要求

总体布局中，根据流线组织要求来进行道路布置，例如对于分流式组织形式，应分别设置相应道路引导不同性质或使用要求的流线；对应于尽端式和通过式流线结构，道路布局也可采用尽端式或通过式的不同形式；此外，场地中的道路应将场地出入口和建筑物出入口联系起来，实现场地最基本的交通功能。

（2）场地分区要求

道路布置要有利于内部各功能分区的有机联系，将场地各组成部分连接成统一整体。事实上，在许多群体建筑场地中，道路起着各区域分割与联系的媒介作用，也成为不同分区的划分手段和标志。

（3）环境与景观要求

根据场地性质和总体环境要求，道路布置也应有利于烘托相应的气氛，例如一般的场地要求道路清晰简明，宜短捷、顺直，避免往返迂回；纪念性场地的道路，根据环境艺术构图需要往往作为空间的轴线或对称布置，体现一定的气势；游览、休闲性场地（或场地中的休息、娱乐空间）中的道路一般较自由，多采用曲线形式；坡地场地中，道路要善于结合地形状况和现状条件，尽量减少土方工程量，节约用地和投资费用。此外，根据总体布局要求，有时道路布置与场地景观环境的组织关系密切，应发挥其环境艺术构图的作用，比如考虑主要景观的观赏线路和观赏点，利用道路的导向性，组织引导主要建筑物或景观空间，为观赏视线留出必需的视觉通廊，以保证景点与观赏点之间的视觉联系。

3. 场地停车系统

场地停车系统有地面停车场、组合式停车场和独立停车库三种形式。

大中型公共建筑停车场（库）的规模应符合规划设计条件的要求，也可以按机动车停车泊位建议指标（表4-1），根据停车场性质、规模、场地条件，选用不同的设计指标。

《城市停车规划规范》GB/T 51149—2016 规定：

6.0.4 规划人口规模大于 50 万人的城市的普通商品房配建机动车停车位指标可采取 1 车位/户，配建非机动车停车位指标可采取 2 车位/户；医院的建筑物配建机动车停车位指标可采取 1.2 车位/100m² 建筑面积，配建非机动车停车位指标可采取 2 车位/100m² 建筑面积；办公类建筑物配建机动车停车位指标可采取 0.65 车位/100m² 建筑面积，配建非机动车停车位指标可采取 2 车位/100m² 建筑面积；其他类型建筑物配建停车位指标可结合城市特点确定。

综合考虑我国北京、上海、香港、天津、重庆、深圳、广州、南京、杭州、昆明、长沙、济南、合肥、哈尔滨、长春、宁波等城市，伦敦、纽约、新加坡等国际城市的建筑物配建停车位相关标准，提出建筑物分类和配建停车位指标参考值，见表4-1。

建筑物配建停车位指标参考值　　　　　　　　　　　　　　　　表 4-1

建筑物大类	建筑物子类	机动车停车位指标下限值	非机动车停车位指标下限值	单　位
居住	别墅	1.2	2.0	车位/户
	普通商品房	1.0	2.0	车位/户
医院	综合医院	1.2	2.5	车位/100m² 建筑面积
	其他医院（包括独立门诊、专科医院等）	1.5	3.0	车位/100m² 建筑面积
学校	小学	1.5	20.0	车位/100 师生
	中学	1.5	70.0	车位/100 师生
	高等院校	3.0	70.0	车位/100 师生
办公	行政办公	0.65	2.0	车位/100m² 建筑面积
	商务办公	0.65	2.0	车位/100m² 建筑面积
商业	宾馆、旅馆	0.3	1.0	车位/客房
	商场	0.6	5.0	车位/100m² 建筑面积
	配套商业	0.6	6.0	车位/100m² 建筑面积
	大型超市、仓储式超市	0.7	6.0	车位/100m² 建筑面积

建筑物大类	建筑物子类	机动车停车位指标下限值	非机动车停车位指标下限值	单 位
文化体育设施	体育场馆	3.0	15.0	车位/100 座位
	展览馆	0.7	1.0	车位/100m² 建筑面积
	图书馆、博物馆、科技馆	0.6	5.0	车位/100m² 建筑面积
	会议中心	7.0	10.0	车位/100 座位
	剧院、音乐厅、电影院	7.0	10.0	车位/100 座位
交通枢纽	火车站	1.5	—	车位/100 高峰乘客
	机场	3.0	—	车位/100 高峰乘客
游览场所	风景公园	2.0	5.0	车位/公顷占地面积
	主题公园	3.5	6.0	车位/公顷占地面积

在初步估算停车场面积时，可参照以下指标：

一般停车位宽度至少应为 2.8m，用地宽松时，停车位一般为 3m×6m。

由于公共停车场车辆种类、型号繁多，停车场（库）的设计参数应以高峰停车时间所占比重最大的车型为主，用地面积按当量小汽车的停车泊位估算，具体换算系数分别为微型汽车 0.7，小轿车 1.0，中型汽车 2.0，大型汽车 2.5，铰接汽车 3.5，三轮摩托 0.7。

对于地面停车场，停车面积可按每个标准当量停车位 25～30m²（包括车道面积）来计算；地下停车场（库）及地面多层停车场（库），每个停车位面积可取 30～40m²（包括车道面积）。

四、绿地布置

总体布局中需对场地的绿化风格和环境特色予以把握。场地的类型对绿化风格的确定有决定性意义，纪念性场地的绿化布置要求取得庄严肃穆的效果，常用对称式布局或呈几何形态；居住类、文化娱乐类场地的绿化布置为体现轻松自然的环境气氛，多选择不对称甚至自由曲线的形式。此外，在同一场地中，不同的功能分区也可运用不同的绿化布置形式，例如综合性建筑群体场地中，行政办公区绿化采用规则式衬托严谨的气氛，公共服务区绿化以自由式为主，布置各有特色，与各功能区的空间氛围相统一。

五、方案设计的深度要求

《建筑工程设计文件编制深度规定》中，方案设计阶段场地设计图纸表达的内容规定如下：

1. 场地的区域位置；

2. 场地的范围（用地和建筑物各角点的坐标或定位尺寸）；

3. 场地内及四邻环境的反映（四邻原有及规划的城市道路和建筑物、用地性质或建筑性质、层数等，场地内需保留的建筑物、构筑物、古树名木、历史文化遗存、现有地形与标高、水体、不良地质情况等）；

4. 场地内拟建道路、停车场、广场、绿地及建筑物的布置，并表示出主要建筑物与各类控制线（用地红线、道路红线、建筑控制线等），相邻建筑物之间的距离及建筑物总尺寸，基地出入口与城市道路交叉口之间的距离；

5. 拟建主要建筑物的名称、出入口位置、层数、建筑高度、设计标高以及地形复杂时主要道路、广场的控制标高；

6. 指北针或风玫瑰图、比例；

7. 根据需要绘制下列方案特性的分析图：功能分区、空间组合及景观分析、交通分析（人流及车流的组织、停车场的布置及停车泊位数量等）、消防分析、地形分析、绿地布置、日照分析、分期建设等。

第二节 规 范 规 定

一、场地出入口设置

A.《民用建筑设计统一标准》GB 50352—2019 规定：

4.2.5 大型、特大型交通、文化、体育、娱乐、商业等人员密集的建筑基地应符合下列规定：

1 建筑基地与城市道路邻接的总长度不应小于建筑基地周长的 1/6；

2 建筑基地的出入口不应少于 2 个，且不宜设置在同一条城市道路上；

3 建筑物主要出入口前应设置人员集散场地，其面积和长宽尺寸应根据使用性质和人数确定；

4 当建筑基地设置绿化、停车或其他构筑物时，不应对人员集散造成障碍。

B.《城市居住区规划设计标准》GB 50180—2018 规定：

6.0.4 居住区街坊内附属道路的规划设计应满足消防、救护、搬家等车辆的通达要求，并符合下列规定：

1 主要附属道路至少应有两个车行入口连接城市道路，其路面宽度不应小于 4.0m；其他附属道路的路面宽度不宜小于 2.5m；

2 人行出入口间距不宜超过 200m。

C.《建筑设计防火规范》GB 50016—2014 局部修订条文（2018 年版）规定：

7.1.4 有封闭内院或天井的建筑物，当内院或天井的短边长度大于 24m 时，宜设置进入内院或天井的消防车道；当该建筑物沿街时，应设置连通街道和内院的人行通道（可利用楼梯间），其间距不宜大于 80m。

7.1.5 在穿过建筑物或进入建筑物内院的消防车道两侧，不应设置影响消防车通行或人员安全疏散的设施。

二、道路设置

A.《民用建筑设计统一标准》GB 50352—2019 规定：

4.2.1 建筑基地应与城市道路或镇区道路相连接，否则应设置连接道路，并应符合下列规定：

1 当建筑基地内建筑面积小于或等于 3000m² 时，其连接道路的宽度不应小于 4.0m；

2 当建筑基地内建筑面积大于 3000m²，且只有一条连接道路时，其宽度不应小于 7.0m；当有两条或两条以上连接道路时，单条连接道路宽度不应小于 4.0m。

5.2.1 基地道路应符合下列规定：

1 基地道路与城市道路连接处的车行路面应设限速设施，道路应能通达建筑物的安全出口；

2 沿街建筑应设连通街道和内院的人行通道，人行通道可利用楼梯间，其间距不宜大于 80.0m；

3 当道路改变方向时，路边绿化及建筑物不应影响行车有效视距；

4 当基地内设有地下停车库时，车辆出入口应设置显著标志；标志设置高度不应影响人、车通行；

5 基地内宜设人行道路，大型、特大型交通、文化、娱乐、商业、体育、医院等建筑，居住人数大于 5000 人的居住区等车流量较大的场所应设人行道路。

B.《建筑设计防火规范》GB 50016—2014 局部修订条文（2018 年版）规定：

7.1.2 高层民用建筑，超过 3000 个座位的体育馆、超过 2000 个座位的会堂、占地面积大于 3000m² 的商店建筑、展览建筑等单、多层公共建筑应设置环形消防车道，确有困难时，可沿建筑的两个长边设置消防车道；对于高层住宅建筑和山坡地或河道边临空建造的高层建筑，可沿建筑的一个长边设置消防车道，但该长边所在建筑立面应为消防车登高操作面。

7.1.7 供消防车取水的天然水源和消防水池应设置消防车道。消防车道的边缘距离取水点不宜大于 2m。

三、回车场

A.《建筑设计防火规范》GB 50016—2014 局部修订条文（2018 年版）规定：

7.1.9 环形消防车道至少应有两处与其他车道连通。尽头式消防车道应设置回车道或回车场，回车场的面积不应小于 12m×12m；对于高层建筑，不宜小于 15m×15m；供重型消防车使用时，不宜小于 18m×18m。

B.《汽车库、修车库、停车场设计防火规范》GB 50067—2014 规定：

4.3.2 消防车道的设置应符合下列要求：

2 尽头式消防车道应设置回车道或回车场，回车场的面积不小于 12m×12m。

四、道路宽度

A.《民用建筑设计统一标准》GB 50352—2019 规定：

5.2.2 基地道路设计应符合下列规定：

1 单车道路宽度不应小于 4.0m，双车道路宽住宅区内不应小于 6.0m，其他基地道路宽度不应小于 7.0m；

2 当道路边设停车位时，应加大道路宽度且不影响车辆正常通行；

3 人行道路宽度不应小于 1.5m，人行道在各路口、入口处的设计应符合现行国家标准《无障碍设计规范》GB 50763 的相关规定；

4 道路转弯半径不应小于 3.0m，消防车道应满足消防车最小转弯半径要求；

5 尽端式道路长度大于 120.0m，应在尽端设置不小于 12.0m×12.0m 的回车场地。

B. 《城市居住区规划设计标准》GB 50180—2018 规定：

6.0.3 居住区内各级城市道路应突出居住使用功能特征与要求，并符合下列规定：

1 两侧集中布局了配套设施的道路，应形成尺度宜人的生活性街道；道路两侧建筑退线距离，应与街道尺度相协调；

2 支路的红线宽度，宜为14m～20m；

3 道路断面形式应满足适宜步行及自行车骑行的要求，人行道宽度不应小于2.5m。

6.0.4 居住区街坊内附属道路的规划设计应满足消防、救护、搬家等车辆的通达要求，并符合下列规定：

1 主要附属道路至少应有两个车行入口连接城市道路，其路面宽度不应小于4.0m；其他附属道路的路面宽度不宜小于2.5m；

2 人行出入口间距不宜超过200m。

C. 《建筑设计防火规范》GB 50016—2014 局部修订条文（2018年版）规定：

7.1.8 消防车道应符合下列要求：

1 车道的净宽度和净空高度均不应小于4.0m；

2 转弯半径应满足消防车转弯的要求；

3 消防车道与建筑之间不应设置妨碍消防车操作的树木、架空管线等障碍物；

4 消防车道靠建筑外墙一侧的边缘距离建筑外墙不宜小于5m；

5 消防车道的坡度不宜大于8%。

D. 《汽车库、修车库、停车场设计防火规范》GB 50067—2014 规定：

4.3.2 消防车道的设置应符合下列要求：

1 除Ⅳ类汽车库和修车库以外，消防车道应为环形，当设置环形车道有困难时，可沿建筑物的一个长边和另一边设置；

3 消防车道的宽度不应小于4m。

4.3.3 穿过汽车库、修车库、停车场的消防车道，其净空高度和净宽度均不应小于4m；当消防车道上空有障碍物时，路面与障碍物之间的净空高度不应小于4m。

五、建筑设计规范中有关总平面设计的规定

现有建筑设计规范中有关总平面设计的规定见附录。

第三节　历年试题及解答提示

【习题 4-1】（2005 年）

比例：见图 4-1。

单位：m。

设计条件：

某体育用地现状如图 4-1 所示，其西侧为公园，南侧、东侧及北侧均为城市道路，且东侧已有出入口和内部道路通至已建办公楼（高 18m）。拟建体育馆、训练馆、餐厅各一栋，以及两栋运动员公寓（高 20m），各个建筑的平面形状及尺寸见图 4-2。

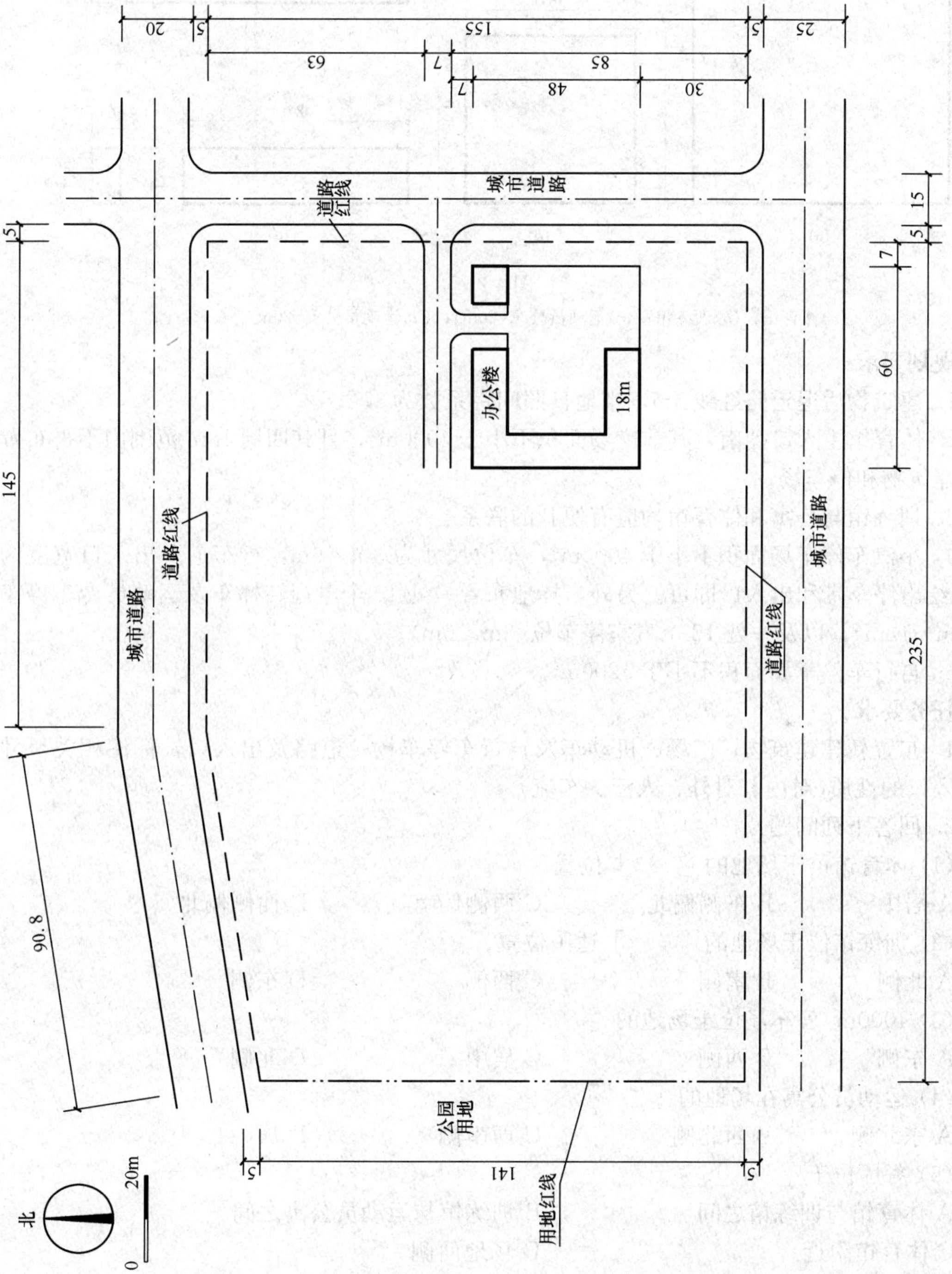

图 4-1

北

20m

城市道路

道路红线

城市道路

道路红线

城市道路

道路红线

城市道路

用地红线

公园用地

办公楼

18m

20
5
155
25
63
7
85
48
30
7
15
5
7
60
235
145
90.8
5
141
5

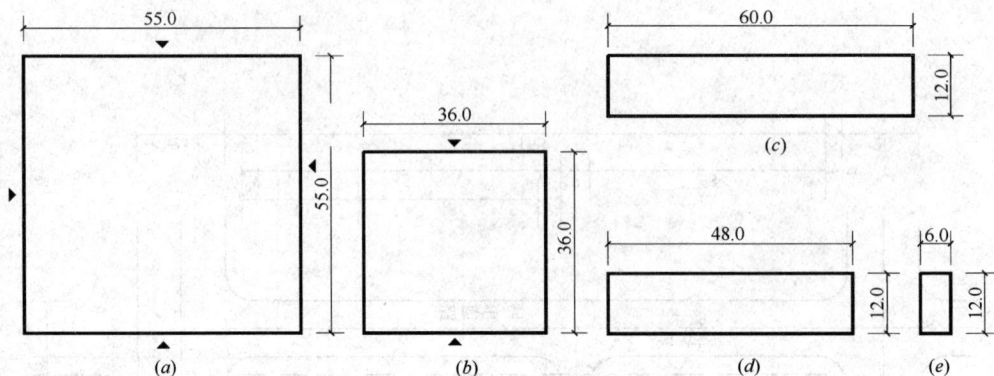

图 4-2

(a)体育馆；(b)训练馆；(c)运动员公寓(20m)；(d)运动员公寓(20m)；(e)餐厅

规划要求：

1. 建筑物后退道路红线 5m，当地日照间距系数为 1.2。

2. 体育馆主入口朝南，其前广场面积不小于 4000m²，且其四周 18m 范围内不得布置其他建筑物和停车场。

3. 训练馆与公寓和体育馆均应有便利的联系。

4. 小汽车停车场面积不小于 4000m²，车位尺寸为 3m×6m，行车道及出入口宽度为 7m，绘出停车带和出入口即可。另外，择地布置一处 10 个电视转播车及运动员专车停车位(4m×12m)，以及一处 12 个贵宾停车位(3m×6m)。

5. 自行车停车场面积不小于 1200m²。

任务要求：

1. 布置新建建筑物、广场、机动车及自行车停车场、道路及出入口，标注相关尺寸和出入口的性质(对内、对外、人流、车流)。

2. 回答下列问题：

(1) 体育馆位于场地的 [　　] 位置。

A 居中　　　　　B 东侧偏北　　　　　C 西侧偏南　　　　　D 西侧偏北

(2) 训练馆位于场地的 [　　] 适中位置。

A 北侧　　　　　B 南侧　　　　　C 西侧　　　　　D 东侧

(3) 4000m² 停车场位于场地的 [　　]。

A 东侧　　　　　B 西侧　　　　　C 居中　　　　　D 北侧

(4) 运动员公寓在场地的 [　　]。

A 东北侧　　　　B 西北侧　　　　C 西南侧　　　　D 居中

(5) 餐厅位于 [　　]。

A 体育馆与训练馆之间　　　　　　B 训练馆与运动员公寓之间

C 体育馆附近　　　　　　　　　　D 场地西侧

选择题参考答案：

(1) D　　　(2) A　　　(3) C　　　(4) A　　　(5) B

164

解答提示：

《体育建筑设计规范》JGJ 31—2003、J 265—2003 第 2.0.4 条规定：建筑布局合理，功能分区明确，交通组织顺畅，管理维修方便。总出入口布置应明显，不宜少于 2 处，并以不同方向通向城市道路。观众疏散道路应避免集中人流与机动车流相互干扰。体育建筑周围消防车道应环通。

1. 出入口布置

在已有东侧出入口的基础上，南侧设置主入口、两个机动车出入口供观众使用，另在西侧设一个消防应急入口；北侧设置一个供贵宾和运动员使用的北入口。

2. 总体布局

场地内新旧建筑构成"Ⅱ"字形围合空间，借其西侧公园为绿化背景，使体育馆的主体形象突出，并为运动员创造良好的比赛和训练环境，为观众创造安全和良好的视听环境，为工作人员创造方便有效的工作环境，且功能分区明确，管理维修方便。

3. 建筑物布置

体育馆西临公园，东侧正对已有道路及场地东入口。北侧为与训练馆共用的北入口；南侧为该馆主入口，其外为面对城市道路的主广场，用于人流集散，并构成对外景观的主体。体育馆四周设置环路，以便疏导人流和满足消防要求。

训练馆位于体育馆和公寓之间，并临近北入口，联系便利。

两栋公寓和餐厅布置在用地东北角内，接近东入口和已有办公楼，对内、对外联系方便。公寓间距为：20m×1.2＝24m，公寓与已有办公楼间距为：7m＋7m＋10m＝24m＞18m×1.2＝21.6m，均满足日照要求。

4. 道路交通

对外(观众)人流、车流均直接面向城市道路，对内(含贵宾)人流、车流则从场地东入口和北入口出入，人流和车流、对内和对外的交通组织明确合理、顺畅。

《体育建筑设计规范》JGJ 31—2003、J 265—2003 规定：

小汽车停车场位于体育馆与已有办公楼之间，直接通向南侧城市道路，与主广场有绿地相隔，互不干扰。运动员和电视转播车停车位，布置在训练馆南侧道路的两旁，便于由场地东入口和北入口的出入，与观众人流和车流分开；贵宾停车场布置在北入口处，与观众和运动员的人流和车流分开。

自行车停车场位于已有办公楼南侧(场地的东南角)，便于出入。

该项目的总平面布置如图 4-3 所示。

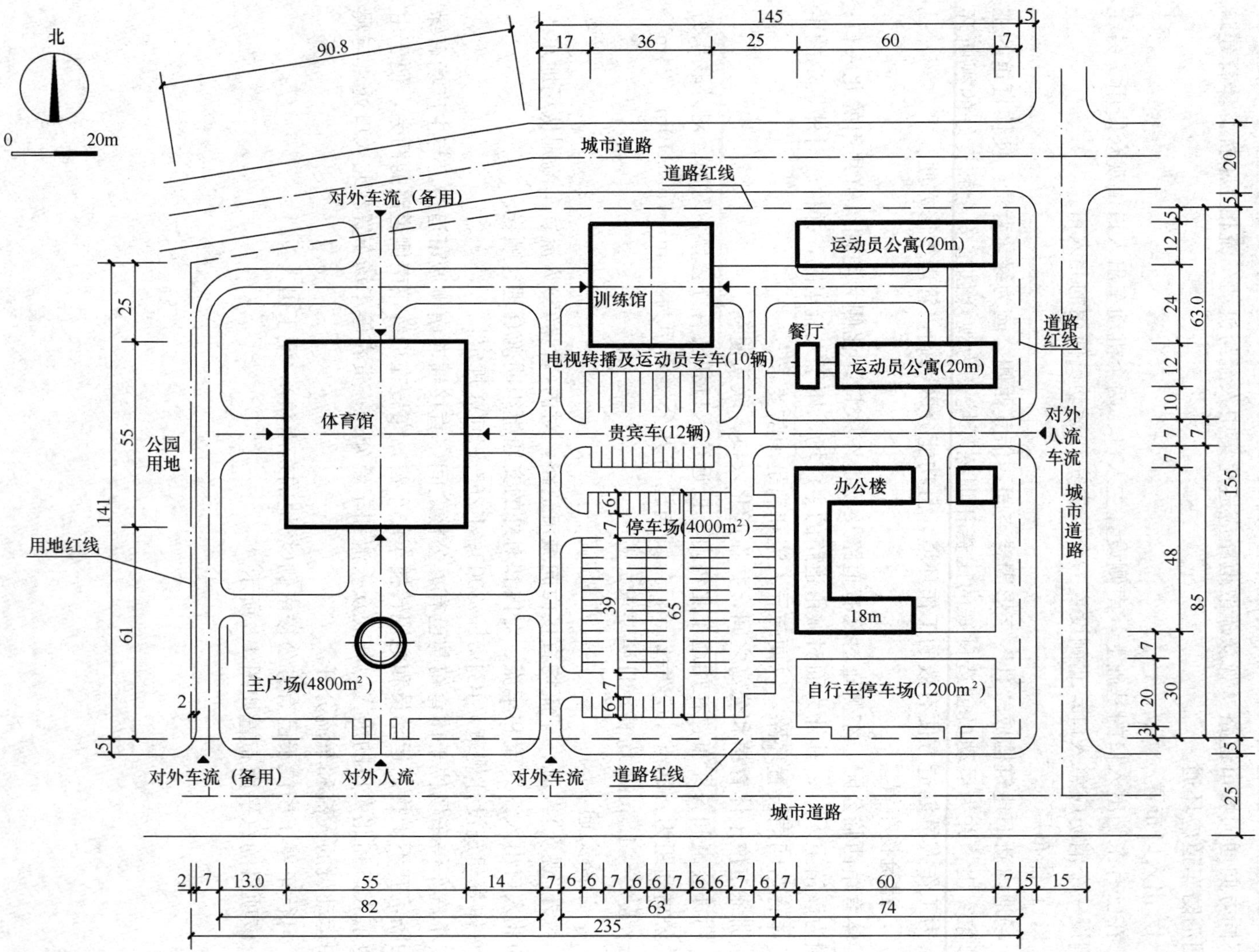

图 4-3

运动员公寓(20m)

运动员公寓(20m)

餐厅

办公楼

18m

自行车停车场(1200m²)

训练馆

电视转播及运动员专车(10辆)

贵宾车(12辆)

停车场(4000m²)

65

7

6

39

7

6

体育馆

主广场(4800m²)

公园用地

道路红线

对外人车流

城市道路

城市道路

道路红线

城市道路

道路红线

用地红线

对外车流(备用)

对外车流

对外人流

对外人流

对外车流(备用)

20 5 155 5 25

5 12 24 12 10 7 7 48 85 30 20 3

63.0

85

30

15 7 5 15

60 74

7 6 7 6 6 7 6 7 6 6 7 6 7 6 6 7 6 7

63

235

60 55 14 82 13.0

145 60 25 36 17

5 7

25 55 61 5

141

90.8

北

0 20m

166

比例：见图 4-4。

单位：m。

设计条件：

在一块用地内拟建养老院，把用地大致分成了 A、B、C、D、E、F、G、H 和 I 等九块。用地四周为城市道路，在用地东侧为社区文化中心，西侧为别墅区，北侧为住宅区，在用地内有三棵树木，西南角有一条地下管线，场地现状如图 4-4 所示。拟建项目各单体平面见图 4-5，其尺寸不得改动，但方位可转动。

住宅型、自理型、介助型和介护型，餐饮娱乐、行政保健接待、运动场地等，并要求将介助、介护等和行政接待保健综合楼等用 2 层连廊连接，餐饮娱乐与社区文化中心的功能互补。

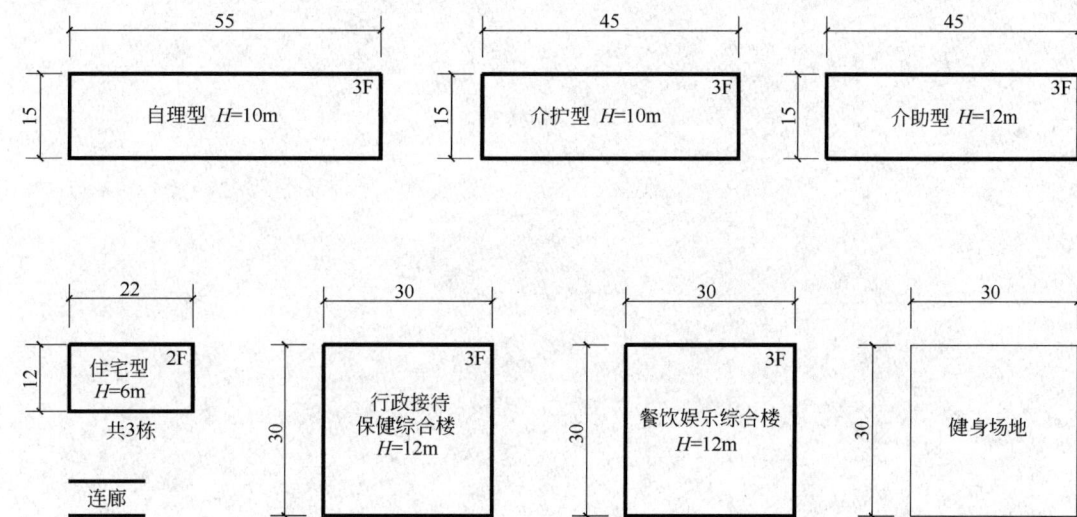

55	45	45
自理型 $H=10m$　3F (15)	介护型 $H=10m$　3F (15)	介助型 $H=12m$　3F (15)

22	30	30	30
住宅型 $H=6m$　2F (12) 共3栋 连廊	行政接待保健综合楼 $H=12m$　3F (30)	餐饮娱乐综合楼 $H=12m$　3F (30)	健身场地 (30)

图 4-5

规划要求：

1. 建筑退界：建筑物应后退用地红线和道路红线 12m；

2. 交通

机动车道必须能开到每幢楼前，满足救护使用。设地面停车场，车位不少于 20 个，采用垂直式停放，车位尺寸为 3m×6m，通道宽 7m。设置中心广场，其面积不小于 1500m²。

3. 绿化

用地南侧为公共绿化带，要求后退绿化带 17m。

4. 地下管线

用地西南角有一条地下管线通过，到管线中心线 10m 范围内不能布置建筑物，可以布置绿化、活动场地或停车场。

5. 日照

当地日照间距系数为 1.2。

任务要求：

1. 绘出场地总平面布置图，标明项目名称。
2. 各项目的形成尺寸不得改动，但可旋转。
3. 回答下列问题：

（1）养老院的主出入口位于 [　]。

A 用地北侧　　　　　B 用地南侧　　　　　C 用地西侧　　　　　D 用地东侧

（2）餐饮、娱乐综合楼位于 [　] 组地块内。

A A-B　　　　　　　B D-G　　　　　　　C C-F　　　　　　　D H-I

（3）住宅型老人居住建筑应位于 [　] 组地块内。

A B-A-D　　　　　　B D-G-H　　　　　　C H-I-F　　　　　　D F-C-B

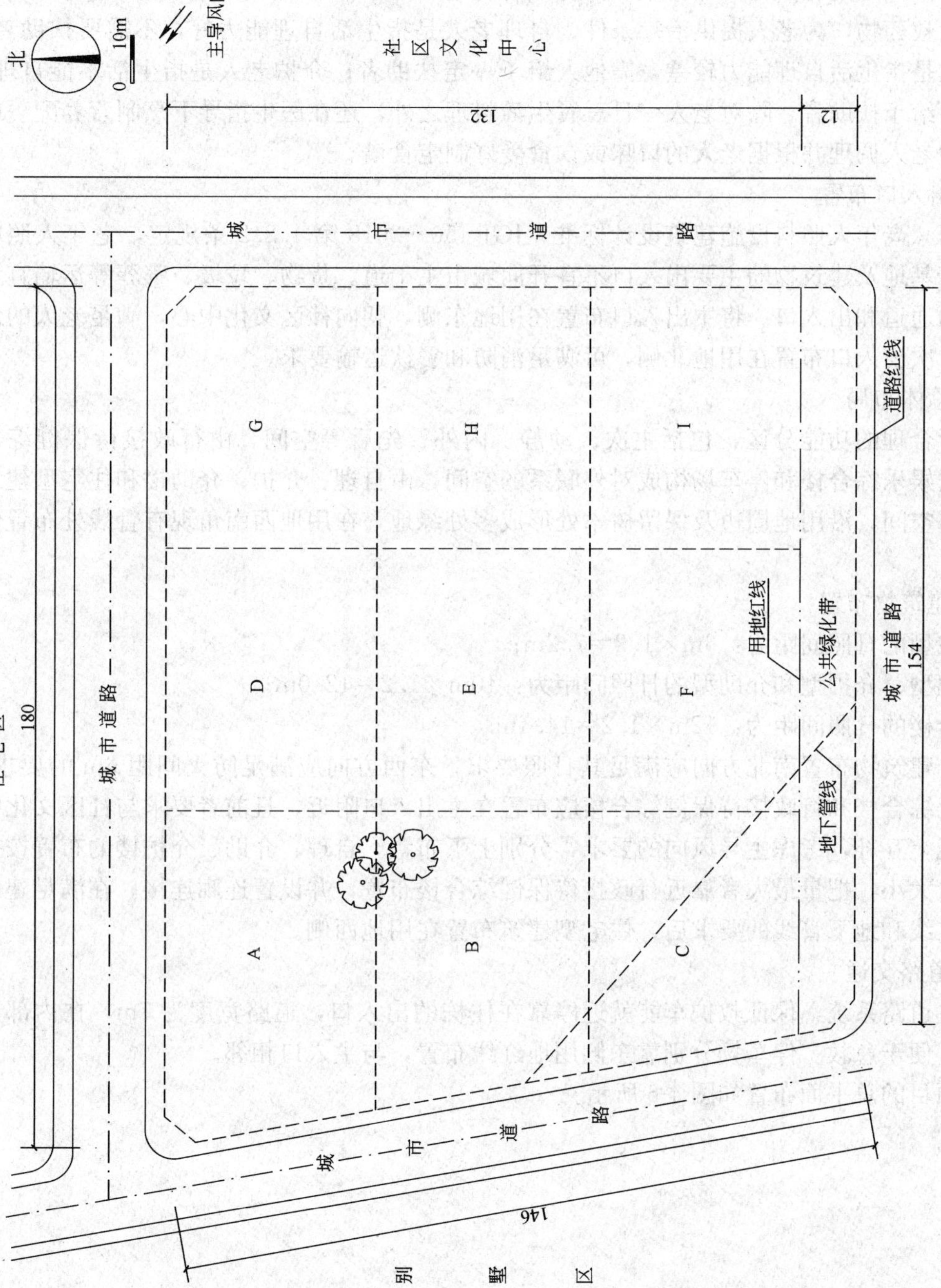

图 4-4

北

0 10m

主导风向

社区文化中心

城 市 道 路

住宅区

城市道路

别 墅 区

城 市 道 路

城 市 道 路 154

道路红线

用地红线

公共绿化带

地下管线

180

132

12

146

G H I

D E F

A B C

解答提示：

养老院以医疗护理康复为特色，确保老人医疗和保健。根据老人疾病情况，进行有针对性的医疗康复、心理健康或行为指导及康复训练。同时有经过职业培训的专职护工为老人服务。另外还配有多种医疗器械、健身器材为老人医疗护理、保健康复使用，备有常用药物和急救药物，为老人提供治疗条件。自理老人是指生活自理能力好，不需要扶助者；介助老人是指生活自理能力较差，需他人给予一定扶助者；介护老人是指生活不能自理，需要他人给予扶助者。除对老人一日三餐生活料理之外，还在医生指导下烹制营养配餐或药膳，为老人调理并根据老人的口味或饮食爱好制定食谱。

1. 出入口布置

根据《老年人照料设施建筑设计标准》JGJ 450—2018 第 4.2.2 条规定，老年人照料设施建筑基地及建筑物的主要出入口不宜开向城市主干道。货物、垃圾、殡葬等运输宜设置单独的通道和出入口。将主出入口布置在用地东侧，朝向社区文化中心，满足老人的使用需要。次出入口布置在用地北侧，可满足消防和餐饮运输要求。

2. 总体布局

进行合理的功能分区，包括主次、动静、内外、先后等空间。由行政接待保健综合楼、餐饮娱乐综合楼和停车场构成对外联系的空间，由自理、介护、介助楼和住宅型建筑构成内部空间，沿用地周边及保留树木处形成多处绿地，在用地西南角现有管线处布置健身场地。

3. 建筑物布置

住宅型的日照间距为：$6m \times 1.2 = 7.2m$；

自理型、介护型和介助型的日照间距为：$10m \times 1.2 = 12.0m$；

综合楼的日照间距为：$12m \times 1.2 = 14.4m$。

各个建筑物布置南北方向应满足其日照要求，东西方向应满足防火间距 6m 的要求。餐饮娱乐综合楼和行政接待保健综合楼应布置在主出入口附近，且前者要求与社区文化中心在功能上互补，考虑主导风向的要求，分别上下布置。自理、介助、介护楼的布置按护理工作量大小，把量最大者靠近行政接待保健综合楼布置，并设置连廊连接。在满足建筑退道路红线和地下管线的要求后，住宅型建筑布置在用地西侧。

4. 道路交通

建立道路系统，保证救护车能就近停靠在住栋的出入口，道路宽度为 7m，在内部形成环路，便于急救。停车场分别靠东侧用地红线布置，与主入口相邻。

该项目的总平面布置如图 4-6 所示。

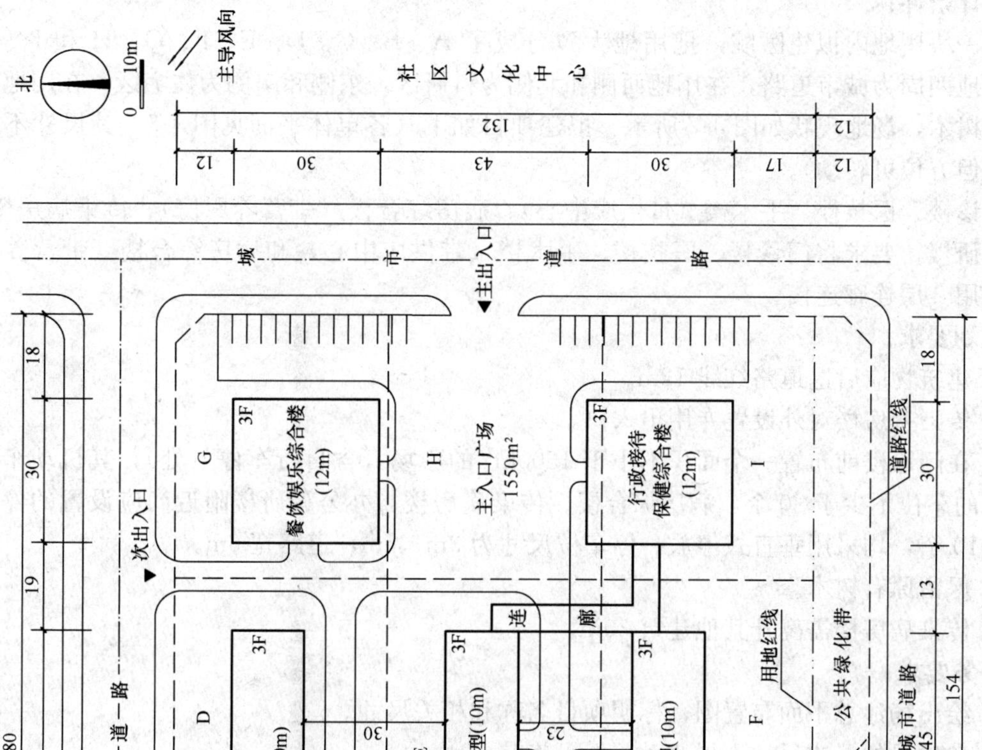

图 4-6

北　0 10m

主导风向

社区文化中心

132　12
12　30　43　30　17　12

城 市 道 路
主出入口
次出入口

住 宅 区　180
别 墅 区　146

城 市 道 路
城市道路　154

道路红线
用地红线
公共绿化带
地下管线

G　餐饮娱乐综合楼（12m）3F
H　主入口广场 1550m²
I　行政接待保健综合楼（12m）3F

D　自理型（10m）3F
E　介助型（10m）3F
F　介护型（10m）3F
连廊

A　住宅型（6m）2F
B　住宅型（6m）2F
住宅型（6m）2F
C　健身场地

18　30　19　55　18　22　18
45　13　18　30
30　23　30　10　14　7.5　12

【习题 4-3】(2007 年)

比例：见图 4-7。

单位：m。

设计条件：

在一块用地内拟建医院，把用地大致分成了 A、B、C、D、E、F、G、H 和 I 等 9 块。用地四周为城市道路，在用地西侧和北侧为科研区，东侧和南侧为住宅区，在用地内有五棵树木，场地现状如图 4-7 所示。拟建项目如下（各单体平面见图 4-8，其尺寸不得改动，但方位可转动）。

门诊楼、医技楼、手术楼（带供应中心）、病房综合楼（带营养厨房）、传染病房楼、办公科研楼。要求将门诊楼、医技楼、手术楼（带供应中心）和病房综合楼（带营养厨房）等用 2 层连廊连接。

规划要求：

1. 建筑物应后退道路红线 12m。

2. 传染病房楼对外设置专用出入口。

3. 在门诊楼前布置一个面积不小于 1500m² 的广场（含自行车停放处），其机动车辆停车场的车位不少于 20 个，病房综合楼、传染病房楼、办公科研楼附近尚应设置的停车位均≥10 个，均采用垂直式停放，停车位尺寸为 3m×6m，道路宽 6m。

4. 保留原有树木。

5. 传染病房楼需离开其他建筑 30m。

任务要求：

1. 绘出场地总平面布置图，标明项目名称和相关尺寸。

2. 各项目的形成尺寸不得改动，但可旋转。

3. 回答下列问题：

(1) 医院的主出入口位于用地的 [   ]。

A 北侧　　　　　　　B 南侧　　　　　　　C 西侧　　　　　　　D 东侧

(2) 办公科研楼位于 [   ] 组地块内。

A D　　　　　　　　B G　　　　　　　　C H　　　　　　　　D I

(3) 医技楼位于 [   ] 组地块内。

A D-E　　　　　　　B E-F　　　　　　　C G-H　　　　　　　D H-I

(4) 手术楼位于 [   ] 组地块内。

A D-E　　　　　　　B E-F　　　　　　　C G-H　　　　　　　D H-I

选择题参考答案：

(1) B　　　(2) B　　　(3) B　　　(4) A

172

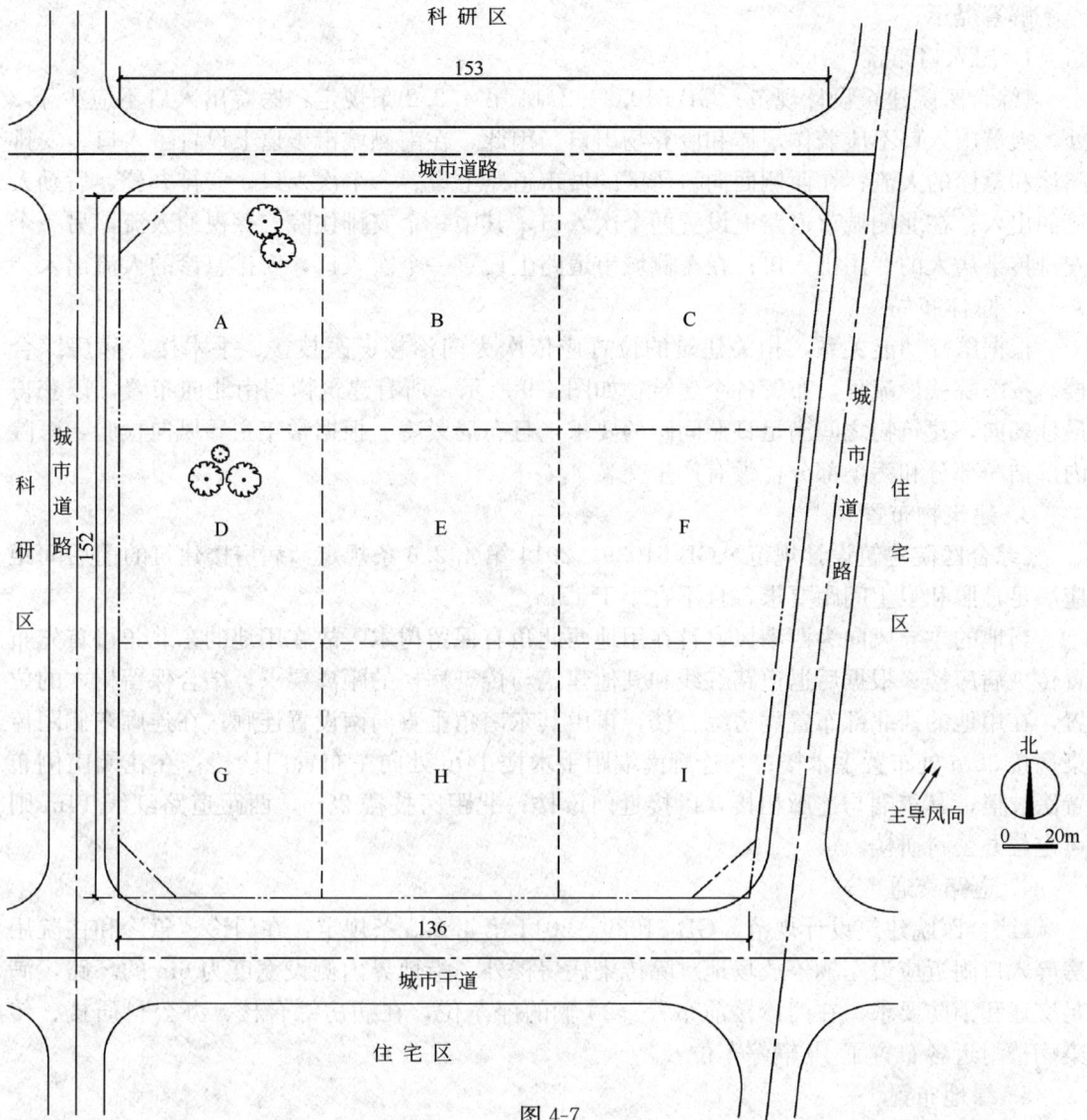

科 研 区

153

城市道路

A　　　　　B　　　　　C

城
市
道
路

科
研
区

152

D　　　　　E　　　　　F

城
市
道
路

住
宅
区

G　　　　　H　　　　　I

主导风向

北

0　　20m

136

城市干道

住 宅 区

图 4-7

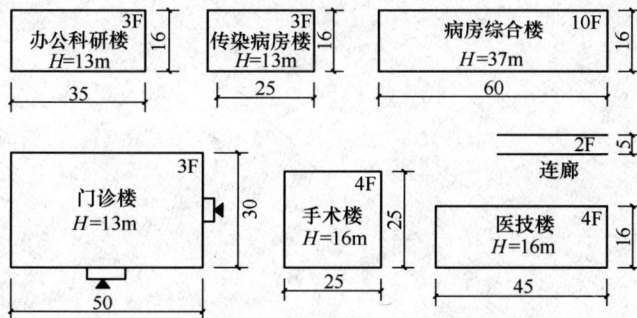

办公科研楼 3F H=13m	传染病房楼 3F H=13m	病房综合楼 10F H=37m
16	16	16
35	25	60

连廊 2F

门诊楼 3F H=13m　30　50

手术楼 4F H=16m　25　25

医技楼 4F H=16m　16　45

图 4-8

173

解答提示:

1. 出入口布置

《综合医院建筑设计规范》GB 51039—2014 第 4.2.2 条规定:医院出入口不应少于 2 处,人员出入口不应兼作尸体和废弃物出口。因此,在南侧城市干道上设置主入口,安排门诊和急诊的人流;在西侧面向科研区的城市道路上设置一个次入口,安排办公、后勤人流的出入;在北侧城市道路上设置两个次入口,其中一个安排住院、探视的人流,另一个安排传染病人的专用出入口;在东侧城市道路上设置一个次入口,安排急诊的人流出入。

2. 总体布局

根据医疗功能关系,相关建筑的位置应依次为门诊楼、医技楼、手术楼、病房综合楼。按医院就诊流程,布置各个建筑物如图 4-9 所示,所有建筑物均南北向布置,以获得最佳朝向,建筑物之间满足日照间距的要求,且布局紧凑。根据常年主导风向检验,医院内部洁净部分和污染部分,没有产生交叉。

3. 建筑物布置

《综合医院建筑设计规范》GB 51039—2014 第 4.2.6 条规定:病房楼建筑的前后间距应满足日照和卫生间距要求,且不宜小于 12m。

当地的主导风向为西南风,且在用地西北角有保留树木,故在用地的东北角可首先布置传染病房楼;根据后退道路红线和其他建筑与传染病楼的距离要求,结合保留树木的位置,在用地的西北部布置病房综合楼,再由其东南角垂直向南设置连廊;在连廊东侧距传染病楼 30m 处布置手术楼;在连廊南端距手术楼 14m 处向东布置门诊楼;在花园南侧布置医技楼,其东端与连廊相接,以接近门诊楼;北距医技楼 28m,西距道路红线 14m 则可定位办公科研楼。

4. 道路交通

《综合医院建筑设计规范》GB 51039—2014 第 4.2.3 条规定:在门诊、急诊和住院用房等入口附近应设车辆停放场地。除传染病房楼外,沿地界内侧设宽度为 6m 的环路,满足交通和消防要求。在门诊楼前布置≥20 辆的停车位,在病房综合楼、办公科研楼、传染病楼附近各布置了 10 辆停车位。

5. 绿地布置

结合保留树木位置,在综合病房楼和医技楼之间,布置了一个花园。

该医院的总平面布置如图 4-9 所示。

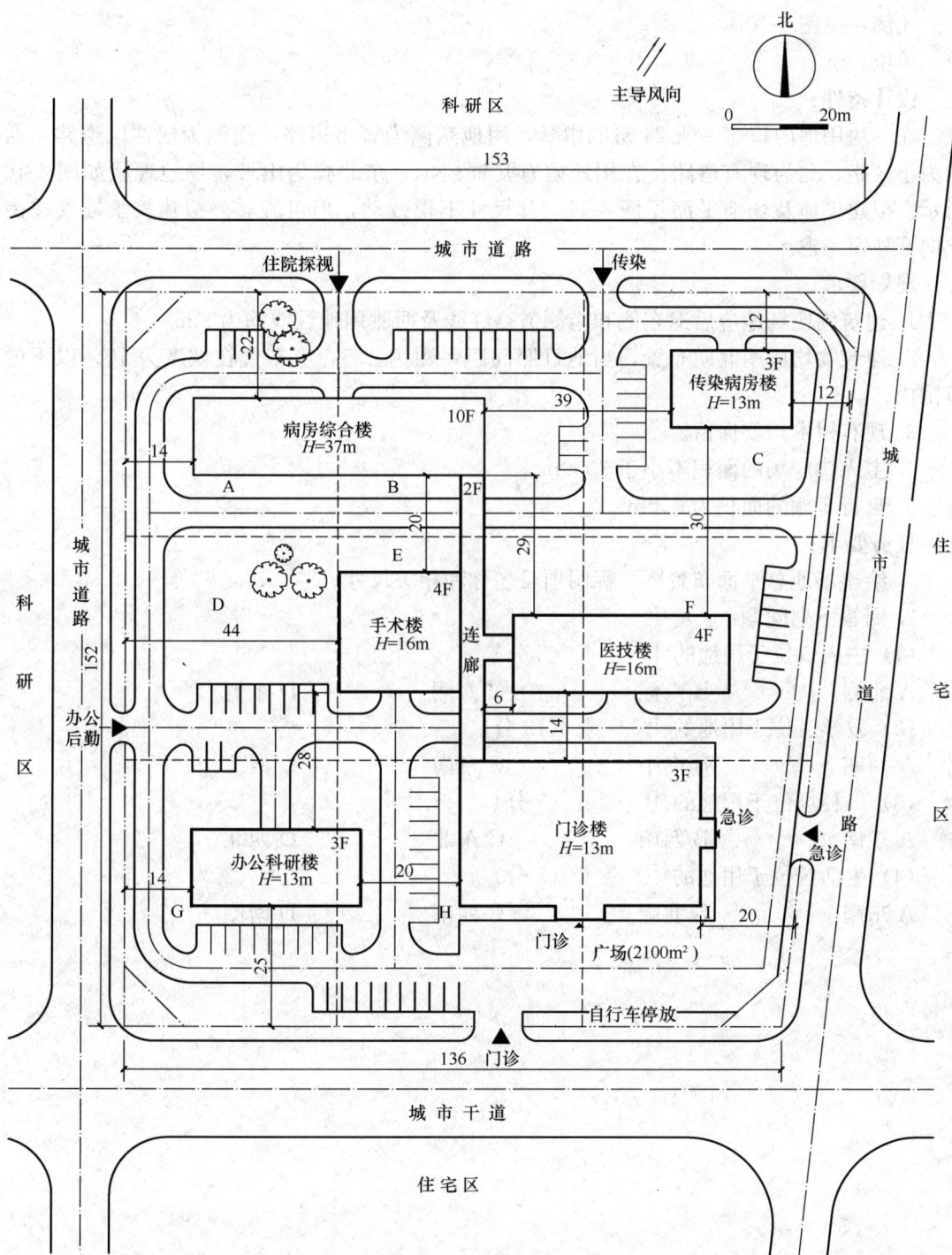

图 4-9

【习题 4-4】(2009 年)

比例：见图 4-10。

单位：m。

设计条件：

在一块用地内拟建一所 24 班的中学，用地东侧为城市道路，南侧为居住区道路，西侧为小区路，北为现有道路。在用地内有几颗树木，东北脚为山坡，场地现状如图 4-10 所示。拟建单体及场地平面见图 4-11，其尺寸不得改动，但可旋转。拟建教学楼仅按南北向开外窗考虑。

规划要求：

1. 建筑物或场地应后退东侧和南侧道路红线及西侧用地红线均为 8m。

2. 建筑物均应南北向布置，当地日照间距系数为 1.5，应布置在坡度为 10% 以下的范围内。

3. 现有树木均要保留。

4. 主入口广场的面积不小于 3000m²。

5. 自行车棚的面积为 600m²。

任务要求：

1. 绘出场地总平面布置图，标明项目名称和相关尺寸。

2. 回答下列问题：

(1) 主入口位于用地的〔   〕。(5 分)

A 北侧　　　　　　B 南侧　　　　　　C 西侧　　　　　　D 东侧

(2) 教学区位于用地的〔   〕。(13 分)

A 西南　　　　　　B 南中　　　　　　C 东南　　　　　　D 西北

(3) 田径场位于用地的〔   〕。(5 分)

A 东南　　　　　　B 西南　　　　　　C 东北　　　　　　D 西北

(4) 生活区位于用地的〔   〕。(5 分)

A 东南　　　　　　B 北侧　　　　　　C 西南　　　　　　D 南侧

选择题参考答案：

(1) B　　　(2) B　　　(3) A　　　(4) B

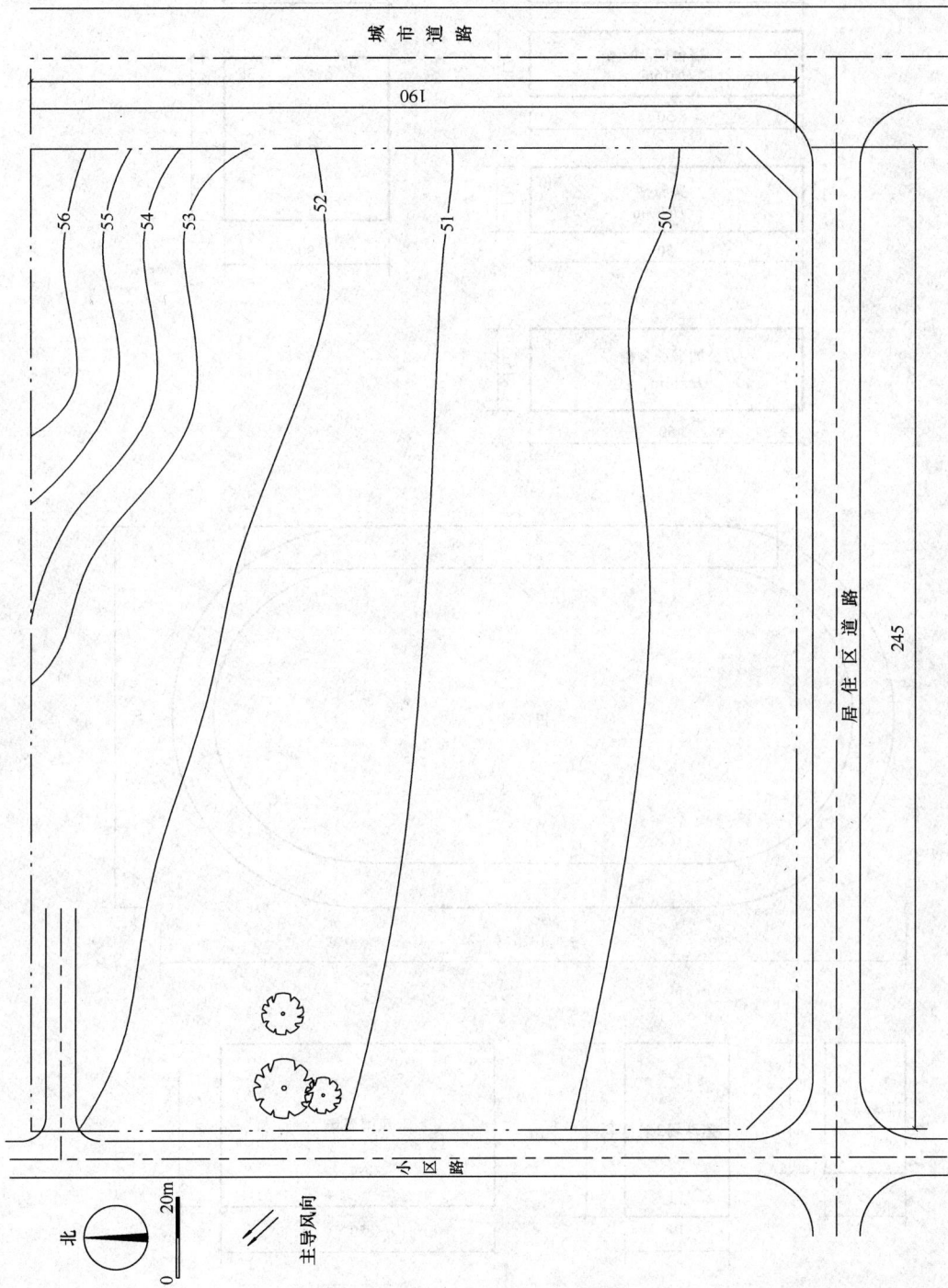

城 市 道 路

061

56 55 54 53 52 51 50

居 住 区 道 路

245

图 4-10

小 区 路

北

0 20m

主导风向

177

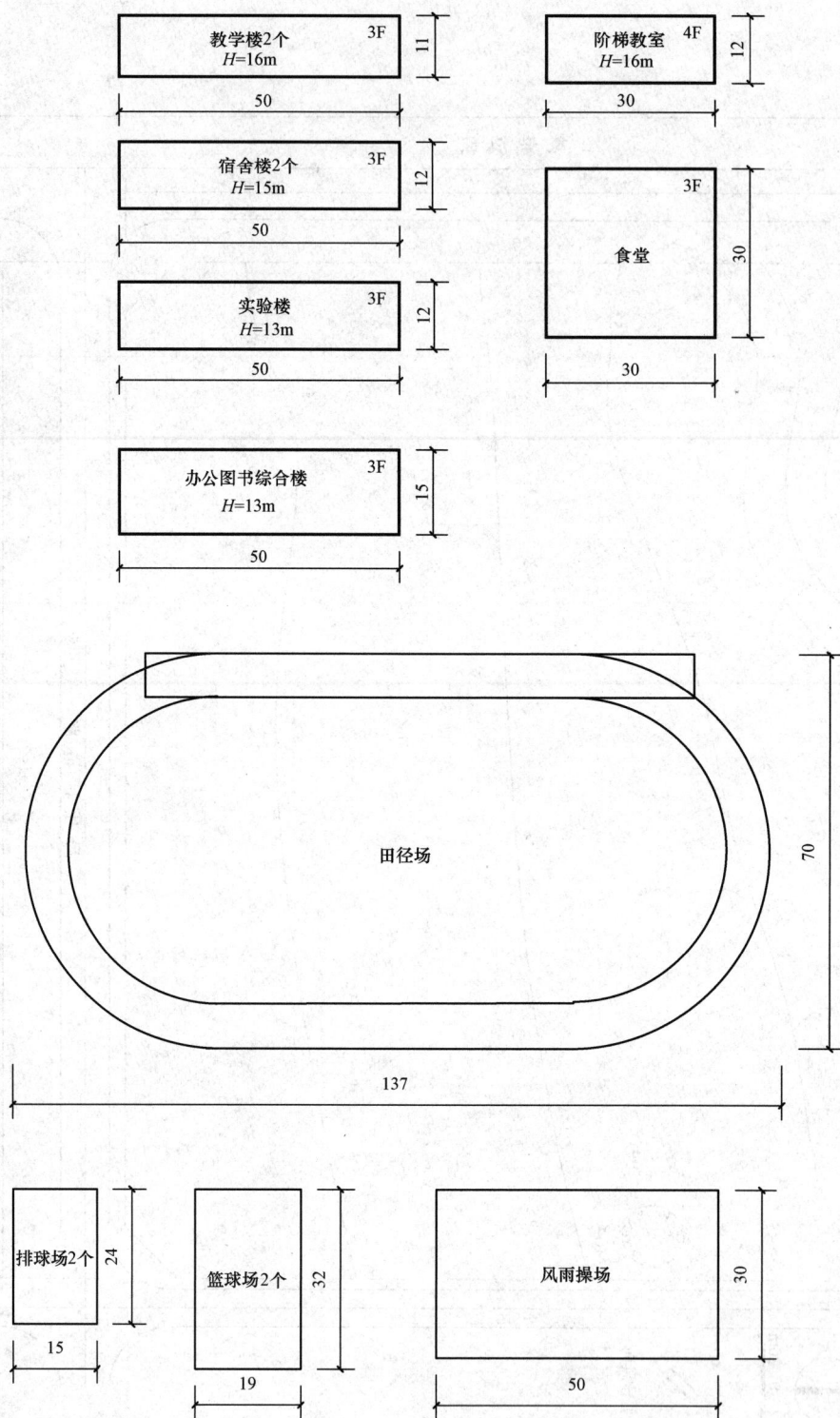

教学楼2个
H=16m
3F
11
50

阶梯教室
H=16m
4F
12
30

宿舍楼2个
H=15m
3F
12
50

食堂
3F
30
30

实验楼
H=13m
3F
12
50

办公图书综合楼
H=13m
3F
15
50

田径场
70
137

排球场2个
24
15

篮球场2个
32
19

风雨操场
30
50

图 4-11

解答提示:

1. 出入口布置

《中小学校设计规范》GB 50099—2011 第 8.3.2 条规定:中小学校校园出入口应与市政交通衔接,但不应直接与城市主干道连接。因此,在南侧居住区道路上设置主入口,安排师生的人流集散;利用西侧的现有道路设置了一个次入口,安排后勤人流的出入。

2. 总体布局

根据题目的条件,用地包括了运动场地、建筑用地和生活用地等三部分。因用地的东北角地形坡度为 10%,可作为学校的绿化用地,而在其他坡度小于 10%的用地内布置建筑物或运动场。其中:在西南角布置办公图书综合楼便于对外联系,西侧中部布置了教学区,环境相对安静;根据常年主导风向将食堂布置在西北角,对内部的环境影响最小,宿舍布置在北侧中部,使用方便;在场地东部平坦区域布置运动场地,根据《中小学校设计规范》GB 50099—2011 第 4.3.6 条规定,将篮球场、排球场及风雨操场的长轴均南北向布置。

3. 建筑物布置

建筑物或场地应后退东侧和南侧道路红线及西侧用地红线均为 8m,所有建筑物均南北向布置,以获得最佳朝向。各建筑物之间的日照间距分别计算,宿舍楼为 $15.0 \times 1.5 = 22.5\text{m}$,教学楼为 $16.0 \times 1.5 = 24.0\text{m}$,办公图书综合楼和阶梯教室为 $13.0 \times 1.5 = 19.5\text{m}$。此外,《中小学校设计规范》GB 50099—2011 第 4.3.7 规定:各类教室的外窗与相对的教学用房或室外运动场地边缘间的距离不应小于 25m。结合建筑物的分布和现有树木的保护要求,综合确定了各个建筑间距。

4. 道路交通

沿地界内侧设宽度为 7m 的环路,满足交通和消防要求。在主入口布置了面积为 3000m² 的广场,其东侧布置了一个 600m² 的自行车棚。

该学校的总平面布置如图 4-12 所示。

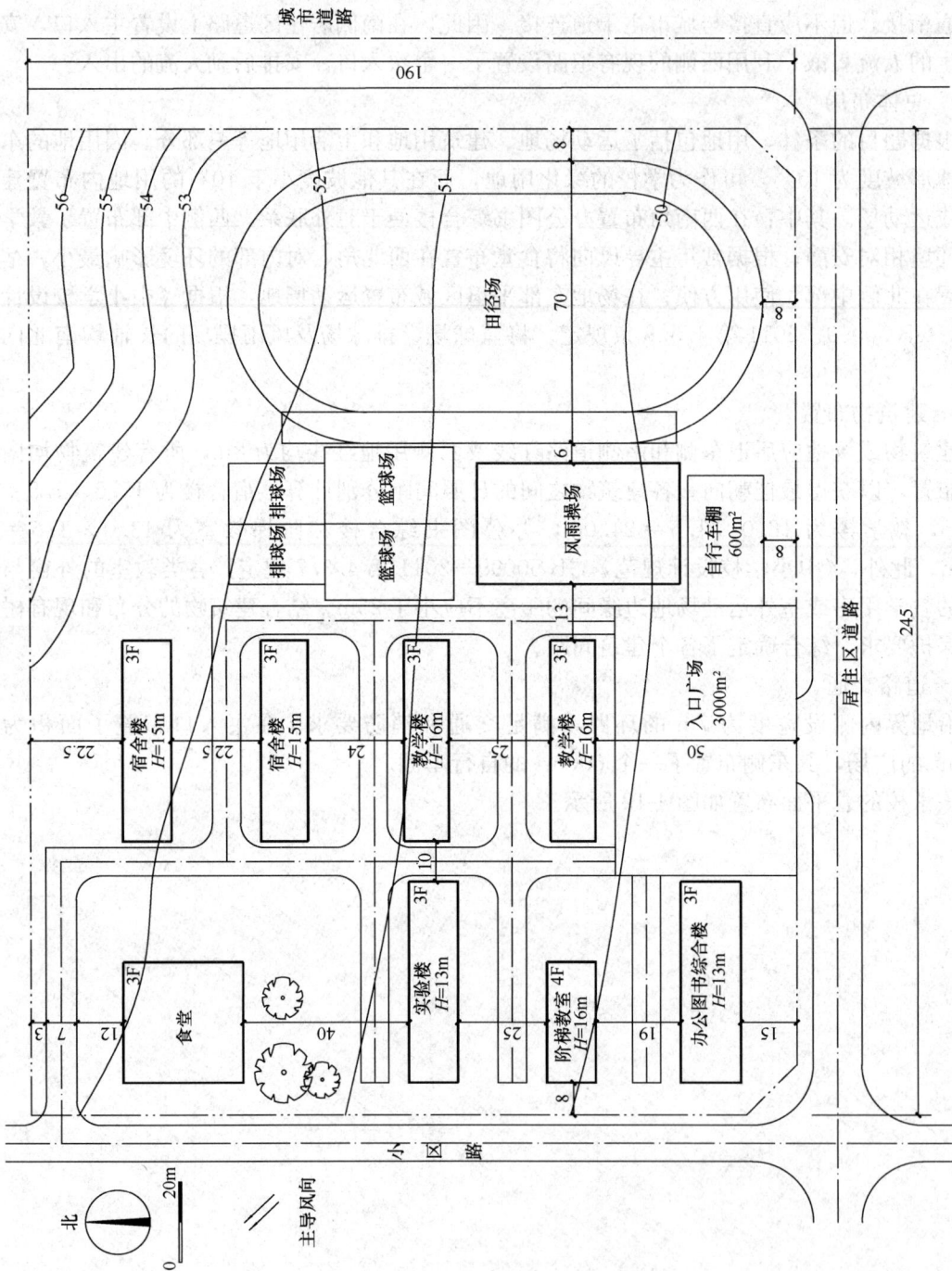

图 4-12

城市道路

190

田径场

排球场 排球场
篮球场 篮球场

风雨操场

自行车棚
600m²

245

居住区道路

宿舍楼
H=15m 3F

宿舍楼
H=15m 3F

教学楼
H=16m 3F

教学楼
H=16m 3F

实验楼
H=13m 3F

阶梯教室 4F
H=16m

办公图书综合楼 3F
H=13m

食堂 3F

入口广场
3000m²

小 区 路

北

0 20m

主导风向

180

【习题 4-5】（2010 年）

比例：见图 4-13。

单位：m。

设计条件：

某用地现状如图 4-13 所示，用地分为 A、B、C、D 四块，位于某风景区山坡下；场地内有溪流穿过，用地北部有古树，东北角为山坡，南侧邻近城市道路。要求在该用地内布置一栋综合楼、一栋餐饮娱乐楼、活动场地、三栋普通疗养楼、三栋别墅疗养楼，具体尺寸见图 4-14，其尺寸不得改动，但可旋转。

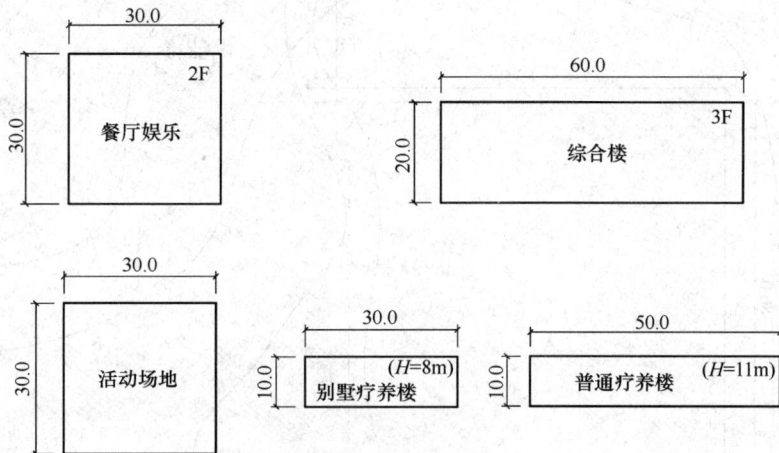

图 4-14

规划要求：

1. 综合楼与餐饮娱乐楼、普通疗养楼之间要用 4.0m 宽、3.0m 高的连廊连接。

2. 建筑物均应南北向布置，当地日照间距系数为 2.0。

3. 现有古树要保留。

4. 入口广场的面积不小于 1000m²。

5. 机动车停车场面积不小于 600m²。

任务要求：

1. 绘出场地总平面布置图，标明项目名称和相关尺寸。

2. 回答下列问题：

（1）别墅疗养楼建在 ［   ］地块内。（8 分）

A A   B B   C C   D D

（2）普通疗养楼建在 ［   ］地块内。（8 分）

A A   B B   C C   D D

（3）综合楼建在 ［   ］地块内。（6 分）

A A   B B   C C   D D

（4）餐饮娱乐楼建在 ［   ］地块内。（6 分）

A A   B B   C C   D D

选择题参考答案：

（1）B   （2）A   （3）D   （4）C

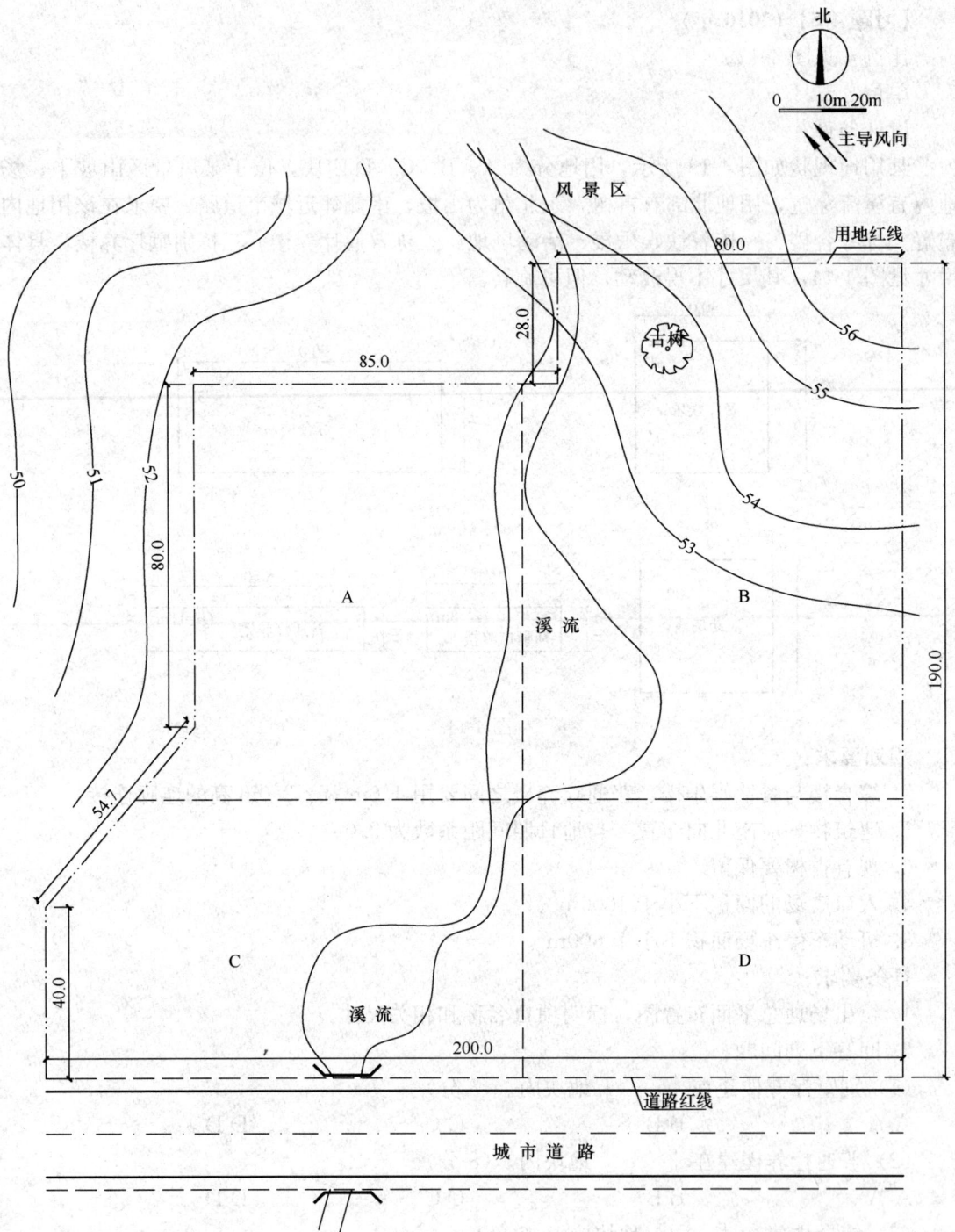

図 4-13

解答提示：

1. 出入口布置

在用地南侧，面向综合楼设置主入口；在用地西南侧，面向餐厅娱乐设置对外经营入口。

2. 总体布局

该用地处于风景区山坡，东北部靠近风景区，且现状有古树，故别墅疗养楼宜建在用地东北（B区），普通疗养楼宜建在用地西北（A区）；题目给定了主导风向为东南风，考虑餐饮娱乐对其他建筑影响较大，应布置在下风向，同时考虑餐饮娱乐楼对外服务，故将餐饮娱乐楼布置在沿城市道路，即布置在西南（C区）；综合楼兼有对外经营办公业务，故将之布置在东南（D区）。

在综合楼南侧，设置面积约为 2000m² 的入口广场，在入口广场东侧，设置 20m×30m 停车场；综合楼层高为 3 层，考虑综合楼与北部别墅疗养楼之间的日照间距，在两者之间布置活动场地。

3. 建筑物布置

建筑物均南北向布置，普通疗养楼的日照间距为 $11.0×2.0=22.0$（m），别墅疗养楼的日照间距为 $8.0×2.0=16.0$（m）。结合建筑物的分布和对现有溪流、古树的保护要求，综合确定了各个建筑间距。

4. 道路交通

沿用地设置主路，道路宽度为 7.0m，满足交通和消防要求。

参考《城市居住区规划设计标准》GB 50180—2018 表 6.0.5，确定用地内道路距离用地红线 1.5m，建筑物山墙与道路距离 2.0m，建筑物面向道路时，距离道路 3.0m。

总平面布置如图 4-15 所示。

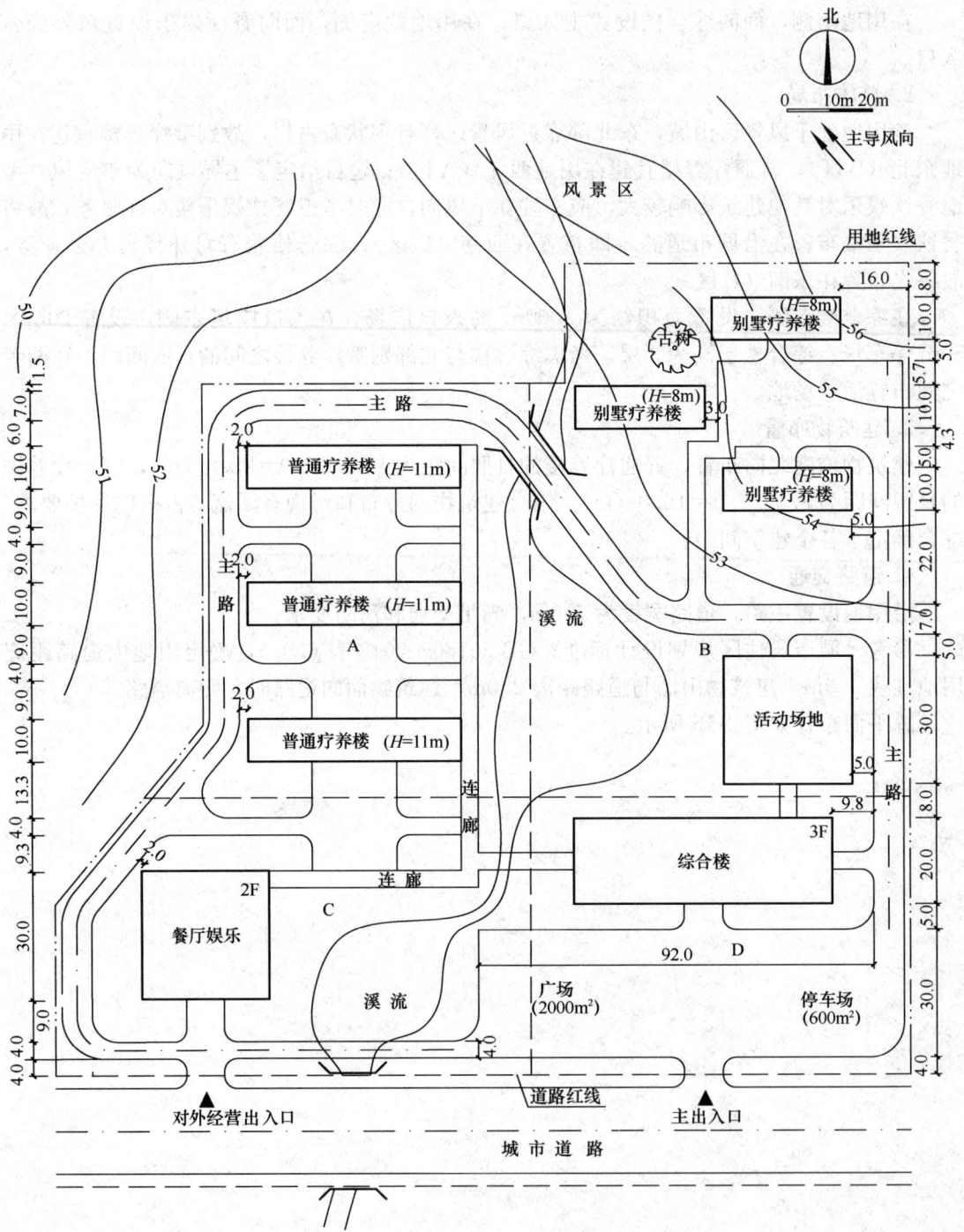

图 4-15

【习题 4-6】（2011 年）

比例：见图 4-17。

单位：m。

设计条件：

某企业拟在厂区西侧扩建科研办公生活区，用地及周边环境如图 4-17 所示。用地北侧为现状住宅，西侧紧邻城市支路，南侧紧邻城市干道，东侧为厂区。

拟建内容如下：

1. 建筑物：

（1）行政办公楼一栋；

（2）科研实验楼三栋；

（3）宿舍楼三栋；

（4）会议中心一栋；

（5）食堂一栋。

2. 场地：

（1）行政广场，面积≥5000m²；

（2）为行政办公楼及会议中心配建的机动车停车场，面积≥1800m²；

（3）篮球场三个；

（4）食堂后院一处。

建筑物平面形状、尺寸、高度及篮球场的具体尺寸见图 4-16。

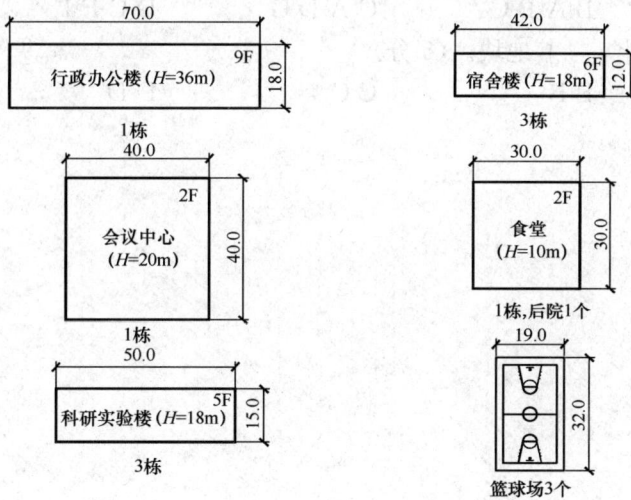

图 4-16

规划要求：

1. 建筑物后退城市干道道路红线≥20m，后退城市支路道路红线≥15m，后退用地红线≥10m；

2. 当地宿舍和住宅建筑的日照间距系数为1.5，科研实验楼建筑间距系数为1.0；

3. 科研实验楼在首层设连廊，连廊宽6.0m；

4. 保留树木树冠的投影范围内不得布置建筑物及场地，沿城市道路交叉口位置宜设绿化；

5. 各建筑物均为正南北向布置，平面形状及尺寸不得改动；

6. 防火要求：厂房的火灾危险性分类为甲级，耐火等级为二级；拟建高层建筑耐火等级为一级，拟建多层耐火等级为二级。

任务要求：

1. 绘出场地总平面布置图，画出建筑物及场地并注明名称，画出道路及绿化，标注扩建区主、次出入口位置，用▲表示，标注相关尺寸，标注行政广场面积及停车场面积。

2. 回答下列问题：

(1) 行政办公楼位于〔　　〕地块。（10分）

A A-B　　　　　B D-G　　　　　C E-H　　　　　D F-I

(2) 科研实验楼位于〔　　〕地块。（8分）

A A-B　　　　　B D-G　　　　　C E-H　　　　　D F-I

(3) 宿舍楼位于〔　　〕地块。（5分）

A A-B-D　　　　B A-B-C　　　　C A-D-G　　　　D C-F-I

(4) 食堂位于〔　　〕地块。（5分）

A A　　　　　　B B　　　　　　C C　　　　　　D D

选择题参考答案：

(1) C　　　(2) D　　　(3) A　　　(4) C

186

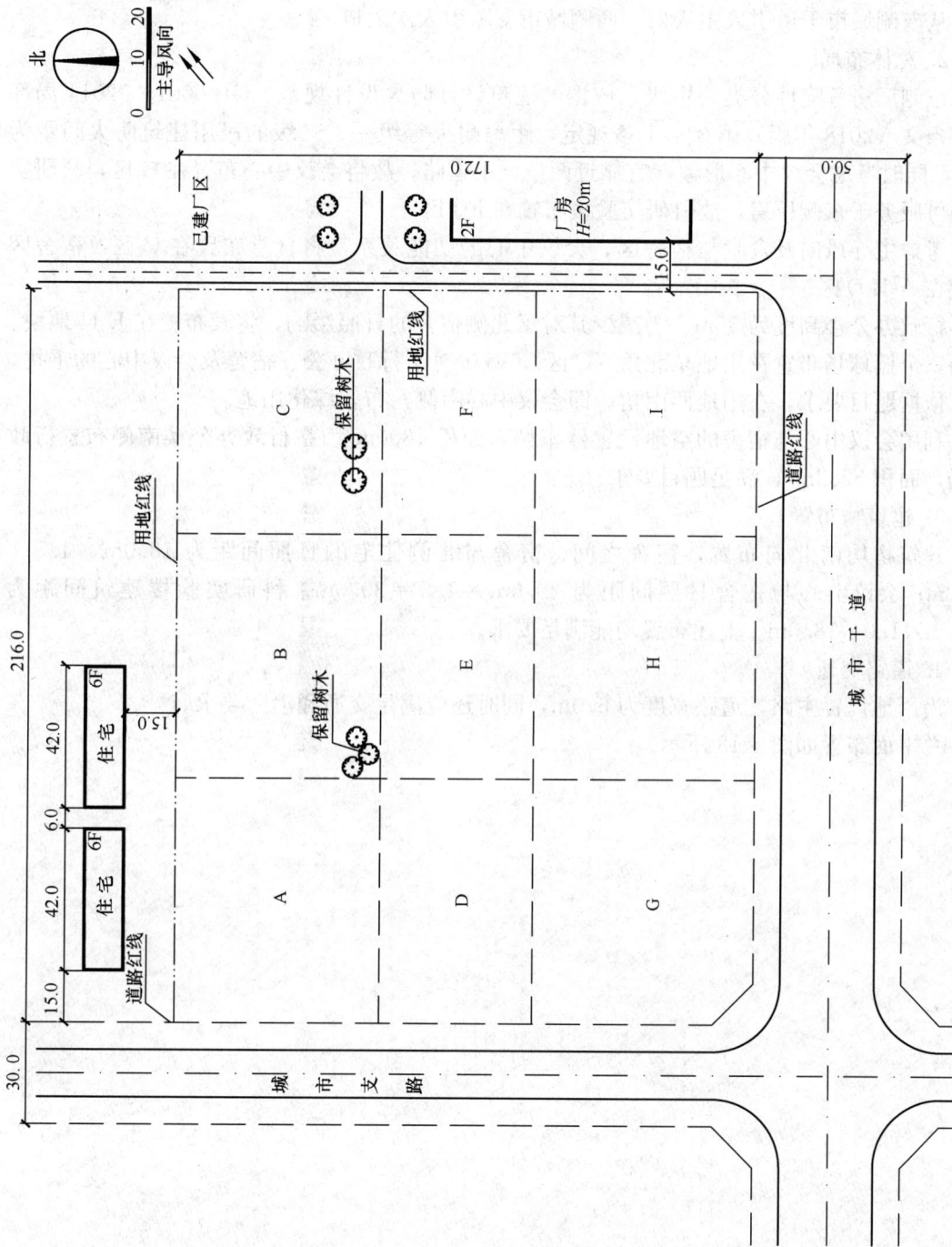

图 4-17

解答提示：

1. 出入口布置

从南侧城市干道引入主入口，西侧城市支路引入次入口。

2. 总体布局

东侧厂房危险性分类为甲级，依据《建筑设计防火设计规范》GB 50016—2014 局部修订条文（2018年版）第3.4.1条规定，距离耐火等级一、二级的民用建筑防火间距为25m，同时考虑会议中心形象，宜靠近两条城市道路，故将会议中心布置在 G 区，科研实验楼可服务于东侧厂房，故科研实验楼布置在 F-I 区。

考虑主导风向及食堂与宿舍区、会议中心的功能关系，将食堂布置在 C 区，宿舍区布置在 A-B-D 区。

行政办公楼高度为36m，为减少其对于北侧宿舍的日照影响，将其布置在 E-H 地块。

三个篮球场布置在用地东北角（C 区），减少对于行政办公、宿舍及会议中心的干扰。

依据题目要求，在用地西南角，即会议中心南侧，布置绿化用地。

利用会议中心与宿舍的空地设置停车场，面积 1800m²；在行政办公楼南侧布置行政广场，面积 5252m²，满足题目要求。

3. 建筑物布置

建筑物均南北向布置，宿舍之间、宿舍与北侧住宅的日照间距为 18.0m×1.5＝27.0m；会议中心与宿舍日照间距为 20.0m×1.5＝30.0m；科研实验楼建筑间距为 18.0m×1.0＝18.0m。上述布置均能满足要求。

4. 道路交通

沿用地设置主路，道路宽度为 6.0m，同时还应满足交通和消防要求。

总平面布置如图 4-18 所示。

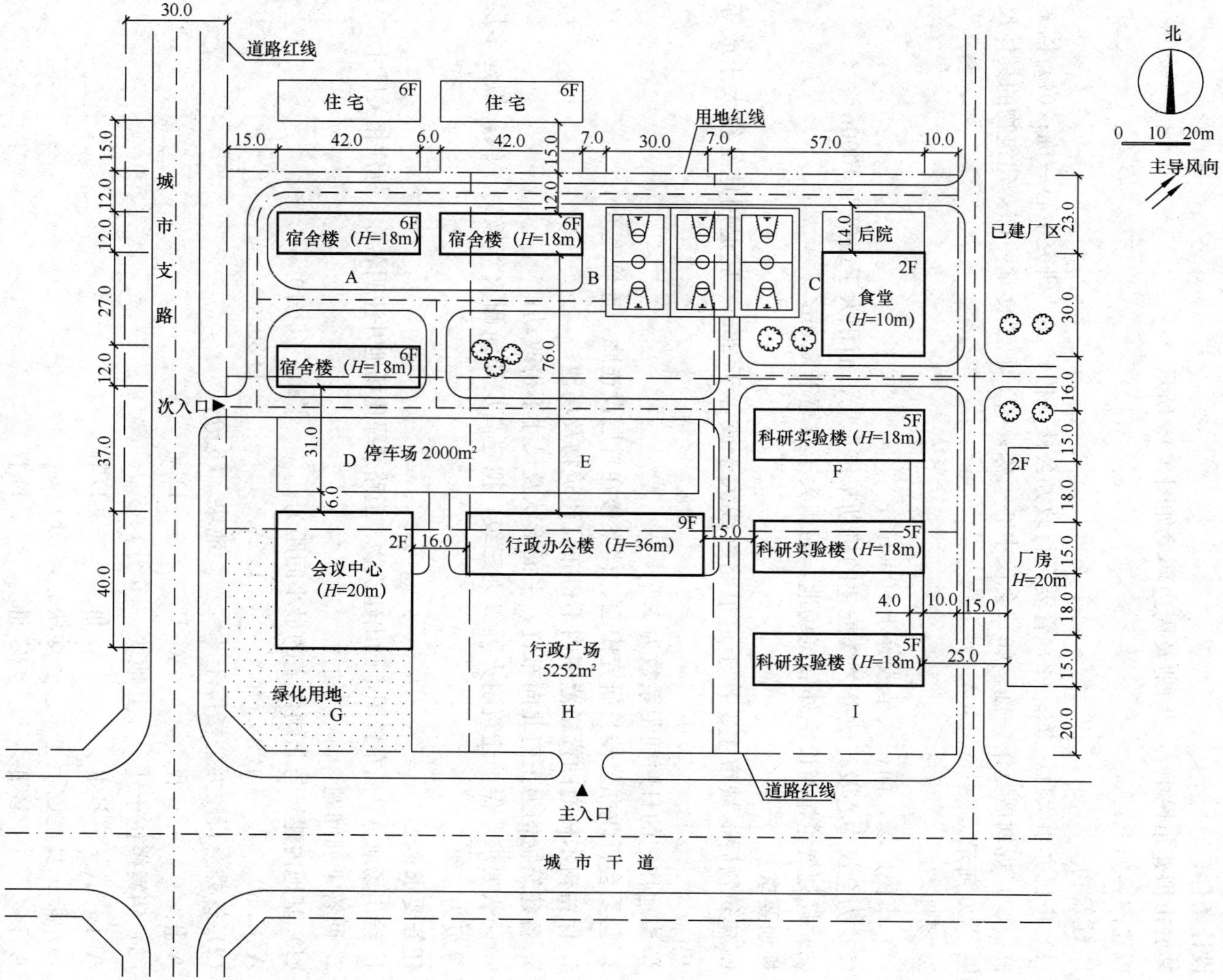
30.0
道路红线
住宅 6F
住宅 6F
用地红线
15.0
42.0
6.0
42.0
7.0
30.0
7.0
57.0
10.0
12.0
27.0
12.0
37.0
40.0
城市支路
宿舍楼（H=18m）6F
宿舍楼（H=18m）6F
A
B
C
14.0
后院
食堂 2F
（H=10m）
已建厂区
23.0
30.0
16.0
宿舍楼（H=18m）6F
76.0
次入口
31.0
D
停车场 2000m²
E
6.0
科研实验楼（H=18m）5F
F
2F
18.0
15.0
会议中心 2F
（H=20m）
16.0
行政办公楼（H=36m）9F
科研实验楼（H=18m）5F
厂房
H=20m
4.0
10.0
行政广场
5252m²
科研实验楼（H=18m）5F
25.0
绿化用地
G
H
I
20.0
道路红线
主入口
城市干道
北
0 10 20m
主导风向

图 4-18

【习题 4-7】（2012 年）

比例：见图 4-19。

单位：m。

设计条件：

某城市拟建市民中心，用地及周边环境如图 4-19 所示。

拟建内容如下：

1. 建筑物

（1）市民办事大厅一栋；（2）管委会行政办公楼一栋；（3）研究中心一栋；（4）档案楼一栋；（5）规划展览馆一栋；（6）会议中心一栋；（7）职工食堂一栋。建筑物的具体尺寸如图 4-20 所示。

2. 场地

（1）市民广场，面积大于或等于 8000m²；

（2）为会议中心及行政办公楼配建的机动车停车场，面积大于或等于 1000m²；

（3）规划展览馆附设室外展览场地，面积大于或等于 800m²。

规划要求：

1. 建筑物后退城市主、次干道道路红线大于或等于 20m，后退用地红线大于或等于 15m；

2. 当地住宅的日照间距系数为 1.5；

3. 管委会行政办公楼与研究中心、档案楼在首层设连廊，连廊宽 6m；

4. 保留树木树冠的投影范围内不得布置建筑物及场地；

5. 各建筑物均为正南北向布置，平面形状及尺寸不得改动；

6. 防火要求：保护建筑耐火等级为三级，拟建高层建筑耐火等级为一级，拟建多层耐火等级为二级。

任务要求：

1. 绘出场地总平面布置图，画出建筑物、道路及绿化场地并注明名称，标注相关尺寸。

2. 回答下列问题：

（1）基地内建筑与北侧住宅的最小间距为 ［   ］m。（6分）

A 37.50   B 38.00   C 38.50   D 39.00

（2）管委会行政办公楼位于 ［   ］地块。（6分）

A Ⅱ   B Ⅳ   C Ⅴ   D Ⅵ

（3）档案楼位于 ［   ］地块。（6分）

A Ⅰ   B Ⅱ   C Ⅲ   D Ⅳ

（4）职工食堂位于 ［   ］地块。（4分）

A Ⅰ   B Ⅱ   C Ⅲ   D Ⅳ

（5）规划展览馆位于 ［   ］地块。（6分）

A Ⅰ   B Ⅱ   C Ⅳ   D Ⅵ

选择题参考答案：

（1）A   （2）A   （3）C   （4）A   （5）D

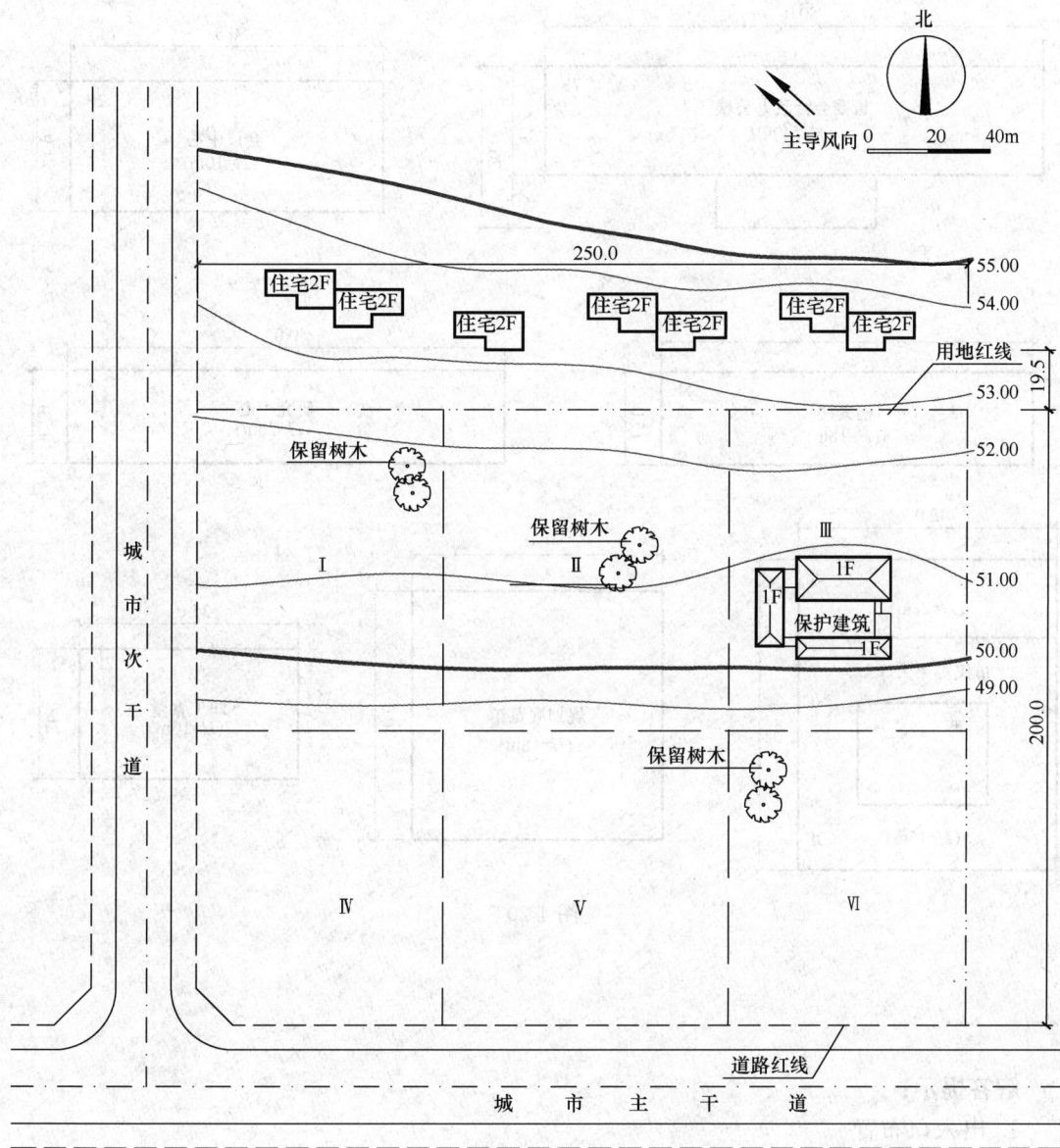

图 4-19

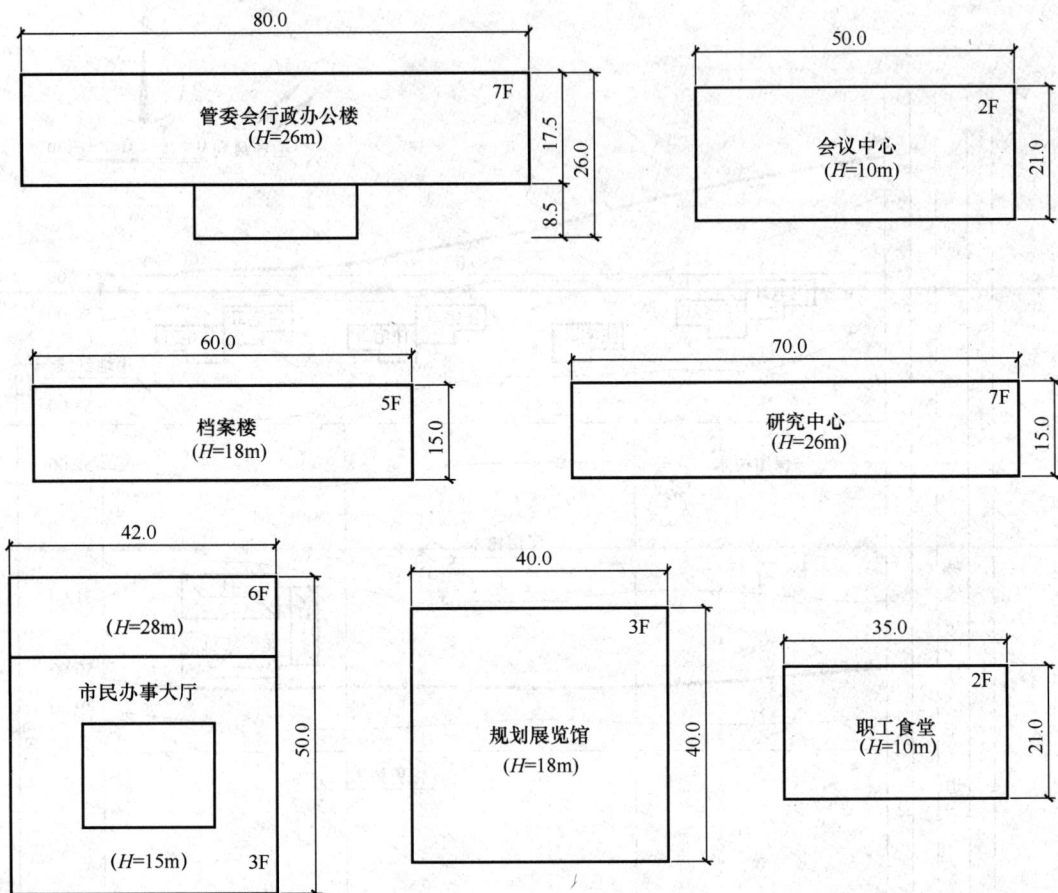

图 4-20

解答提示：

1. 出入口布置

市民中心主要人流方向来自城市主干道，故从南侧城市主干道引入主入口，主要为人流入口。西侧城市次干道引入两个次入口，其一主要为车流入口，另外一个次入口为后勤入口。

2. 总体布局

用地南部地势平坦，北部为缓坡地，用地南部为人流主入口，故将市民广场布置在南部中央，地形平坦，且面向主要出入口，其面积为 8483m²。

拟建建筑中，规划展览馆及市民办事大厅针对普通市民开放，对外服务功能较强，且

192

两者相比，市民办事大厅对外联系更加频繁，故将两者均布置在用地南部，靠近城市主干道，其中，市民办事大厅布置在市民广场以西，展览馆布置在市民广场以东。在规划展览馆以北布置室外展场，面积为810m²。

考虑建筑形象，将管委会行政办公楼布置在场地中央，紧邻市民广场。

职工食堂应处于下风向，故将其布置在场地的西北。

档案楼功能上最为封闭，故将其布置在东北。

考虑研究中心与档案馆、管委会行政办公楼的联系，将研究中心布置在管委会行政办公楼以北，且按照题目要求，将三者用6.0m宽的连廊连接。

会议中心对外联系较频繁，且考虑其与管委会行政办公楼的联系，故将其均布置在管委会行政办公楼以西，市民办事大厅以北，两者之间布置停车场，停车场面积1290m²。

3. 建筑物布置

建筑物均南北向布置。研究中心高度为26m，为基地北侧最高的建筑，其与北侧住宅地形高差1m，日照间距系数为1.5，故研究中心与住宅之间的日照间距为（26－1）×1.5＝37.5m。上述布置均能满足要求。

4. 道路交通

沿用地设置主路，路宽度为6.0m，满足交通和消防要求。

总平面布置如图4-21所示。

5. 评分标准

序号	考核内容	分值	正确选项	试卷选项	人工复核扣分内容
1	间距37.5m	6	A		（1）图示错误、图示不符（－6）
					（2）未注尺寸（－1）
2	行政楼位于Ⅱ地块	6	A		（1）图示错误、图示不符（－6）
					（2）缺连廊或位置不妥（－1～－3）
					（3）建筑间距错误每处（－1）
3	档案楼位于Ⅲ地块	6	C		（1）图示错误、图示不符（－6）
					（2）缺连廊或位置不妥（－1～－3）
					（3）建筑间距错误每处（－1）
4	职工食堂位于Ⅰ地块	4	A		（1）图示错误、图示不符（－4）
					（2）建筑间距错误每处（－1）
5	规划展览馆位于Ⅵ地块	6	D		（1）图示错误、图示不符（－6）
					（2）建筑间距错误每处（－1）

注：1. 建筑物遗漏每栋（－3），形状、尺寸、转向变动每处（－1）；2. 保留建筑及保留树木，未保留或退距不够每处（－1）；3. 主次入口未布置或未知错误（－2）；4. 未布置市民广场、停车场、室外展场、面积不足或布置不合理每处（－1）；5. 道路设计不完整（－1～－3）；6. 图示正确未注尺寸或标注不全每处（－1）；7. 退界不足每处（－1）。

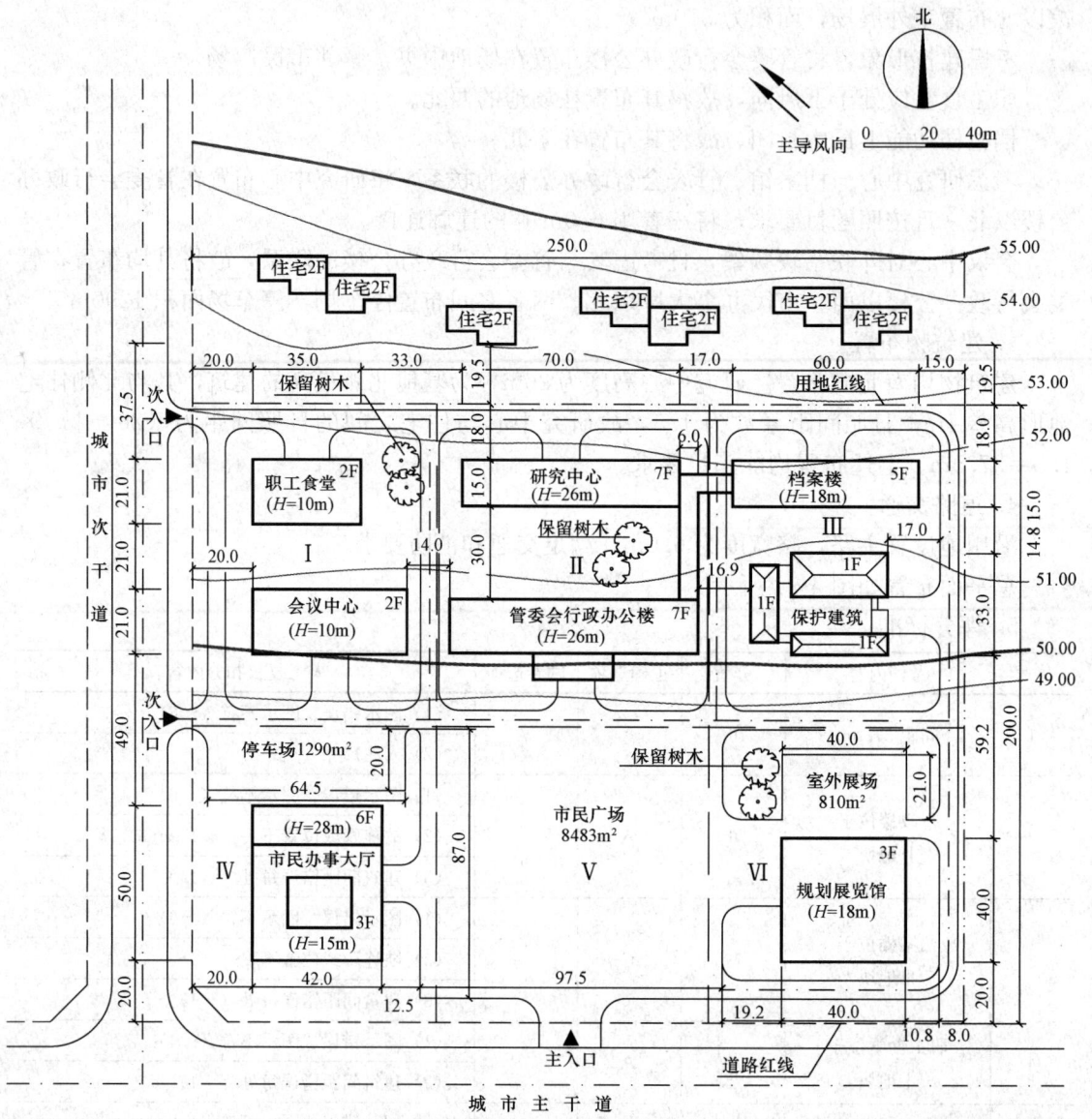

图 4-21

【习题 4-8】（2013 年）

比例：见图 4-23。

单位：m。

设计条件：

某地原有卫生院拟扩建为 300 床综合医院，建设用地及周边环境如图 5-6 所示。

建设内容如下：

用地中保留建筑物拟改建为急诊楼和发热门诊，如图 4-23 所示。

拟新建：门诊楼、医技楼（含手术室）、科研办公楼、营养厨房、1 号病房楼、2 号病房楼各一栋，各建筑物平面形状、尺寸、层数及高度见图 4-22。

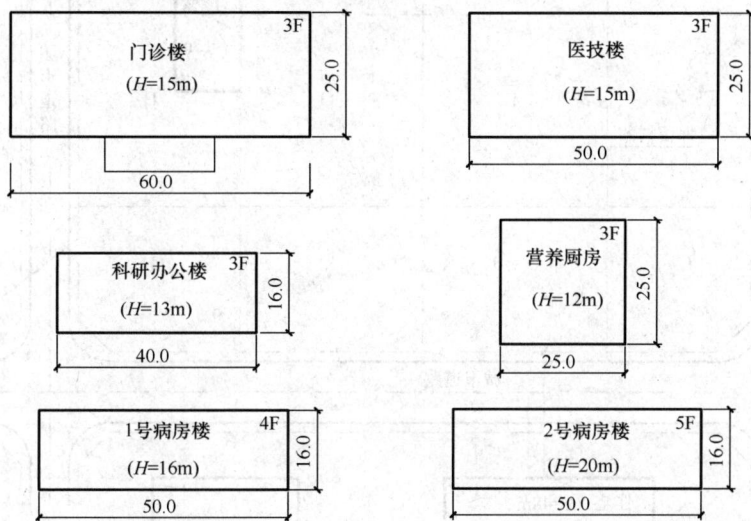

图 4-22

门诊楼、急诊楼处设入口广场；机动车停车场面积 $\geqslant 1500\text{m}^2$，病房楼住院患者室外活动场地 $\geqslant 3000\text{m}^2$。

规划要求：

（1）医院出入口中心线距道路中心线交叉点的距离 $\geqslant 60\text{m}$，建筑后退用地红线 $\geqslant 10\text{m}$。

（2）新建建筑物均正南北向布置，病房楼的日照间距系数为 2.0。

（3）医技楼应与门诊楼、急诊楼、科研办公楼、病房楼之间设置连廊，连廊宽 6m。

（4）新建建筑物与保留树木树冠的间距 $\geqslant 5\text{m}$。

（5）建筑物的平面形状、尺寸不得变动，建筑耐火等级均为二级。

任务要求：

1. 根据设计条件绘制总平面图，画出建筑物、道路及绿化、场地并标注其名称；标注门诊住院出入口、急诊出入口、后勤污物出入口的位置，并用▲表示；标注满足规划、规范要求的相关尺寸，标注停车场、室外活动场地面积。

2. 回答下列问题：

（1）医技楼位于 〔　　〕地块。（6 分）

A F-G　　　　　　　B C-G　　　　　　　C G-K　　　　　　　D E-F

（2）1 号病房楼位于 〔　　〕地块。（6 分）

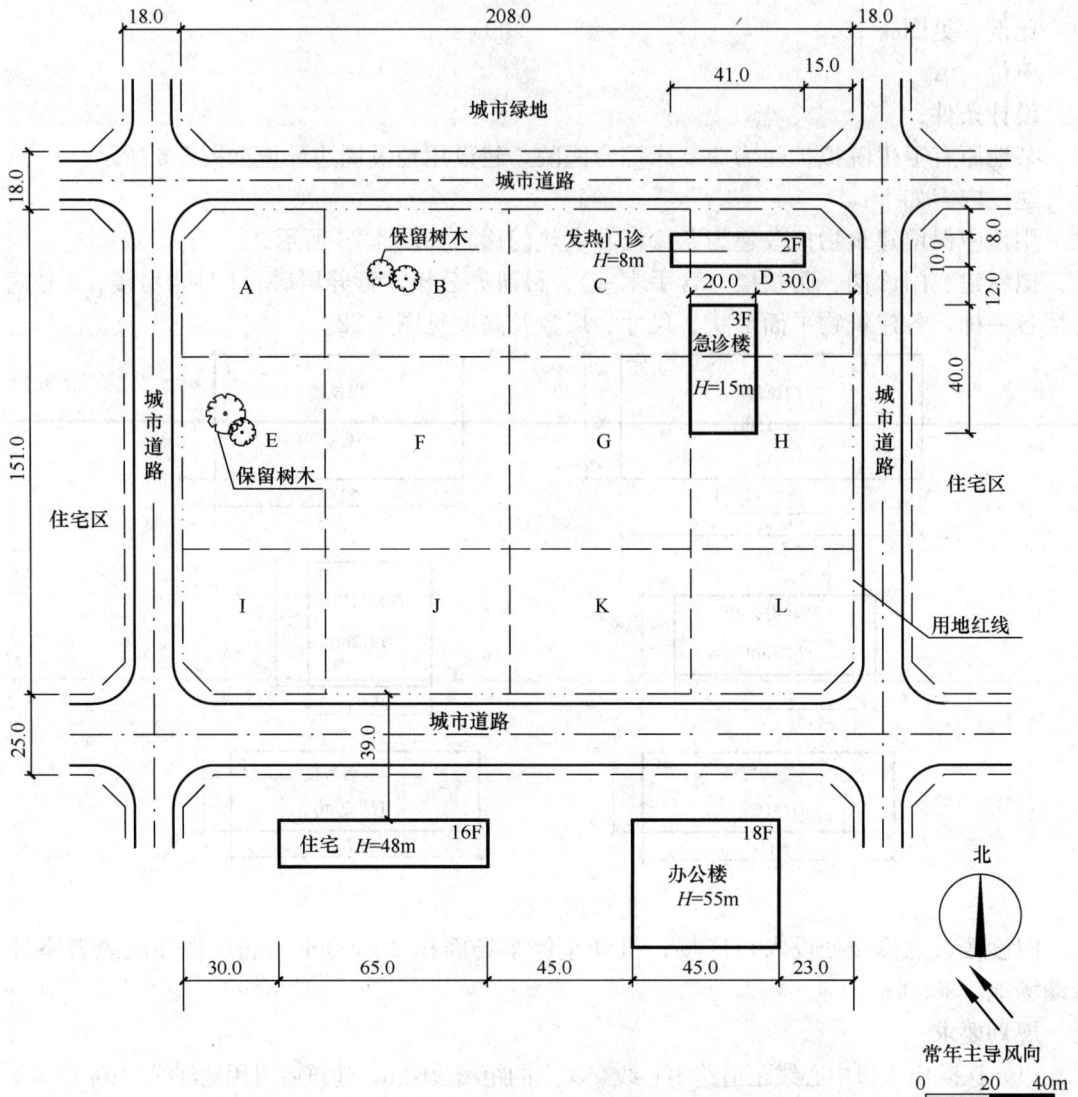

图 4-23

A B-F   B F   C G   D I-J

（3）后勤污物出入口位于场地〔   〕。（6 分）

A 东侧   B 南侧   C 西侧   D 北侧

（4）门诊楼位于〔   〕地块。（6 分）

A E-F   B I-J   C G-H   D K-L

（5）营养厨房位于〔   〕地块。（4 分）

A A   B C   C F   D I

选择题参考答案：

（1）B   （2）B   （3）D   （4）C   （5）A

解答提示：

1. 出入口布置

基地北部为城市绿地，且常年主导风向为东南风，故将后勤污物出口设置在基地北侧。根据急诊楼的位置，将急诊出入口设置在基地东侧。基地南侧城市道路红线宽度最宽，人流最大，故将主入口设置在基地南侧。

2. 总体布局

因日照间距系数 2.0，考虑基地南侧现有高 48m 住宅和 55m 办公楼，故 1 号病房楼只能布置在高 48m 住宅以北 96m 处，2 号病房楼布置在 1 号病房楼以北 32m 处。

因基地常年主导风向为东南风，故将营养厨房布置在基地西北角。

门诊楼结合主入口布置在用地中部偏南的位置。

考虑医技楼与门诊、急诊、病房楼的功能关系，将医技楼布置在门诊楼以北。

将科研办公楼布置在 1 号病房楼以南，有利于阻隔南侧城市道路对于病房楼的干扰，同时，从对内及对外的功能上来说，科研办公楼、病房楼与营养厨房形成医院的对内功能区，门诊楼、急诊楼、医技楼及发热门诊形成医院的对外功能区。

室外活动场地结合基地西侧的保留树木设置在 1 号、2 号病房楼之间及基地的西侧，面积 3270m²。

3. 建筑物布置

建筑物后退用地红线 10m，场地各出入口距道路中心线交叉点的距离均大于 60m。1 号病房楼与 2 号病房楼的日照间距应满足 16.0m×2.0＝32.0m，1 号病房楼与科研办公楼的日照间距应满足 13.0m×2.0＝26.0m。拟建建筑及已建建筑均为多层建筑，各建筑之间及建筑物与停车场之间应满足 6.0m 的防火间距，上述布置均能满足要求。

4. 道路交通

用 6m 宽的连廊将科研办公楼、病房楼、门诊楼、医技楼及急诊楼连接。

沿用地设置环路，宽度为 6m，同时满足交通和消防要求。

停车场设置在门诊楼与急诊楼东南侧，面积为 2140m²。

总平面布置如图 4-24 所示。

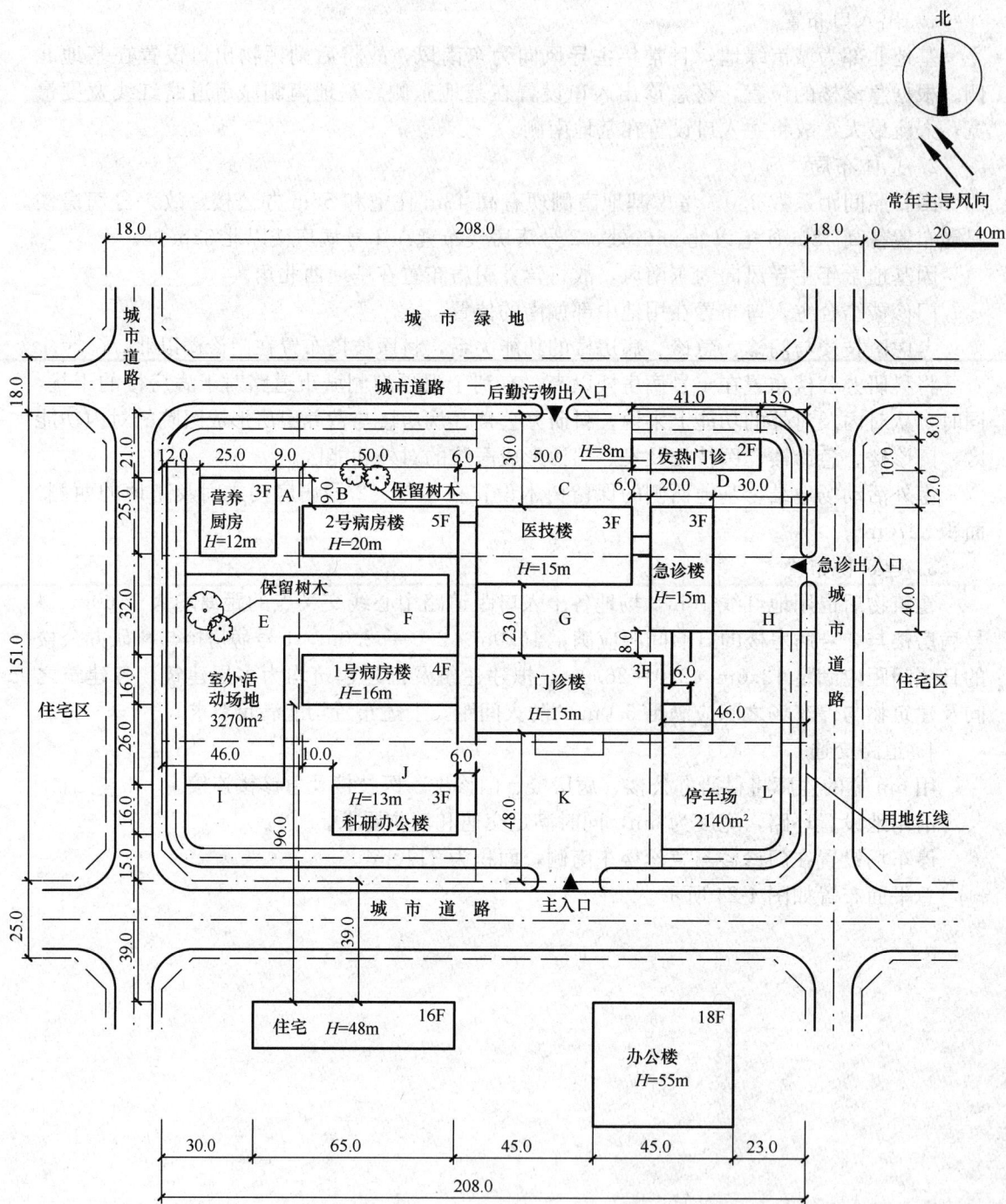

北

常年主导风向

0 20 40m

18.0   208.0   18.0

城 市 绿 地

城市道路   后勤污物出入口   41.0   15.0

18.0

21.0   12.0   25.0   9.0   50.0   6.0   30.0   50.0   H=8m   发热门诊   2F

25.0   9.0   B   保留树木   C   6.0   20.0   D   30.0

营养厨房   3F   A   2号病房楼   5F   医技楼   3F   3F

H=12m   H=20m   H=15m   急诊楼   H=15m

32.0   保留树木   E   F   G   H   城市道路

23.0   8.0   住宅区

16.0   室外活动场地   1号病房楼   4F   门诊楼   3F   46.0

3270m²   H=16m   H=15m   6.0

26.0   46.0   10.0   6.0   8.0   用地红线

16.0   I   J   K   停车场   L

H=13m   3F   2140m²

15.0   科研办公楼   48.0

151.0   住宅区   96.0

城 市 道 路   主入口

25.0   39.0   39.0

住宅   H=48m   16F   18F

办公楼

H=55m

30.0   65.0   45.0   45.0   23.0

208.0

图 4-24

198

【习题 4-9】（2014 年）

比例：见图 4-26。

单位：m。

设计条件：

某陶瓷厂拟建艺术陶瓷展示中心，用地及周边环境如图 4-26 所示。

建设内容如下：

建筑物：展厅、观众服务楼、毛坯制作工坊、手绘雕刻工坊、烧制工坊、成品库房各 1 栋；工艺师工作室 3 栋；各建筑物平面形状、尺寸及层数如图 4-25 所示。

场地：观众集散广场（面积≥2000.0m²）、停车场（面积≥1000.0m²）各一处。

规划要求：

（1）建筑物后退用地红线不小于 10.0m。

（2）建筑物的平面形状、尺寸不得变动，且均应按正南北向布置。

（3）毛坯制作用材料由陶瓷厂供应。

（4）陶瓷制作工艺流程为：毛坯制作—手绘雕刻—烧制—成品。观众参观流线为：展厅—手绘雕刻工坊—烧制工坊—工艺师工作室—观众服务楼。

（5）保留用地内的水系及树木。

（6）拟建建筑均按民用建筑设计，建筑耐火等级均为二级。

任务要求：

1. 根据设计条件绘制总平面图，画出建筑物、场地，并标注其名称，布置道路及绿化，标注观众出入口及货运出入口在城市道路处的位置，并用▲表示；标注满足规划、规范要求的相关尺寸，标注停车场及观众集散广场面积。

2. 回答下列问题：

（1）展厅位于〔　　〕地块。（8 分）

A A　　　　　B B　　　　　C C　　　　　D D

（2）工艺师工作室位于〔　　〕地块。（8 分）

A A　　　　　B B　　　　　C C　　　　　D D

（3）货运出入口位于场地的〔　　　〕。（6 分）

A 南侧　　　　B 东侧　　　　C 西侧　　　　D 北侧

（4）观众服务楼位于〔　　〕地块。（6 分）

A A　　　　　B B　　　　　C C　　　　　D D

选择题参考答案：

（1）C　　　（2）D　　　（3）D　　　（4）C

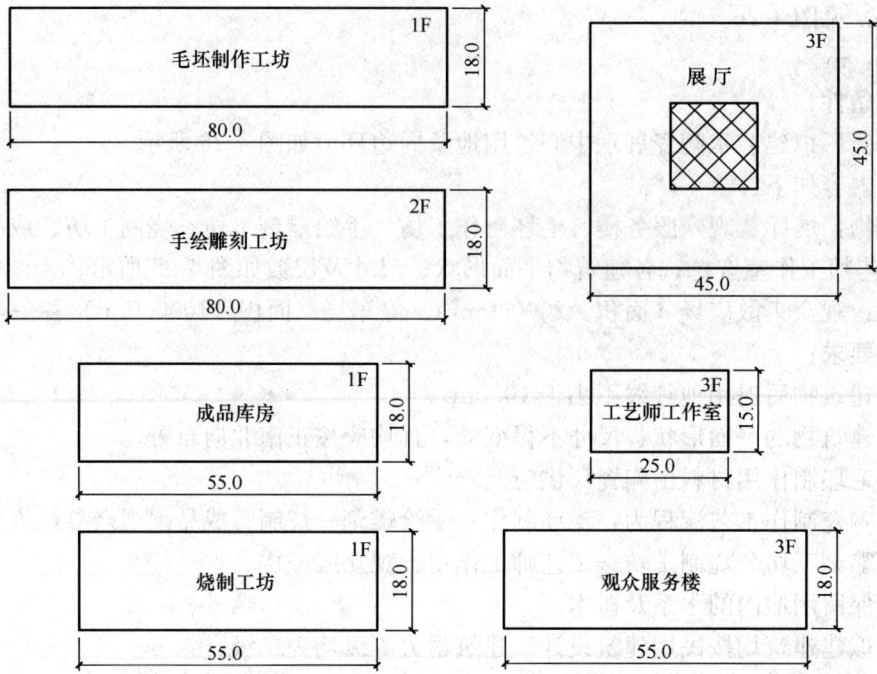

毛坯制作工坊 1F 18.0 80.0

手绘雕刻工坊 2F 18.0 80.0

成品库房 1F 18.0 55.0

烧制工坊 1F 18.0 55.0

展厅 3F 45.0 45.0

工艺师工作室 3F 15.0 25.0

观众服务楼 3F 18.0 55.0

图 4-25

200

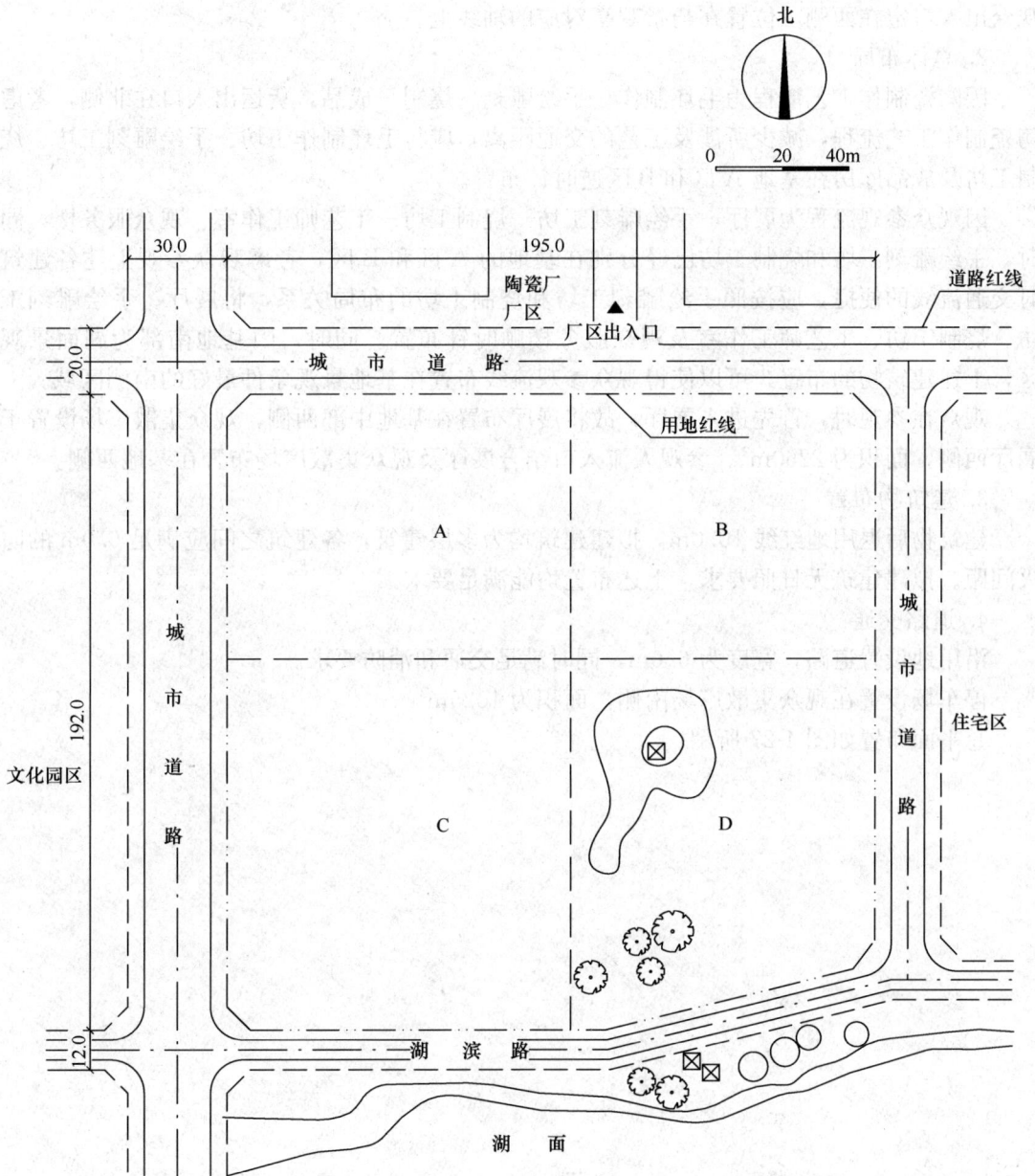

图 4-26

解答提示：

1. 出入口布置

基地北部为陶瓷厂厂区，应题目要求，毛坯制作用材料由陶瓷厂供应，故货运出入口应设置在基地北侧，与陶瓷厂出入口对应。西侧城市道路人流车流量大，且有文化园区，观众出入口定在西侧，位置在与景观亭对应的轴线上。

2. 总体布局

因陶瓷制作工艺流程为毛坯制作—手绘雕刻—烧制—成品，货运出入口在北侧，考虑陶瓷制作工艺流程，减少所涉及工艺的交通距离，应将毛坯制作工坊、手绘雕刻工坊、烧制工坊及成品库房在基地 A 区和 B 区逆时针布置。

因观众参观流程为展厅—手绘雕刻工坊—烧制工坊—工艺师工作室—观众服务楼，同时，手绘雕刻工坊和烧制工坊已经分别在基地的 A 区和 B 区，考虑观众参观上述各建筑时交通流线的便捷，应按照手绘雕刻工坊和烧制工坊的布局关系，将展厅、手绘雕刻工坊、烧制工坊、工艺师工作室及观众服务楼顺时针布置。同时，因基地南部为湖面景观区，上述建筑物的布置，可以使得观众参观流线布置在基地景观条件最好的南侧区域。

观众在参观时，首先进入展厅，故将展厅布置在基地中部西侧，观众集散广场设置于展厅西侧，面积为 2260m²。参观人流入口结合展厅及观众集散广场布置在基地西侧。

3. 建筑物布置

建筑物后退用地红线 10.0m，拟建建筑均为多层建筑，各建筑之间应满足 6.0m 的防火间距。拟建建筑无日照要求，上述布置均能满足要求。

4. 道路交通

沿用地设置道路，宽度为 6.0m，同时满足交通和消防要求。

停车场设置在观众集散广场南侧，面积为 1025m²。

总平面布置如图 4-27 所示。

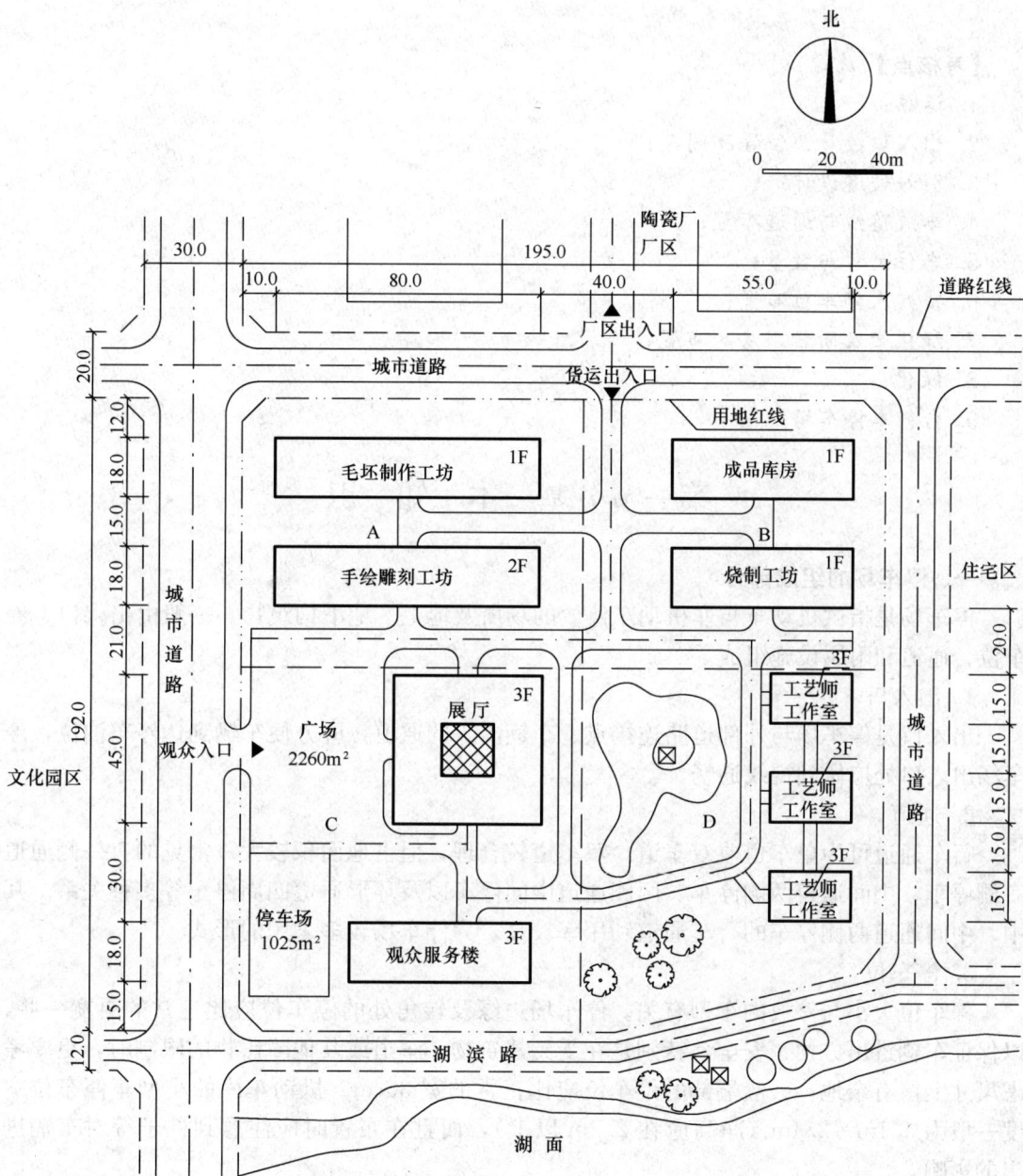

北

0 20 40m

30.0　　　　　　　　195.0　　　　陶瓷厂
　　　　　　　　　　　　　　　　厂区

10.0　　80.0　　　40.0　　55.0　　10.0　　道路红线

20.0

城市道路　　　　　　厂区出入口

货运出入口

用地红线

12.0

18.0　　毛坯制作工坊　1F　　成品库房　1F

15.0

18.0　　A　　　　　　　　　　　B

城
市
道　21.0　　手绘雕刻工坊　2F　　烧制工坊　1F
路

192.0　　　　　　　　　　　　　　　　　　　3F
　　　　　　　　　　　　　　　　　　工艺师
　　　　　　　　　　　展厅　3F　　工作室

45.0　　观众入口　广场　　　　　　　　　　20.0
　　　　　　　　2260m²　　　　　　　　3F
文
化　　　　　　　　　　　　　　　工艺师　15.0
园　　　　　　　　　　　　　　　工作室
区　　　　　C　　　　　　D　　　　15.0

30.0　　　　　　　　　　　　　　3F　　15.0
　　　　停车场　　　　　　　工艺师
　　　　1025m²　　　　　　工作室　15.0
18.0　　　　　观众服务楼　3F

15.0

12.0　　　　　　湖滨路

湖　面

图 4-27

住宅区

城
市
道
路

203

第五章 室外停车场

【考核点】

1. 退界；
2. 出入口数量、位置及间距；
3. 引入坡道设计；
4. 车流路线与通道布置；
5. 车位尺寸与数量；
6. 残疾人停车位布置；
7. 绿化带及附属用房的布置；
8. 绿化；
9. 自行车停车场。

第一节 基 本 知 识

一、停车场的组成部分

停车场是指供机动车与非机动车停放的场所及地上、地下构筑物。一般由出入口、停车位、通道和附属设施组成。

1. 出入口

出入口是停车场与外部道路连接点、车辆出入的通道，应方便车辆到达停车泊位，停车场出入口处应做到视线通畅。

2. 通道

行车通道可为单车道或双车道，双车道较合理，但占地面积较大。常见的有一侧通道一侧停车、中间通道两侧停车、两侧通道中间停车以及环形通道四周停车等多种关系。其中，中间通道两侧停车的行车通道利用率较高，为停车场较多采用的形式。

3. 停车位

停车位大小与停放的车型有关。停车场边缘及转角处的停车位应比正常的更宽一些，以保证车辆进出方便、安全，特别是在受到建筑物、车道或其他障碍物的限制时，更要考虑尺寸上留有余地，一般端部的停车位应比正常的宽30cm。机动车库的小型车停车位宽度一般为5.1m×2.4m（净高应在2.2m以上），而且在布置时应注意到柱子等对车辆进出的影响。

4. 隔离带

停车场的车辆要根据防火要求分组停放。利用隔离带，可以布置绿化，为汽车遮阳。

5. 附属设施

停车场的设计，除了停车区、出入口的设置外，还要根据其服务要求，设置必要的附属设施，如驾驶员的休息室、管理室、修车场、加油站等设施，并应布置一定的防火通道。

二、停车场布置的一般原则

1. 根据场地功能需要设置，满足城市规划及交通管理部门要求。

2. 合理确定停车场（库）的规模，对内服务型按内部要求设置，对外服务型如车站、码头、航空港、影剧院、体育馆、宾馆，根据旅客流量估算或按当地规划、交通等主管部门的规定设置，可适当放宽。

3. 停车场内交通流线组织必须明确。停车场内交通应尽可能遵循"单向右行"的原则，避免车流相互交叉；停车场应按不同类型及性质的车辆，分别安排场地停车，以确保进出安全与交通疏散，提高停车场使用效率；并应设置醒目的交通设施、交通标志（如画线、铺设彩色路面），以划分停车位和行驶通道的范围。

4. 停车场设计必须综合考虑场内路面结构、绿化、照明、排水及必要的附属设施的设计。

5. 停车场设计以近期为主，并为远期的发展预留场地。可考虑机动车与非机动车的结合，选择灵活应变性强的停车方式，如采用柱网结构空间，近期可停放非机动车或安排服务设施。

6. 机动车停车场（库）还会产生一定程度的噪声、尾气等环境污染问题。为保持环境宁静，减少交通噪声和废气污染的影响，应使停车场与医院、疗养院、学校、公共图书馆及住宅建筑之间保持一定距离。在车库里，还要设置汽车尾气收集排放系统，以免车库内空气污浊。

三、设计方法

1. 确定技术条件

根据规范规定确定出入口位置、通道、停车数量、停车坪布置和残疾人车位布置等的标准。

2. 平面布置

停车场平面设计应有效地利用场地，合理安排停车区及通道，便于车辆进出，满足防火安全要求，并留出布设附属设施的位置。

（1）停车场内部交通流线组织

停车场的布置应保证内部其交通是右转出入城市道路的车道，当有两个出入口时，应将入口和出口分开。

（2）确定通道布置

有的停车场是尽端式，有的是环道式。有时候只有一个出入口，有时候要设置两三个出入口。相应地，通道的布置形式各不相同，但是，必须保证车辆在停车场内能够以最小的半径顺利地转弯。

（3）布置停车车位

停车位的布置有三种形式，垂直式最常见。其车流行驶时，可以有两个方向，也可以只有一个方向。斜列式停车，一般要求车流是通过式，即必须要有两个出入口，否则，应设置车辆回车场，使汽车能够转向。平行式停车，占地面积大，停车或启动都相对便捷。

（4）连接曲线

停车场通道与城市道路衔接处的曲线半径，应设置得稍大一些，以便于汽车行驶。停车坪内通道的转弯半径，为满足行车安全、停车场的使用要求和环境景观要求，在实践中应充分考虑。但在应试时，通常只是示意。应注意两者之间所具有的差别（如图 5-1 所示）。

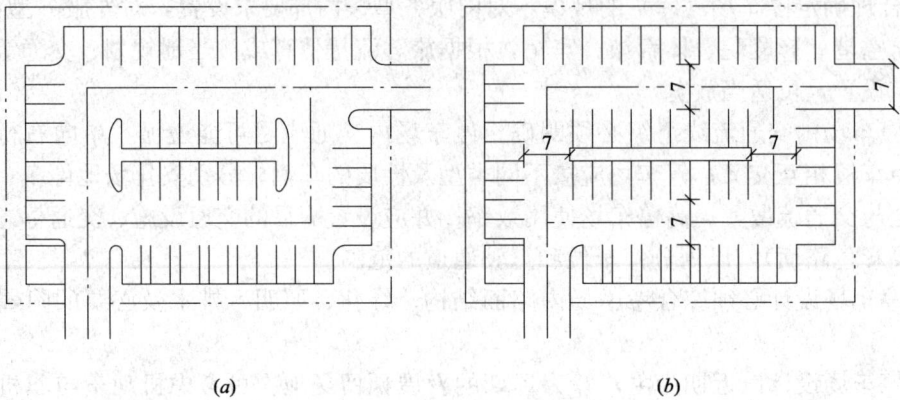

(a)   (b)

图 5-1　停车坪通道的转弯半径

(a)实践时应用；(b)应试时应用

3. 竖向布置

（1）确定停车坪通道的纵坡

结合地形情况，按规范规定，选择最大和最小纵坡数值。

（2）计算各控制点的设计标高

停车场设计中，控制点包括有与城市道路衔接点、各个通道中心线交叉点和变坡点。

（3）标注各段通道的坡度标

坡度标包括通道的坡度值、坡段长度和坡度方向。在每一个坡段都应该进行标注。可以通过各控制点的设计标高计算得出。

4. 布置雨水口

（1）确定停车坪的横断面形式

一组停车坪的横断面有双坡或单坡两种形式。多雨地区可以选择双坡；少雨地区可以选择单坡。

（2）找出各区的积水点

根据纵坡和横坡，找出各区的积水点，在积水点布置雨水口即可。

5. 绿化布置

停车场绿化可分为周边式和树林式。周边式绿化是在停车场的四周种植乔木、灌木、草地、绿篱，停车场内部全部铺装不种植物；树林式绿化是为了给车辆遮阴，在停车场内部种植成行、成列的乔木，除乔木的种植树池外，场内地面全部铺装。此外，还可以采用草坪砖停车位增大绿地率。

第二节 规 范 规 定

一、出入口位置

A. 《城市道路工程设计规范》CJJ 37—2012（2016 年版）规定：

11.2.1 在大型公共建筑、交通枢纽、人流车流量大的广场等处均应布置适当容量的公共停车场。

11.2.5 机动车停车场的设计应符合下列规定：

机动车停车场的出入口不宜设在主干路上，可设在次干路或支路上，并应远离交叉口；不得设在人行横道、公共交通停靠站及桥隧引道处。出入口的缘石转弯曲线切点距铁路道口的最外侧钢轨外缘不应小于 30m；距人行天桥和人行地道的梯道口不应小于 50m。

11.2.6 非机动车停车场的设计应符合下列规定：

1 非机动车停车场出入口不宜少于 2 个。出入口宽度宜为 2.5～3.5m。场内停车区应分组安排，每组场地长度宜为 15～20m。

B. 《城市公共停车场工程项目建设标准》建标 128—2010 规定：

第二十一条 城市公共停车场出入口要具有良好的视野，机动车出入口的位置（距离道路交叉口宜大于 80m）距离人行过街天桥、地道、桥梁或隧道等引道口应大于 50m；距离学校、医院、公交车站等人流集中的地点应大于 30m。

C. 《民用建筑设计统一标准》GB 50352—2019 规定：

4.2.4 建筑基地机动车出入口位置，应符合所在地控制性详细规划，并应符合下列规定：

1 中等城市、大城市的主干路交叉口，自道路红线交叉点起沿线 70.0m 范围内不应设置机动车出入口；

2 距人行横道、人行天桥、人行地道（包括引道、引桥）的最近边缘线不应小于 5.0m；

3 距地铁出入口、公共交通站边缘不应小于 15.0m；

4 距公园、学校及有儿童、老年人、残疾人使用建筑的出入口最近边缘不应小于 20.0m。

条文说明规定：

4.2.4 本条各款是维护城市交通与行人安全的基本规定。建筑基地的机动车出入口位置应选择在所在地控制性详细规划明确的道路可开口位置范围内，避开禁止开口路段。为保障交通安全、提高通行能力，城市主干路的交叉口应设置展宽段以渠化交通即组织车流各行其道。本条第 1 款根据现行国家标准《城市道路交通规划设计规范》GB 50220 以及《城市道路交叉口规划规范》GB 50647 的有关规定提出了对机动车开口位置的控制要求。为了简化并便于控制，条文中"自道路红线交叉点起沿线 70m 范围"是考虑了下列因素后综合确定的：道路拐弯半径 18m～21m，交叉口人行横道宽 4m～10m，人行横道至停车线约 2m，停车、候驶车辆（或车队）的长度，公共汽车站与交叉口的距离一般不小于 50m，主干路交叉口展宽段一般控制在 50m～80m（起算点是道路缘石半径的起点）。

详见图 5 示意。

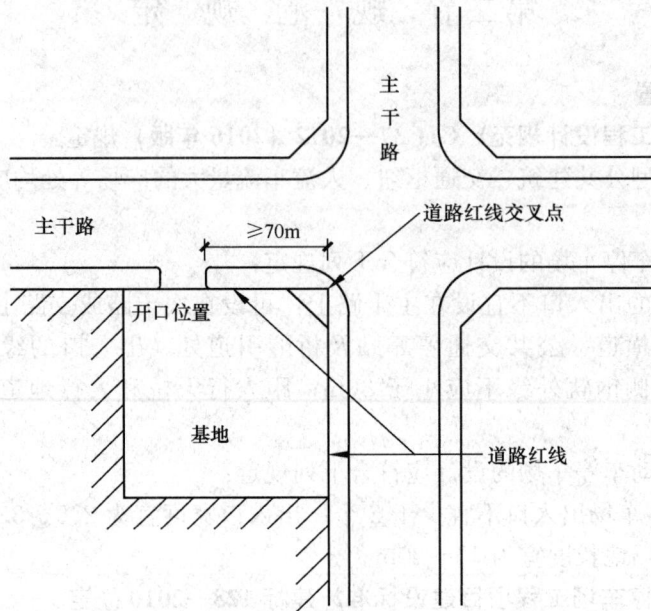

图 5　建筑基地在城市主干路交叉口开口位置示意

D.《车库建筑设计规范》JGJ 100—2015 规定：

3.1.6　车库基地出入口的设计应符合下列规定：

1　基地出入口的数量和位置应符合现行国家标准《民用建筑设计通则》GB 50352 的规定及城市交通规划和管理的有关规定；

2　基地出入口不应直接与城市快速路相连接，且不宜直接与城市主干路相连接；

3　基地主要出入口的宽度不应小于 4m，并应保证出入口与内部通道衔接的顺畅；

4　当需在基地出入口办理车辆出入手续时，出入口处应设置候车道，且不应占用城市道路；机动车候车道宽度不应小于 4m，长度不应小于 10m，非机动车应留有等候空间；

5　机动车库基地出入口应具有通视条件，与城市道路连接的出入口地面坡度不宜大于 5%；

6　机动车库基地出入口处的机动车道路转弯半径不宜小于 6m，且应满足基地通行车辆最小转弯半径的要求；

7　相邻机动车库基地出入口之间的最小距离不应小于 15m，且不应小于两出入口道路转弯半径之和。

二、出入口数量

A.《城市道路工程设计规范》CJJ 37—2012（2016 年版）规定：

11.2.5　机动车停车场的设计应符合下列规定：

4　停车场出入口位置及数量应根据停车容量及交通组织确定，且不应少于 2 个，其净距宜大于 30m；条件困难或停车容量小于 50veh 时，可设一个出入口，但其进出口应满足双向行驶的要求。

5 停车场进出口净宽，单向通行的不应小于5m，双向通行的不应小于7m。

B. 《城市公共停车场工程项目建设标准》建标128—2010规定：

第十条 城市公共停车场规模按照停车位数量划分为特大型、大型、中型和小型四类，不同规模停车场停车位数量应符合表1的规定。

城市公共停车场规模分类
表1

停车场类型	停车位数量（个）	停车场类型	停车位数量（个）
特大型停车场	>500	中型停车场	51~300
大型停车场	301~500	小型停车场	≤50

注：停车位数量以小型车停车位为标准车位，其他车型停车位换算系数见本建设标准附录一。

第十九条 大、中型停车场出入口不得少于2个，特大型停车场出入口不得少于3个，并应设置专用人行出入口，且两个机动车出入口之间的净距不小于15m。

C. 《汽车库、修车库、停车场设计防火规范》GB 50067—2014规定：

6.0.15 停车场的汽车疏散出口不应少于2个；停车数量不大于50辆时，可设1个。

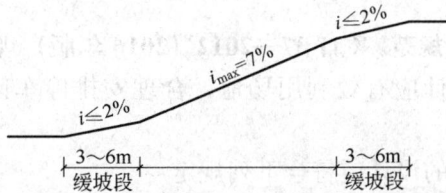

图5-2 停车场出入口通道设置缓坡段

三、出入口通道

停车场的缓和坡段（图5-2）可以参考《城市道路工程设计规范》CJJ 37—2012（2016年版）中广场的缓和坡段设置的规定：

11.3.4 广场竖向设计应符合下列规定：

3 与广场相连接的道路纵坡宜为0.5%~2.0%。困难时纵坡不应大于7.0%，积雪及寒冷地区不应大于5.0%。

4 出入口处应设置纵坡小于或等于2.0%的缓坡段。

四、停车数量

A. 《汽车库、修车库、停车场设计防火规范》GB 50067—2014规定：

第4.2.10条 停车场的汽车宜分组停放，每组停车数量不宜大于50辆，组与组之间的防火间距不应小于6m。

B. 《城市道路工程设计规范》CJJ 37—2012（2016年版）规定：

11.2.5 机动车停车场的设计应符合下列规定：

2 机动车停车场内车位布置可按纵向或横向分组安排，每组停车不应超过50veh。当各组之间无通道时，应留出大于或等于6m的防火通道。

C. 《城市停车规划规范》GB/T 51149—2016规定：

条文说明规定

2.0.10 机动车停车场停车位设计时应以标准车为计算当量，将其他类型车辆停放空间按表1所列换算系数换算成标准车辆，以标准车核算停车位总规模。

停车场设计车型外廓尺寸和换算系数 表 1

车辆类型		各类车型外廓尺寸（m）			车辆换算系数
		总长	总宽	总高	
机动车	微型汽车	3.20	1.60	1.80	0.70
	小型汽车	5.00	2.00	2.20	1.00
	中型汽车	8.70	2.50	4.00	2.00
	大型汽车	12.00	2.50	4.00	2.50
	铰接车	18.00	2.50	4.00	3.50

注：1 三轮摩托车可按微型汽车尺寸计算；

2 两轮摩托车可按自行车尺寸计算；

3 车辆换算系数是按面积换算。

5.1.4 地面机动车停车场标准车停放面积宜采用 $25\sim30m^2$，地下机动车停车库与地上机动车停车楼标准车停放建筑面积宜采用 $30\sim40m^2$，机械式机动车停车库标准车停放建筑面积宜采用 $15\sim25m^2$。

5.1.5 非机动车单个停车位建筑面积宜采用 $1.5\sim1.8m^2$。

五、停车坪布置

A.《城市道路工程设计规范》CJJ 37—2012（2016 年版）规定：

11.2.3 停车场平面设计应有效利用场地，合理安排停车区及通道，应满足消防要求，并留出辅助设施位置。

11.2.5 机动车停车场的设计应符合下列规定：

1 机动车停车场设计应根据使用要求分区、分车型设计。如有特殊车型，应按实际车辆外廓尺寸进行设计。

7 停车场的竖向设计应与排水相结合，坡度宜为 0.3%～3.0%。

8 机动车停车场出入口及停车场内应设置指明通道和停车位的交通标志、标线。

B.《车库建筑设计规范》JGJ 100—2015 规定：

3.2.10 车库总平面内的道路、广场应有良好的排水系统，道路纵坡坡度不应小于 0.2%，广场坡度不应小于 0.3%。

3.2.11 车库总平面内的道路纵坡坡度应符合现行国家标准《民用建筑设计通则》GB 50352 最大限值的规定。当机动车道路纵坡相对坡度大于 8%时，应设缓坡段与城市道路连接。对于机动车与非机动车混行的道路，其纵坡的坡度应满足非机动车道路纵坡的最大限值要求。

六、残疾人车位布置

《无障碍设计规范》GB 50763—2012 规定：

第 7 章～第 8 章规定，居住区、居住建筑及公共建筑的停车场和车库应设置无障碍机动车停车位。

3.14.1 应将通行方便、行走距离路线最短的停车位设为无障碍机动车停车位。

3.14.2 无障碍机动车停车位的地面应平整、防滑、不积水，地面坡度不大于 1∶50。

3.14.3 无障碍机动车停车位一侧，应设宽度不小于 1.20m 的通道，供乘轮椅者从轮椅通道直接进入人行道和到达无障碍出入口。

3.14.4 无障碍机动车停车位的地面应涂有停车线、轮椅通道线和无障碍标志。

第三节　历年试题及解答提示

【习题 5-1】（2006 年）

比例：见图 5-3。

单位：m。

设计条件：

在某城市拟建一处停车场，场地南侧临城市道路，如图 5-3 所示，其布置要求如下：

1. 布置尽量多的停车位，垂直式停车位尺寸为 6m×3m，其中布置 4 个残疾人停车位，停车位尺寸同前，但一侧应设 1.5m 宽轮椅通道（也可两个车位共用一条轮椅通道），如图 5-4(a)所示，平行式停车位尺寸为 3m×8m。

2. 停车场内通道宽 7m，并要求贯通，且垂直转角停车退让 1m。

3. 沿用地红线内侧布置 2m 宽的绿化带，其中四角绿地的尺寸为 9m×8m，如图 5-4(b)所示。两车车尾相对布置时，中间设 1m 宽的绿化带。

4. 出入口设一个 5m×5m 管理室。

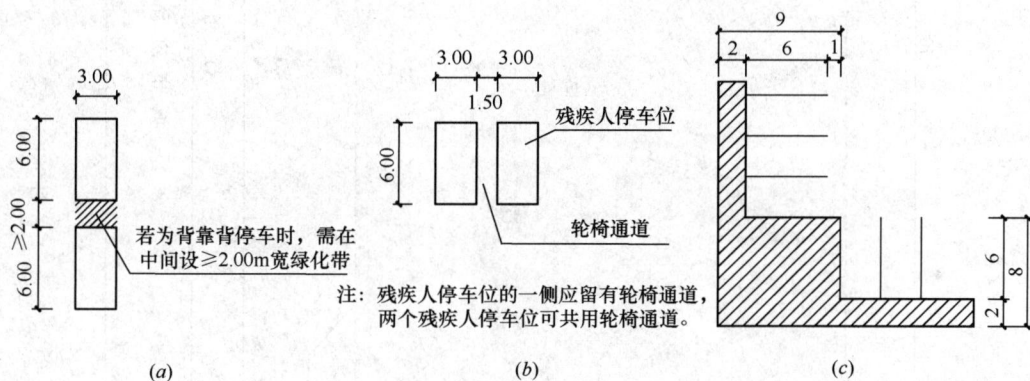

图 5-4

(a)普通停车车位要求；(b)残疾人停车车位要求；(c)转角停车车位要求

任务要求：

1. 绘出停车带（注明车位数）、通道、绿化带及管理室，并标注相关尺寸，用斜线表示出绿化带。

2. 回答下列问题：

(1) 停车场的停车数量为 〔　　　〕。

A 46　　　　　　　　B 47　　　　　　　　C 48　　　　　　　　D 49

(2) 停车场出入口应距离 〔　　　〕用地红线附近布置。

A 西侧　　　　　　　B 东侧　　　　　　　C 没有特殊要求

选择题参考答案：

(1) C　　　(2) C

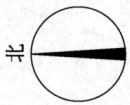

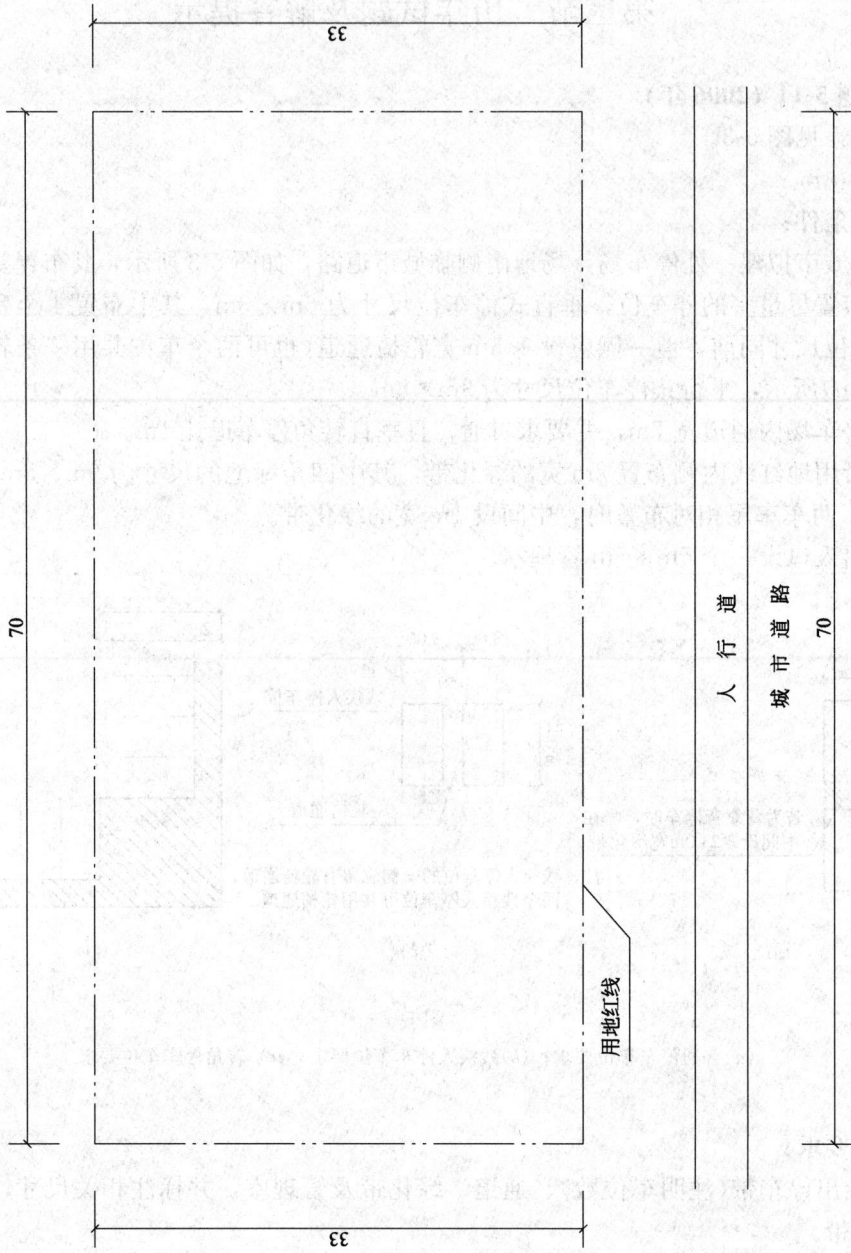

图 5-3

解答提示:

1. 出入口位置和数量

《汽车库、修车库、停车场设计防火规范》GB 50067—2014 第 6.0.15 条规定:停车数量不大于 50 辆时,可设 1 个出入口。该停车场的出入口没有特殊布置要求,在用地红线东侧附近设置出入口。

2. 平面布置

停车位应布置在用地红线内扣除 2m 的范围内。根据用地的形状,沿周边布置垂直式停车位,而在中间布置平行式停车位,并使停车场内通道形成环路。在靠近出入口的地方布置残疾人停车位,将残疾人通道连接至人行道,停车数量为 48 辆,管理用房靠近出入口布置。

3. 绿化布置

沿用地红线 2m 范围内均可以布置绿化,标注有关尺寸。

停车场的设计如图 5-5 所示。

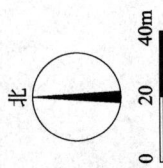

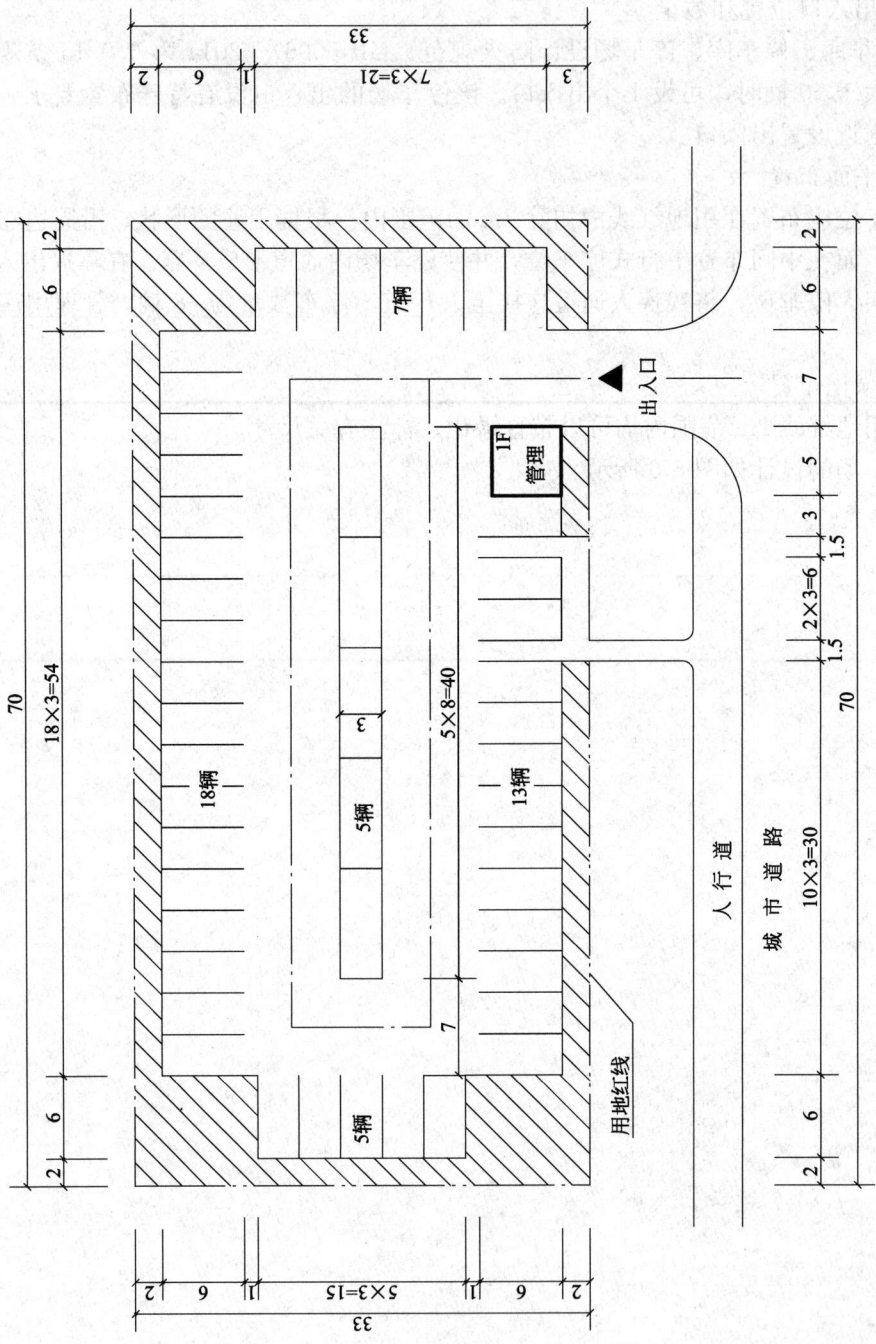

图 5-5

北

0 20 40m

214

【习题 5-2】（2007 年）

比例：见图 5-6。

单位：m。

设计条件：

某单位拟对已有停车场进行扩建，用地形状及尺寸如图 5-6 所示，其东北侧为已有办公楼，东侧为广场，南侧为城市道路，沿用地红线南、西、北侧为已有围墙。布置要求如下：

1. 尽可能多地布置停车位，采用垂直式停车方式，停车位尺寸为 3.0m×6.0m，其中残疾人停车位不少于 4 个，停车位尺寸同前，但一侧应设 1.5m 宽轮椅通道（也可两个车位共用一条轮椅通道），如图 5-4 所示；

2. 停车场内通道及出入口宽度均为 7.0m，并应贯通；

3. 沿用地周边后退出 2.0m 宽的绿化带（不含进出口的道路部分），当两停车带背靠背布置时，停车带之间也留出不少于 1.0m 的绿化带。

任务要求：

1. 绘出停车场内各个停车位，注明车位数、通道、绿化带，并标注相关尺寸。

2. 用斜线表示出绿化带。

3. 回答下列问题：

(1)停车场出入口的数量为 〔   〕。

A 一个   B 两个

(2)停车位总数量为 〔   〕。

A 68   B 69   C 70

(3) 残疾人停车位布置在停车场的 〔   〕。

A 北侧   B 东侧

选择题参考答案：

(1) B   (2) B   (3) A

215

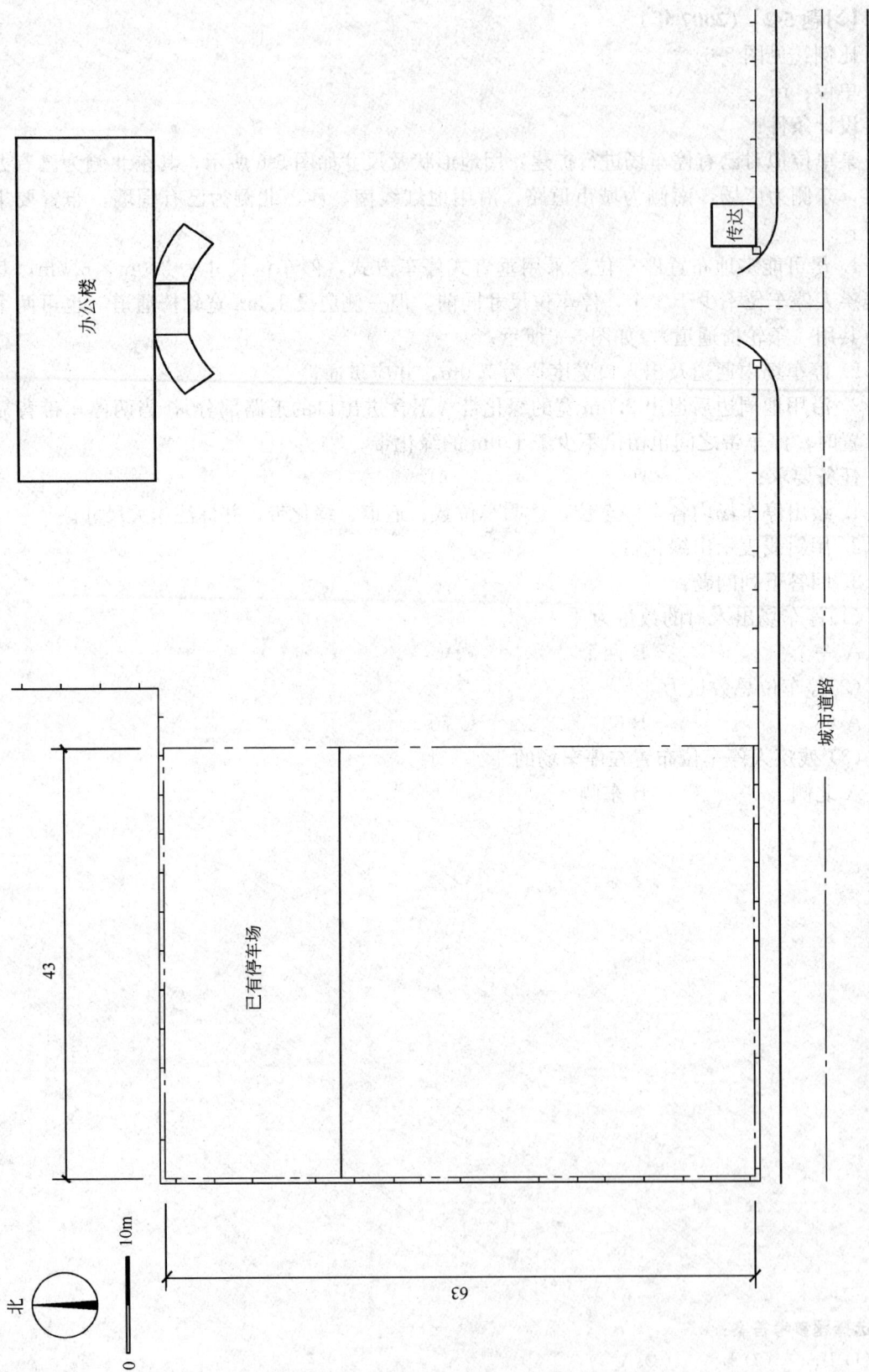

图 5-6

办公楼

已有停车场

城市道路

传达

北

10m

0

43

63

216

解答提示：

1. 出入口数量和位置

《汽车库、修车库、停车场设计防火规范》GB 50067—2014 第 6.0.15 条规定：停车场的汽车疏散出口不应少于 2 个；停车数量不大于 50 辆时，可设 1 个；《城市道路工程设计规范》CJJ 37—2012（2016 年版）第 11.2.5 条规定：停车场出入口位置及数量应根据停车容量及交通组织确定，且不应少于两个，其净距宜大于 30.0m；因此，确定停车场的出入口数量为两个，均布置在用地东侧。

2. 平面布置

停车位应布置在用地红线内扣除 2.0m 的范围内。根据用地的形状，沿东西方向布置停车位，当背靠背布置停车带时，留出 1.0m 的绿化带；再沿南北方向布置两条通道，使停车场内通道形成环路。采用垂直式停车方式，在靠近东北角处布置了 4 个残疾人停车位，以便残疾人出入办公楼，停车数量为 69 辆。

3. 绿化布置

沿用地红线 2.0m 范围内及分隔带均可以布置绿化，用斜线表示。

停车场的设计如图 5-7 所示。

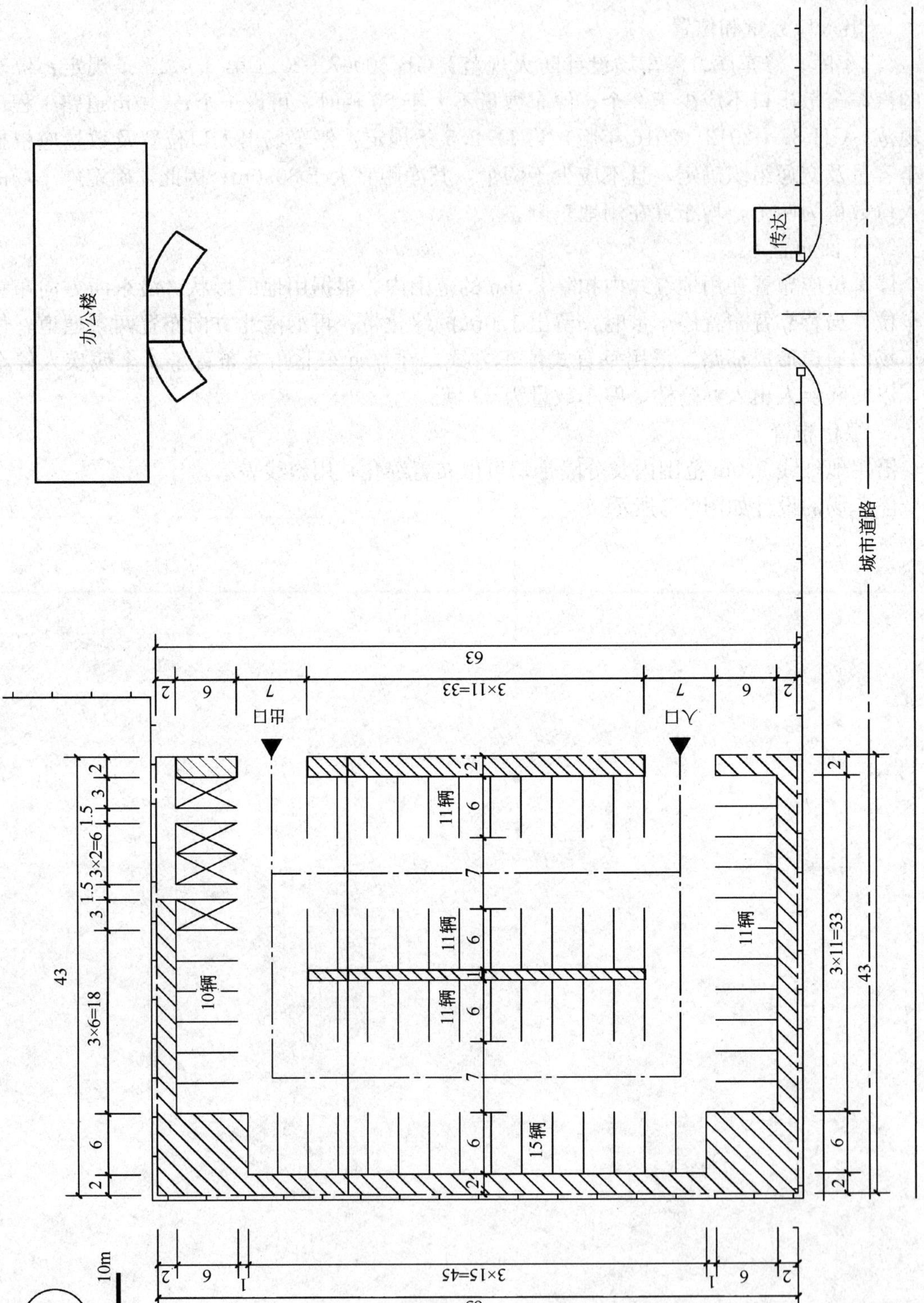

图 5-7

【习题 5-3】(2008 年)

比例：见图 5-8。

单位：m。

设计条件:

在城市道路北侧拟建一个停车场，用地形状、尺寸及地面标高如图 5-8 所示，其布置要求如下:

1. 尽可能多地布置停车位，采用垂直式停车，停车位尺寸为 3.0m×6.0m，采用平行式停车，停车位尺寸为 3.0m×8.0m。布置残疾人停车位不少于 4 个，停车位尺寸同前，但一侧应设 1.5m 宽轮椅通道（也可两个车位共用一条轮椅通道），如图 5-4 所示；当地面坡度≥3％时，须垂直坡向停放；

2. 停车场内通道及出入口宽度均为 7.0m，并应贯通；

3. 沿用地周边后退出 2.0m 宽的绿化带（不含进出口的道路部分），当两停车带背靠背布置时，停车带之间也留出不少于 1.0m 的绿化带，树冠范围内不得停车；

4. 出入口设一个 4m×4m 的管理室。

任务要求:

1. 绘出停车场内各个停车位，注明车位数、通道、绿化带，并标注相关尺寸。

2. 用斜线表示出绿化带。

3. 回答下列问题:

(1) 停车场出入口的数量为 〔　　　〕。

A 一个　　　　　　　　　B 两个

(2) 停车位总数量为 〔　　　〕个。

A 47～49　　　　　　　　B 50～52　　　　　　　　C 53～55

(3) 东区的地面坡度为 〔　　　〕。

A 1％　　　　　　　　　　B 2％　　　　　　　　　　C 3％

(4) 残疾人停车位布置在 〔　　　〕。

A 用地西侧　　　　　　　B 用地南侧　　　　　　　C 用地东侧

选择题参考答案:

(1) B　　　(2) C　　　(3) C　　　(4) A

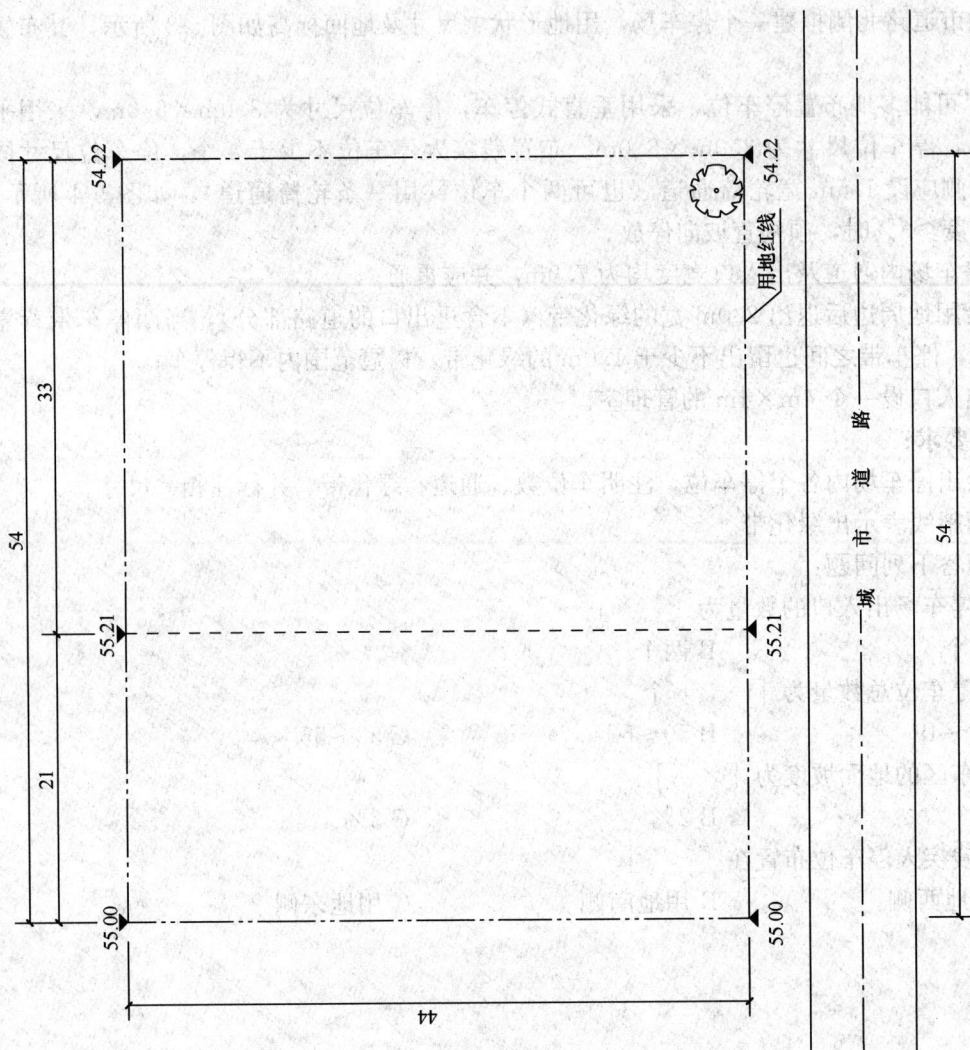

图 5-8

解答提示：

1. 出入口位置和数量

《汽车库、修车库、停车场设计防火规范》GB 50067—2014 第 6.0.15 条规定：停车场的汽车疏散出口不应少于 2 个；停车数量不大于 50 辆时，可设 1 个；因此，确定停车场的出入口数量为两个，均布置在用地南侧。

2. 平面布置

停车位应布置在用地红线内扣除 2.0m 的范围内。首先布置形成环路通道。然后，根据用地的标高可知，其西部地面坡度为 1%，东部地面坡度为 3%。故西部的停车位布置均垂直式停车，而东部的停车位因须垂直坡向，则有垂直停车和平行停车两种形式。当背靠背布置停车带时，留出 2.0m 的绿化带；在西南角处布置了 4 个残疾人停车位和管理室，停车数量为 53 辆。

3. 绿化布置

沿用地红线 2.0m 范围内及分隔带均可以布置绿化，用斜线表示，标注有关尺寸。

停车场的设计如图 5-9 所示。

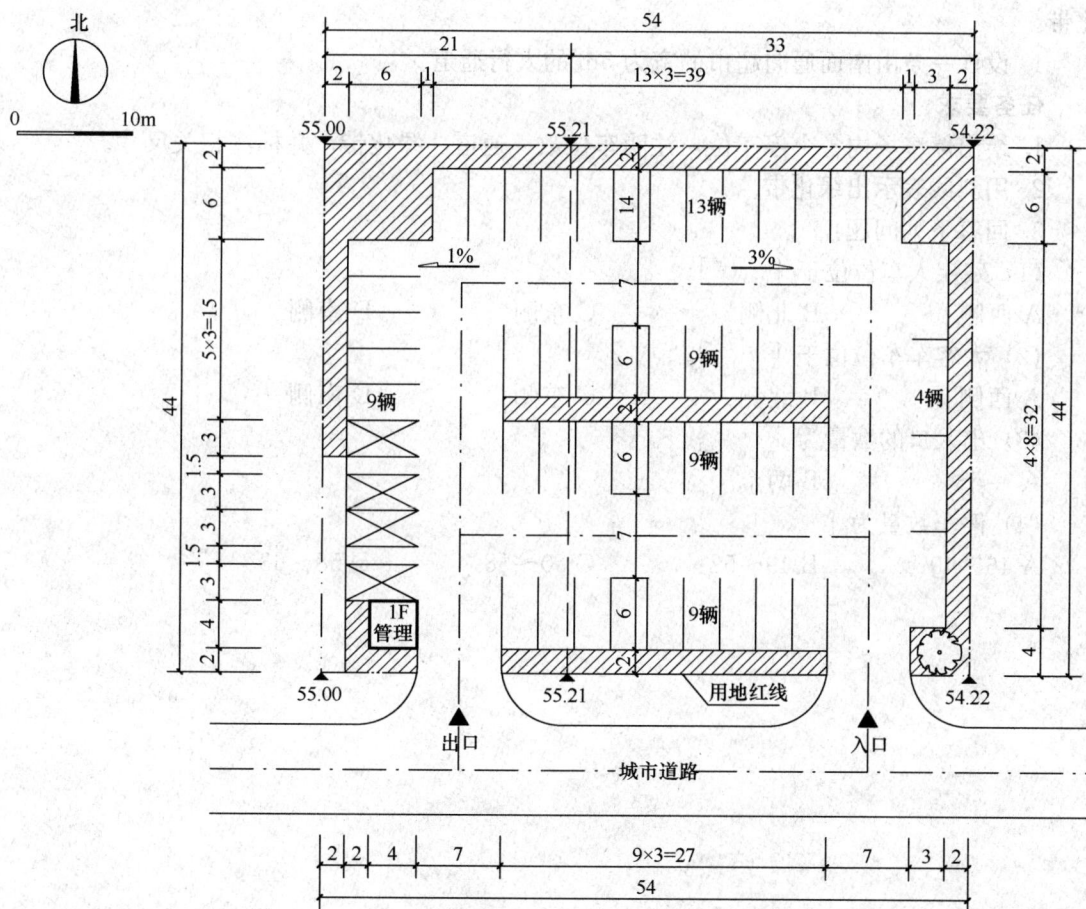

图 5-9

【习题 5-4】 (2009 年)

比例: 见图 5-10。

单位: m。

设计条件:

某超市拟对已有停车场进行扩建, 用地形状及尺寸如图 5-10 所示, 其北侧和南侧为城市道路, 西侧为绿化带, 东侧为超市。布置要求如下:

1. 尽可能多地布置小汽车停车位, 采用垂直式停车方式, 停车位尺寸为 3.0m×6.0m, 其中: 残疾人停车位不少于 4 个, 停车位尺寸同前, 但一侧应设 1.5m 宽轮椅通道 (也可两个车位共用一条轮椅通道), 如图 5-4 所示; 3 个大客车车位, 采用垂直式停车方式时, 停车位尺寸为 5.0m×12.0m, 采用平行式停车方式时, 停车位尺寸为 5.0m×15.0m, 其内转弯半径为 8.0m, 人行通道 2.0m 即可。

2. 停车场内通道及出入口宽度均为 7.0m, 并应贯通。出入口可穿越西、北侧绿化带。

3. 沿用地红线后退出 2.0m 宽的绿化带 (不含进出口的道路部分), 当两停车带背靠背布置时, 停车带之间也留出不少于 2.0m 的绿化带, 大客车和残疾人停车位可不设绿化带。

4. 设计一条由南面通向超市的宽为 5m 的人行通道。

任务要求:

1. 绘出停车场内各个停车位, 注明车位数、通道、绿化带, 并标注相关尺寸。

2. 用斜线表示出绿化带。

3. 回答下列问题:

(1) 残疾人车位位于 〔　　　〕。

A 西侧　　　　　　B 北侧　　　　　　C 东侧　　　　　　D 南侧

(2) 大客车车位位于 〔　　　〕。

A 西侧　　　　　　B 北侧　　　　　　C 东侧　　　　　　D 南侧

(3) 出入口的数量为 〔　　　〕。

A 一个　　　　　　B 两个

(4) 停车数量为 〔　　　〕。

A 46~49　　　　B 49~52　　　　C 50~58　　　　D 58~63

选择题参考答案:

(1) D　　　(2) C　　　(3) B　　　(4) C

222

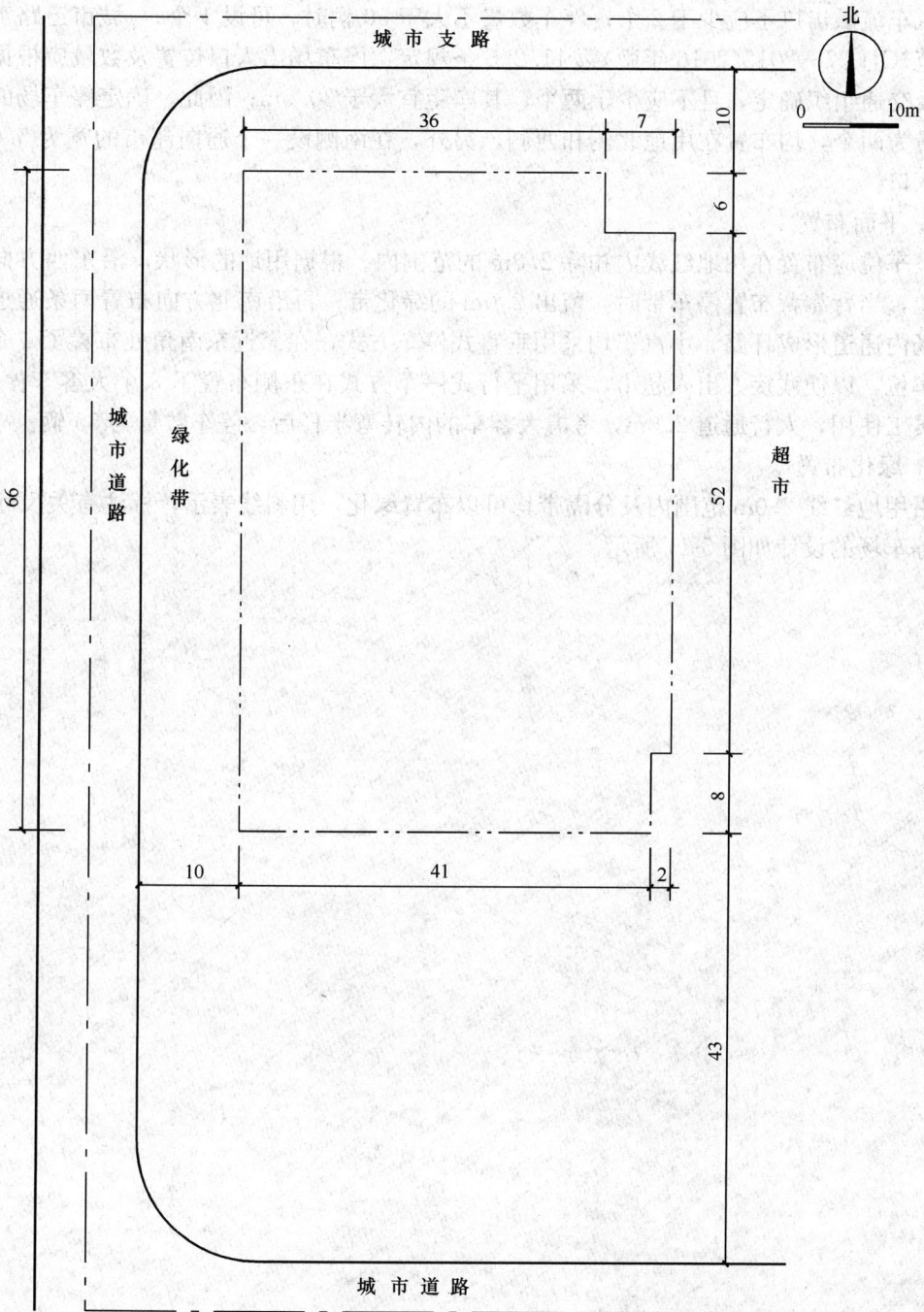

城 市 支 路

北

0   10m

36

7

10

6

城
市
道
路

绿
化
带

超
市

66

52

8

10

41

2

43

城 市 道 路

图 5-10

223

解答提示：

1. 出入口位置和数量

《汽车库、修车库、停车场设计防火规范》GB 50067—2014 第 6.0.15 条规定：停车场的汽车疏散出口不应少于 2 个；停车数量不大于 50 辆时，可设 1 个；《城市道路工程设计规范》CJJ 37—2012（2016 年版）第 11.2.5 条规定：停车场出入口位置及数量应根据停车容量及交通组织确定，且不应少于两个，其净距宜大于 30.0m；因此，确定停车场的出入口数量为两个，均布置在用地北侧和西侧，另外，在南侧设一个通向超市的宽为 5.0m 的人行入口。

2. 平面布置

停车位应布置在用地红线内扣除 2.0m 的范围内。根据用地的形状，沿东西方向布置停车位，当背靠背布置停车带时，留出 2.0m 的绿化带；再沿南北方向布置两条通道，使停车场内通道形成环路。小汽车均采用垂直式停车方式，在靠近东南角处布置了 4 个残疾人停车位，以便残疾人出入超市，采用平行式停车方式在东侧布置了 3 个大客车停车位，便于员工使用，人行通道 2.0m，考虑大客车的内转弯半径后，停车数量为 55 辆。

3. 绿化布置

沿用地红线 2.0m 范围内及分隔带均可以布置绿化，用斜线表示，标注有关尺寸。

停车场的设计如图 5-11 所示。

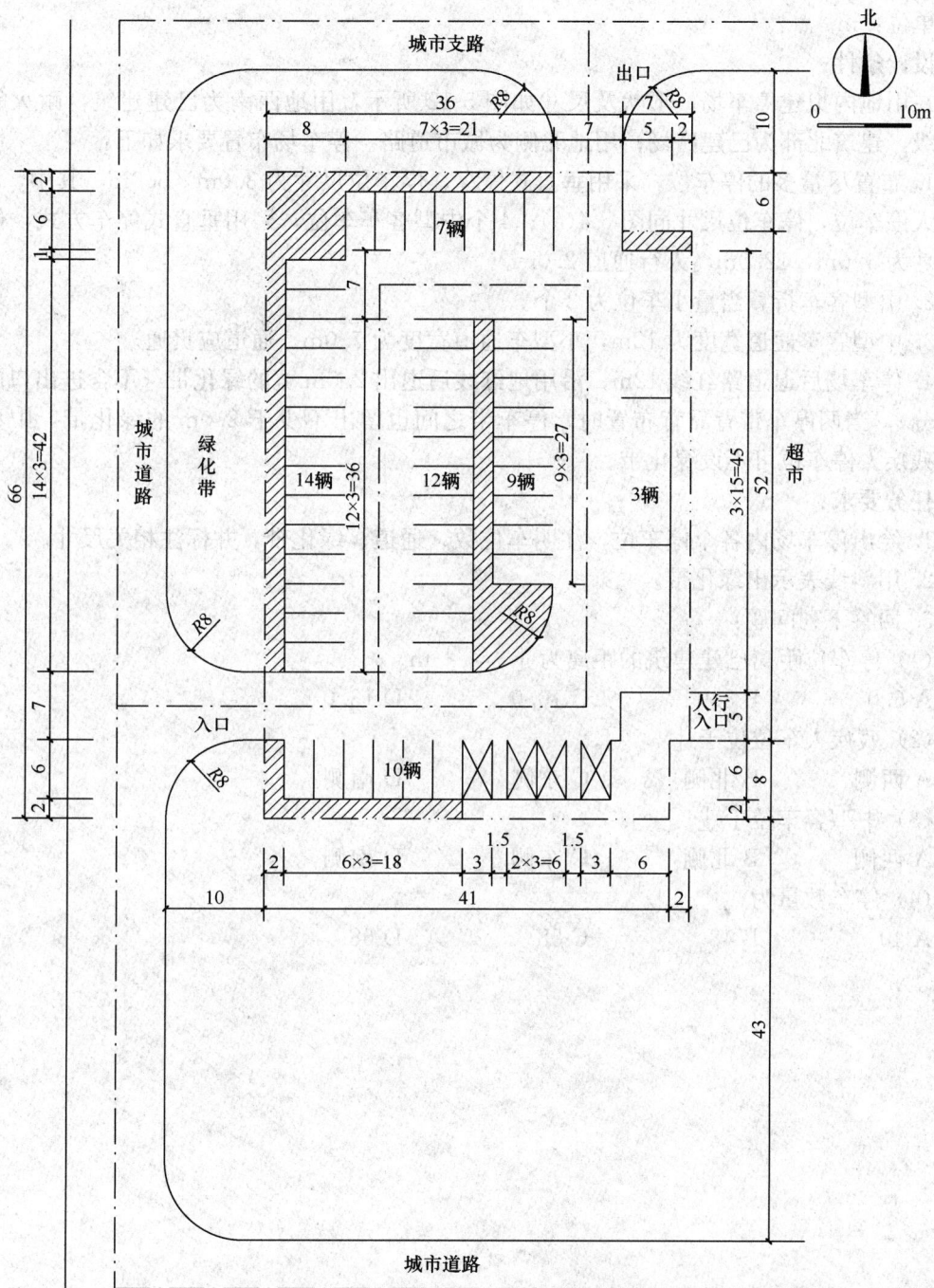

北

城市支路

出口

0   10m

36   R8   7   R8

8   7×3=21   7   5   2

10

7辆   6

3×15=45
52

城
市
道
路

绿
化
带

14辆   12辆   9辆   3辆   超
市

12×3=36   9×3=27

R8

R8

人行
入口

66   14×3=42   5

7   6   8

入口   2

R8

10辆   2

2   6×3=18   3   2×3=6   3   6   2

1.5   1.5

10   41   2

43

城市道路

图 5-11

225

【习题 5-5】(2010 年)

比例：见图 5-12。

单位：m。

设计条件：

在用地内拟建停车场，形状及尺寸如图 5-12 所示，用地西南为已建建筑，耐火等级为二级，建筑北部为已建广场；用地北侧为城市道路。停车场布置要求如下：

1. 布置尽量多的停车位，采用垂直式停车，停车位尺寸为 3.0m×6.0m，其中，4 个残疾人停车位，停车位尺寸同图 5-4(b)；4 个中型客车车位，采用垂直式停车方式，停车位尺寸为 4.0m×12.0m，人行通道 2.0m。

2. 中型客车折算当量小车位为 2 个。

3. 中型客车通道宽度为 12m，小型车通道宽度为 7.0m，通道应贯通。

4. 停车场后退道路红线 12m；沿用地红线后退出 2.0m 宽的绿化带（不含进出口的道路部分），当两停车带背靠背布置时，停车带之间也留出不少于 2.0m 的绿化带，中型客车和残疾人停车位可不设绿化带。

任务要求：

1. 绘出停车场内各个停车位，注明车位数、通道、绿化带，并标注相关尺寸。

2. 用斜线表示出绿化带。

3. 回答下列问题：

（1）停车位距离已建建筑的距离为〔　　　〕m。

A 6.0　　　　　B 8.0　　　　　C 10.0　　　　　D 13.0

（2）残疾人车位位于〔　　　〕。

A 西侧　　　　　B 北侧　　　　　C 东侧　　　　　D 南侧

（3）中型客车位于〔　　　〕。

A 西侧　　　　　B 北侧　　　　　C 东侧　　　　　D 南侧

（4）停车数量为〔　　　〕。

A 40　　　　　B 48　　　　　C 58　　　　　D 68

选择题参考答案：

（1）A　　　（2）D　　　（3）A　　　（4）B

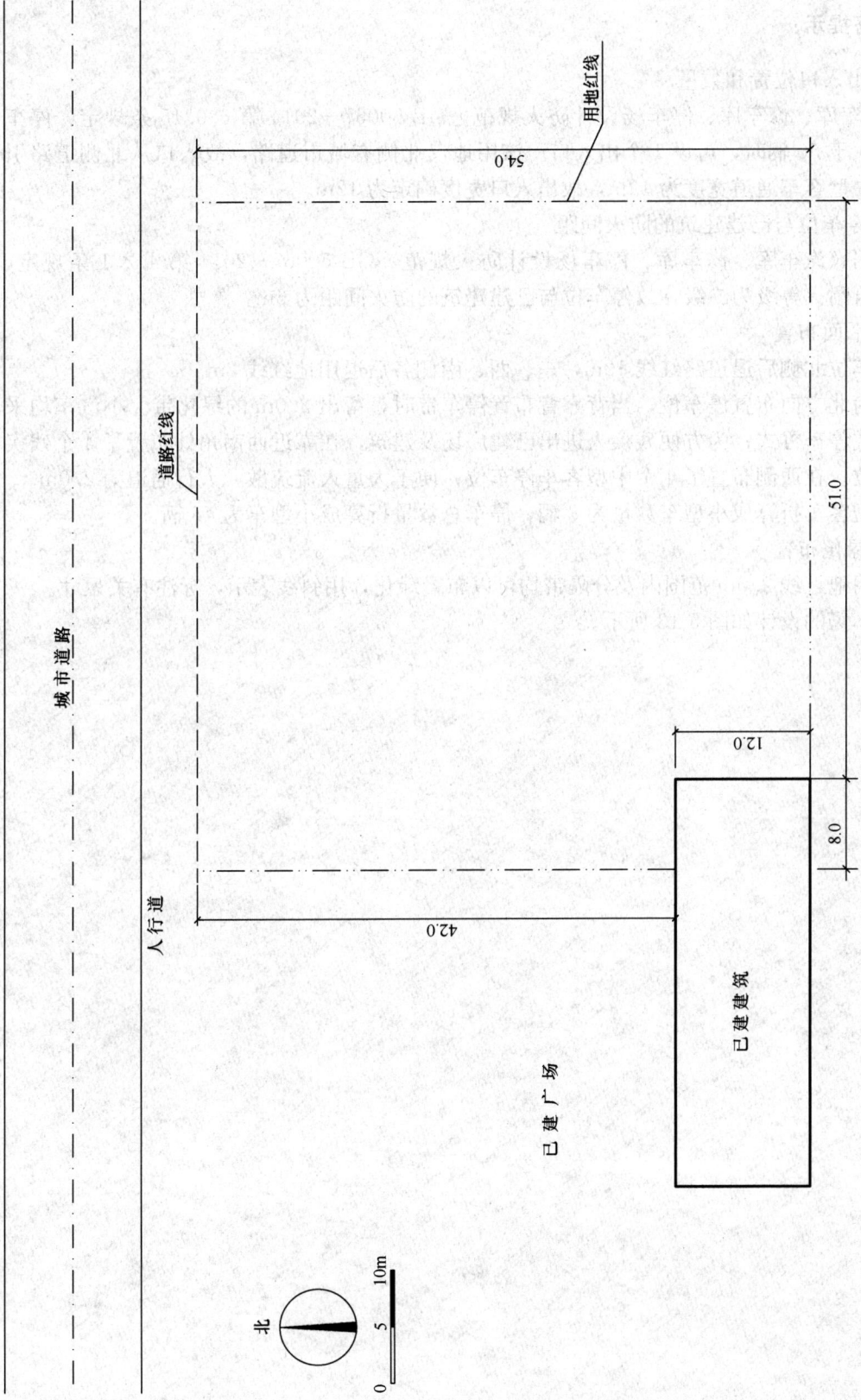

图 5-12

城市道路

道路红线

人行道

用地红线

54.0

51.0

42.0

12.0

8.0

已建广场

已建建筑

北

0 5 10m

解答提示:

1. 出入口位置和数量

《汽车库、修车库、停车场设计防火规范》GB 50067—2014 第 6.0.15 条规定：停车数量不大于 50 辆时，可设 1 个出入口。该用地仅北侧有城市道路，故入口从北侧道路引入。因中型客车通道宽度为 12m，故出入口宽度确定为 12m。

2. 停车位与已建建筑的防火间距

根据《汽车库、修车库、停车场设计防火规范》GB 50067—2014 第 4.2.1 条规定，已建建筑耐火等级为二级，故停车位与已建建筑的防火间距为 6m。

3. 平面布置

停车位北侧后退道路红线 12m，东、西、南侧各后退用地红线 2m。

沿南北方向布置停车位，当背靠背布置停车带时，留出 2.0m 的绿化带。小汽车均采用垂直式停车方式；为方便残疾人进出已建广场及建筑，在靠近西南角处布置了 4 个残疾人停车位。在西侧布置了 4 个中型客车停车位，便于大量人流疏散，人行通道为 2.0m。

中型客车折算成小型车数量为 8 辆，停车总数量折算成小型车为 48 辆。

4. 绿化布置

沿用地红线 2.0m 范围内及分隔带均可以布置绿化，用斜线表示，标注有关尺寸。

停车场的设计如图 5-13 所示。

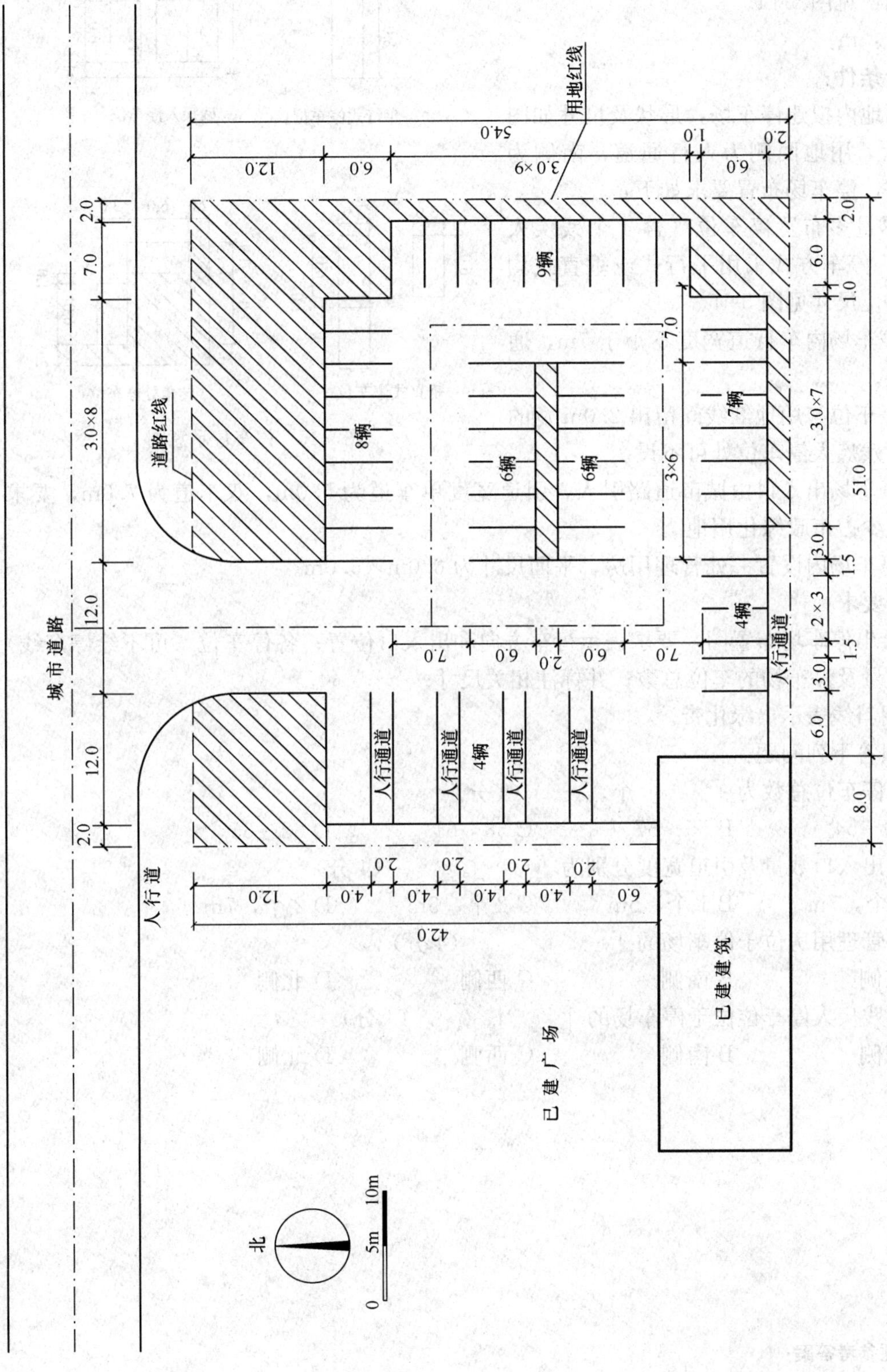

图 5-13

城市道路

人行道

用地红线

道路红线

9辆

8辆

6辆　6辆

7辆

4辆

人行通道

人行通道　人行通道　4辆　人行通道　人行通道

已建广场

已建建筑

北

【习题 5-6】(2011 年)

比例：见图 5-14。

单位：m。

设计条件：

在用地内拟建停车场，形状及尺寸如图 5-14 所示，用地西侧为人行通道，南侧为城市道路，停车场布置要求如下：

1. 尽量多布置停车位（含 4 个残疾人停车位），停车方式采用平行式或垂直式均可。停车位尺寸见图 5-15。

2. 停车场内车行道宽度不小于 7m，通道应贯通。

3. 停车位与用地红线间留出 2.0m 宽的绿化带，残疾人停车位处可不设。

图 5-15　停车位示意图

4. 停车场出入口由城市道路引入，引道宽度单车道为 5.0m，双车道为 7.0m，要求引道尽量少占市政绿化用地。

5. 停车场内设置一处管理用房，平面尺寸为 6.0m×6.0m。

任务要求：

1. 绘出停车场布置图，要求表示行车方向和出入口位置；各停车位（可不绘停车线）的停车数量及停车场的车位总数；并标注相关尺寸。

2. 用斜线表示出绿化带。

3. 回答下列问题：

(1) 停车位总数为 〔　　〕个。　　　　(4 分)

A 50～54　　　　　B 55～57　　　　　C 58～61　　　　　D 62～65

(2) 出入口数量及引道宽度分别为 〔　　〕。　　(4 分)

A 1 个，7m　　　B 1 个，5m　　　C 2 个，5m　　　D 2 个，7m

(3) 管理用房位于停车场的 〔　　〕。　　(4 分)

A 东侧　　　　　B 南侧　　　　　C 西侧　　　　　D 北侧

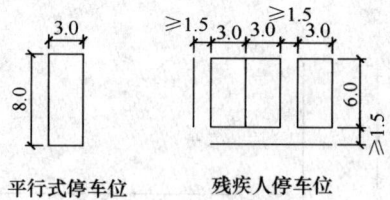

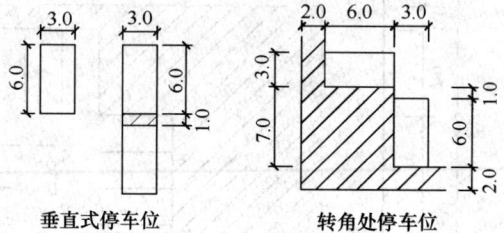

(4) 残疾人停车位位于停车场的 〔　　〕。　　(4 分)

A 东侧　　　　　B 南侧　　　　　C 西侧　　　　　D 北侧

选择题参考答案：

(1) C　　　(2) C　　　(3) B　　　(4) C

230

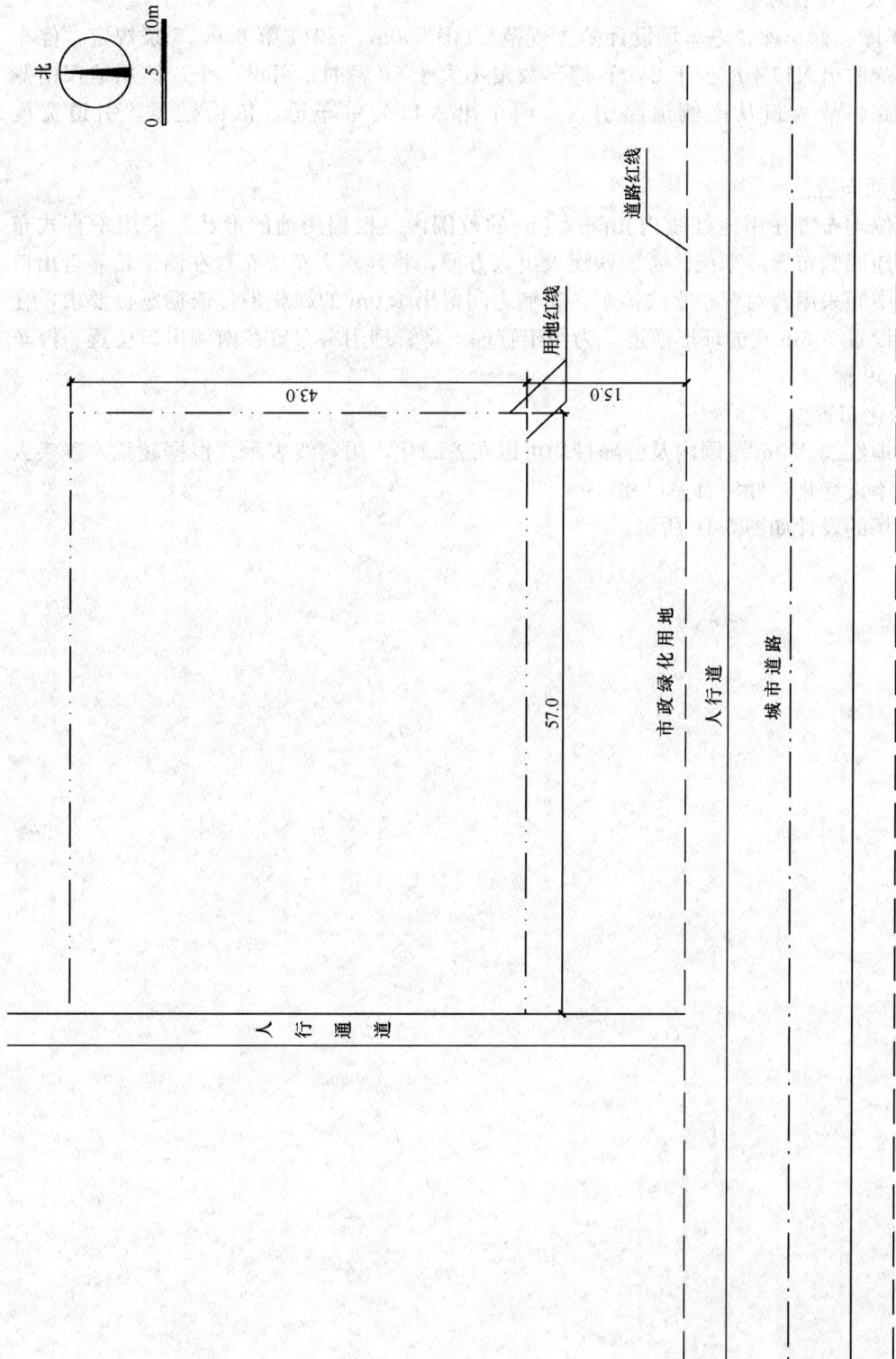

图 5-14

市政绿化用地

人行道

城市道路

用地红线

道路红线

人行通道

北

0 5 10m

43.0

15.0

57.0

解答提示：

1. 出入口位置和数量

《汽车库、修车库、停车场设计防火规范》GB 50067—2014 第 6.0.15 条规定：停车场的汽车疏散出入口不应少于 2 个；停车数量不大于 50 辆时，可设 1 个；该用地仅南侧有城市道路，故入口从南侧道路引入。两个出入口为单车道，依据题意，引道宽度为 5.0m。

2. 平面布置

停车位均布置在用地红线内扣除 2.0m 的范围内。根据用地的形状，采用垂直式布置，沿用地四侧布置停车位。考虑残疾人出入方便，将残疾人车位布置在西南角靠近出口的位置，中间采用背对背垂直式停车，车辆之间留出 1.0m 的绿化带。依据题目要求，在停车场内设置 7.0m 宽的环形通道。为便于管理，将管理用房布置在南侧出口位置。停车总数量为 59 辆。

3. 绿化布置

沿用地红线 2.0m 范围内及分隔带均可以布置绿化，用斜线表示。根据题意，残疾人停车位处不设绿化，标注有关尺寸。

停车场的设计如图 5-16 所示。

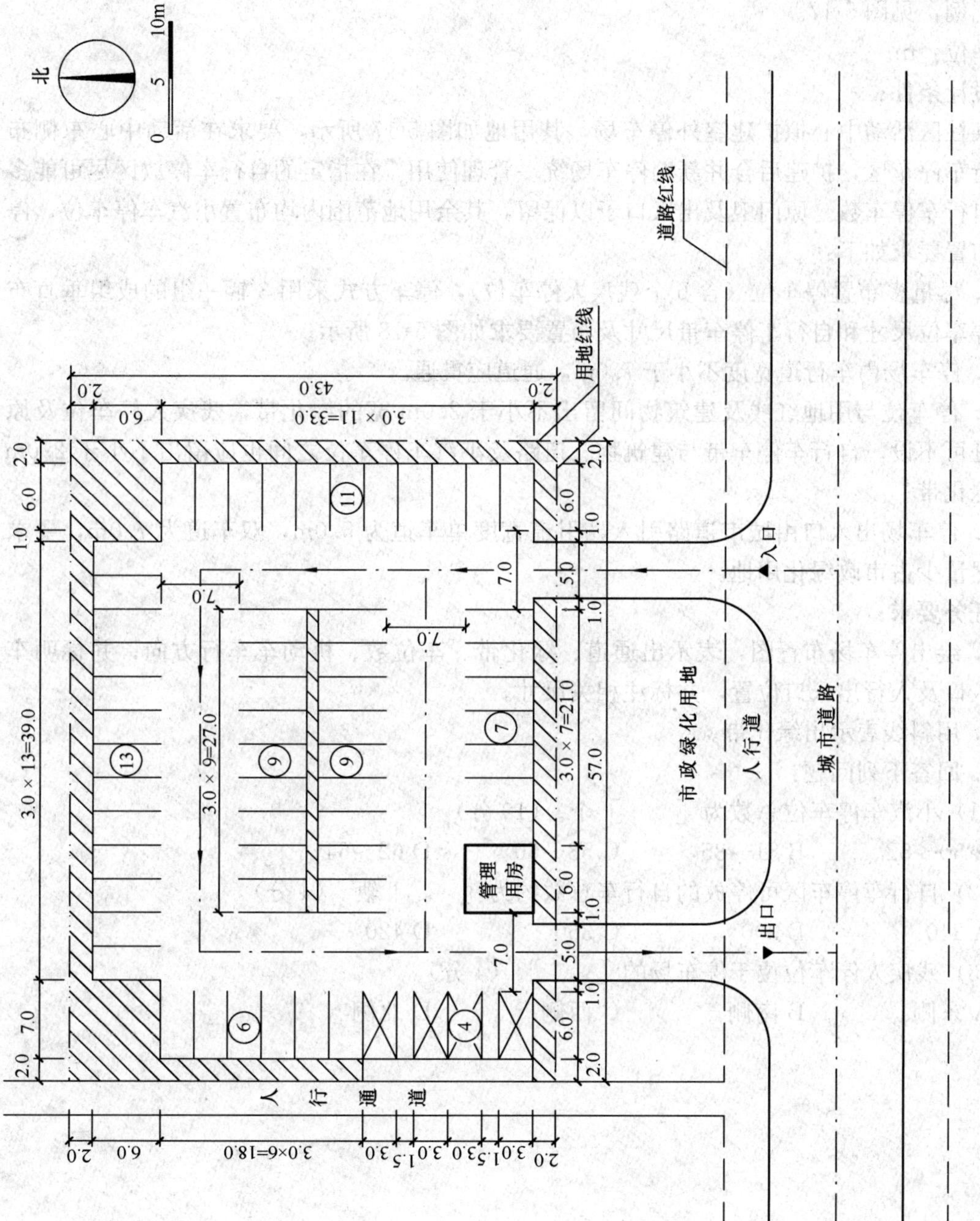

图 5-16

北

0 5 10m

道路红线

用地红线

2.0
6.0
3.0×11=33.0
43.0
2.0

2.0
6.0
1.0

⑪

⑬

3.0×13=39.0

7.0

⑨ ⑨

3.0×9=27.0

7.0

7.0

⑦

3.0×7=21.0

57.0

5.0
1.0

6.0
1.0

入口

市政绿化用地

人行道

城市道路

管理用房

7.0

5.0
1.0

6.0
1.0

2.0

出口

⑥

④

2.0
7.0

人行通道

2.0
6.0
3.0×6=18.0
3.0
1.5
3.0
1.5
3.0
1.5

6.0
2.0

233

【习题 5-7】（2012 年）

比例：见图 5-17。

单位：m。

设计条件：

某社区活动中心拟扩建室外停车场，其用地如图 5-17 所示，要求在活动中心东侧布置自行车停车区，扩建后合并新旧停车场统一管理使用。在指定的自行车停放区尽可能多布置自行车停车数。原门卫及出入口予以保留，其余用地范围内均布置小汽车停车位，停车场布置要求如下：

1. 尽量多布置停车位（含 6 个残疾人停车位），停车方式采用 3 辆一组的成组垂直布置，停车位尺寸和自行车停车带尺寸及布置要求如图 5-18 所示。

2. 停车场内车行道宽度不小于 7.0m，通道应贯通。

3. 停车位与用地红线及建筑物间留出不小于 2.0m 宽的绿化带，残疾人停车位及原门卫处可不设。自行车停车带与建筑物、道路及小汽车停车位之间也应留出不小于 2.0m 宽的绿化带。

4. 停车场出入口由城市道路引入，引道宽度单车道为 5.0m，双车道为 7.0m，要求引道尽量少占市政绿化用地。

任务要求：

1. 绘出停车场布置图，表示出通道、绿化带、车位数、机动车车行方向；并标明车行出入口及人行出入口位置，并标注相关尺寸。

2. 用斜线表示出绿化带。

3. 回答下列问题：

（1）小汽车停车位总数为〔   〕个。（10 分）

A 50～52　　　　B 81～85　　　　C 58～60　　　　D 62～64

（2）自行车停车区可停放的自行车总数约为〔   〕辆。（4 分）

A 240　　　　B 300　　　　C 360　　　　D 420

（3）残疾人停车位位于停车场的〔   〕。（4 分）

A 东侧　　　　B 南侧　　　　C 西侧　　　　D 北侧

选择题参考答案：

（1）B　　　（2）C　　　（3）B

234

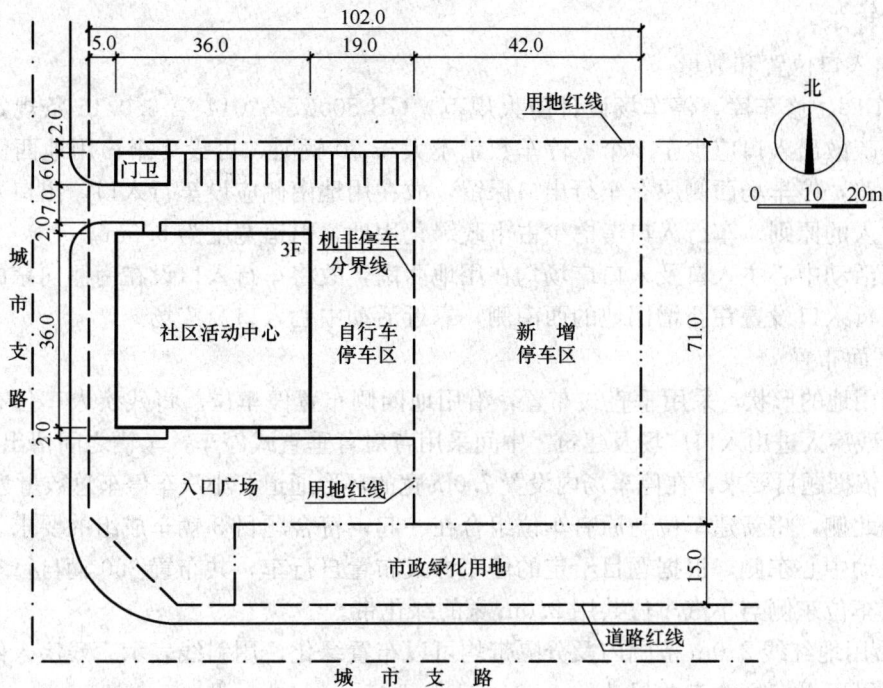

图 5-17

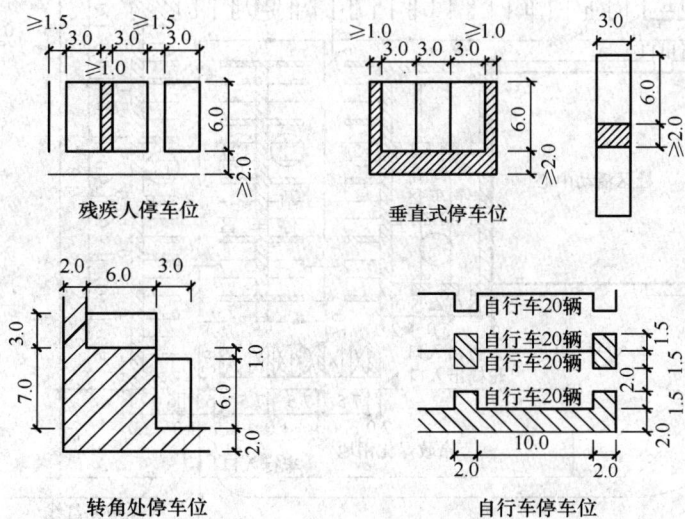

图 5-18 停车位示意图

解答提示：

1. 出入口位置和数量

《汽车库、修车库、停车场设计防火规范》GB 50067—2014 第 6.0.15 条规定：停车场的汽车疏散出入口应少于 2 个；停车数量不大于 50 辆时，可设 1 个；用地西侧及南侧有城市道路，停车场西侧原有车行出口保留，故在用地南侧应设车行入口，出口及入口符合右转驶入的原则。车行入口考虑少占市政绿化用地，引道宽度为 5.0m。

社区活动中心主入口及入口广场均在用地西南，故将车行入口设在南侧向东的位置。

将人行入口设置在新增用地的西南侧，靠近活动中心入口及广场。

2. 平面布置

根据用地的形状，采用垂直式布置，沿用地四侧布置停车位。将残疾人车位布置在南侧，方便残疾人进出入口广场及建筑。中间采用背对背垂直式停车，车辆之间留出 2.0m 的绿化带。依据题目要求，在停车场内设置 7.0m 宽的环形通道。小汽车停车总数量为 84 辆。

用地北侧，将新建车位与原有车位组合在一起，符合题目 3 辆车成组的要求。

在活动中心东侧，根据题目给定的停车方式布置自行车，共布置 360 辆自行车位。

自行车位东侧与小汽车位共用 2.0m 宽的绿化带。

3. 沿用地红线 2.0m 范围内及分隔带均可以布置绿化，用斜线表示。残疾人停车位及原门卫处可不设，标注有关尺寸。

停车场的平面布置如图 5-19 所示。

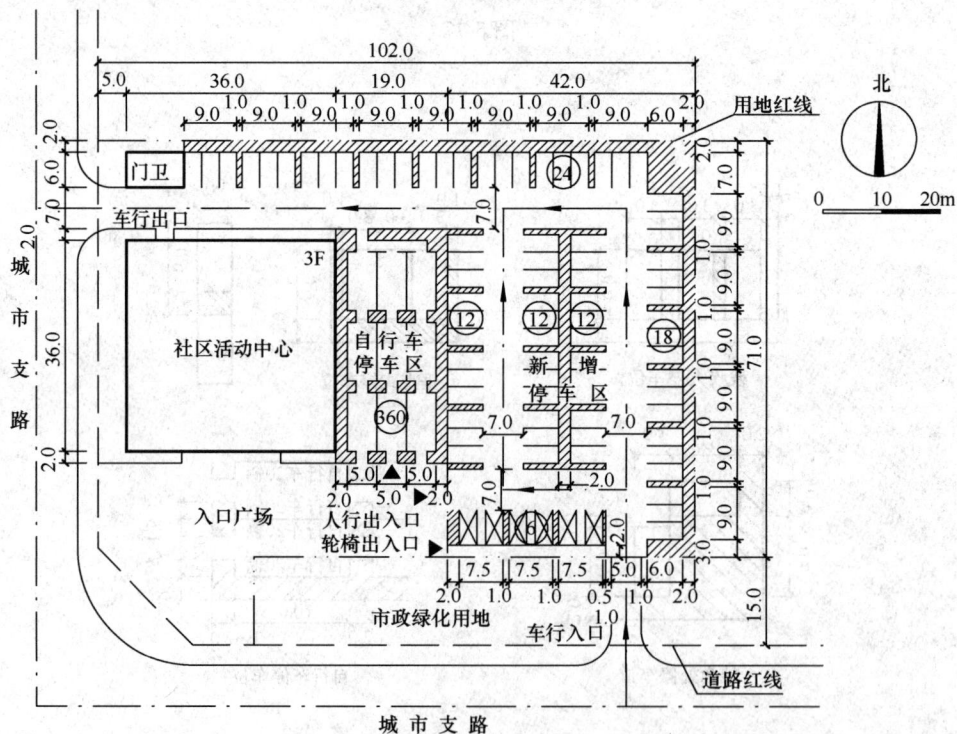

图 5-19

【习题 5-8】（2013 年）

比例：见图 5-21。

单位：m。

设计条件：

某城市拟建机动车停车场，场地平面见图 5-21。停车场布置要求如下：

1. 在用地范围内尽可能多布置停车位（含 4 个残疾人停车位），并设一处管理用房。停车位与管理用房要求见图 5-20，图中尺寸不得改动，但可旋转。

2. 停车场内车行道宽度不小于 7m，要求车行道贯通，停车方式采用垂直式、平行式均可。

3. 停车场出入口由城市道路引入，允许穿越市政绿化用地，应采用右进右出的交通组织方式。

4. 停车场设一个出入口时，其宽度不应小于 9m；设两个出入口时，其宽度不应小于 5m。

5. 残疾人停车位地面坡度不应大于 1：50。

6. 停车带与用地红线之间需留出 2m 宽绿化带，残疾人停车位处可不设。

7. 场地地形不变，保留场地内树木，树冠投影范围不布置停车位。

任务要求：

1. 根据上述条件绘制停车场平面图，标注停车场出入口以及停车场内车行方向，标注相关尺寸、各停车带（可不绘车位线）的停车位数量及停车位总数。

2. 用斜线表示出绿化带。

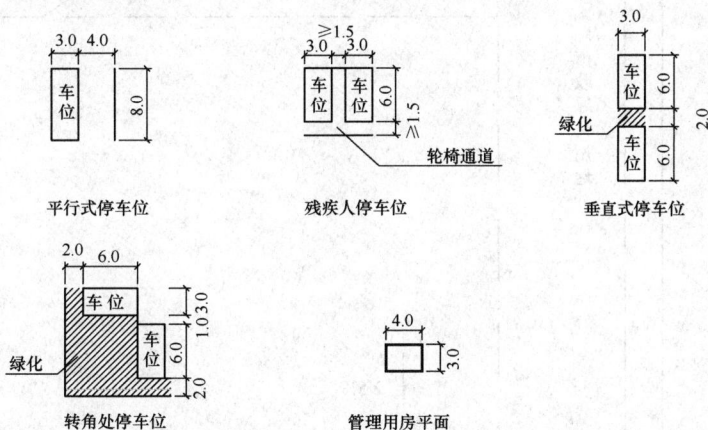

图 5-20

3. 回答下列问题：

（1）停车位总数为 〔   〕个。（10 分）

A 43～45   B 46～48   C 49～50   D 51～53

（2）停车场出入口数量及宽度为 〔   〕。（4 分）

A 一个、9m   B 一个、7m   C 两个、7m   D 两个、5m

（3）残疾人停车位位于停车场的 〔   〕。（4 分）

A 东侧   B 南侧   C 西侧   D 北侧

选择题参考答案：

（1）B   （2）A   （3）D

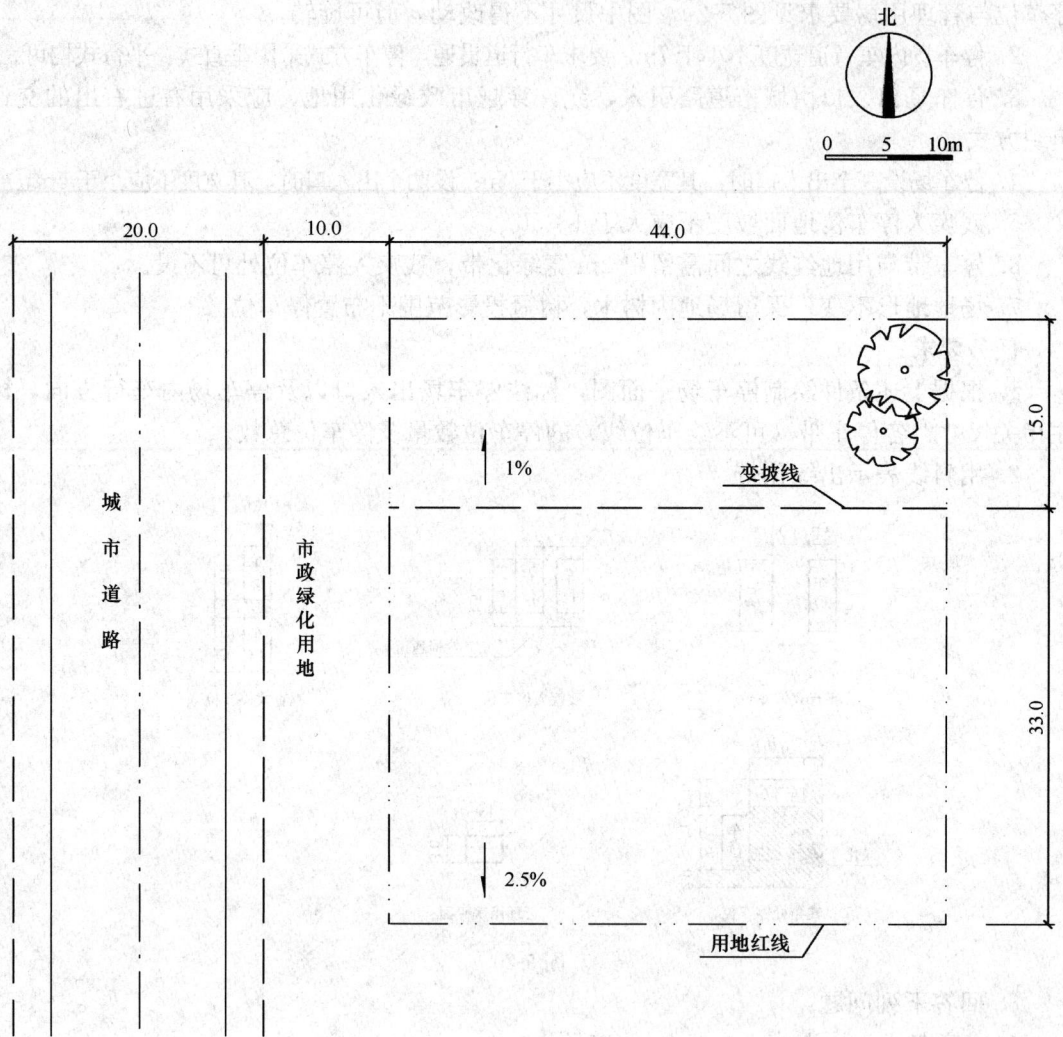

图 5-21

解答提示:

1. 残疾人停车位布置

题目要求,残疾人停车位地面坡度不应大于 1∶50(即 2‰),故残疾人停车位只能布置在变坡线以北 1‰区域内。因城市道路在用地西侧,故将残疾人停车位布置在用地北部靠近城市道路的位置。

2. 出入口位置和数量

《汽车库、修车库、停车场设计防火规范》GB 50067—2014 第 6.0.15 条规定:停车数量不大于 50 辆时,可设 1 个出入口;根据题目要求,引道宽度为 9m。因残疾人车位布置在用地北部,为方便残疾人出行,故将出入口设置在北部。

3. 平面布置

停车位应布置在用地红线扣除 2m 的范围内,根据用地的形状,沿周边布置垂直式停车位,当背靠背布置停车位时,留出 2m 的绿化带。将管理用房设置在出口侧,共布置 47 个停车位。

4. 绿化布置

沿用地红线 2m 范围内及背靠背停车的分隔带均可以布置绿化,残疾人轮椅通道内不设置绿化,标注有关尺寸。

停车场的设计如图 5-22 所示。

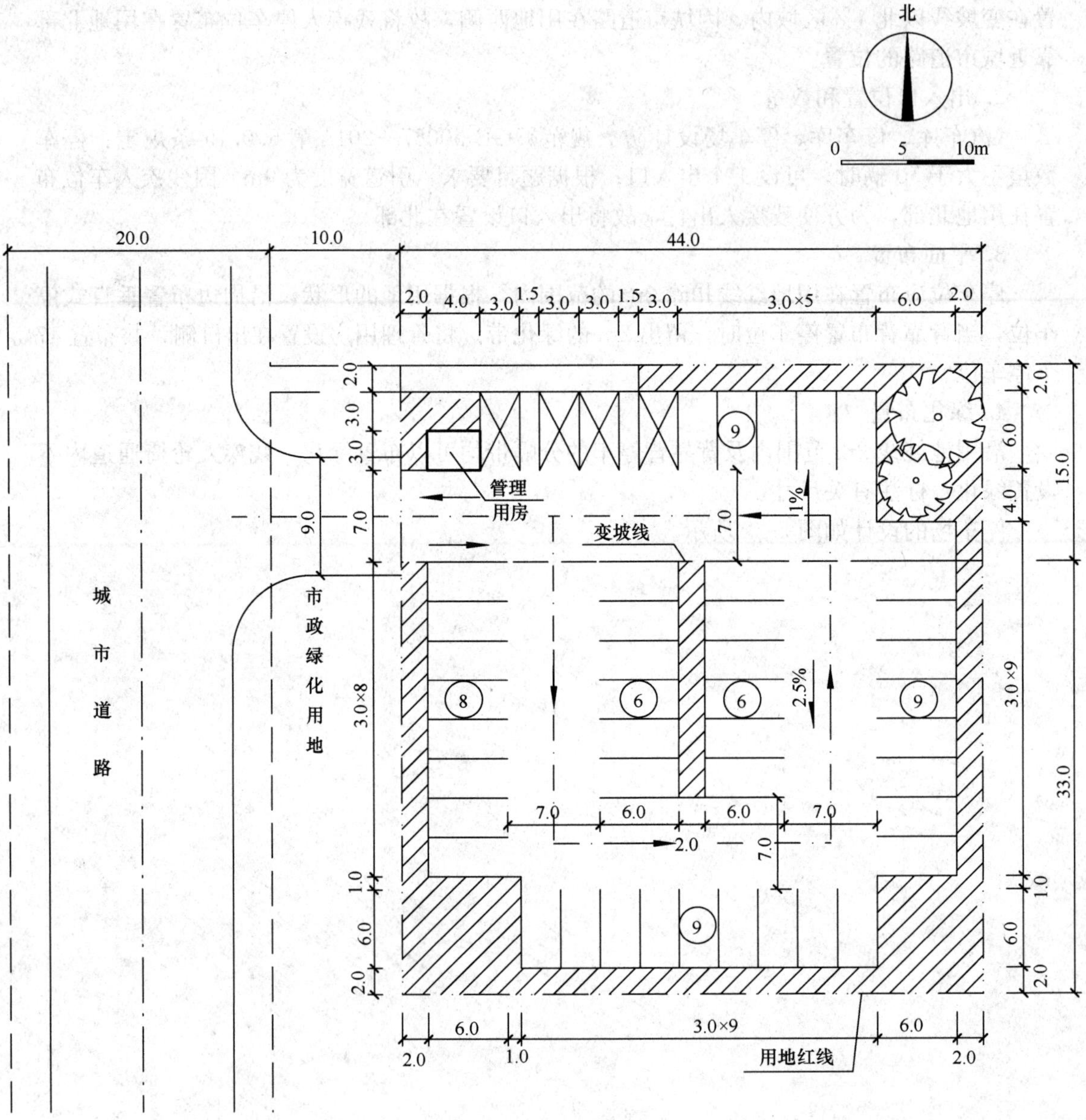

北

0　　5　　10m

20.0　　　　10.0　　　　　　　　44.0

2.0　4.0　3.0　1.5　3.0　3.0　1.5　3.0　　　3.0×5　　　6.0　2.0

城
市
道
路

市
政
绿
化
用
地

管理
用房

变坡线

1%

2.5%

⑧　　⑥　　⑥　　⑨

⑨

⑨

7.0　6.0　6.0　7.0

2.0

7.0

6.0×9

用地红线

6.0　　1.0　　3.0×9　　6.0　2.0

2.0

2.0　6.0　1.0　3.0×8　7.0　9.0

3.0　3.0　2.0

2.0　6.0　4.0　15.0　33.0　6.0　1.0　3.0×9

图 5-22

【习题 5-9】（2014 年）

比例：见图 5-24。

单位：m。

设计条件：

某公园拟建机动车停车场，场地平面如图 5-24 所示。停车场布置要求如下：

1. 在用地范围内尽可能多布置停车位（含 4 个残疾人停车位），并设一处管理用房，停车位与管理用房要求见图 5-23。

2. 停车场内车行道宽度不应小于 7.0m，要求车行道贯通，停车方式采用垂直式、平行式均可。

3. 停车场车行出入口由城市道路引入，采用右进右出的交通组织方式。

4. 场地坡度大于等于 5.0％时，停车位长轴中线与场地坡向之间的夹角不应小于 60°。

5. 停车场设一个机动车出入口时，其宽度不应小于 7.0m；设两个机动车出入口时，各出入口宽度不应小于 5.0m。

6. 停车场应设通往公园入口广场的人行出入口，宽度不小于 3.0m。

7. 用地红线四周内侧需留出 2.0m 宽绿化带，出入口通道、残疾人通道可不设。

任务要求：

1. 根据上述条件绘制停车场平面图，标注停车场人行、车行出入口及停车场内车行方向；标注相关尺寸、各机动车停车带（可不绘车位线）的停车位数量及停车位总数。

2. 用斜线表示出绿化带。

3. 回答下列问题：

（1）停车位总数为 ［　　　］个。（8 分）

A 41～43　　　　　　B 44～46　　　　　　C 47～50　　　　　　D 51～53

（2）停车场出入口数量及宽度为 ［　　　］。（6 分）

A 1 个，7.0m　　　　B 1 个，5.0m　　　　C 2 个，7.0m　　　　D 2 个，5.0m

（3）残疾人停车位位于停车场的 ［　　　］。（4 分）

A 西北角　　　　　　B 西南角　　　　　　C 北侧中部　　　　　　D 西侧中部

选择题参考答案：

（1）C　　　（2）A　　　（3）A

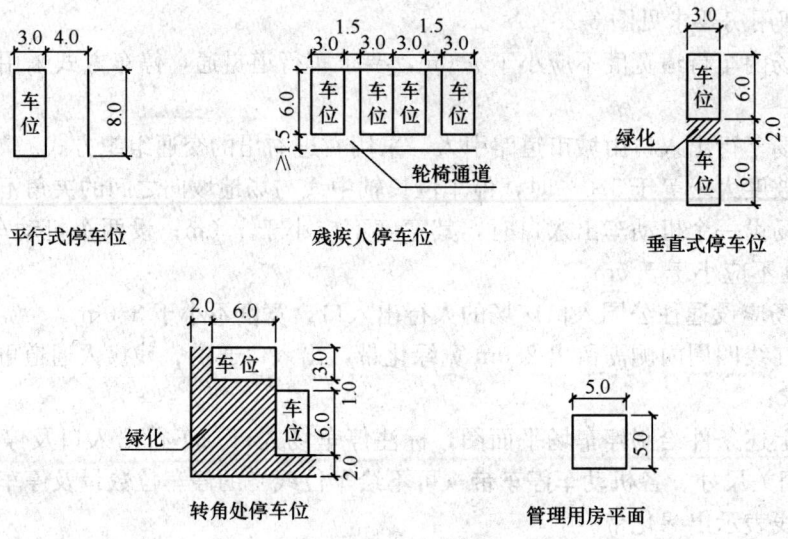

平行式停车位　　　　　残疾人停车位　　　　　垂直式停车位

转角处停车位　　　　　管理用房平面

图 5-23

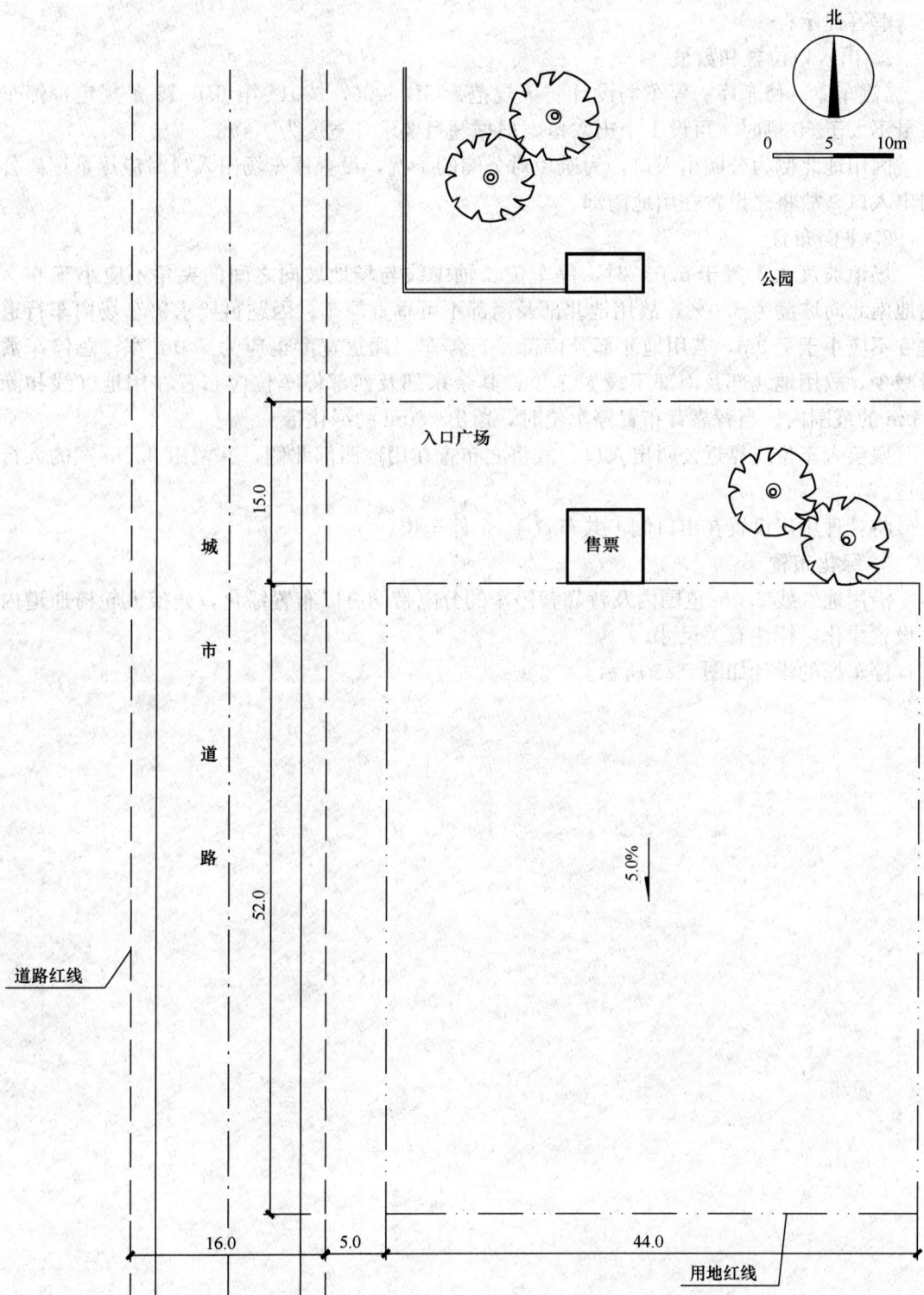

北

0　　5　　10m

公园

入口广场

城

市

道

路

售票

5.0%

15.0

52.0

道路红线

16.0　　5.0　　44.0

用地红线

图 5-24

243

解答提示:

1. 出入口位置和数量

《汽车库、修车库、停车场设计防火规范》GB 50067—2014 第 6.0.15 条规定：停车数量不大于 50 辆时，可设 1 个出入口，根据题目要求，宽度为 7.0m。

因用地北侧为公园出入口，为避免对公园的干扰，设置停车场出入口时应尽量远离公园出入口，故将之设置在用地南部。

2. 平面布置

场地坡度大于等于 5.0% 时，停车位长轴中线与场地坡向之间的夹角不应小于 60°，用地南北向坡度为 5.0%，故用地北部及南部不可垂直停车。因题目要求停车场内车行道宽度不应小于 7.0m，若用地北部及南部平行停车，通道宽度也应为 7.0m 宽，总停车数量减少，故用地北部及南部不设置车位，其余东部及西部停车位应布置在用地红线扣除 2.0m 的范围内。当背靠背布置停车位时，留出 2.0m 的绿化带。

残疾人车位应靠近公园出入口，故将之布置在用地西部北侧，并留出 3.0m 宽的人行通道。

将管理用房设置在出口侧，共布置 49 个停车位。

3. 绿化布置

沿用地红线 2.0m 范围内及背靠背停车的分隔带均可以布置绿化，残疾人轮椅通道内不设置绿化，标注有关尺寸。

停车场的设计如图 5-25 所示。

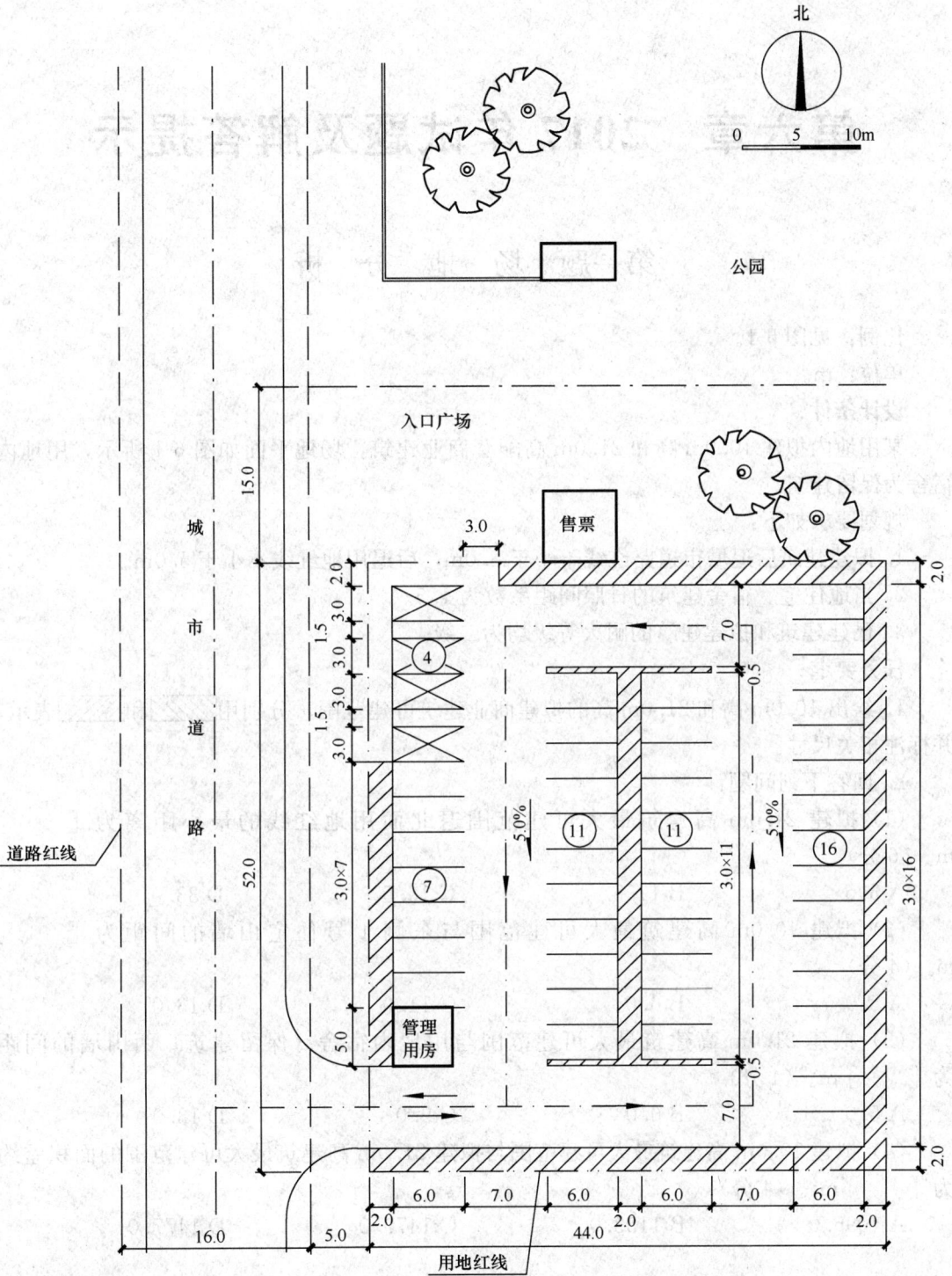

图 5-25

第六章　2017 年试题及解答提示

第一题　场　地　分　析

比例：见图 6-1。

单位：m。

设计条件：

某用地内拟建 10.0m 高和 21.0m 高配套商业建筑，场地平面如图 6-1 所示，用地内宿舍为保留建筑。

规划要求如下：

1. 拟建建筑后退城市道路红线不小于 8.0m，后退用地红线不小于 5.0m。

2. 当地住宅、宿舍建筑的日照间距系数为 1.5。

3. 已建建筑和拟建建筑的耐火等级均为二级。

任务要求：

1. 绘出 10.0m 高和 21.0m 高的拟建商业建筑可建范围，分别用 ▨ 和 ▨ 表示，并标注相关尺寸。

2. 回答下列问题：

(1) 拟建 21.0m 高建筑最大可建范围退北面用地红线的最小距离为 [　　] m。(6 分)

A 5.0　　　　　　　B 11.5　　　　　　　C 16.5　　　　　　　D 33.0

(2) 拟建 10.0m 高建筑最大可建范围与东侧 1 号住宅山墙的间距为 [　　] m。(4 分)

A 5.0　　　　　　　B 6.0　　　　　　　C 11.0　　　　　　　D 13.0

(3) 拟建 21.0m 高建筑最大可建范围与用地内宿舍（保留建筑）西山墙的间距为 [　　] m。(4 分)

A 5.0　　　　　　　B 6.0　　　　　　　C 9.0　　　　　　　D 13.0

(4) 拟建 10.0m 高建筑最大可建范围与拟建 21.0m 高建筑最大可建范围的面积差约为 [　　] m²。(4 分)

A 1095.0　　　　　　B 1153.0　　　　　　C 1470.0　　　　　　D 1477.0

选择题参考答案：

(1) A　　(2) C　　(3) B　　(4) A

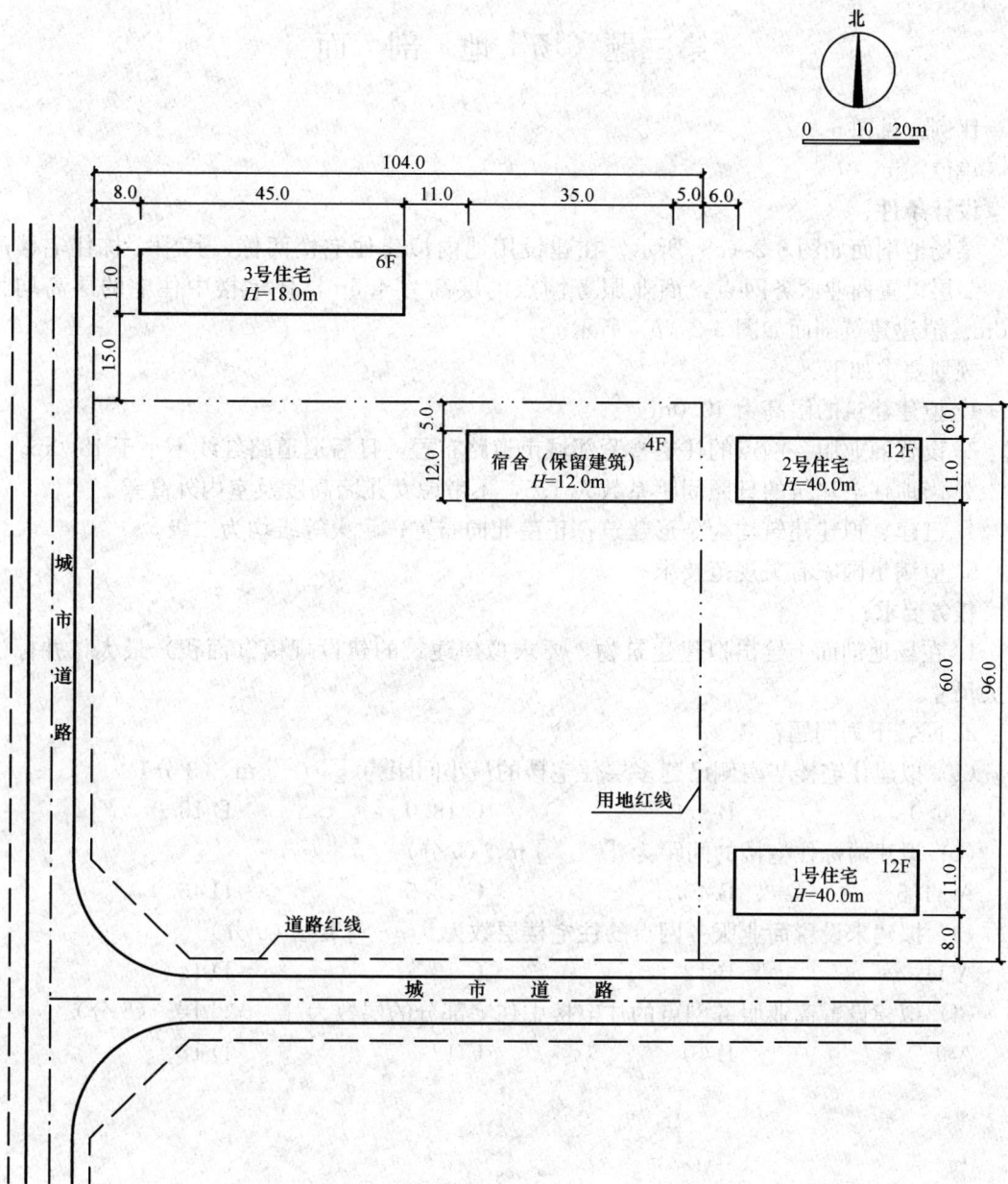

图 6-1

第二题 场 地 剖 面

比例：见图 6-2。

单位：m。

设计条件：

某场地剖面如图 6-2（a）所示，在建设用地内拟建住宅楼两栋，其中一栋住宅楼的一、二层设置商业服务网点，商业服务网点的层高为 4.5m，住宅楼中住宅的层高均为 3.0m。拟建建筑剖面如图 6-2（b）所示。

规划要求如下：

1. 拟建建筑的限高为 40.0m。

2. 设置商业服务网点的住宅楼紧邻城市道路布置，且后退道路红线不小于 18.0m。

3. 当地住宅建筑的日照间距系数为 1.5，不考虑女儿墙高度及室内外高差。

4. 已建、拟建建筑均为条形建筑；正南北向布置；耐火等级均为二级。

5. 应满足国家有关规范要求。

任务要求：

1. 在场地剖面上绘出拟建建筑物，要求拟建建筑的建设规模（面积）最大，并标注相关尺寸。

2. 回答下列问题：

（1）拟建住宅楼与南侧已建多层住宅楼的最小间距为 ［　　］m。（3分）

A 6.0　　　　　　　B 9.0　　　　　　　C 13.0　　　　　　　D 18.0

（2）拟建两栋住宅楼的间距为 ［　　］m。（5分）

A 34.5　　　　　　　B 40.5　　　　　　　C 43.5　　　　　　　D 46.0

（3）拟建未设置商业服务网点的住宅楼层数为 ［　　］层。（5分）

A 11　　　　　　　B 12　　　　　　　C 13　　　　　　　D 14

（4）拟建设置商业服务网点的住宅楼中住宅部分的层数为 ［　　］层。（5分）

A 9　　　　　　　B 10　　　　　　　C 12　　　　　　　D 13

选择题参考答案：

（1）D　　（2）B　　（3）B　　（4）B

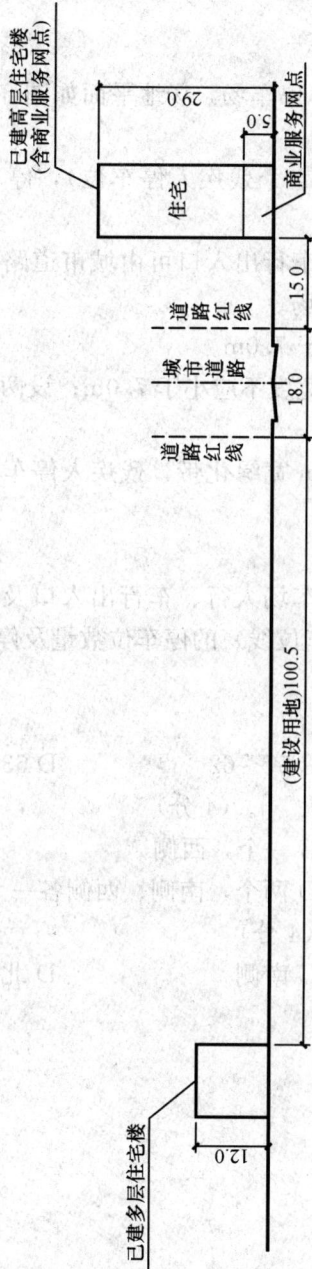

(a)

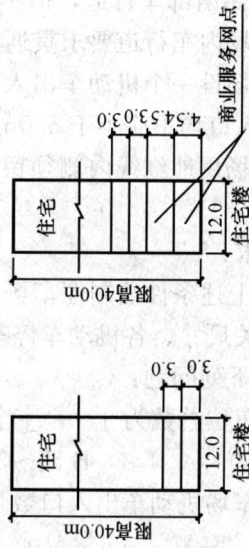

(b)

图 6-2

第三题 室外停车场

比例：见图6-3。

单位：m。

设计条件：

某文化馆（建筑耐火等级二级）拟建机动车停车场，场地平面如图6-3所示。停车场布置要求如下：

1. 在用地范围内尽可能多布置停车位（含4个残疾人停车位），停车方式采用垂直式，停车位尺寸见图6-4。

2. 停车场应分别设置人行、车行出入口，车行出入口可由城市道路引入（可穿越绿地），也可利用内部车行道，但不应穿过人行广场。

3. 停车场内车行道要求贯通，宽度不应小于7.0m。

4. 停车场设一个机动车出入口时，出入口宽度不应小于7.0m；设两个机动车出入口时，两个出入口均不应小于5.0m。

5. 停车场用地红线内侧须留出不小于2.0m宽绿化带，残疾人停车位及出入口通道可不设。

任务要求：

1. 根据上述条件绘制停车场平面，标注停车场人行、车行出入口及停车场内车行方向，标注相关尺寸、各机动车停车带（可不绘车位线）的停车位数量及停车位总数。

2. 回答下列问题：

(1) 停车位总数为 ［   ］个。（10分）

A 48～50   B 51～56   C 57～62   D 63～66

(2) 停车场机动车出入口数量及位置为 ［   ］。（4分）

A 一个，南侧   B 一个，西侧

C 两个，南侧   D 两个，南侧、西侧各一个

(3) 残疾人停车位位于停车场的 ［   ］。（4分）

A 东侧   B 西侧   C 南侧   D 北侧

选择题参考答案：

(1) C   (2) D   (3) C

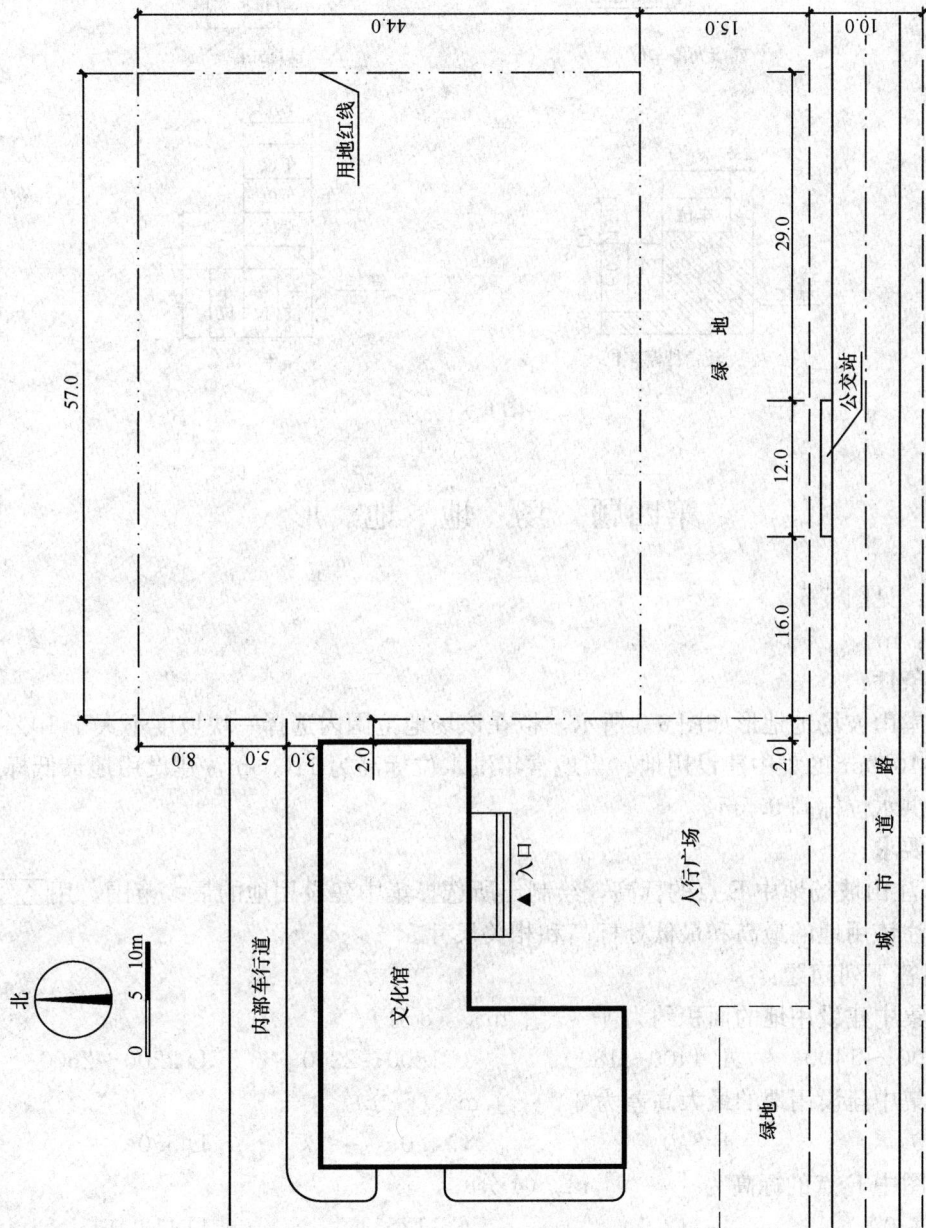

图 6-3

北 0 5 10m

内部车行道

文化馆

入口 ▲

入行广场

绿地

城 市 道 路

公交站

绿 地

用地红线

57.0

8.0 5.0 3.0 2.0

44.0 15.0 10.0

16.0 12.0 29.0

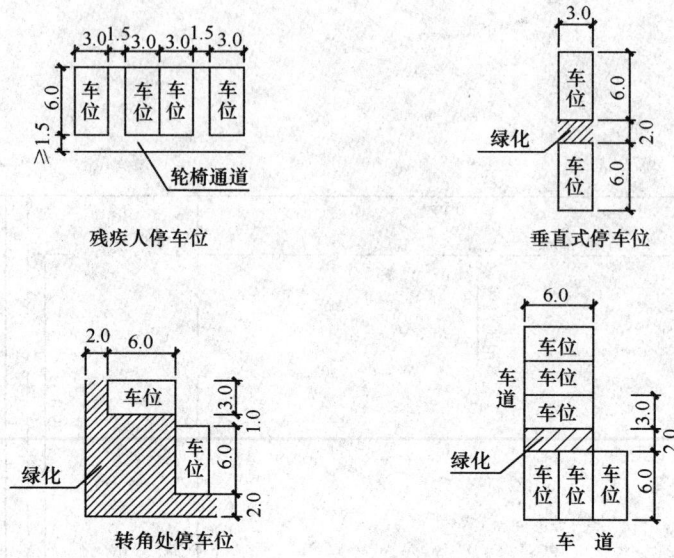

残疾人停车位

垂直式停车位

转角处停车位

车　道

图 6-4

第四题　场　地　地　形

比例：见图 6-5。

单位：m。

设计条件：

某湖岸山坡场地地形如图 6-5 所示。拟在该场地范围内选择一块坡度不大于 10%、面积不小于 1000m² 的集中建设用地。当地常年洪水位标高为 110.5m，建设用地最低标高应高于常年洪水位标高 0.5m。

任务要求：

1. 标注山坡场地中 E 点的标高，绘制出所选择集中建设用地的最大范围，用 ▨ 表示，并标注该用地的最高和最低处标高和相关尺寸。

2. 回答下列问题：

(1) 集中建设用地的面积约为 [　　] m²。（8 分）

A 1000 ～1400 　　　　B 1400～1800 　　　　C 1800～2200 　　　　D 2200～2600

(2) 集中建设用地的最大高差为 [　　] m。（6 分）

A 2.0 　　　　B 3.0 　　　　C 4.0 　　　　D 5.0

(3) 图中 E 点的标高为 [　　] m。（4 分）

A 112.0 　　　　B 112.1 　　　　C 112.5 　　　　D 113.0

选择题参考答案：

(1) B 　　(2) B 　　(3) C

252

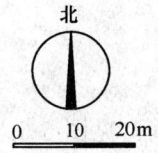

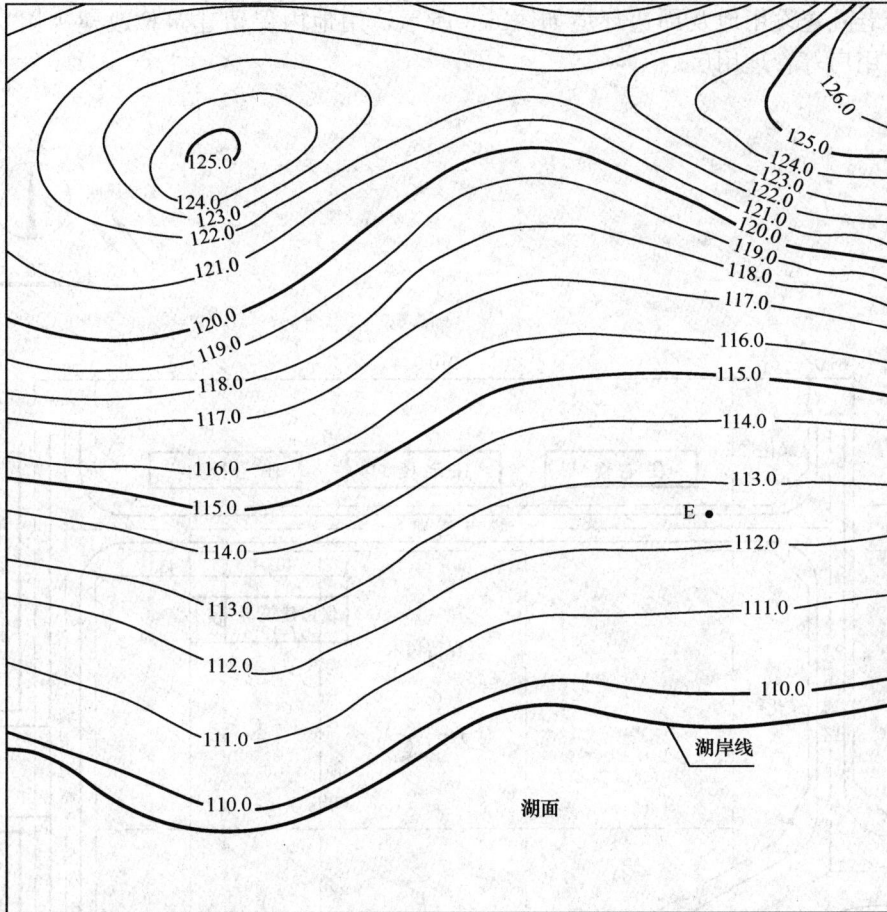

北

0 10 20m

图 6-5

第五题 场 地 设 计

比例：见图 6-6。

单位：m。

设计条件：

某养老院建设用地及周边环境如图 6-6 所示，用地内保留建筑拟改建为厨房、洗衣房、职工用房等管理用房。

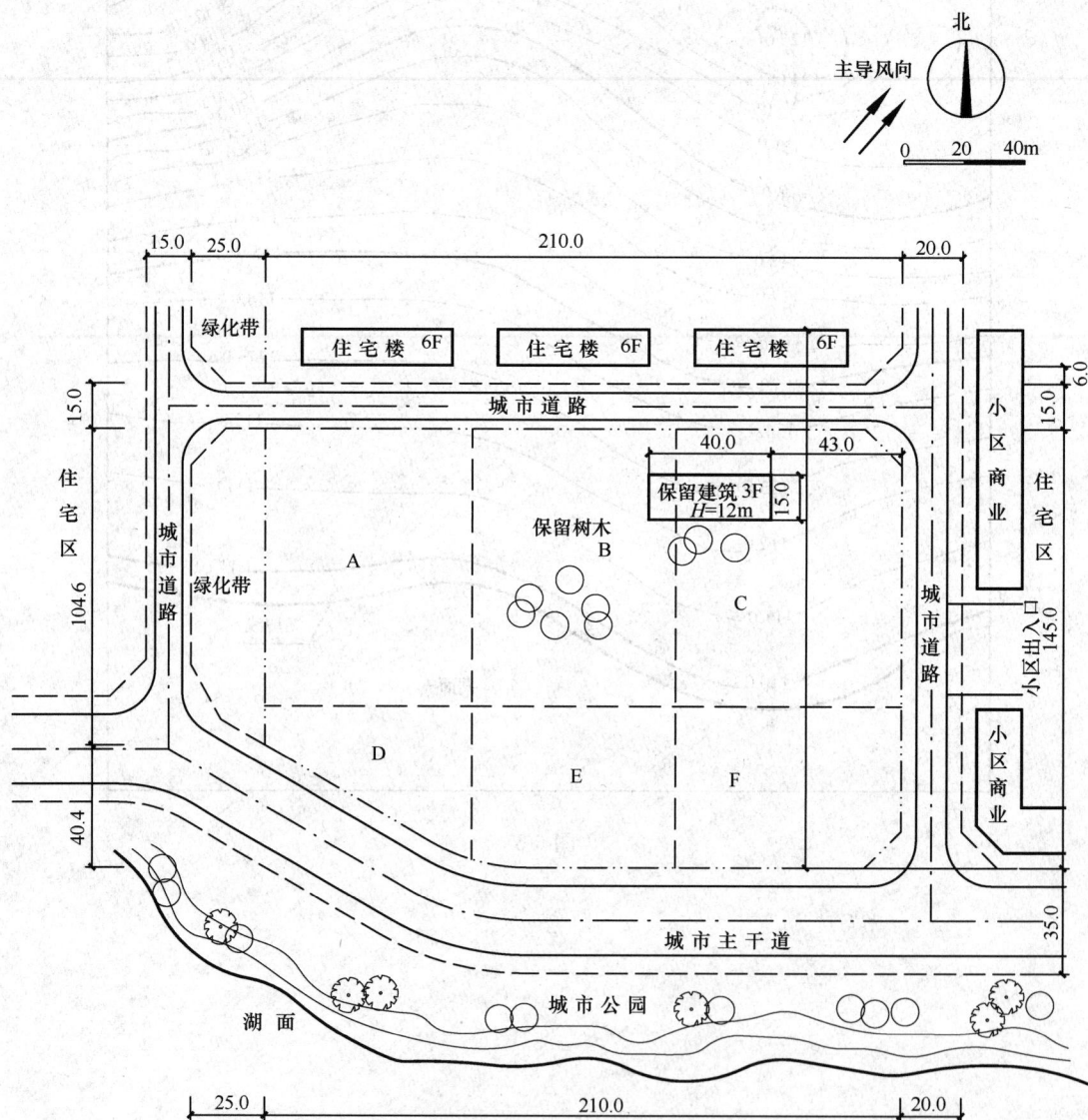

图 6-6

建设内容如下：

建筑物：① 综合楼一栋，内含办公、医疗、保健、活动室等。

② 餐厅一栋，内含公共餐厅兼多功能厅、茶室等。

③ 居住楼（自理）两栋。

④ 居住楼（介助、介护）一栋。

⑤ 连廊，宽度为 4.0m，其数量按需设置。

场 地：① 主入口广场≥1000m²。

② 种植园一个≥3000m²。

③ 活动场地一个≥1100m²。

④ 门球场一个，尺寸见图示。

⑤ 停车场一处，车位数≥40 辆，尺寸为 3.0m×6.0m。

各建筑物及门球场的平面形状、尺寸及层数如图 6-7 所示。

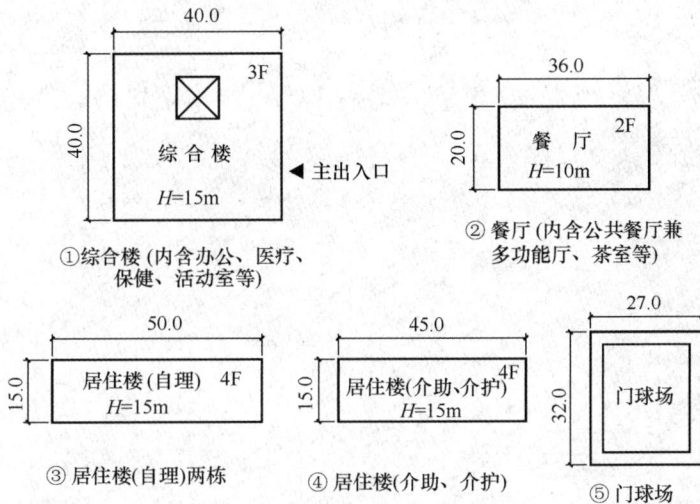

图 6-7

规划及设计要求如下：

（1）建筑物后退用地红线不小于 15.0m。

（2）门球场及活动场地距离用地红线不小于 5.0m，距离建筑物不小于 18.0m。

（3）居住建筑日照间距系数为 2.0。

（4）居住楼（介助、介护）应与综合楼联系密切。

（5）建筑物的平面形状、尺寸不得变动，且均应按正南北向布置。

（6）各建筑物耐火等级均为二级，应满足国家相关规范要求。

任务要求：

1. 根据设计条件绘制总平面图，画出建筑物、场地并标注其名称，布置道路及绿化。注明养老院场地主出入口及后勤出入口的位置并用▲表示。标注满足规划、规范要求的相关尺寸，标注主入口广场、种植园、活动场地的面积及停车位数量。

2. 回答下列问题：

（1）养老院主出入口位于场地 [   ]。（10分）

A 东侧　　　　　　　　　B 西侧　　　　　　　　　C 南侧　　　　　　　　　D 北侧

（2）居住楼（自理）位于 [   ] 地块。（6分）

A A　　　　　　　　　　B B　　　　　　　　　　C E　　　　　　　　　　D F

（3）居住楼（介助、介护）位于 [   ] 地块。（6分）

A A　　　　　　　　　　B B　　　　　　　　　　C E　　　　　　　　　　D F

（4）停车场位于 [   ] 地块。（6分）

A A　　　　　　　　　　B C　　　　　　　　　　C D　　　　　　　　　　D F

选择题参考答案：

（1）A　　　（2）A　　　（3）B　　　（4）B

第一题 场地分析 解答提示：

1. 建筑退界

根据规划要求，拟建10.0m高及21.0m高建筑后退用地红线均为5.0m，后退道路红线均为8.0m。

2. 防火间距

拟建10.0m高及21.0m高商业建筑均为多层建筑，已建的18.0m高3号住宅楼及12.0m高宿舍楼为多层建筑，已建的40.0m高2号住宅楼和1号住宅楼均为高层建筑。故拟建10.0m高商业建筑与3号住宅楼、宿舍楼防火间距为6.0m，与2号住宅楼、1号住宅楼防火间距为9.0m。

3. 日照间距

当地日照间距系数为1.5，故拟建10.0m高商业建筑与3号住宅楼、宿舍楼的日照间距为$10.0 \times 1.5 = 15.0$m。拟建21.0m高商业建筑与3号住宅楼、宿舍楼的日照间距为$21.0 \times 1.5 = 31.5$m。

4. 计算拟建10.0m高与21.0m高建筑最大可建范围的面积差：

北部：$(31.5 - 20.0) \times 45.0 = 517.5(m^2)$；

东北部：$(31.5 - 15.0) \times 35.0 = 577.5(m^2)$；

共计：$517.5 + 577.5 = 1095(m^2)$。

根据上述因素综合确定的可建范围如图6-8所示。

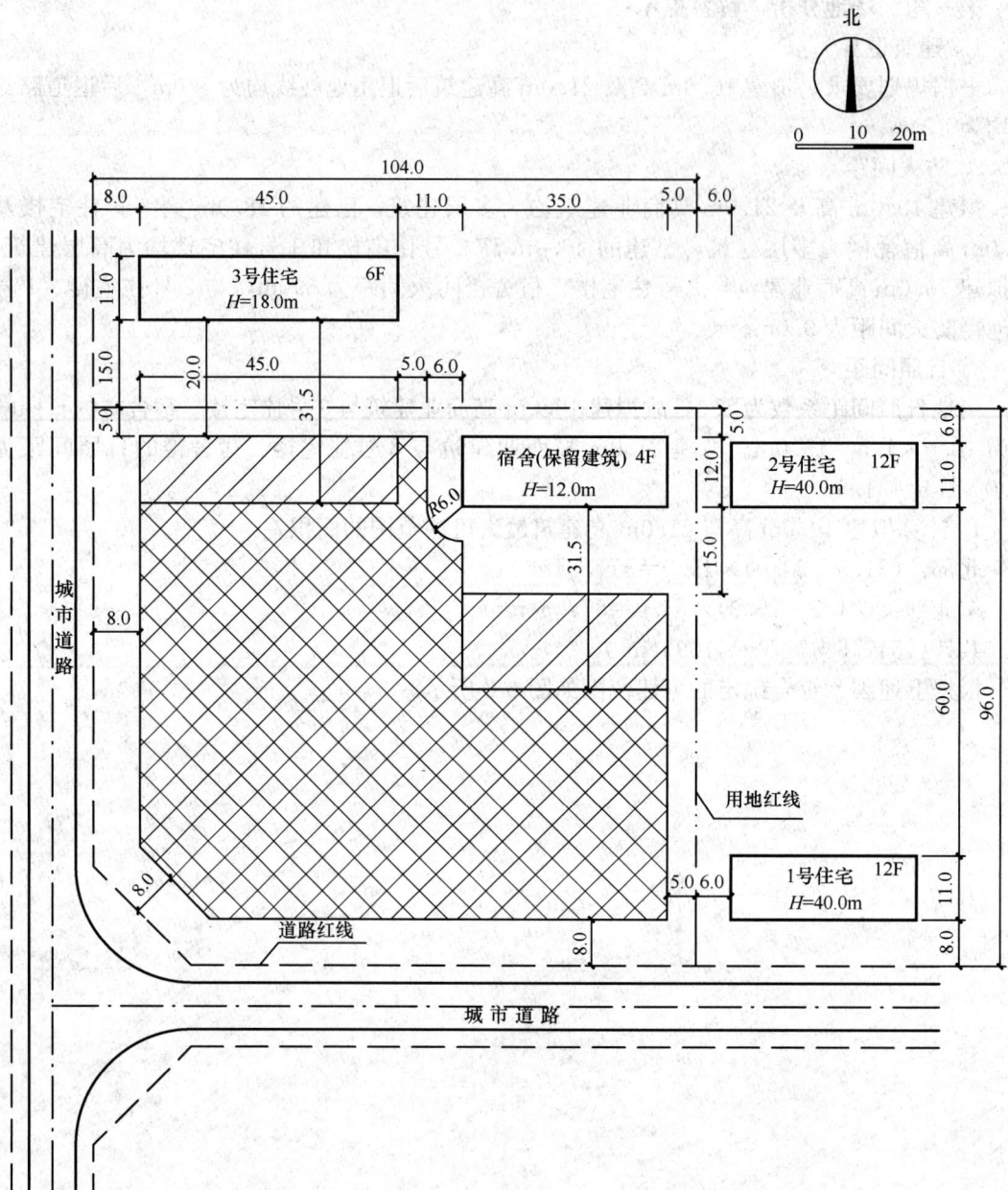

图 6-8

拟建 10m 高商业建筑可建范围   拟建 21m 高商业建筑可建范围

258

第二题　场地剖面　解答提示：

1. 建筑性质

已建建筑分别为南部的多层建筑和北部的高层住宅楼。拟建建筑仅有两栋，且要求规模最大，结合题目要求限高为 40.0m，故拟建的两栋住宅楼暂按高层对待。

2. 拟建住宅楼层数及布置

首先，确定设置商业服务网点住宅楼的位置及层数。应题目要求，紧邻城市道路的应为设置商业服务网点的住宅楼。此住宅楼在后退道路红线 18.0m 的情况下，结合限高 40.0m 要求，最大能设置 12 层（含一、二层商业服务网点），建筑高度为 39.0m。验算其对于北侧已建高层住宅楼的日照间距：（39.0－5.0）×1.5＝51.0（m），按照上述布置，其间距为（18.0＋18.0＋15.0＝51.0m）相同，满足日照要求。

其次，确定未设置商业服务网点的住宅楼的位置和层数。为保证两栋住宅楼建设规模最大，避免两者的日照影响，两栋住宅楼应尽量保持最大间距，故南侧住宅楼与已建多层住宅楼按照最小间距控制，其防火间距为 9.0m，日照间距为 12.0m×1.5＝18.0m，防火间距与日照间距取其大者，故南侧住宅楼与已建多层住宅楼按照 18.0m 控制。为进一步确定其层数和高度，考虑其对于北侧拟建住宅楼的日照影响，以北侧拟建住宅楼的住宅部分起始位置（9.0m 处），按照 1∶1.5 的日照间距系数比例做日照分析辅助线。在此辅助线和与南侧已建多层住宅楼间距 18.0m 的双重约束下，拟建南侧住宅楼最大能设置 12 层，高度为 36.0m，其与北侧拟建住宅楼的日照间距为（36.0－4.5－4.5）×1.5＝40.5（m）。

场地布置剖面如图 6-9 所示。

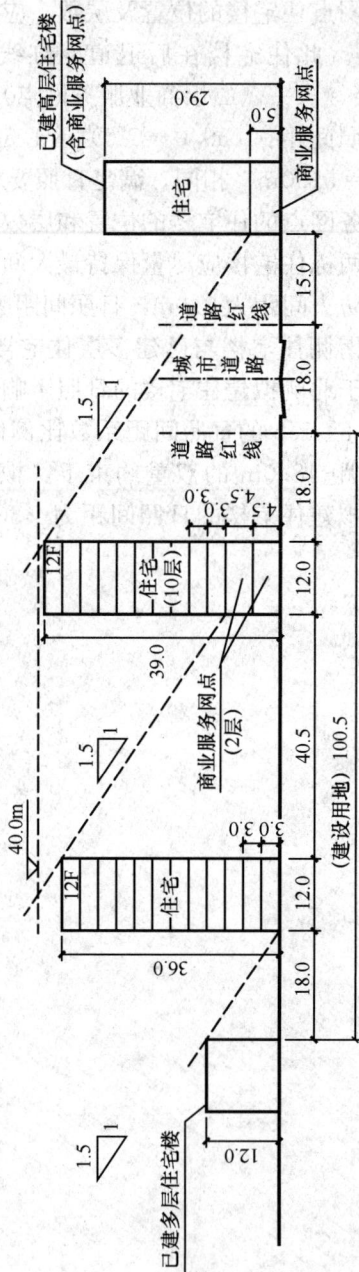

图 6-9

第三题 室外停车场 解答提示：

1. 出入口位置、数量及宽度

《城市道路工程设计规范》CJJ 37—2012（2016 年版）第 11.2.5 条规定：停车场出入口不应少于 2 个，停车容量小于 50veh 时，可设一个出入口。根据题目条件，用地西侧的内部车行道可保留，作为停车场的出口；用地南侧有城市道路，可设置入口，出口和入口符合右转驶入的原则，其宽度为 5.0m。

根据《民用建筑设计统一标准》GB 50352—2019 第 4.2.4 条规定，停车场入口距公共交通站边缘不应小于 15.0m，图中实际距离为 15.0m。

2. 停车位与已建建筑的防火间距

根据《汽车库、修车库、停车场设计防火规范》GB 50067—2014 第 4.2.1 条规定，已建文化馆耐火等级为二级，停车位与文化馆的防火间距不小于 6.0m。

3. 平面布置

停车位应布置在用地红线扣除 2.0m 的范围内。考虑停车位与文化馆 6.0m 的防火间距，为了布置更多的车位，在用地西侧扣除 2.0m 绿化后，布置停车场内环形通道，不再布置车位。沿用地的南、东、北侧周边布置垂直式停车位，场地中部采用背靠背垂直停车，车辆之间留出 2.0m 宽的绿化带。

残疾人车位布置应考虑其与文化馆、广场便捷的联系，而场地西侧因防火间距原因未布置停车位，故将残疾人车位布置与用地南侧。

在用地西南侧，靠近广场处，设置人行出入口，宽度为 2.0m。机动车入口与公交站距离 15.0m。

根据题目要求，在停车场内设置 7.0m 宽的环形通道。

4. 绿化布置

沿用地红线 2.0m 范围内及背靠背停车的分隔带均可以布置绿化，残疾人轮椅通道内不设置绿化，标注相关尺寸。

停车总数量为 61 辆，停车场的设计如图 6-10 所示。

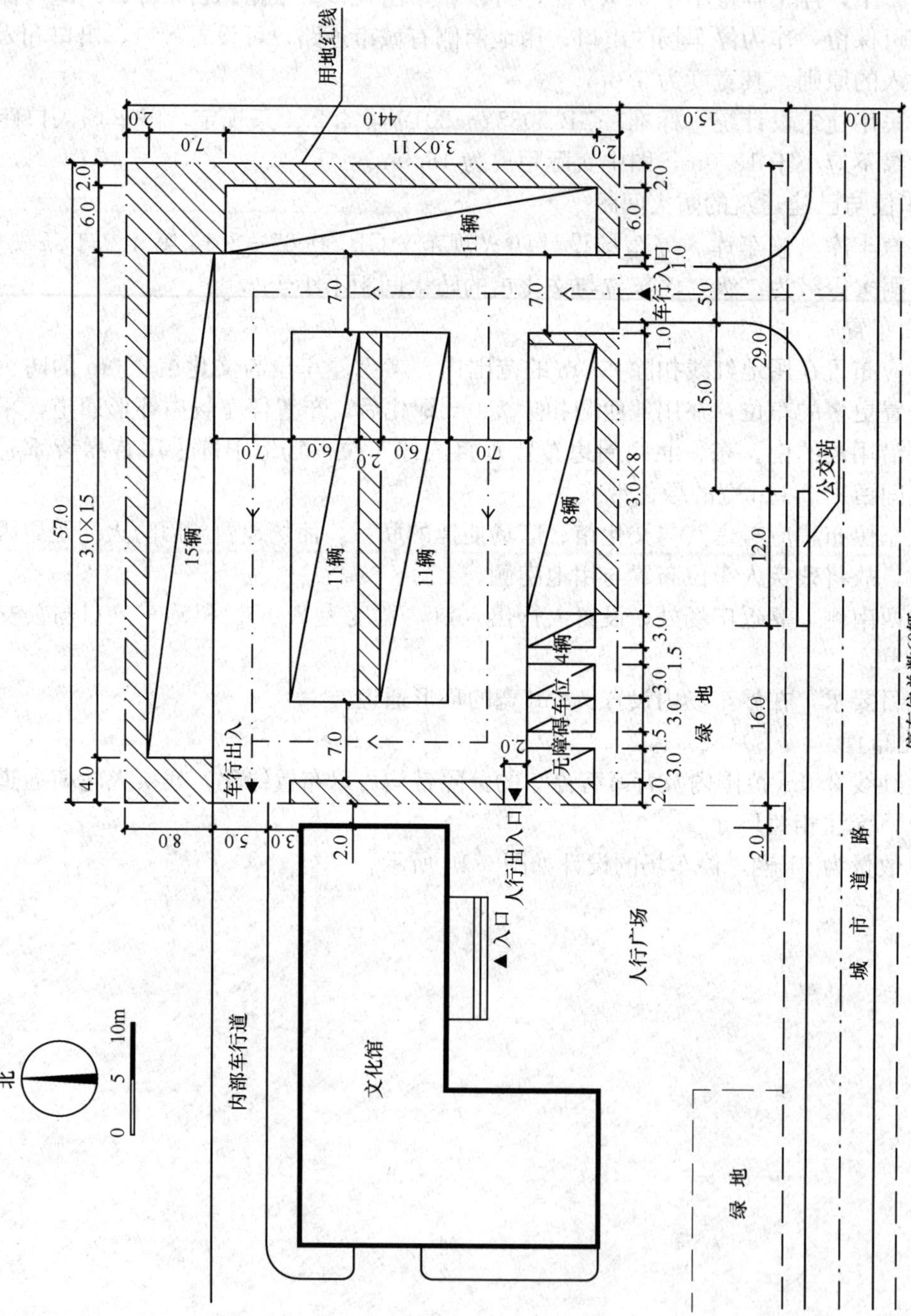

图 6-10

停车位总数60辆

北
0 5 10m

内部车行道

文化馆

▲ 入口 人行出入口

人行广场

绿 地

城 市 道 路

绿 地

用地红线

公交站

车行入口

无障碍车位

车行出入

第四题 场地地形 解答提示：

1. 最低控制标高

当地常年洪水位标高为 110.5m，所选择的集中建设场地最低控制标高应高于常年洪水位 0.5m 高，即最低控制标高为 111.0m。

2. 计算等高线截距

题目中地形图的等高距为 1.0m，要求的集中建设场地坡度不大于 10%，对应的等高线截距为 $1 \div 10\% = 10.0$（m）。

在地形不规则的坡地上，相同长度的等高线间距（截距）的截取方法，详见《建筑学场地设计》（闫寒著，中国建筑工业出版社出版，2006 年 4 月第一版）P10～11 中的论述。简述如图 6-11，以 A 点和 B 点做相应等高线的切线，两条切线与 AB 所成的夹角 α 和 β 应近似相等，此时，线段 AB 为通过 A、B 两点的相应等高线间距。采用上述办法，选择等高线间距大于 10.0m 的区域，即为坡度大于 10% 的集中建设场地。

按照上述方法，满足条件的集中建设场地位于坡地东南方向、等高线 114.0 和 111.0 之间，最大高差为 3.0m，E 点标高为 112.5m。

3. 计算集中建设用地面积

集中建设用地不规则，因此近似计算其总面积如下：

$$51.8 \times 10.0 + 55.0 \times 10.0 + 44.4 \times 10.0 = 1512.0 m^2 。$$

所选择集中建设用地范围如图 6-12 所示。

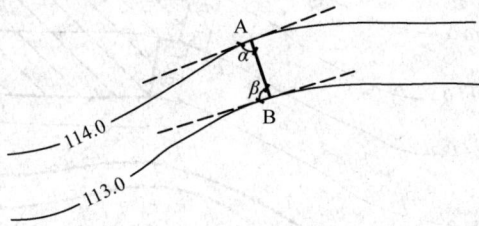

图 6-11

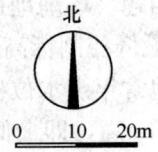

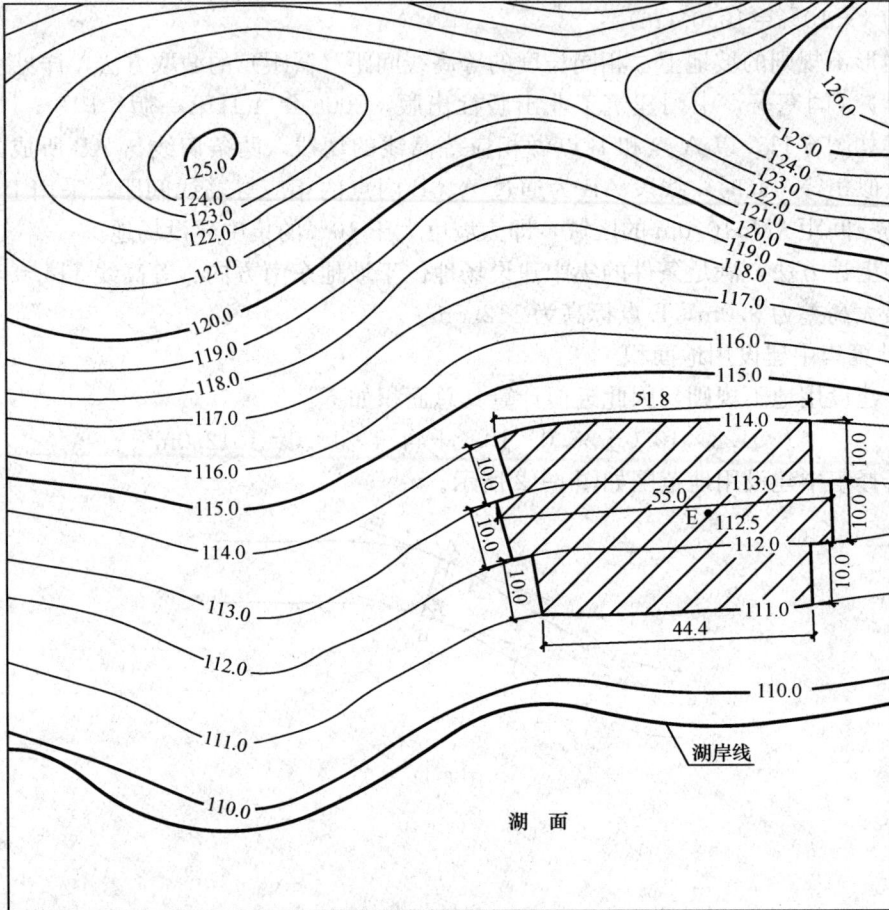

图 6-12

第五题　场地设计　解答提示：

1. 出入口布置

养老院的使用对象为老年人，行动不便，对于这类公共建筑场地的主要出入口设置，与幼儿园、中小学校类似，应考虑安全因素。《老年人照料设施建筑设计标准》JGJ 450—2018 第 4.2.2 条规定老年人照料设施建筑基地及建筑物的主要出入口不宜开向城市主干道。基地南侧为城市主干道，西侧为城市绿化带，皆不宜设置主要出入口，故主出入口只能设置在东侧或北侧。

基地北部为住宅区，东侧为小区商业，考虑动静分区，基地主出入口及所连接的入口广场为动区，故将主出入口设置于东侧，在北侧设置后勤出入口，以车行为主。

2. 总体布局

场地的主导风向为西南风，基地内的污染源为保留建筑（厨房），而且基地的两个出入口在北侧和东侧，故可将停车场布置于保留建筑的下风向，即基地东北角位置，停车数量为 40 辆。

餐厅应与保留建筑有便捷的联系，同时考虑餐厅对于居住楼的服务功能，餐厅与居住楼亦应与便捷的交通联系，故将餐厅布置于保留建筑西侧。

综合楼有办公、医疗等对内和对外双重职能，为基地内外联系的中枢，故将综合楼正对主出入口、入口广场布置。

居住楼（介助、介护）使用人群行动及自理最为不便，应题目要求，应与综合楼有便捷的联系，故将居住楼（介助、介护）布置与综合楼西侧。

基地西侧由北向南布置两栋居住楼（自理），间距 30.0m，满足日照间距。

基地西南侧不规则用地布置种植园，利于种植内各场地的灵活布置。

考虑基地东侧为小区商业，考虑动静分区，在种植园东侧依次布置活动场地和门球场。

种植园、活动场地和门球场布置于场地南侧，一方面有利于隔离城市主干道对于基地内建筑物的噪声及污染；另一方面，上述场地布置有利于引景入院，形成过渡对景。

3. 建筑物布置

建筑物后退用地红线 15.0m，居住楼（自理）之间间距 30.0m，其与基地北侧住宅楼间距为 36.0m，满足日照间距。活动场地及门球场后退用地红线 5.0m，与综合楼间距 18.0m，满足题目要求。拟建建筑均为多层建筑，各建筑之间应满足 6.0m 的防火间距。上述布置均能满足要求。

4. 道路交通

沿用地设置环路，宽度为 6.0m，同时满足交通和消防要求。在各建筑物之间布置人行通路。餐厅与保留建筑之间、居住楼（介助、介护）与综合楼之间用连廊连接，宽度为 4.0m。

总平面布置如图 6-13 所示。

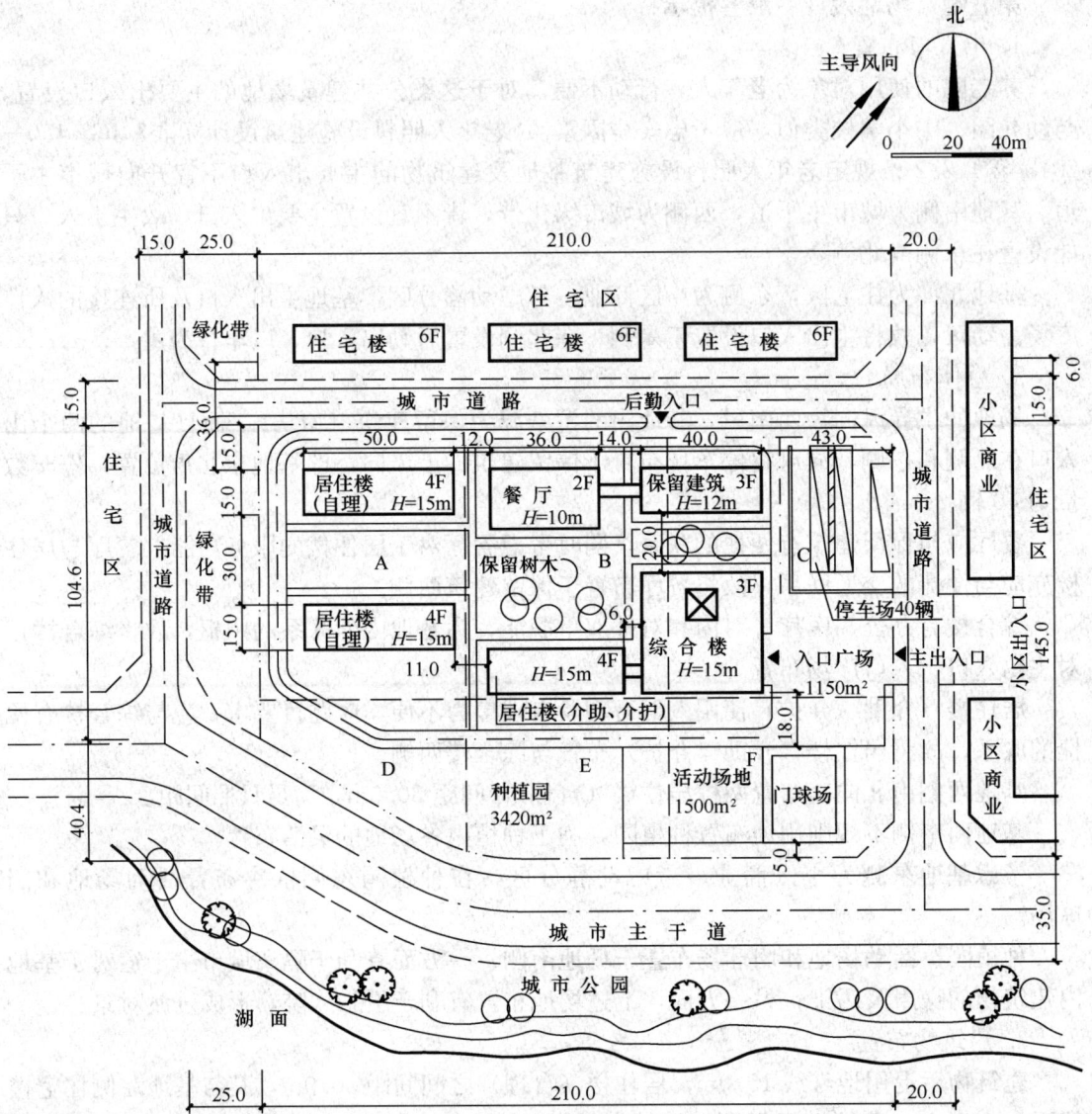

主导风向

北

0　20　40m

15.0　25.0　　　　　　　　　210.0　　　　　　　　20.0

住宅区

绿化带

住宅楼 6F　住宅楼 6F　住宅楼 6F

15.0

城市道路　　　后勤入口

住宅区

城市道路

绿化带

36.0

50.0　12.0　36.0　14.0　40.0　43.0

15.0

15.0

居住楼
(自理) 4F
H=15m

餐 厅
H=10m

2F

保留建筑 3F
H=12m

小区商业

6.0

15.0

城市道路

30.0

104.6

A

保留树木

B

20.0

C

停车场40辆

住宅区

145.0

15.0

居住楼
(自理) 4F
H=15m

综合楼
H=15m

3F

入口广场

小区出入口

主出入口

15.0

11.0

H=15m 4F

1150m²

居住楼(介助、介护)

18.0

小区商业

D　　　　E　　　　F

种植园
3420m²

活动场地
1500m²

门球场

5.0

40.4

35.0

城市主干道

城市公园

湖 面

25.0　　　　　　　　210.0　　　　　　20.0

图 6-13

266

第七章　2018 年试题及解答提示

第一题　场　地　分　析

比例：见图 7-1。

单位：m。

设计条件：

某用地内拟建高层住宅建筑，场地平面如图 7-1 所示，用地内既有办公楼用于物业管理用房，用地北面为城市道路和商业用地。

规划要求如下：

1. 当地住宅建筑的日照间距系数为 1.2。

2. 拟建地上建筑、地下室后退城市道路红线不应小于 8m，退用地红线不应小于 5m。

3. 拟建建筑地下室退相邻建筑不应小于 6m。

4. 拟建建筑耐火等级为一级，既有建筑的耐火等级均为二级。

5. 应符合国家现行有关规范的规定。

任务要求：

1. 绘出拟建高层住宅地上建筑、地下室的最大可建范围，分别用 ▨ 和 ▩ 表示，并标注相关尺寸。

2. 回答下列问题：

(1) 拟建高层住宅地上建筑最大可建范围与地铁站房南面的间距为 〔　　　〕m。(4 分)

 A 5.00   B 9.00   C 11.00   D 13.00

(2) 拟建高层住宅地下室最大可建范围与用地内既有办公楼的间距为 〔　　　〕m。(6 分)

 A 5.00   B 6.00   C 8.00   D 10.00

(3) 拟建高层住宅地上建筑最大可建范围与用地内既有办公楼北面的间距为 〔　　　〕m。(5 分)

 A 6.00   B 9.00   C 28.80   D 32.44

(4) 拟建高层住宅地上建筑最大可建范围与用地内既有办公楼的防火间距为 〔　　　〕m。(5 分)

 A 6.00   B 9.00   C 13.00   D 18.00

选择题参考答案：

(1) C (2) B (3) C (4) B

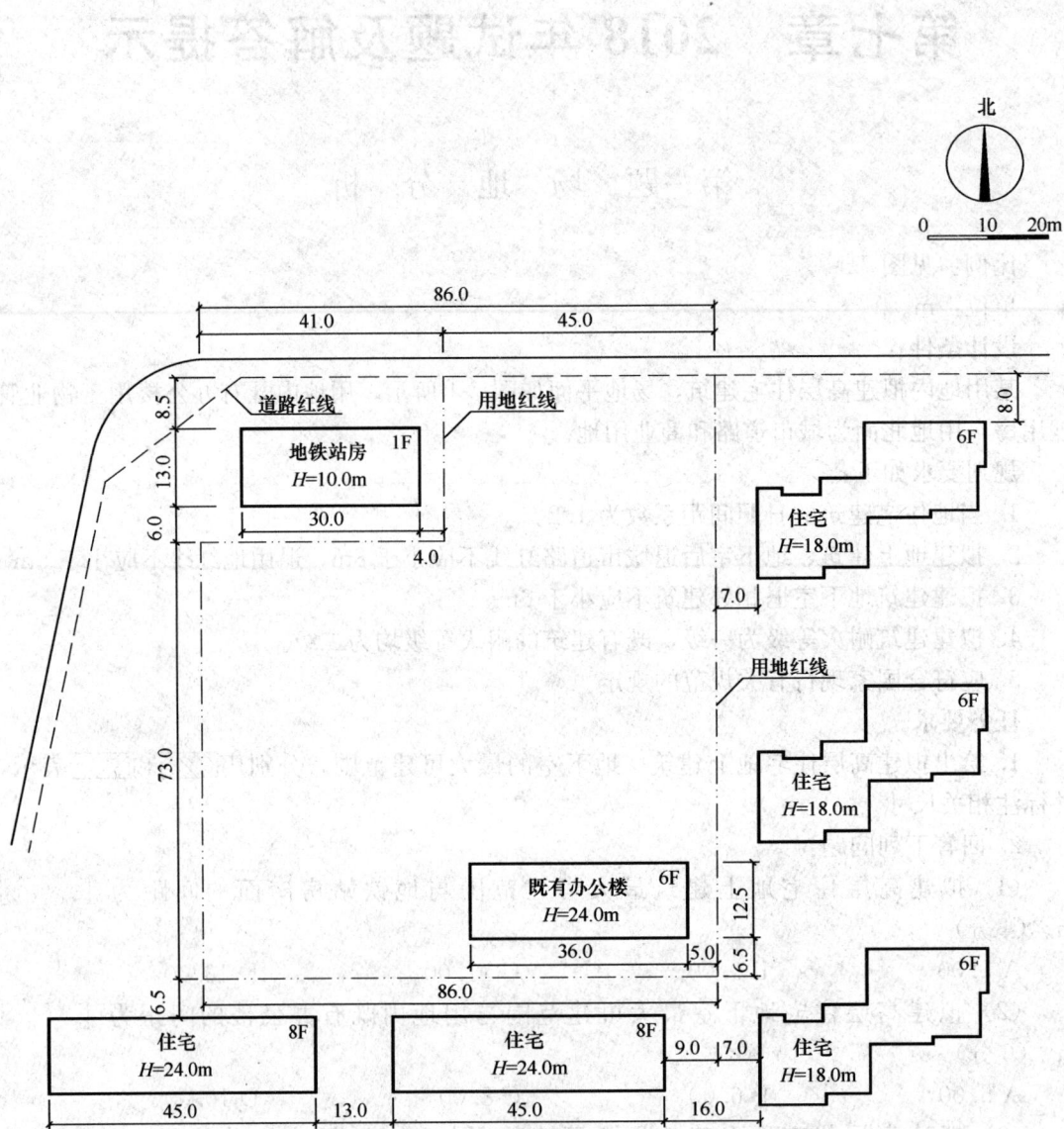

图 7-1

第二题 场 地 剖 面

比例：见图 7-2。

单位：m。

设计条件：

场地剖面 A-B-C-D 如图 7-2（a）所示。

已知 A-B 段地坪标高为 5.5m，C-D 段地坪标高为 25.5m；其中 C-D 之间有已建住宅楼一栋。拟在场地 B-C 之间平整出一级台地，台地与 A-B、C-D 地坪均用 1：3（⊿¹₃）的斜坡连接；拟在场地 A-C 范围内布置住宅楼，住宅楼的层高为 3m，层数可为 6 层或 11 层，高度分别为 18m、33m，如图 7-2（b）所示。

规划要求如下：

1. 住宅楼与台地坡顶线、坡底线、用地红线（A，C）的间距均不小于 8m。

2. 拟建、已建建筑均为条形建筑，正南北向布置，耐火等级均不低于二级。

3. 当地住宅的日照间距系数为 2.0（作图时建筑室内外高差及女儿墙高度不计）。

4. 应符合国家现行有关规范要求。

任务要求：

1. 绘制平整后的场地剖面图，要求土方平衡，并标注台地标高。

2. 在平整后的场地剖面上绘制拟建住宅楼，要求建筑面积最大，并标注住宅楼的层数、高度及楼间距等相关尺寸。

3. 回答下列问题：

（1）场地平整后中间台地的标高为 〔   〕m。（5 分）

A 10.00   B 10.50   C 15.50   D 20.50

（2）平整场地需要挖方的截面面积为 〔   〕m²。（5 分）

A 120   B 180   C 330   D 360

（3）场地剖面中拟建各住宅楼的层数之和为 〔   〕层。（10 分）

A 18   B 23   C 28   D 33

选择题参考答案：

（1）C   （2）B   （3）C

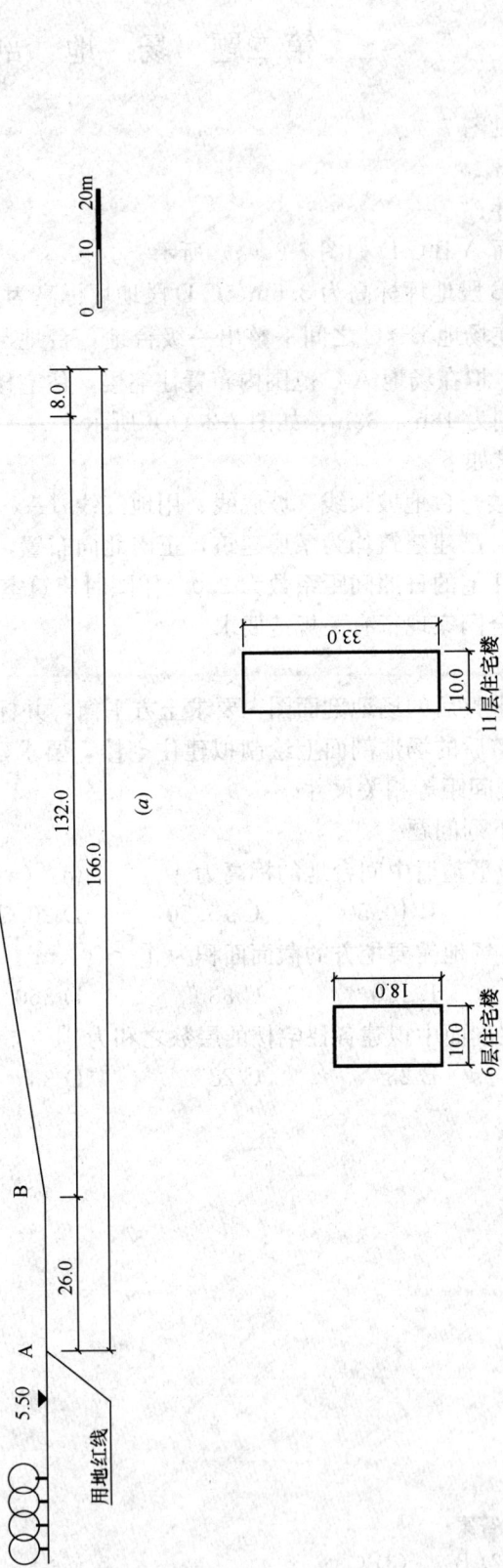

图 7-2

第三题 场 地 地 形

比例：见图 7-3。

单位：m。

设计条件：

某广场排水坡度、标高及北侧城市道路如图 7-3 所示。城市道路下有市政雨水管，雨水管 C 点管内底标高为 97.30m。在广场东、西、北侧设排水沟（有盖板）排水，排水沟终点设置一处跌水井，用连接管就近接入市政雨水管 C 点，连接管坡度不大于 5%，广场跌水井底与连接管连接处管底的标高一致。

任务要求：

1. 绘制通过 A 点、等高距为 0.2m 的广场设计等高线（用细实线——表示）。

2. 标注广场场地四角及 B 点标高。

3. 绘制广场排水沟，要求土方量最小，排水沟沟深不小于 0.5m，排水坡度不小于 0.5%。

4. 标注各段排水沟坡度、坡长及起点、终点沟底标高。

5. 绘制跌水井及连接管并标注跌水井井底标高及连接管坡度（跌水井用〇表示）。

6. 回答下列问题：

(1) 广场上 B 点标高为 [　　] m。（5 分）

A 100.40　　　B 100.80　　　C 101.00　　　D 101.40

(2) 广场西侧排水沟坡度为 [　　] %。（5 分）

A 0.5　　　B 1　　　C 2　　　D 2.7

(3) 广场北侧排水沟最低点沟底标高为 [　　] m。（5 分）

A 97.30　　　B 97.40　　　C 97.80　　　D 99.00

(4) 跌水井井底标高为 [　　] m。（5 分）

A 97.40　　　B 97.80　　　C 98.50　　　D 99.50

选择题参考答案：

(1) B　　　(2) B　　　(3) D　　　(4) B

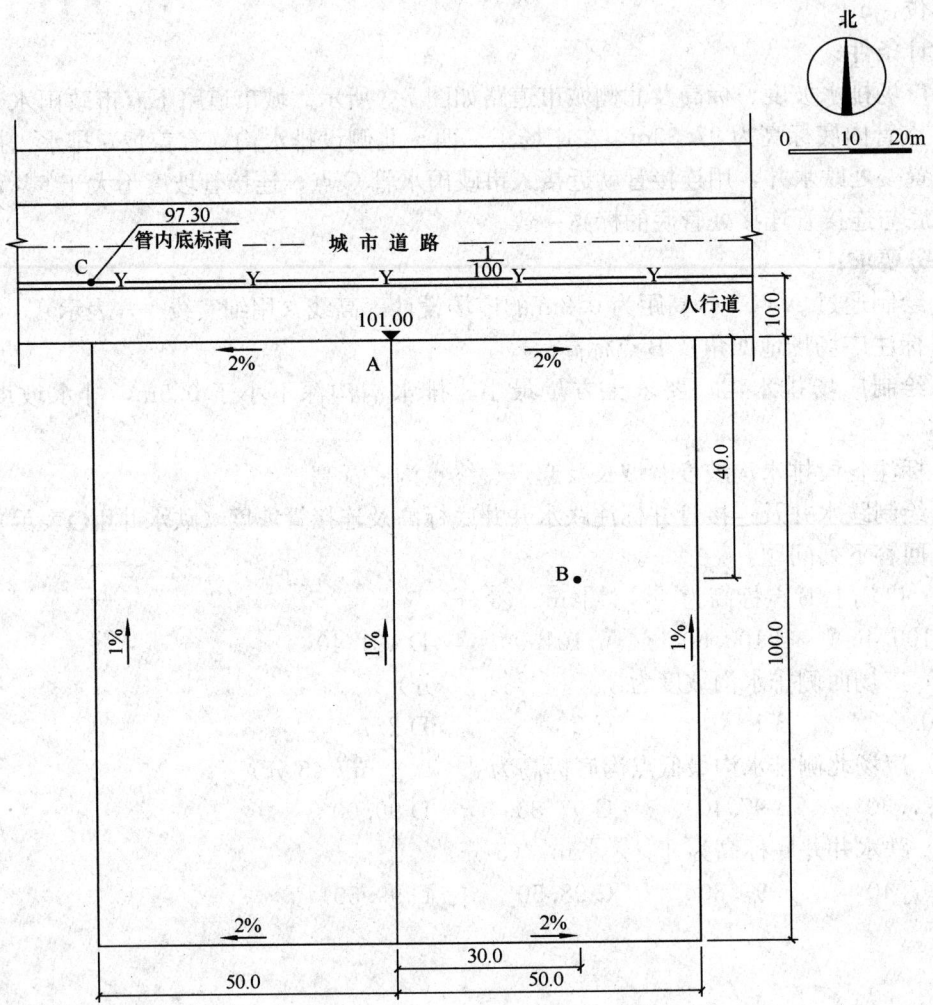

图 7-3

第四题 场 地 设 计

比例：见图 7-4。

单位：m。

设计条件：

某市体育中心拟在二期用地建设体育学校，用地周边环境如图 7-4 所示，用地内保留建筑拟改造为食堂。

建设内容如下：

建筑物：①体育馆（应兼顾对社会开放）。

②训练馆（应兼顾对社会开放）。

③图书综合楼。

④实验楼。

⑤教学楼两栋。

⑥行政楼。

⑦宿舍楼两栋。

⑧连廊，宽 6m，用于连接图书综合楼、教学楼、实验楼。

场地：①学校主入口广场≥2000m²。

②体育馆主广场≥2000m²。

③停车场≥1500m²（兼顾体育馆对社会开放时停车）。

各建筑物平面尺寸、形状、高度及层数如图 7-5 所示。

规划及设计要求如下：

（1）体育馆和训练馆后退用地红线不应小于 20m，其他建筑物后退用地红线不应小于 15.0m。

（2）停车场退用地红线不应小于 5.0m。

（3）当地教学楼日照间距系数为 1.4，宿舍楼日照间距系数为 1.3。

（4）保留用地中的树木。

（5）建筑物平面尺寸及形状不得变动且不得旋转，均应按正南北朝向布置。

（6）各建筑物耐火等级均为二级，应满足国家现行有关规范的要求。

任务要求：

1. 根据设计条件绘制总平面图，画出建筑物、场地并标注名称，画出主要道路及绿化。

2. 注明体育馆主广场出入口、学校主出入口及后勤出入口在城市道路处的位置并用▲表示。

3. 标注满足规划、规范要求的相关尺寸，标注学校主入口广场、体育馆主广场、停车场的面积。

4. 回答下列问题：

（1）学校主出入口位于场地 [　　　]。（8分）

A 东侧　　　　B 西侧　　　　C 南侧　　　　D 北侧

(2) 体育馆位于 〔　　〕地块。(8分)

A A-B　　　　B B-C　　　　　C D-E　　　　　D A-D

(3) 教学楼位于 〔　　〕地块。(8分)

A A　　　　　B B　　　　　　C C　　　　　　D E

(4) 宿舍楼位于 〔　　〕地块。(8分)

A A　　　　　B B　　　　　　C C　　　　　　D D

(5) 后勤出入口位于场地 〔　　　〕。(4分)

A 东侧　　　　B 西侧　　　　C 南侧　　　　D 北侧

(6) 停车场位于 〔　　〕地块。(4分)

A B　　　　　B C　　　　　　C D　　　　　　D E

选择题参考答案：

(1) A　　　(2) C　　　(3) B　　　(4) A　　　(5) D　　　(6) D

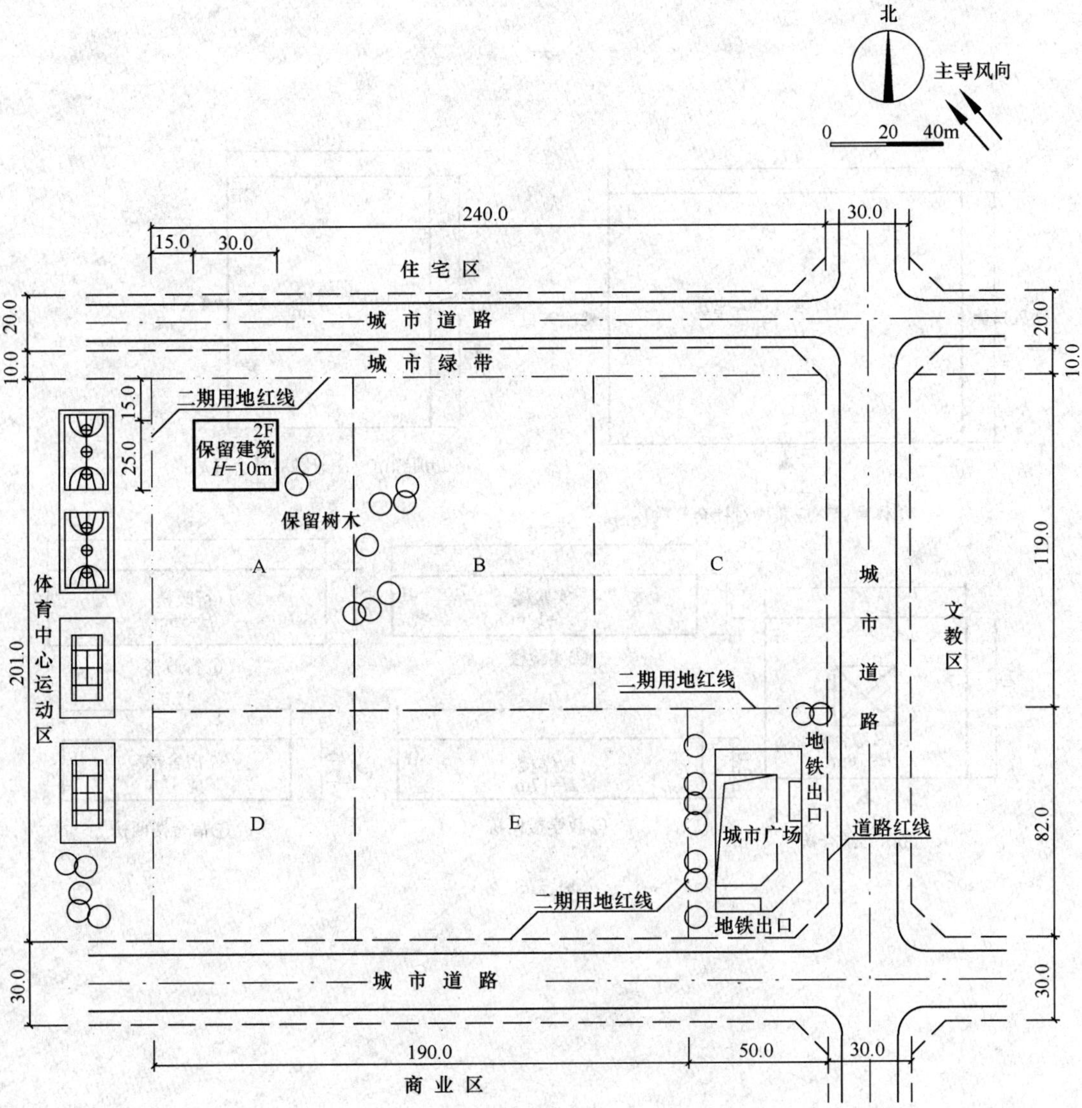

图 7-4

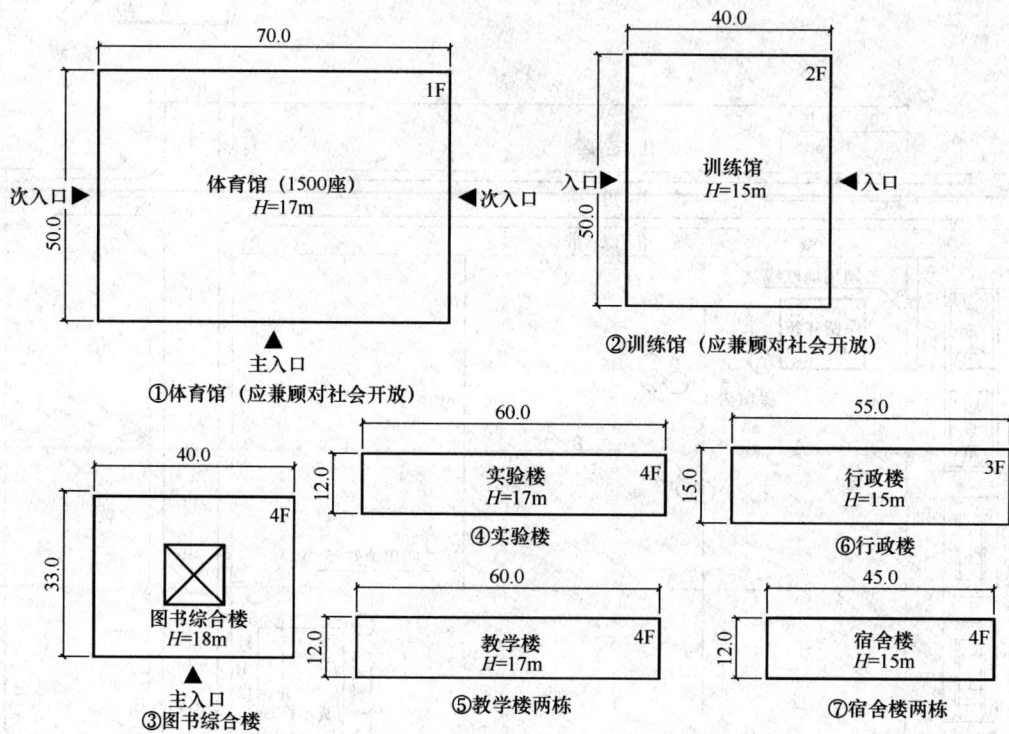

①体育馆（应兼顾对社会开放）

②训练馆（应兼顾对社会开放）

③图书综合楼

④实验楼

⑤教学楼两栋

⑥行政楼

⑦宿舍楼两栋

图 7-5

第一题 场地分析 解答提示：

1. 建筑退界

根据规划要求，拟建地上建筑、地下室后退城市道路红线 8m，退用地红线 5m。

在拟建建筑可建范围西北角，即后退用地红线所形成的可建范围线的阴角处，为了保证拟建建筑的最大可建范围，应以 5m 半径倒圆角。

拟建高层住宅地上建筑最大可建范围与地铁站房南面的间距为 6.0+5.0＝11.0（m）。

2. 日照间距

为满足拟建地上住宅建筑的日照要求，拟建地上（高层）住宅建筑的可建范围距其南侧既有办公楼应为：24.0×1.2＝28.8（m），距南侧住宅距离：24.0×1.2＝28.8（m）。

3. 防火间距

东侧既有住宅建筑高度小于 27m，属多层建筑。地铁站房及既有办公楼高度 24m，属多层建筑。拟建高层地上建筑与既有办公楼防火间距应为 9m。为保证拟建建筑地上部分的最大可建面积，在既有办公楼的西北角区域，可建范围线应以 9m 半径倒圆角。

4. 防护间距

拟建建筑地下室退相邻建筑 6m，在既有办公楼的西北角和西南角区域，为保证地下室的最大可建范围，拟建地下室的可建范围线应分别以 6m 半径倒圆角。

根据上述因素综合确定可建范围如图 7-6 所示。

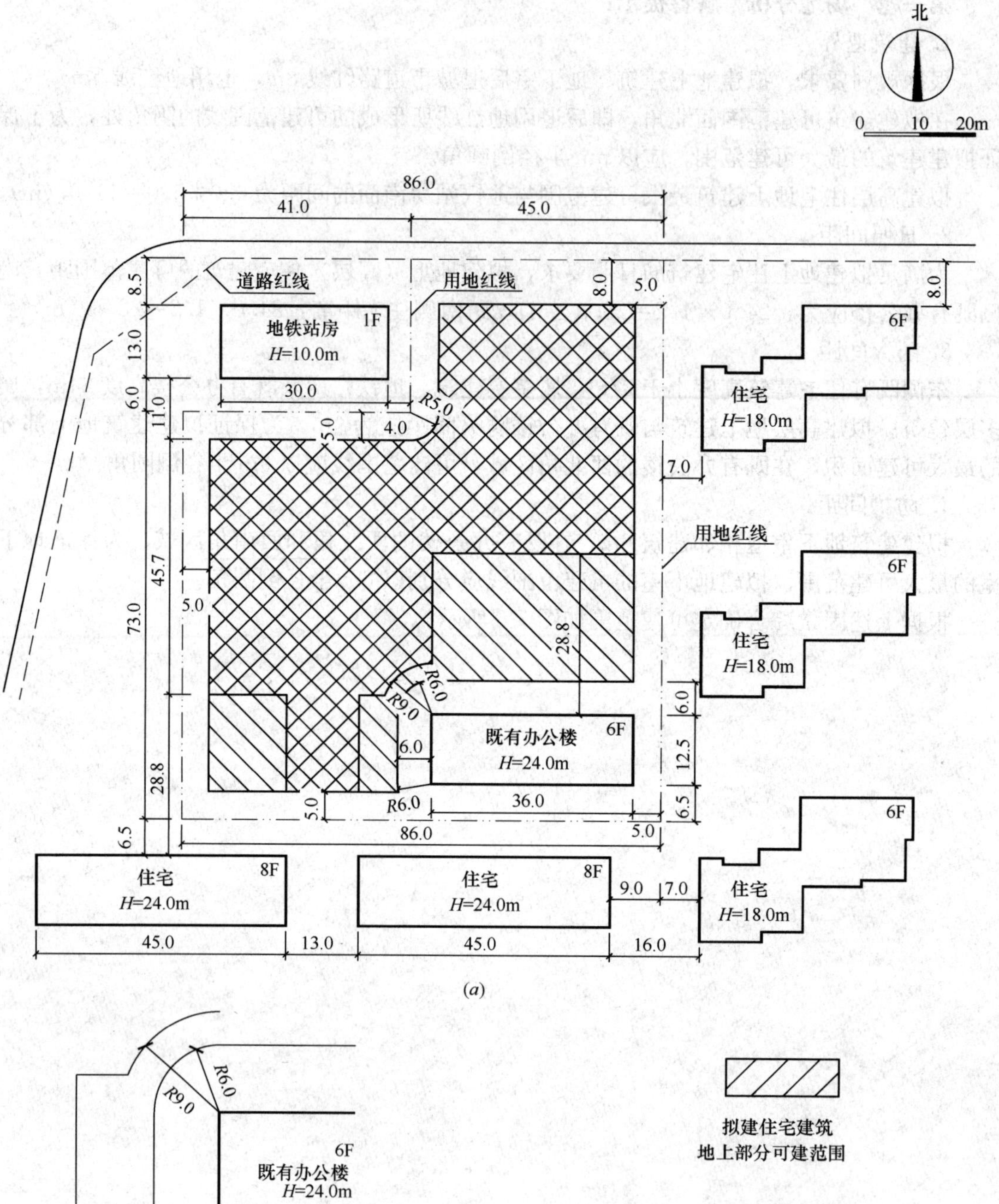

北

0 10 20m

道路红线
用地红线

地铁站房 1F
H=10.0m

住宅
H=18.0m 6F

用地红线

住宅
H=18.0m 6F

既有办公楼 6F
H=24.0m

住宅
H=18.0m 6F

住宅 8F
H=24.0m

住宅 8F
H=24.0m

(a)

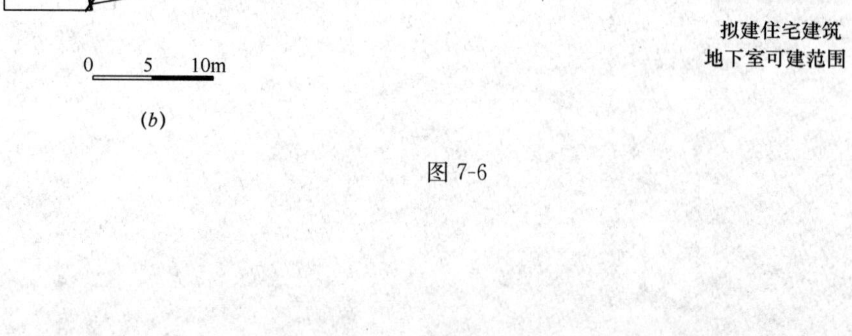

既有办公楼 6F
H=24.0m

0 5 10m

(b)

拟建住宅建筑
地上部分可建范围

拟建住宅建筑
地下室可建范围

图 7-6

第二题　场地剖面　解答提示：

1. 确定台地标高

B、C 点间高差为 20m，在考虑土方平衡的情况下，应以平整后的台地将 20m 高差一分为二，即台地标高为 5.5＋20.0÷2＝15.5m。该台地与 B、C 两点用 1：3 的边坡进行连接。

在此情况下，台地长度为 132.0－30.0－30.0＝72.0（m），其中，挖方的长度为 36m，台地与 CD 段的高差为 10m，故挖方的截面面积为（10.0×36.0）÷2＝180.0（m²）。

2. 建筑布置

根据要求拟建住宅楼的台地坡顶线、坡底线与用地红线（A、C）的间距为 8m。

因 AB 段标高比平整后的台地标高低 10m，是南向山坡的建筑物布置，在考虑日照的情况下，建筑物间距会比水平地面的小，更有利于场地整体建筑规模的最大化，故可在 AB 段布置一栋 11 层住宅楼，并且与用地红线 A 点、坡脚线 B 点间距 8m。

平整后的台地上，考虑日照因素，应将较高的 11 层住宅楼布置于北侧，6 层住宅楼布置于南侧。6 层住宅楼退后南侧台地坡顶线 8m，此时 6 层住宅楼与南侧 11 层住宅楼实际间距为 8.0＋30.0＋8.0＝46.0（m），恰好等于上述两者的日照间距（33.0－10.0）×2.0＝46.0（m）。在台地北侧，布置 11 层住宅楼，其日照间距为 18.0×2.0＝36.0（m），11 层住宅楼与台地北侧坡脚线间距为 8m，满足题目要求。

验算台地北侧 11 层住宅楼与 CD 段已建住宅楼的日照间距：（33.0－10.0）×2.0＝46.0（m），其实际间距为 8.0＋30.0＋8.0＝46.0（m），符合日照要求。

上述布置情况下，可使得场地 AC 范围内布置的建筑规模最大，用地最集约，且能满足土方平衡。

场地布置剖面如图 7-7 所示。

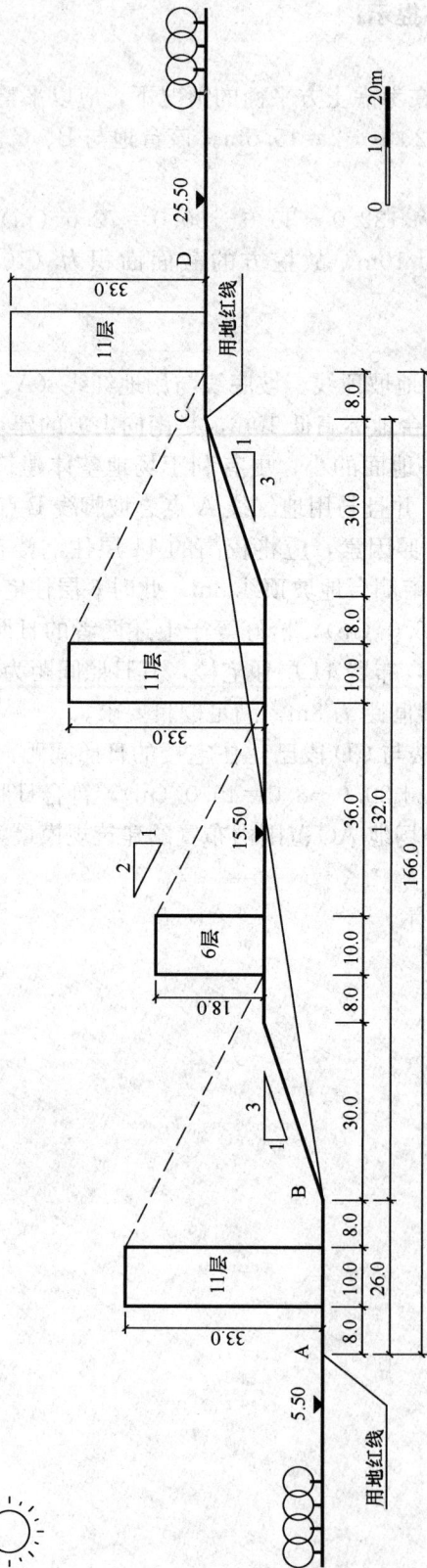

图 7-7

第三题 场地地形 解答提示：

1. 绘制等高线

首先计算绘制等高线所需的控制点标高，分别为广场四角标高及变坡控制点标高，变坡控制点为 A 点及广场南侧中点。

四角标高：

$h_{西北} = h_{东北} = 101.00 - 50.00 \times 2\% = 100.00 (m)$

$h_{西南} = h_{东南} = 101.00 - 50.00 \times 2\% + 100.00 \times 1\% = 101.00 (m)$

广场南侧中点的标高：

$h_{广场南侧中点} = 101.00 + 100 \times 1\% = 102.00 (m)$

将上述控制点标高之间按照 0.2m 等分，并且将同名的等高点用细实线连接，即得到广场的设计等高线。

其中，B 点的标高：$h_B = 101.00 - 30 \times 2\% + 40 \times 1\% = 100.80 (m)$

2. 确定排水沟坡度及标高

西侧及东侧排水沟：

广场西侧及东侧南北向场地坡度为 1‰，应题目要求，为保证排水沟土方量最小，排水沟坡度应和场地坡度一致，即坡度为 1‰，其沟深均为 0.5m。由此可计算排水沟起点沟底标高为 101.00 - 0.5 = 100.50 (m)；排水沟终点沟底标高为 100.00 - 0.5 = 99.50 (m)。

北侧排水沟：

因为广场两侧存在 2‰ 的横坡，且雨水需最终排入 C 点，故北侧的排水沟需由东北角流至西北角，即东高西低，为保证起点终点的沟深都不小于 0.5m，且考虑排水沟土方量最小，北侧的排水沟坡度应取其最小坡度 0.5‰。在此情况下，广场东北角排水沟需满足最小沟深 0.5m，即北侧排水沟起点沟底标高为 100.00 - 0.5 = 99.50 (m)，终点沟底标高为 99.50 - 0.5‰ × 100 = 99.00 (m)。

3. 确定跌水井底标高及连接管坡度

广场跌水井底与连接管连接处管底的标高一致。

连接管坡度取 5‰，广场跌水井底与连接管连接处管底的标高一致，故跌水井的井底标高：

$h_{跌水井底} = 97.30 + 10 \times 5\% = 97.80 (m)$，该标高小于排水沟终点沟底标高 99.00m，符合要求。

广场设计等高线、排水沟、跌水井及连接管绘制如图 7-8。

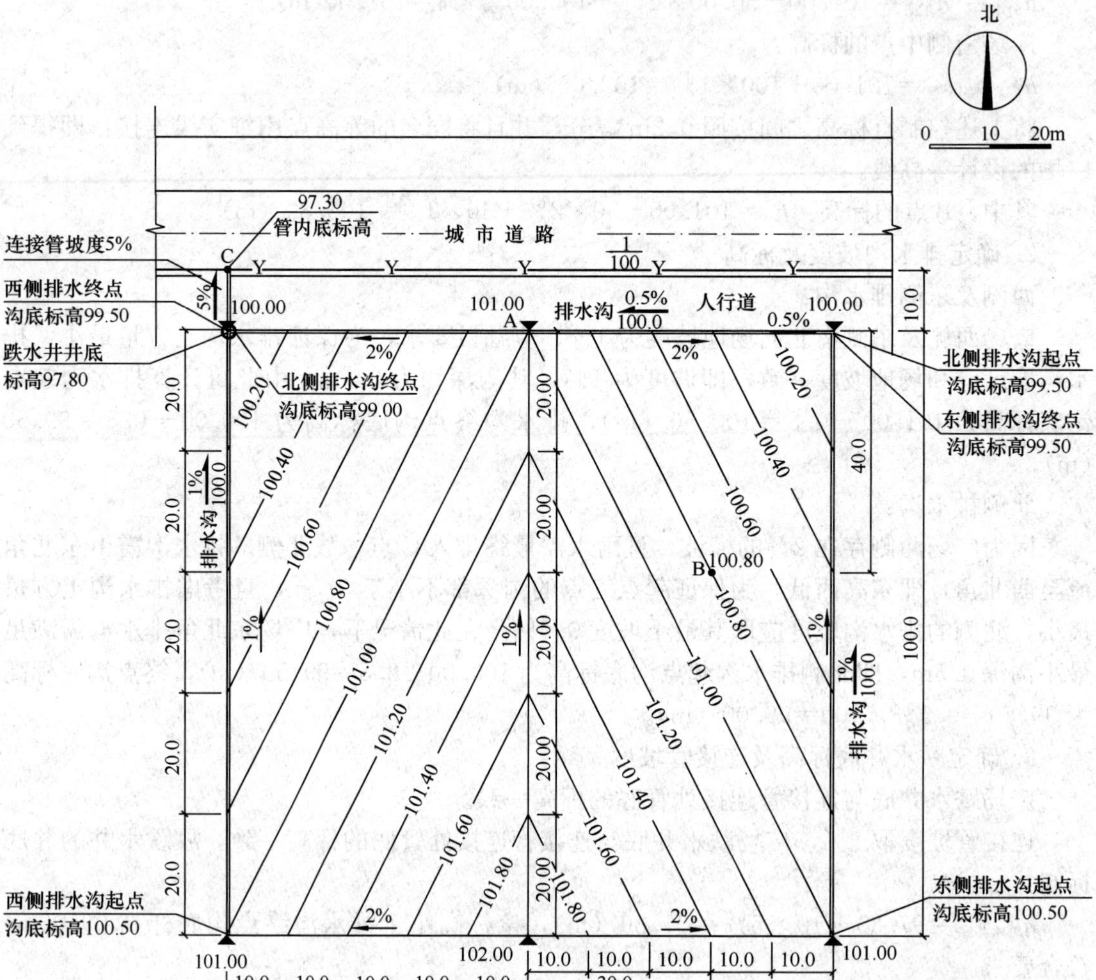

图 7-8

第四题　场地设计　解答提示：

1. 出入口布置

基地东部为文教区，故在基地东侧设置学校主出入口，面向城市文教区。基地南部为商业区，因题目要求体育馆及训练馆需考虑对社会开放，故将体育馆出入口设置在基地南侧。保留建筑改造为食堂，故将后勤出入口设置于基地北侧。

2. 总体布局

根据建筑性质和功能，拟建的建筑物及场地可分为学校内部功能区和兼顾社会服务的运动场馆区，因基地南侧设置体育馆出入口，基地东侧设置学校主出入口，故将整个场地划分为南北两个区域，南部区域布置运动场馆区，北部区域布置学校内部功能区。

运动场馆区中的体育馆居中布置，基地西南部布置训练馆。

学校内部功能区中的教学楼、实验楼及宿舍楼属于静区，故将教学楼及实验楼布置于基地北部居中的 B 区，考虑宿舍楼与教学楼和食堂的关系，将宿舍楼布置于食堂南侧的 A 区，行政楼为内外连接的中枢，布置于 C 区，并考虑题目要求中的行政楼与体育馆公用停车场，故将行政楼布置于 C 区靠南的位置，临近体育馆。C 区靠北的地块布置图书综合楼。

停车场布置于体育馆和行政楼之间，且靠近基地东南部的城市广场，面积为 1531m²。

体育馆主广场布置于体育馆南侧，面向体育馆主出入口，面积为 2030m²。

学校主入口广场布置于行政楼和图书综合楼，面向学校主出入口，面积为 2475m²。

3. 建筑物布置

体育馆和训练馆退用地红线 30m，其他建筑退用地红线 15m，停车场退用地红线 5m。教学楼的日照间距系数为 1.4，则日照间距要满足：$1.4 \times 17 = 23.8m$，宿舍楼的日照间距系数为 1.3，则日照间距需满足：$1.3 \times 15 = 19.5m$。拟建建筑与已建建筑均为多层建筑，各建筑之间的防火间距应满足 6m 的需求。

教学楼间距 25m，满足防噪间距。

4. 道路交通

根据要求用 6m 的连廊连接图书综合楼、教学楼和实验楼。道路设为环路，宽为 6m，满足交通与消防的要求。

5. 绿地布置

结合保留树木位置设置绿地花园，供师生使用。

场地的总平面布置如图 7-9 所示。

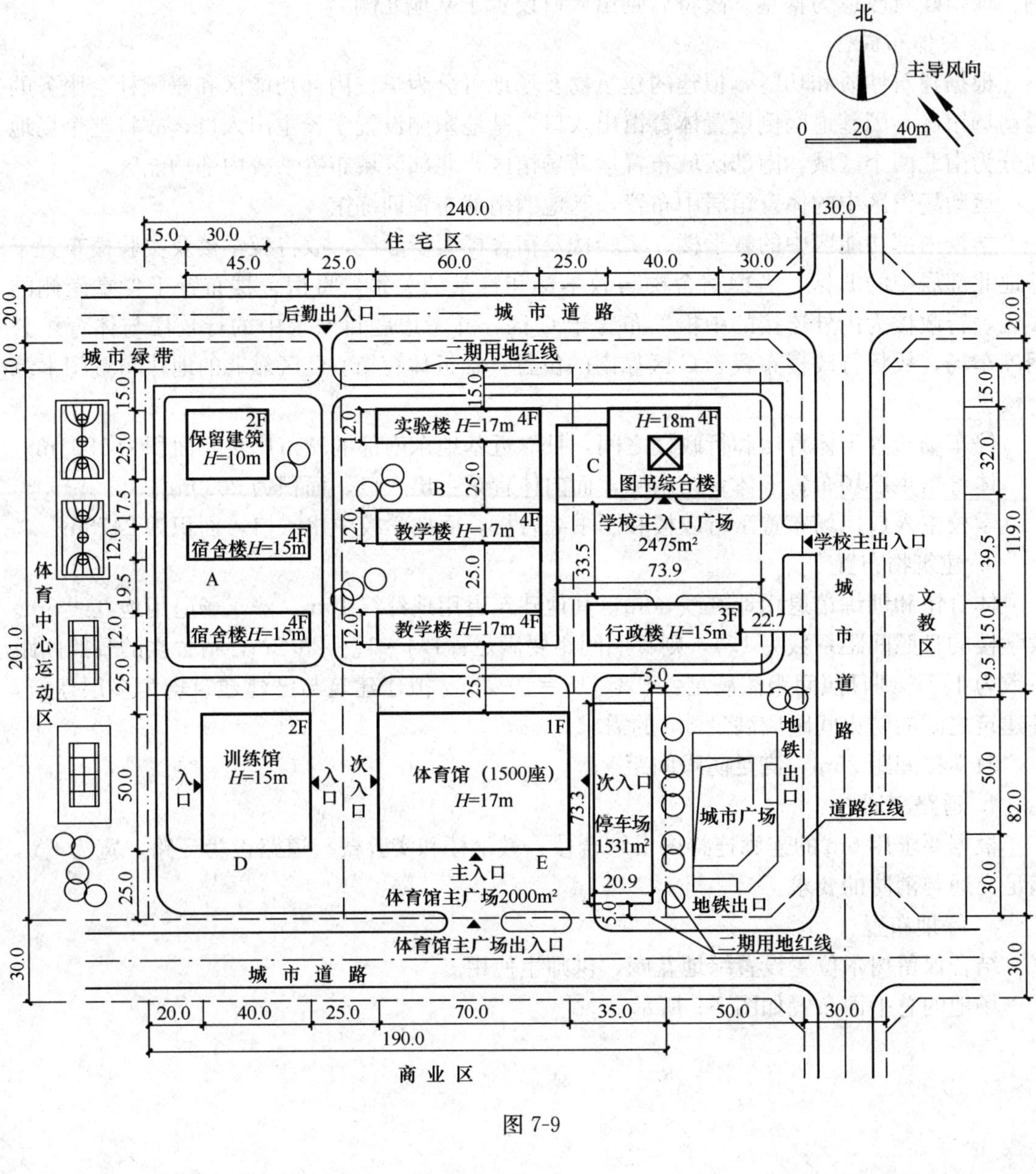
北
主导风向
0 20 40m
住宅区
城市道路
后勤出入口
城市绿带
二期用地红线
保留建筑 H=10m 2F
实验楼 H=17m 4F
H=18m 4F
图书综合楼
C
B
宿舍楼H=15m 4F
教学楼 H=17m 4F
学校主入口广场 2475m²
学校主出入口
A
行政楼 H=15m 3F
体育中心运动区
训练馆 H=15m 2F
体育馆（1500座） H=17m 1F
入口
次入口
停车场 1531m²
城市广场
地铁出口
道路红线
D
E
主入口
体育馆主广场2000m²
体育馆主广场出入口
文教区
城市道路
商业区
240.0
190.0
201.0
119.0
82.0

图 7-9

第八章 2019年试题及解答提示

第一题 场 地 分 析

比例：见图 8-1。

单位：m。

设计条件：

用地内拟建建筑高度 30.00m 的住宅建筑，用地平面如图 8-1 所示。用地西北角有一条高压架空电力线穿过，高压线走廊宽度为 30.00m。

规划要求如下：

1. 拟建建筑地上、地下后退道路红线不应小于 8.00m，后退用地红线不应小于 5.00m。

2. 拟建建筑地下后退既有社区中心不应小于 5.00m。

3. 当地住宅建筑的日照间距系数为 1.2。

4. 拟建建筑及既有建筑的耐火等级均为二级。

5. 应满足国家现行规范要求。

任务要求：

1. 对拟建住宅建筑地上、地下的最大可建范围进行分析：

绘出拟建住宅建筑地上的最大可建范围（用 ▨ 表示），标注相关尺寸。

绘出拟建住宅建筑地下的最大可建范围（用 ▨ 表示），标注相关尺寸。

绘出高压线走廊，标注相关尺寸。

2. 回答下列问题：

(1) 拟建住宅建筑地上最大可建范围与社区中心北侧的距离为 [   ] m。（6分）

A 6.00　　　B 9.00　　　C 13.00　　　D 14.40

(2) 拟建住宅建筑地下最大可建范围与北侧既有住宅楼的距离为 [   ] m。（6分）

A 23.10　　　B 24.10　　　C 26.10　　　D 27.10

(3) 拟建住宅建筑地上最大可建范围与高压线之间的距离为 [   ] m。（3分）

A 5.00　　　B 10.00　　　C 15.00　　　D 30.00

(4) 拟建住宅建筑地上最大可建范围与社区中心西侧的距离为 [   ] m。（5分）

A 6.00　　　B 9.00　　　C 11.00　　　D 13.00

选择题参考答案：

(1) D　　(2) A　　(3) C　　(4) B

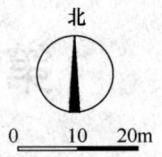

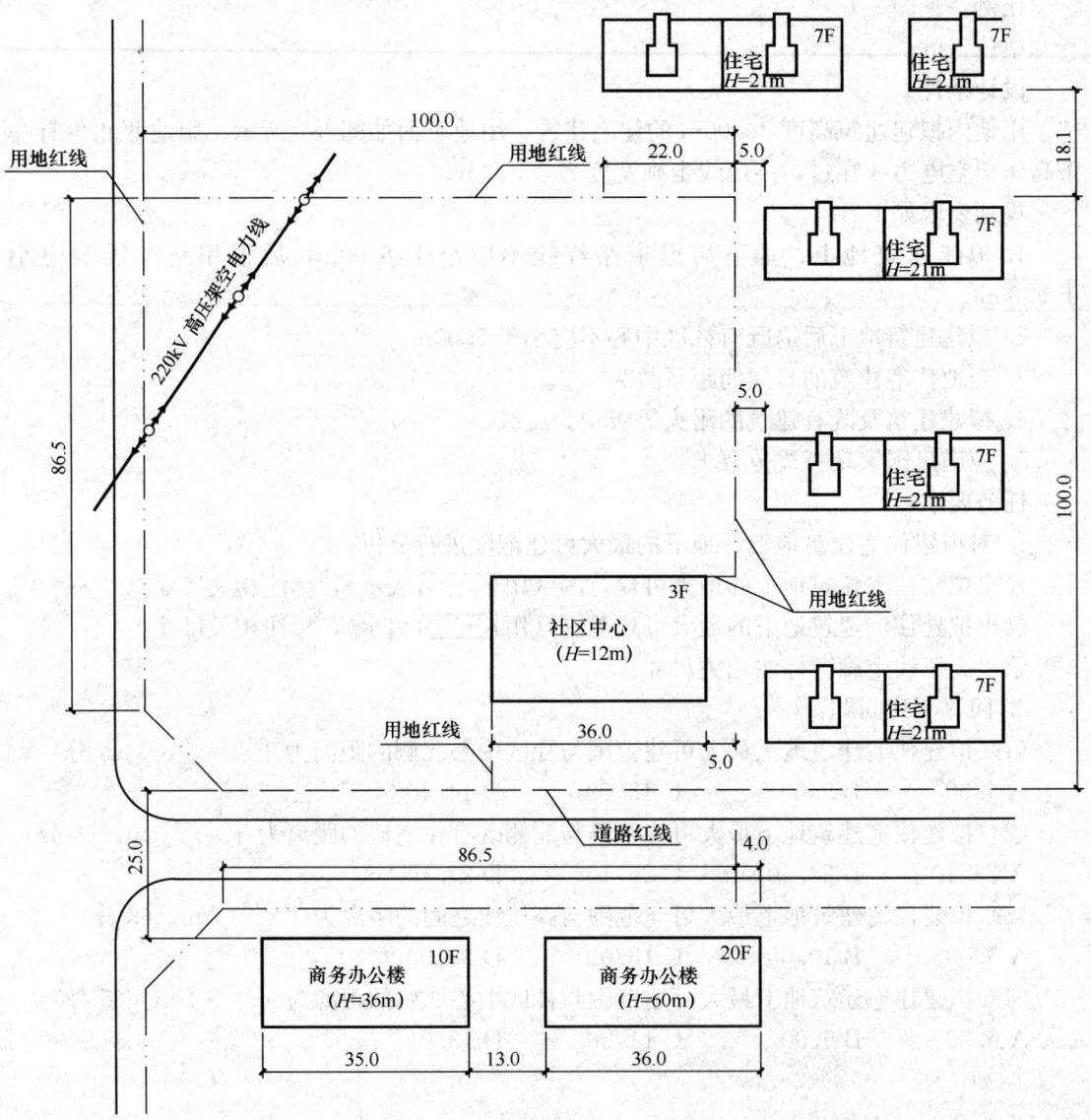

图 8-1

第二题 场地剖面

比例：见图 8-2。

单位：m。

设计条件：

场地剖面 A-B-C-D-E 如图 8-2 所示。场地 A-B 段内有一组保护建筑，耐火等级为三级，地坪标高为±0.00m。场地 D-E 段内有一栋既有住宅楼，耐火等级为二级，地坪标高为 6.00m。在 B-C 段内拟建多层公共建筑，耐火等级为二级。

规划要求如下：

1. 在保护建筑庭院内，距地面 2.00m 高范围内不应看到拟建建筑。

2. 拟建建筑与保护建筑间距不应小于 5.00m，距 C 点不应小于 9.00m。

3. 当地住宅建筑的日照间距系数为 2.0。

4. 应满足国家现行规范要求。

任务要求：

1. 绘制拟建建筑的剖面最大可建范围（用斜线表示 ▨ ），标注拟建建筑剖面最大可建范围各顶点标高及相关尺寸，标注拟建建筑剖面最大可建范围与周边建筑的间距。

2. 回答下列问题：

(1) 拟建建筑剖面最大可建范围与保护建筑的间距为〔　　〕m。　　　　　（3分）

A 5.00　　　　　B 6.00　　　　　C 7.00　　　　　D 9.00

(2) 拟建建筑剖面最大可建范围距保护建筑最近的顶点标高为〔　　〕m。（4分）

A 12.67　　　　B 13.00　　　　C 13.67　　　　D 15.00

(3) 拟建建筑剖面最大可建范围最高的顶点标高为〔　　〕m。（6分）

A 23.99　　　　B 24.00　　　　C 26.99　　　　D 27.00

(4) 拟建建筑剖面最大可建范围距既有住宅楼最近的顶点标高为〔　　〕m。（7分）

A 13.50　　　　B 15.00　　　　C 19.50　　　　D 24.00

选择题参考答案：

(1) C　　　(2) B　　　(3) B　　　(4) C

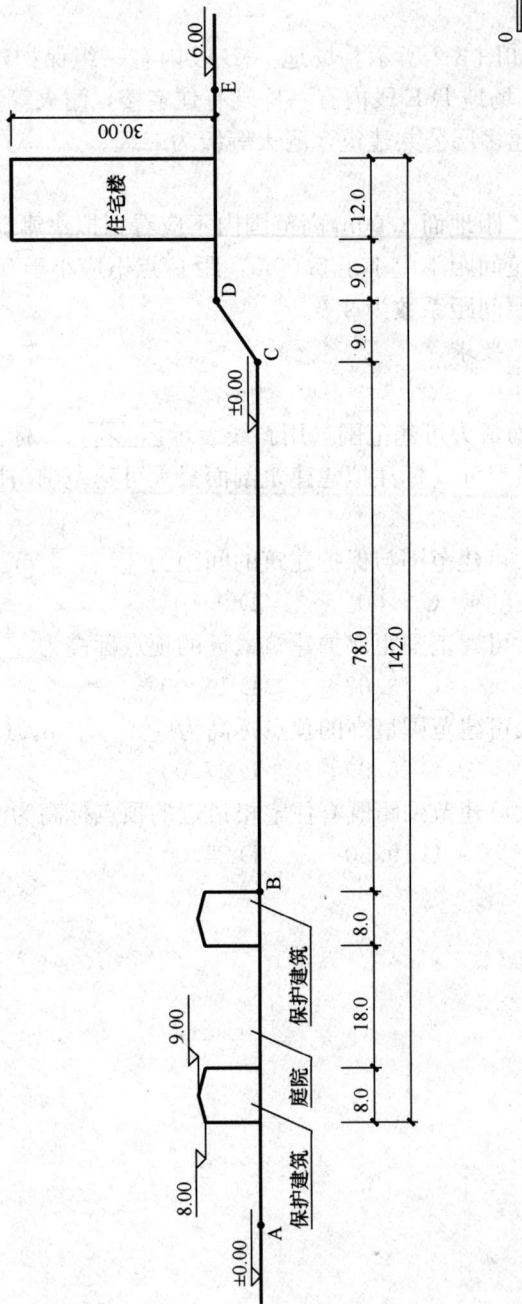

图 8-2

第三题　场　地　地　形

比例：见图 8-3。

单位：m。

设计条件：

道路及其东侧地形见图 8-3，道路纵坡坡向如图所示，坡度为 3.0%（横坡不计），道路上 A 点标高为 101.20m。拟在道路东侧平整出三块场地（Ⅰ、Ⅱ、Ⅲ），要求三块场地分别与道路上 B、C、D 点标高一致。平整出的三块场地范围内（不含西侧）高差大于等于 1.00m 时采用挡土墙处理。

任务要求：

1. 标注平整后三块场地的标高。

绘制场地范围内高度大于等于 1.00m 的挡土墙（用 =▼= 表示），并且标注标高。

绘制场地填方区的范围（用 ⊿⊿⊿ 表示）。

2. 回答下列问题：

(1) 平整后场地Ⅰ的标高为 [　　] m。　　　　　　　　　　　　　　（4分）

A 100.00　　　B 100.50　　　　C 101.00　　　　D 101.50

(2) 平整后场地Ⅱ与场地Ⅲ之间的高差为 [　　] m。　　　　　　　（4分）

A 0.50　　　　B 1.00　　　　　C 1.50　　　　　D 2.00

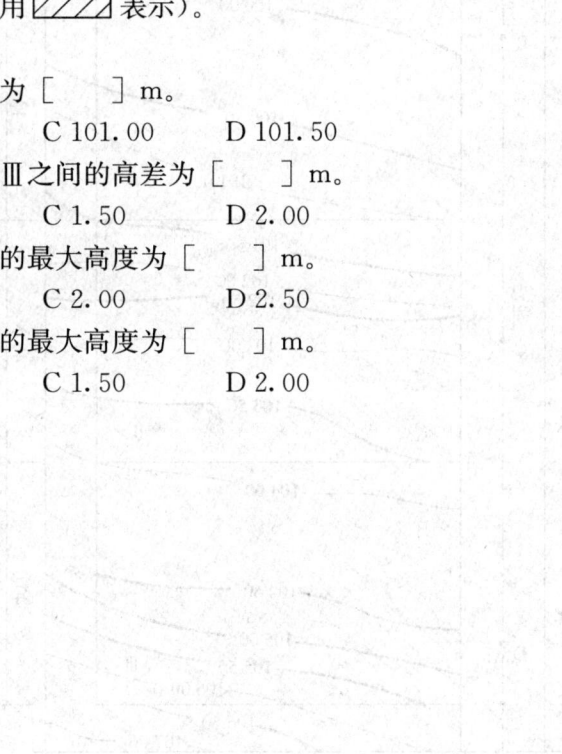

(3) 平整后填方区挡土墙的最大高度为 [　　] m。　　　　　　　　（6分）

A 1.00　　　　B 1.50　　　　　C 2.00　　　　　D 2.50

(4) 平整后挖方区挡土墙的最大高度为 [　　] m。　　　　　　　　（6分）

A 0.50　　　　B 1.00　　　　　C 1.50　　　　　D 2.00

选择题参考答案：

(1) D　　　(2) C　　　(3) C　　　(4) D

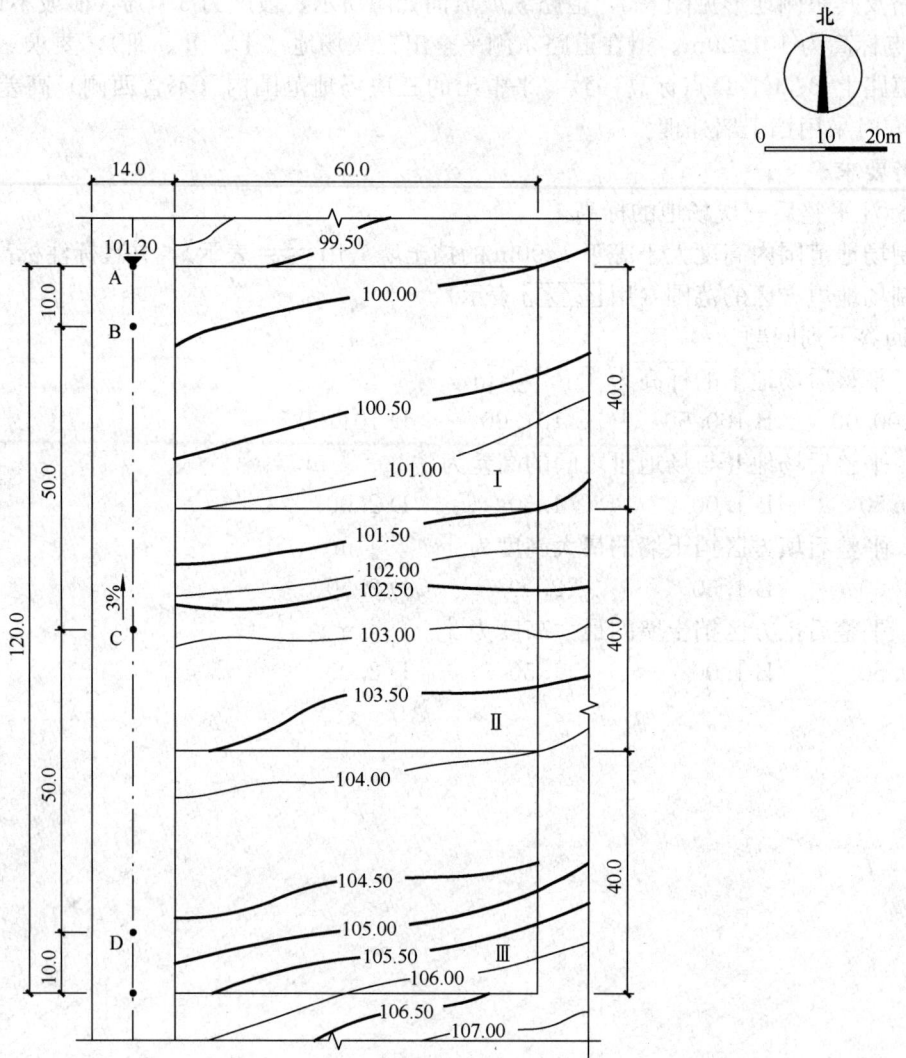

图 8-3

第四题 场 地 设 计

比例：见图 8-4。

单位：m。

设计条件：

某城市公园北侧拟建一陶艺文化园，其功能包括陶艺的展示、制作体验（制坯—彩绘—烧制）及商业展示等内容，文化园的用地及其周边环境如图 8-4 所示。

用地内的陶土窑旧址为近代工业遗产，其保护范围内不得布置建筑和道路；既有建筑拟改造为制坯工坊。

用地内拟建建筑物

① 陶艺展厅一。

② 陶艺展厅二。

③ 彩绘工坊（2 栋）。

④ 烧制工坊。

⑤ 商业服务用房（便于独立对外营业及服务城市公园）。

⑥ 茶室。

⑦ 连廊（宽 6m，展厅之间需加连廊，工坊之间需加连廊）。

各建筑平面尺寸、形状、高度及层数见图 8-5 所示。

场地要求：

① 主入口广场≥1500m²。

② 停车场（1 处）≥1000m²。

规划要求：

（1）建筑物后退用地红线不应小于 15.0m。

（2）停车场后退用地红线不应小于 5.0m。

（3）场地出入口不得穿越城市绿带。

（4）保留用地中的水系。

（5）建筑物应按正南北朝向布置，平面尺寸及形状不得变动且不得旋转。

（6）各建筑物耐火等级均为二级。

（7）应满足国家现行规范要求。

任务要求：

1. 根据设计条件绘制总平面图，画出建筑物、场地、道路及绿地并标注名称。注明场地主、次入口在城市道路处的位置并用▲表示。标注满足规划、规范要求的相关尺寸，标明主入口广场、停车场的面积。

2. 回答下列问题：

（1）陶艺文化园主入口位于场地〔　　　〕。（8分）

A 东侧　　　　B 西侧　　　　C 南侧　　　　D 北侧

（2）烧制工坊位于〔　　　〕地块。（7分）

A Ⅰ　　　　B Ⅱ　　　　C Ⅴ　　　　D Ⅵ

（3）陶艺展厅一位于〔   〕地块。（7分）

A Ⅰ   B Ⅳ   C Ⅴ   D Ⅵ

（4）商业服务用房位于〔   〕地块。（7分）

A Ⅰ   B Ⅱ   C Ⅳ   D Ⅴ

（5）次入口位于场地〔   〕。（6分）

A 东侧   B 西侧   C 南侧   D 北侧

（6）停车场位于〔   〕地块。（5分）

A Ⅰ   B Ⅲ   C Ⅳ   D Ⅵ

选择题参考答案：

（1）B   （2）D   （3）A   （4）C   （5）A   （6）C

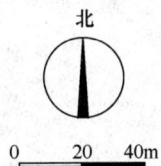

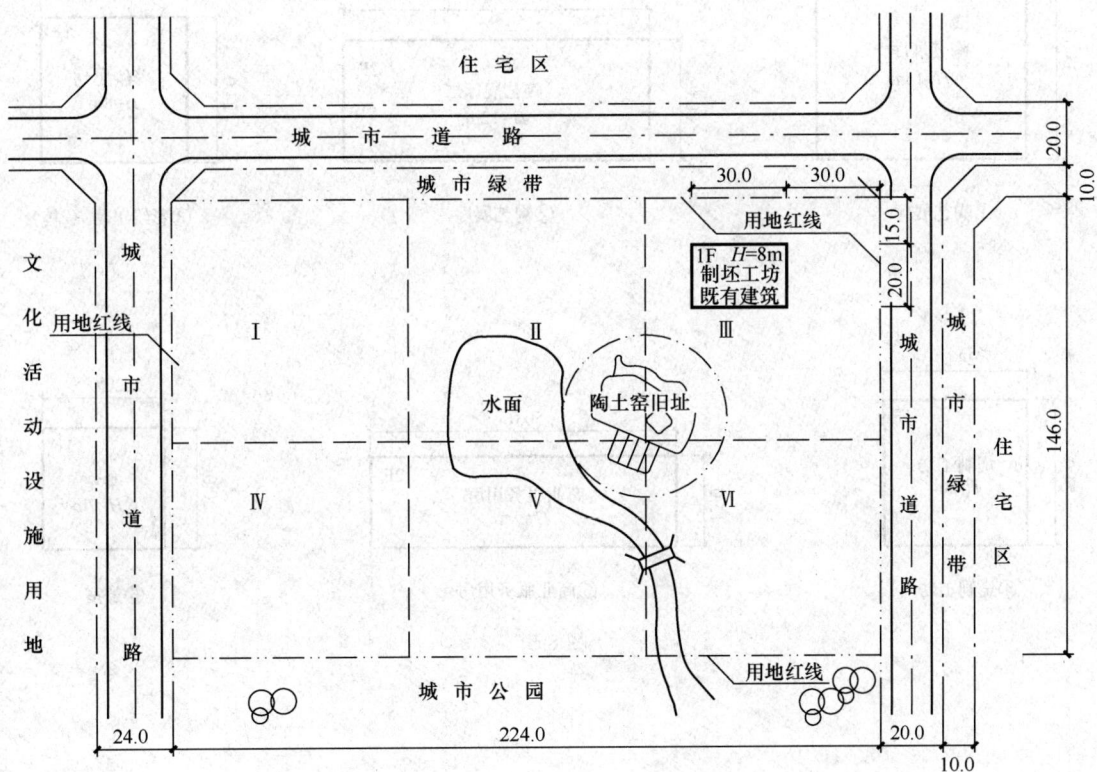

北

0　　20　40m

住　宅　区

城　市　道　路

城 市 绿 带

30.0　　30.0

用地红线

20.0

10.0

15.0

1F　*H*=8m
制坯工坊
既有建筑

20.0

文
化
活
动
设
施
用
地

城
市
道
路

用地红线

I

II

水面

陶土窑旧址

III

城
市
道
路

城
市
绿
带

住
宅
区

146.0

IV

V

VI

用地红线

城　市　公　园

24.0

224.0

20.0

10.0

图 8-4

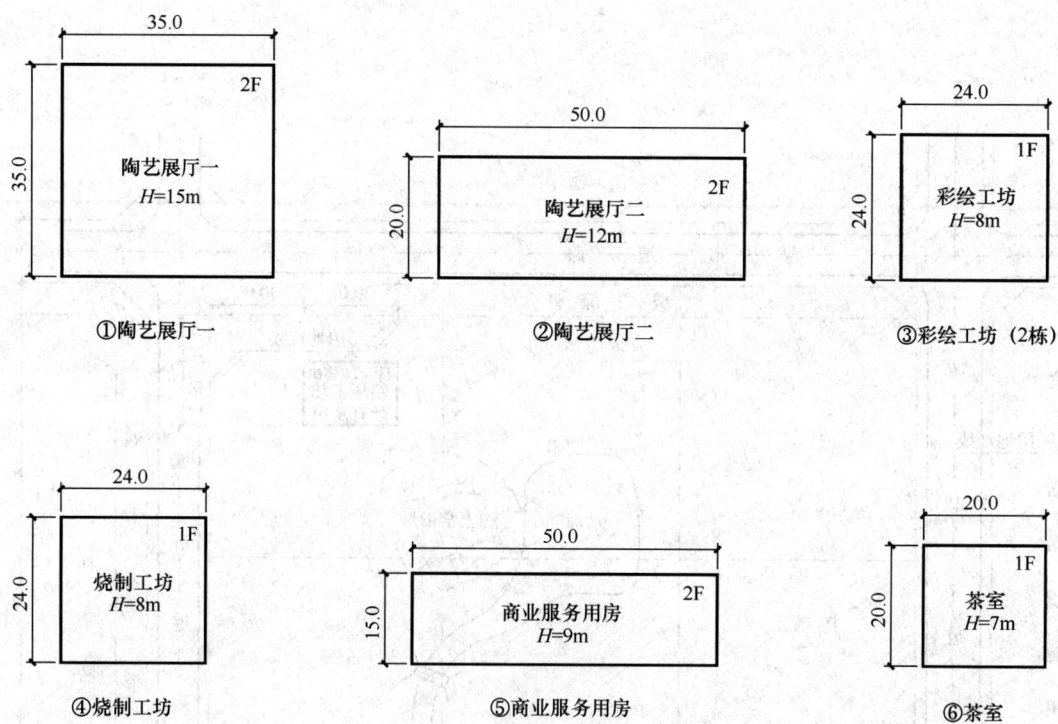

① 陶艺展厅一

② 陶艺展厅二

③ 彩绘工坊（2栋）

④ 烧制工坊

⑤ 商业服务用房

⑥ 茶室

图 8-5

第一题　场地分析　解答提示：

1. 建筑退界

根据规划要求，拟建住宅建筑地上、地下后退城市道路红线不应小于 8.0m，后退用地红线不应小于 5.0m。

根据题意，拟建建筑地下后退既有社区中心不应小于 5.0m。

2. 日照间距

当地日照间距系数为 1.2，为满足拟建地上住宅建筑的日照要求，拟建住宅建筑地上最大可建范围与南侧既有办公楼的间距为 36.0×1.2＝43.2（m）。拟建住宅建筑地上最大可建范围与社区中心北侧的距离为 12.0×1.2＝14.4（m）。拟建住宅建筑地上最大可建范围与北侧既有住宅楼的间距为 30.0×1.2＝36.0（m）。

3. 防火间距

社区中心建筑高度为 12.0m，属多层建筑，拟建建筑高度为 30.0m，属高层建筑，故拟建高层地上建筑与既有社区中心防火间距应为 9.0m。为保证拟建建筑地上部分的最大可建面积，在既有社区中心的西北角区域，可建范围线应以 9.0m 半径倒圆角。

4. 防护距离

根据题意，220kV 高压架空电力线高压走廊宽度为 30.0m，故以线路为中心，以 15.0m 为间距，在电力线两侧做平行线，为高压走廊防护距离。

拟建建筑地下退相邻建筑 5.0m，在既有社区中心的西北角区域，为保证地下的最大可建范围，拟建地下的可建范围线应以 5.0m 半径倒圆角。

根据上述因素综合确定可建范围如图 8-6 所示。

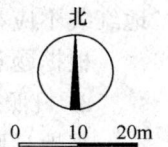

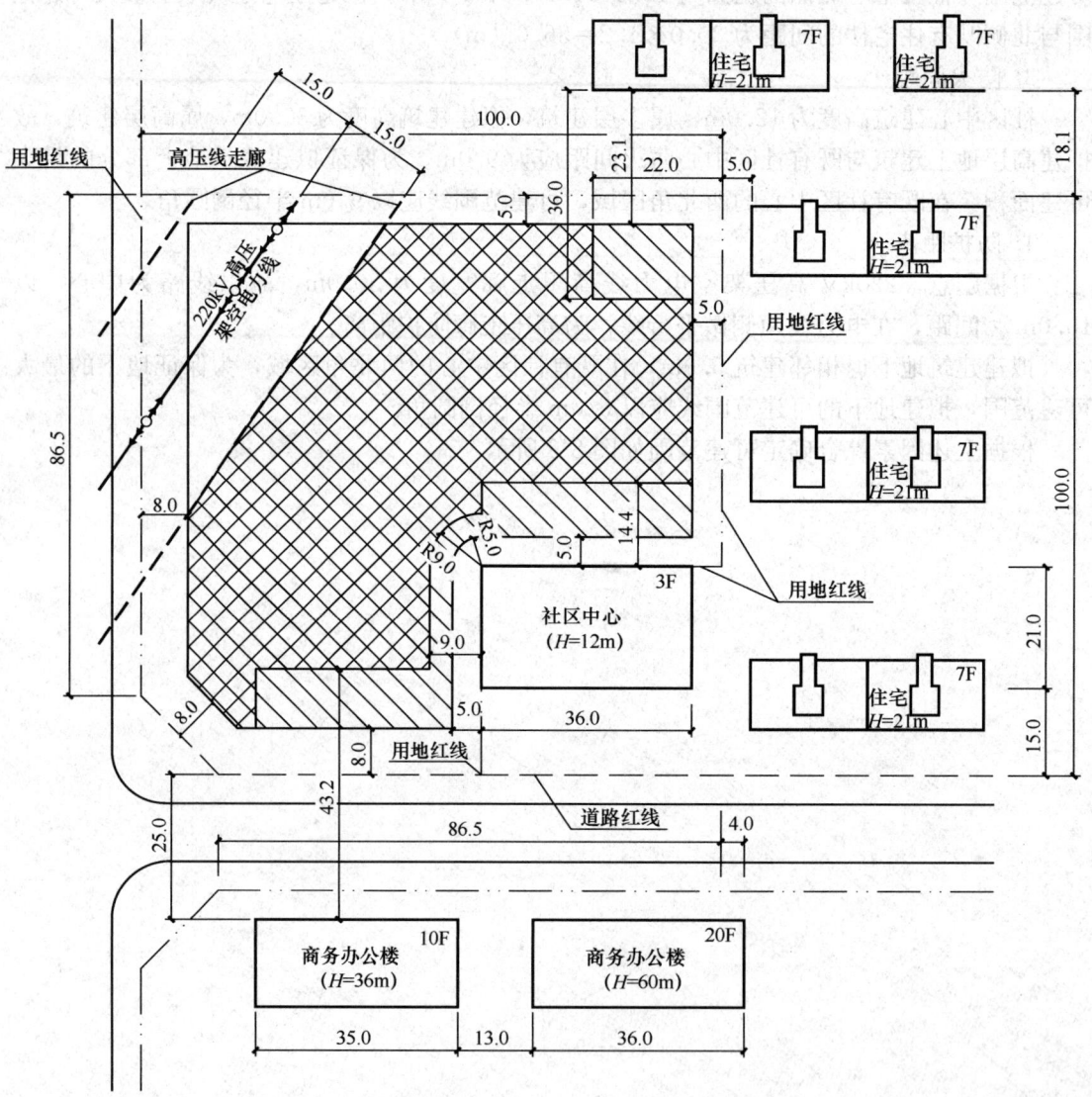

图 8-6

第二题　场地剖面　解答提示：

1. 建筑性质

已建建筑分别为 A-B 段的多层保护建筑和 D-E 段的高层住宅楼，拟建建筑为多层公共建筑，故限高 24.0m。

2. 拟建建筑剖面最大可建范围

保护建筑耐火等级为三级，拟建建筑耐火等级为二级，故拟建建筑与保护建筑之间的防火间距为 7.0m。

根据题意，保护建筑庭院内距地面 2.0m 高度范围内不能看到拟建建筑，故取庭院南端 2.0m 高度处为控制点，连接保护建筑顶点作为视觉控制线，可得出拟建建筑左侧待建的最高点为 13.0m。

根据题意，拟建建筑距 C 点不应小于 9.0m，日照间距系数为 2.0，故拟建建筑右侧待建最高点为：（9.0＋9.0＋9.0）/2＋6＝19.5m。

拟建建筑限高 24.0m，故以 24.0m 限高控制线、自南端庭院的视觉控制线及北侧已建住宅楼的日照影响线三条控制线所围合的范围，为拟建多层公共建筑剖面的最大可建范围。

场地布置剖面如图 8-7 所示。

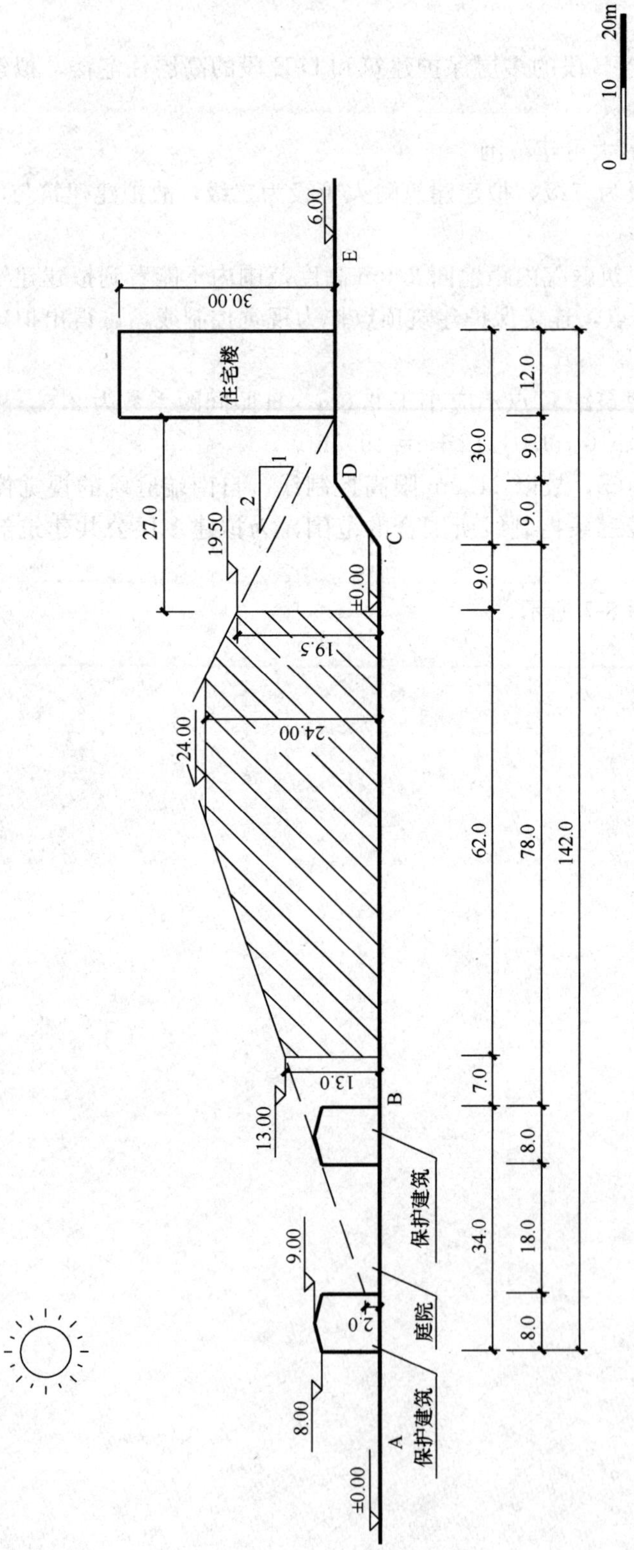

图 8-7

第三题 场地地形 解答提示：

1. 确定场地标高

按照题目要求，场地Ⅰ、Ⅱ、Ⅲ的标高分别与道路B、C、D点标高一致。故：

场地Ⅰ的标高 $h_Ⅰ=h_B=h_A+10×3\%=101.5$（m）；

场地Ⅱ的标高 $h_Ⅱ=h_C=h_A+（10+50）×3\%=103.0$（m）；

场地Ⅲ的标高 $h_Ⅲ=h_D=h_A+（10+50+50）×3\%=104.5$（m）。

2. 确定填方区范围

场地Ⅰ的标高为101.5m，原自然地形小于此标高的范围皆为填方，故以自然等高线101.5为界，小于101.5m等高线区域为填方区；同理，场地Ⅱ标高为103.0m，小于103.0m等高线的场地区域为填方区；场地Ⅲ标高为104.5m，小于104.5m等高线的场地区域为填方区。

3. 确定挡土墙最大高度

依据题意，场地衔接时（不含西侧）台地高差不小于1.0m时采用挡土墙处理。场地Ⅰ标高为101.5m，其东侧边界与100.5自然等高线的交点高差为1.0m，因自然地形北低南高，故由此交点开始沿场地边界向北、向西的台地衔接处高差均大于1.0m，故皆采用挡土墙处理。场地范围内，交点向南的边界高差均不足1.0m，故不设置挡土墙。

场地Ⅱ标高为103.0m，其东侧边界与102.0自然等高线的交点高差为1.0m，故由此交点开始沿场地边界向北的台地衔接高差大于1.0m，设置挡土墙。场地Ⅱ的北侧边界，台地上下缘高差即为平整后场地Ⅱ与场地Ⅰ的标高差，即103.0-101.5=1.5m>1.0m，同样设置挡土墙。

场地Ⅲ标高为104.5m，其填方区域的东侧和南侧边界与105.5m自然等高线的交点高差为1.0m，故两个交点围合的南侧、东侧边界设置挡土墙。场地Ⅲ的北侧边界，台地上下缘高差即为平整后场地Ⅲ与场地Ⅱ的标高差，即104.5-103.0=1.5m>1.0m，同样设置挡土墙。

经比较各挡土墙高度（即挡土墙上下缘标高差），确定平整后填方区域的挡土墙最大高度位于场地Ⅰ的西北角，此处挡土墙上缘标高为场地Ⅰ标高101.5m，下缘标高可近似采用与其临近的自然等高线99.0标高，故场地Ⅰ挡土墙最大高度为101.5-99.5=2.00m。平整后挖方区域的挡土墙最大高度位于场地Ⅲ东南角，此处挡土墙下缘标高为场地Ⅲ标高104.5m，其上缘标高可近似采用与其临近的自然等高线106.5m标高，故平整后挖方区域的挡土墙最大高度为106.5-104.5=2.0m。

场地填方和挡土墙布置见图8-8。

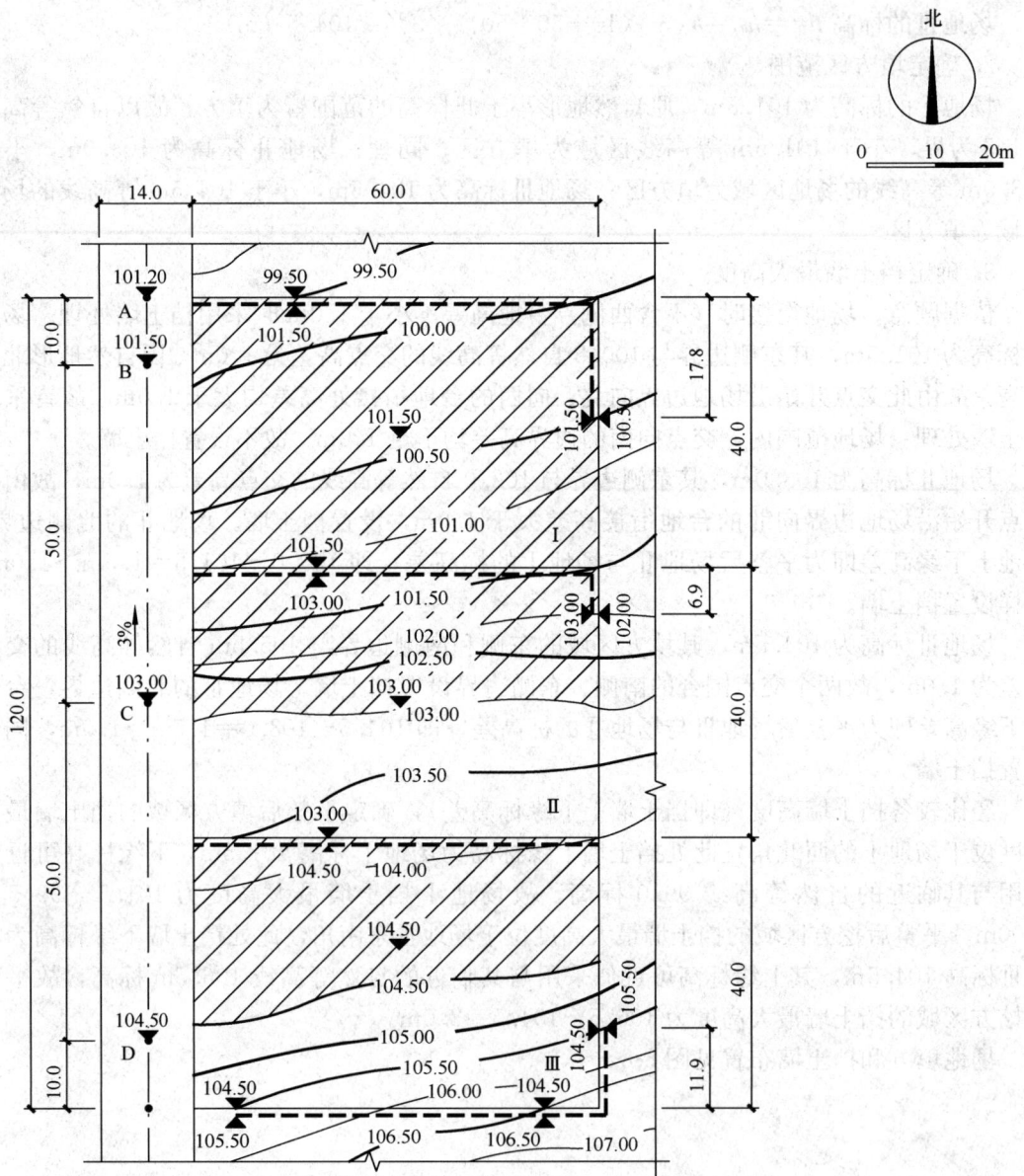

图 8-8

第四题 场地设计 解答提示：

1. 出入口布置

应题目要求，场地出入口不得穿越城市绿带，故场地北侧不能设置出入口。场地西侧为文化活动用地，东侧为住宅区，南侧与城市公园相邻，故主出入口应设置在西侧，与用地西侧的文化园区相呼应。为满足货物及后勤出入，在东南侧设置次入口。为满足题目要求的商业服务用房独立对外营业，在南侧设置一人行出入口。

2. 总体布局

因主入口设施在西侧，将主入口广场布置在场地西侧中部。

题目中，给出了本场地的三大功能，即"陶艺的展示、制作体验（制坯—彩绘—烧制）及商业服务"，三大功能区应顺应展示—体验—商业的流线。即参观者在参观时，首先进入展厅，进而依照展厅—制坯工坊—彩绘工坊—烧制工坊—商业服务的流程进行参观及体验。因主入口在西侧，既有建筑制坯位于场地东北角，故将陶艺展厅布置在场地西北部，以便与制作体验区形成场地内顺时针的参观流线。

陶艺制作流程为制坯—彩绘—烧制，考虑其涉及工艺的交通距离，应将制坯工坊、彩绘工坊和烧制工坊在基地Ⅲ区和Ⅵ区顺时针布置。

茶室与商业服务用房应设置在参观流线之后，供参观者体验完毕后进行休息和购物活动。商业服务用房需要独立对外营业及服务城市公园，故设置在临近城市道路及公园的场地西南侧，并与陶艺展厅形成互动关系。茶室的布置考虑景观需求，靠近水面布置在场地Ⅴ区。

3. 建筑物布置

建筑物后退用地红线15.0m。拟建建筑为多层建筑，各建筑之间应满足6.0m的防火间距，停车场后退用地红线5.0m。拟建建筑无日照要求，上述布置均能满足要求。

4. 道路交通

沿场地外围设置车行环路，同时满足交通和消防要求。在各建筑物之间，结合水面，布置人行环路形成游览流线。展厅之间用连廊连接，宽度为6.0m。结合主入口及广场，考虑商业服务用房与园区共用停车场，将停车场布置在商业服务用房北侧，面积为1000m²。

总平面布置如图8-9所示。

注：本题目同时给出解答二供读者参考，如图8-10所示，此方案的优点在于，商业服务用房与主入口广场、展厅联系密切，从商业服务用房出入的人流也避免了和停车场车流的交叉。其缺点在于商业服务用房不能共用园区停车场，且基地西北区域（即Ⅰ区域）布置过于紧凑，基地西南区域（即Ⅳ区域）布置过于宽松，整体上布置均衡性欠佳。两种解答各有利弊，故皆提供给读者参考。

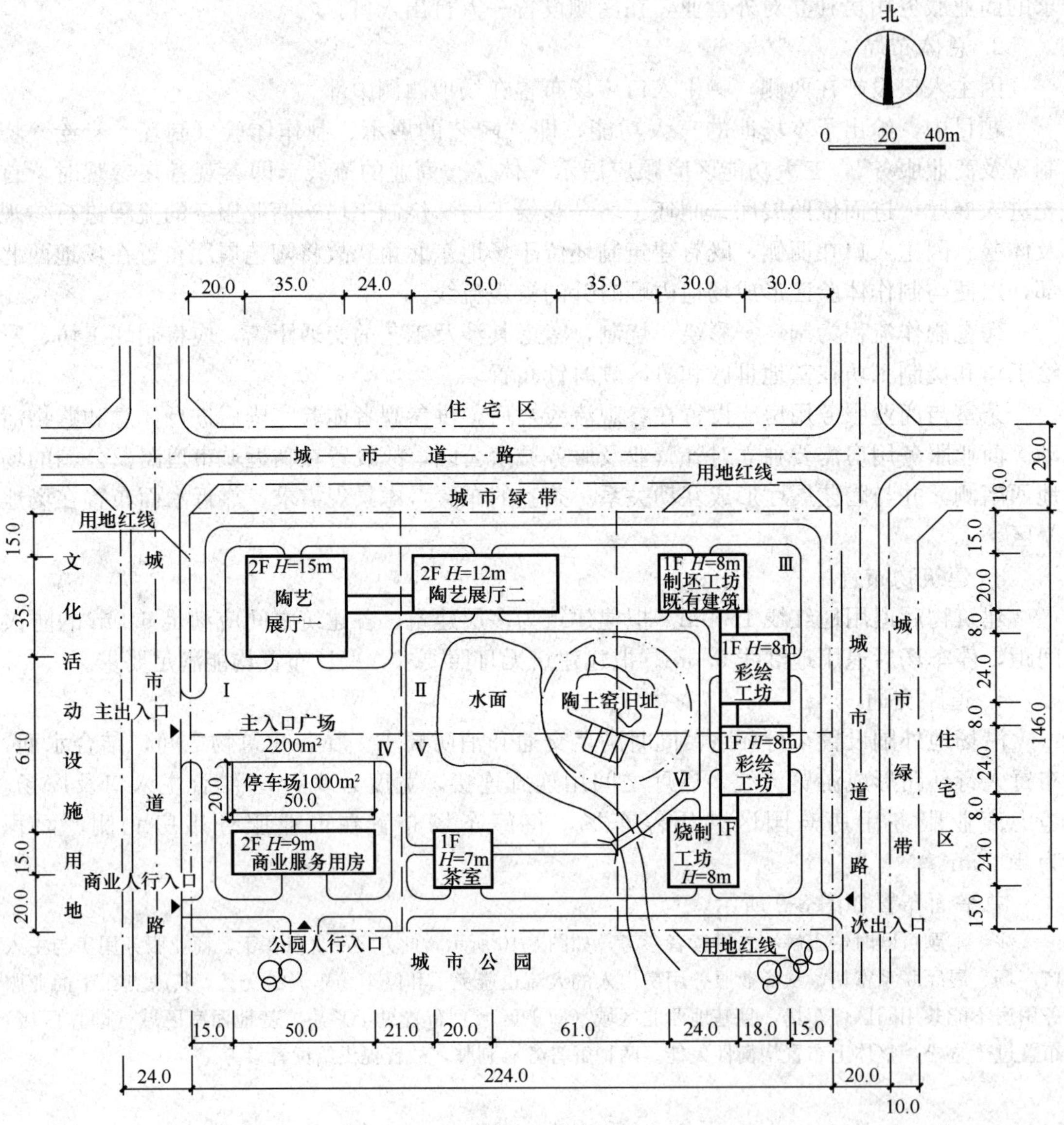

北

0　20　40m

住 宅 区

城 市 道 路

用地红线

城 市 绿 带

用地红线

城

市

道

路

文
化
活
动
设
施
用
地

城
市
道
路

主出入口

商业人行入口

2F H=15m
陶艺
展厅一

2F H=12m
陶艺展厅二

1F H=8m
制坯工坊
既有建筑

III

I

II

水面

陶土窑旧址

1F H=8m
彩绘
工坊

主入口广场
2200m²

IV V

停车场1000m²
50.0

2F H=9m
商业服务用房

1F
茶室
H=7m

1F H=8m
彩绘
工坊

VI

烧制
工坊
H=8m

1F

城
市
绿
带

住
宅
区

次出入口

公园人行入口

城 市 公 园

用地红线

20.0　35.0　24.0　50.0　35.0　30.0　30.0

15.0

35.0

61.0

15.0

20.0

20.0

15.0

20.0

20.0

10.0

20.0

15.0

8.0

24.0

8.0

24.0

8.0

24.0

146.0

15.0　50.0　21.0　20.0　61.0　24.0　18.0　15.0

24.0　　　　224.0　　　　20.0

10.0

图 8-9

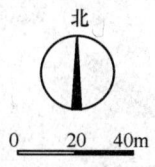

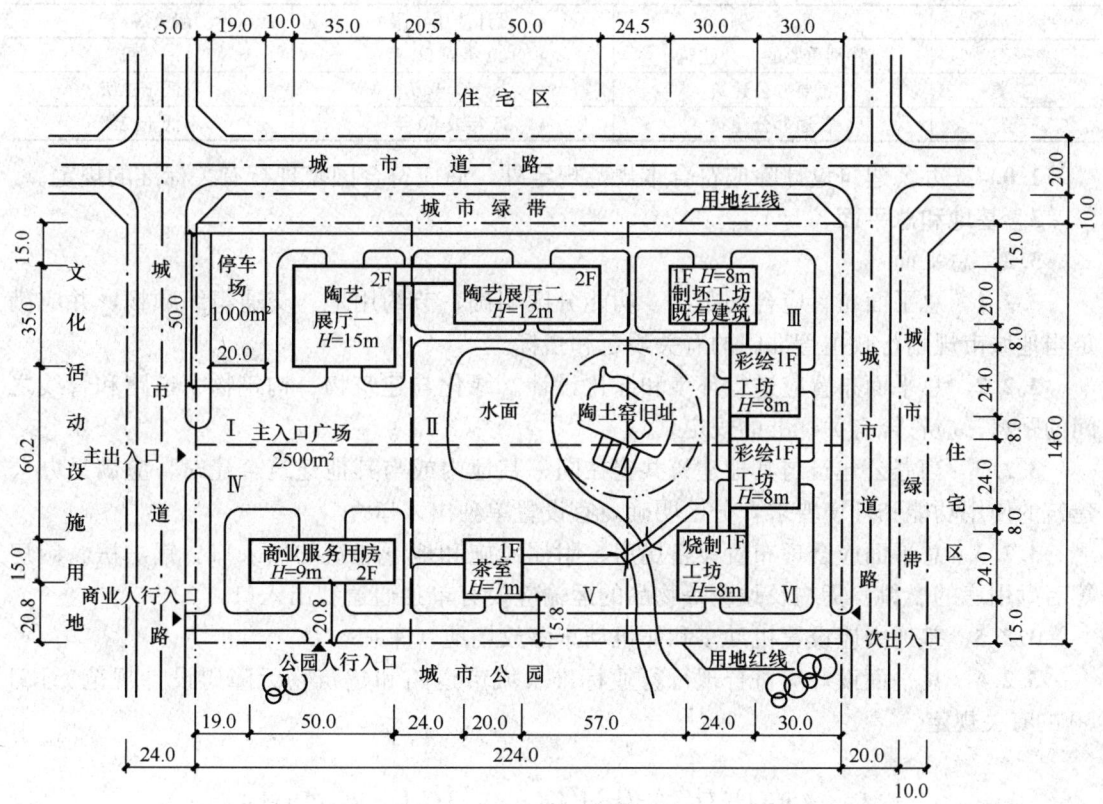

北
0　20　40m

5.0　19.0　10.0　35.0　20.5　50.0　24.5　30.0　30.0

住宅区

城　市　道　路

城　市　绿　带　　用地红线

停车场
1000㎡
20.0

陶艺
展厅一
H=15m　2F

陶艺展厅二
H=12m　2F

1F H=8m
制坯工坊
既有建筑　Ⅲ

彩绘1F
工坊
H=8m

水面

陶土窑旧址

彩绘1F
工坊
H=8m

Ⅰ　主入口广场
2500㎡　　Ⅱ

Ⅳ

商业服务用房
H=9m　2F

茶室
H=7m　1F

烧制1F
工坊
H=8m　Ⅵ

Ⅴ

公园人行入口　城市公园

用地红线

次出入口

19.0　50.0　24.0　20.0　57.0　24.0　30.0

24.0　　224.0　　20.0
10.0

文
化
活
动
设
施
用
地

城
市
道
路

主出入口

商业人行入口

15.0
35.0
60.2
15.0
20.8
50.0
20.8
15.8

20.0
10.0
15.0
20.0
8.0
24.0
8.0
24.0
8.0
24.0
15.0
146.0

城
市
绿
带

住
宅
区

图 8-10

303

附录 现有建筑设计规范中有关总平面设计的规定[①]

1.《办公建筑设计规范》JGJ 67—2006

1 总则

1.0.3 办公建筑设计应依据使用要求分类，并应符合表1.0.3的规定：

办公建筑分类 表1.0.3

类别	示 例	设计使用年限	耐火等级
一类	特别重要的办公建筑	100年或50年	一 级
二类	重要办公建筑	50年	不低于二级
三类	普通办公建筑	25年或50年	不低于二级

1.0.4 办公建筑设计除应符合本规范规定外，尚应符合国家现行有关标准的规定。

3 基地和总平面

3.2 总平面

3.2.1 总平面布置应合理布局、功能分区明确、节约用地、交通组织顺畅，并应满足当地城市规划行政主管部门的有关规定和指标。

3.2.2 总平面布置应进行环境和绿化设计。绿化与建筑物、构筑物、道路和管线之间的距离，应符合有关标准的规定。

3.2.3 当办公建筑与其他建筑共建在同一基地内或与其他建筑合建时，应满足办公建筑的使用功能和环境要求，分区明确，宜设置单独出入口。

3.2.4 总平面应合理布置设备用房、附属设施和地下建筑的出入口。锅炉房、厨房等后勤用房的燃料、货物及垃圾等物品的运输应设有单独通道和出入口。

3.2.5 基地内应设置机动车和非机动车停放场地（库）。

3.2.6 总平面设计应符合现行行业标准《城市道路和建筑物无障碍设计规范》JGJ 50的有关规定。

2.《商店建筑设计规范》JGJ 48—2014

1 总则

1.0.2 本规范适用于新建、扩建和改建的从事零售业的有店铺的商店建筑设计。不适用于建筑面积小于100m² 的单建或附属商店（店铺）的建筑设计。

[①] 以下各规范中涉及的相关规范应按其最新版本执行。

1.0.4 商店建筑的规模应按单项建筑内的商店总建筑面积进行划分，并符合表1.0.4的规定。

商店建筑的规模划分

表1.0.4

规模	小型	中型	大型
总建筑面积	<5000m²	5000～20000m²	>20000m²

3 基地和总平面

3.1 基地

3.1.1 商店建筑宜根据城市整体商业布局及不同零售业态选择基地位置，并应满足当地城市规划的要求。

3.1.2 大型和中型商店建筑基地宜选择在城市商业区或主要道路的适宜位置。

3.1.3 对于易产生污染的商店建筑，其基地选址应有利于污染的处理或排放。

3.1.4 经营易燃易爆及有毒性类商品的商店建筑不应位于人员密集场所附近，且安全距离应符合现行国家标准《建筑设计防火规范》GB 50016 的有关规定。

3.1.5 商店建筑不宜布置在甲、乙类厂（库）房，甲、乙、丙类液体和可燃气体储罐以及可燃材料堆场附近，且安全距离应符合现行国家标准《建筑设计防火规范》GB 50016 的有关规定。

3.1.6 大型商店建筑的基地沿城市道路的长度不宜小于基地周长的1/6，并宜有不少于两个方向的出入口与城市道路相连接。

3.1.7 大型和中型商店建筑基地内的雨水应有组织排放，且雨水排放不得对相邻地块的建筑及绿化产生影响。

3.2 建筑布局

3.2.1 大型和中型商店建筑的主要出入口前，应留有人员集散场地，且场地的面积和尺度应根据零售业态、人数及规划部门的要求确定。

3.2.2 大型和中型商店建筑的基地内应设置专用运输通道，且不应影响主要顾客人流，其宽度不应小于4m，宜为7m。运输通道设在地面时，可与消防车道结合设置。

3.2.3 大型和中型商店建筑的基地内应设置垃圾收集处、装卸载区和运输车辆临时停放处等服务性场地。当设在地面上时，其位置不应影响主要顾客人流和消防扑救，不应占用城市公共区域，并应采取适当的视线遮蔽措施。

3.2.4 商店建筑基地内应按现行国家标准《无障碍设计规范》GB 50763 的规定设置无障碍设施，并应与城市道路无障碍设施相连接。

3.2.5 大型商店建筑应按当地城市规划要求设置停车位。在建筑物内设置停车库时，应同时设置地面临时停车位。

3.2.6 商店建筑基地内车辆出入口数量应根据停车位的数量确定，并符合国家现行标准《汽车库建筑设计规范》JGJ 100 和《汽车库、修车库、停车场设计防火规范》GB 50067 的规定；当设置 2 个或 2 个以上车辆出入口时，车辆出入口不宜设在同一条城市道路上。

3.2.7 大型和中型商店建筑应进行基地内的环境景观设计及建筑夜景照明设计。

3.3　商业步行街

3.3.1　步行商业街内应设置限制车辆通行的措施,并应符合当地城市规划和消防、交通等部门的有关规定。

3.3.2　将现有城市道路改建为步行商业街时,应保证周边的城市道路交通畅通。

3.3.3　步行商业街除应符合现行国家标准《建筑设计防火规范》GB 50016 的相关规定外,还应符合下列规定:

1　利用现有街道改造的商业步行街,其街道最窄处不应小于 6m;

2　新建商业步行街应留有宽度不小于 4m 的消防车通道;

3　车辆限行的步行商业街长度不宜大于 500m;

4　当有顶棚的步行商业街上空设有悬挂物时,净高不应小于 4.00m,顶棚和悬挂物的材料应符合现行国家标准《建筑设计防火规范》GB 50016 的相关规定,且应采取确保安全的构造措施。

3.3.4　步行商业街的主要出入口附近应设置停车场(库),并应与城市公共交通有便捷的联系。

3.3.5　步行商业街应进行无障碍设计,并应符合现行国家标准《无障碍设计规范》GB 50763 的规定。

3.3.6　步行商业街应进行后勤货运的流线设计,并不应与主要顾客人流混合或交叉。

3.3.7　步行商业街应配备公用配套措施,并应满足环保及景观要求。

3.《旅馆建筑设计规范》JGJ 62—2014

1　总则

1.0.2　本规范适用于至少设有 15 间(套)出租客房的新建、扩建、改建的旅馆建筑设计。

1.0.3　旅馆建筑等级按由低到高的顺序可划分为一级、二级、三级、四级、五级。

3　选址、基地和总平面

3.1　选址

3.1.1　旅馆建筑的选址应符合当地城乡总体规划的要求,并应结合城乡经济、文化、自然环境及产业要求进行布局。

3.2　基地

3.2.1　旅馆建筑的基地应至少有一面直接临街城市道路或公路,或应设道路与城市道路或公路相连接。位于特殊地理环境中的旅馆建筑,应设置水路或航路等其他交通方式。

3.2.2　当旅馆建筑设有 200 间(套)以上客房时,其基地的出入口不宜少于 2 个,出入口的位置应符合城乡交通规划的要求。

3.3　总平面

3.3.1　旅馆建筑总平面应根据当地气候条件、地理特征等进行布置,建筑布局应有利于冬季日照和避风,夏季减少得热和充分利用自然通风。

3.3.2　总平面布置应功能分区明确,总体布局合理,各部分联系方便、互不干扰。

3.3.3 当旅馆建筑与其他建筑共建在同一基地内或同一建筑内时，应满足旅馆建筑的使用功能和环境要求，并符合下列规定：

1 旅馆建筑部分应单独分区，客人使用的主要出入口宜独立设置；

2 旅馆建筑部分宜集中设置；

3 从属于旅馆建筑但同时对外营业的商店、餐厅等不应影响旅馆建筑本身的使用功能。

3.3.4 应对旅馆建筑的使用和各种设备使用过程中可能产生的噪声和废气采取措施，不得对旅馆建筑的公共部分、客房部分等和邻近建筑产生不良影响。

3.3.5 旅馆建筑的交通应合理组织，保证流线清晰，避免人流、货流、车流相互干扰，并满足消防疏散要求。

3.3.6 旅馆建筑的总平面应合理布置设备用房、附属设施和地下建筑的出入口。锅炉房、厨房等后勤用房的燃料、货物及垃圾等物品的运输宜设有单独通道和出入口。

3.3.7 四级和五级旅馆建筑的主要人流出入口附近宜设置专用的出租车排队候客车道或候客车位，且不宜占用城市道路或公路，避免影响公共交通。

3.3.8 除当地有统筹建设的停车场或停车库外，旅馆建筑基地内应设置机动车和非机动车的停放场地或停车库。机动车和非机动车停车位数量应符合当地规划主管部门的规定。

3.3.9 旅馆建筑总平面布置应进行绿化设计，并应符合下列规定：

3.3.10 旅馆建筑总平面布置应合理安排各种管道，做好管道综合，并应便于维护和检修。

4.《文化馆建筑设计规范》JGJ/T 41—2014

1 总则

1.0.2 本规范适用于新建、扩建和改建的各级文化馆的建筑设计，文化站、工人文化宫、青少年宫、妇女儿童活动中心可按本规范执行。

3 选址和总平面

3.1 选址

3.1.1 文化馆建筑选址应符合当地文化事业发展和当地城乡规划的要求。

3.1.2 新建文化馆宜有独立的建筑基地，当与其他建筑合建时，应满足使用功能的要求，且自成一区，并应设置独立的出入口。

3.2 总平面

3.2.1 文化馆建筑的总平面设计应符合下列规定：

1 功能分区应明确，群众活动区宜靠近主出入口或布置在便于人流集散的部位；

2 人流和车辆交通路线应合理，道路布置应便于道具、展品的运输和装卸；

3 基地至少应设有两个出入口，且当主要出入口紧邻城市交通干道时，应符合城乡规划的要求并应留出疏散缓冲距离。

3.2.2 文化馆建筑的总平面应划分静态功能区和动态功能区，且应分区明确、互不干扰，并应按人流和疏散通道布局功能区。静态功能区与动态功能区宜分别设置功能区的出入口。

3.2.3 文化馆应设置室外活动场地，并应符合下列规定：

1 应设置在动态功能区一侧，并应场地规整、交通方便、朝向较好；

2 应预留布置活动舞台的位置，并应为活动舞台及其设施设备预留必要的条件。

3.2.4 文化馆的庭院设计，应结合地形、地貌、场区布置及建筑功能分区的关系，布置室外休息活动场所、绿化及环境景观等，并宜在人流集中的路边设置宣传栏、画廊、报刊橱窗等宣传设施。

3.2.5 基地内应设置机动车及非机动车停车场（库），且停车数量应符合城乡规划的规定。停车场地不得占用室外活动场地。

3.2.6 当文化馆基地距医院、学校、幼儿园、住宅等建筑较近时，室外活动场地及建筑内噪声较大的功能用房应布置在医院、学校、幼儿园、住宅建筑的远端，并应采取防干扰措施。

3.2.7 文化馆建筑的密度、建筑容积率及场区绿地率，应符合国家现行有关标准的规定和城乡规划的要求。

5.《图书馆建筑设计规范》JGJ 38—2015

1 总则

1.0.3 图书馆建筑应满足文献资料信息的采集、加工、利用和安全防护等要求，并应为读者、工作人员创造良好的环境和工作条件。

3 基地和总平面

3.1 基地

3.1.1 图书馆基地的选择应满足当地总体规划的要求。

3.1.2 图书馆的基地应选择位置适中、交通方便、环境安静、工程地质及水文地质条件较有利的地段。

3.1.3 图书馆基地与易燃易爆、噪声和散发有害气体、强电磁波干扰等污染源之间的距离，应符合国家现行有关安全、消防、卫生、环境保护等标准的规定。

3.1.4 图书馆宜独立建造。当与其他建筑合建时，应满足图书馆的使用功能和环境要求，并宜单独设置出入口。

3.2 总平面

3.2.1 图书馆建筑的总平面布置应总体布局合理、功能分区明确、各区联系方便、互不干扰，并宜留有发展用地。

3.2.2 图书馆建筑的交通组织应做到人、书、车分流，道路布置应便于读者、工作人员进出及安全疏散，便于图书运送和装卸。

3.2.3 当图书馆设有少年儿童阅览区时，少年儿童阅览区宜设置单独的对外出入口和室外活动场地。

3.2.4 除当地规划部门有专门的规定外，新建公共图书馆的建筑密度不宜大于40%。

3.2.5 除当地有统筹建设的停车场或停车库外，图书馆建筑基地内应设置供读者和工作人员使用的机动车停车库或停车场地以及非机动车停放场地。

3.2.6 图书馆基地内的绿地率应满足当地规划部门的要求，并不宜小于30％。

6.《博物馆建筑设计规范》JGJ 66—2015

1 总则

1.0.3 按博物馆的藏品和基本陈列内容分类，博物馆可划分为历史类博物馆、艺术类博物馆、科学与技术类博物馆、综合类博物馆等四种类型。

1.0.4 博物馆建筑可按建筑规模划分为特大型馆、大型馆、大中型馆、中型馆、小型馆等五类，且建筑规模分类应符合表1.0.4的规定。

博物馆建筑规模分类　　　　表1.0.4

建筑规模类别	建筑总建筑面积（m²）	建筑规模类别	建筑总建筑面积（m²）
特大型馆	＞50000	中型馆	5001～10000
大型馆	20001～50000	小型馆	≤5000
大中型馆	10001～20000		

3 选址与总平面

3.1 选址

3.1.2 博物馆建筑基地不应选择在下列地段：

1 易因自然或人为原因引起沉降、地震、滑坡或洪涝的地段；

2 空气或土地已被或可能被严重污染的地段；

3 有吸引啮齿动物、昆虫或其他有害动物的场所或建筑附近。

3.1.3 博物馆建筑宜独立建造。当与其他类型建筑合建时，博物馆建筑应自成一区。

3.1.4 在历史建筑、保护建筑、历史遗址上或其近旁新建、扩建或改建博物馆建筑，应遵守文物管理和城市规划管理的有关法律和规定。

3.2 总平面

3.2.1 博物馆建筑的总体布局应遵循下列原则：

1 应便利观众使用、确保藏品安全、利于运营管理；

2 室外场地与建筑布局应统筹安排，并应分区合理、明确、互不干扰、联系方便；

3 应全面规划，近期建设与长远发展相结合。

3.2.2 博物馆建筑的总平面设计应符合下列规定：

1 新建博物馆建筑的建筑密度不应超过40％。

2 基地出入口的数量应根据建筑规模和使用需要确定，且观众出入口应与藏品、展品进出口分开设置。

3 人流、车流、物流组织应合理；藏品、展品的运输线路和装卸场地应安全、隐蔽，且不应受观众活动的干扰。

4 观众出入口广场应设有供观众集散的空地，空地面积应按高峰时段建筑内向该出入口疏散的观众量的1.2倍计算确定，且不应少于0.4m²/人。

5 特大型馆、大型馆建筑的观众主入口到城市道路出入口的距离不宜小于20m，主入口广场宜设置供观众避雨遮阴的设施。

6 建筑与相邻基地之间应按防火、安全要求留出空地和道路，藏品保存场所的建筑物宜设环形消防车道。

7 对噪声不敏感的建筑、建筑部位或附属用房等宜布置在靠近噪声源的一侧。

3.2.3 博物馆建筑的露天展场应符合下列规定：

1 应与室内公共空间和流线组织统筹安排；

2 应满足展品运输、安装、展览、维修、更换等要求；

3 大型展场宜设置问讯、厕所、休息廊等服务设施。

3.2.4 博物馆建筑基地内设置的停车位数量，应按其总建筑面积的规模计算确定，且不宜小于表3.2.4的规定：

博物馆建筑基地内设置的停车位数量　　　　　　　　表3.2.4

每1000m² 建筑面积设置的停车位（个）			
大型客车	小型汽车		非机动车
	小型馆、中型	大中型馆、大型馆、特大型馆	
0.3	5	6	15

注：1. 计算停车位时，总建筑面积不包含车库建筑面积。

2. 停车位数量不足1时，应按1个停车位设置。

7.《档案馆建筑设计规范》JGJ 25—2010

1 总则

1.0.3 档案馆可分特级、甲级、乙级三个等级，不同等级档案馆的适用范围及耐火等级要求应符合表1.0.3的规定。

档案馆等级与适用范围及耐火等级　　　　　　　　表1.0.3

等级	特级	甲级	乙级
适用范围	中央级档案馆	省、自治区、直辖市、计划单列市、副省级市档案馆	地（市）及县（市）档案馆
耐火等级	一级	一级	不低于二级

1.0.4 特级、甲级档案馆的抗震设计应符合现行国家标准《建筑工程抗震设防分类标准》GB 50223的规定。位于地震基本烈度七度及以上地区的乙级档案馆应按基本烈度设防，地震基本烈度六度地区重要城市的乙级档案馆宜按七度设防。

3 基地和总平面

3.0.1 档案馆基地选址应纳入并符合城市总体规划的要求。

3.0.2 档案馆的基地选址内容应符合下列规定：

1 应选择工程地质条件和水文地质条件较好的地段，并宜远离洪水、山体滑坡等自然灾害易发生的地段；

2 应远离易燃、易爆场所和污染源；

3 应选择交通方便、城市公用设施完备的地段；

4 应选择地势较高、场地干燥、排水通畅、空气流通和环境安静的地段。

3.0.3 档案馆的总平面布置应符合下列规定：

1 档案馆建筑宜独立建造。当确需与其他工程合建时，应自成体系并符合本规范的规定；

2 总平面布置宜根据近远期建设计划的要求，进行一次规划、建设，或一次规划、分期建设；

3 基地内道路应与城市道路或公路连接，并应符合消防安全要求；

4 人员集散场地、道路、停车场和绿化用地等室外用地应统筹安排；

5 基地内建筑及道路应符合现行行业标准《城市道路和建筑物无障碍设计规范》JGJ 50 的规定。

8. 《展览建筑设计规范》JGJ 218—2010

1 总则

1.0.3 展览建筑规模可按基地以内的总展览面积划分为特大型、大型、中型和小型，并应符合表 1.0.3 的规定。

1.0.4 展厅的等级可按其展览面积划分为甲等、乙等和丙等，并应符合表 1.0.4 的规定。

展览建筑规模   表 1.0.3

建筑规模	总展览面积 S（m^2）
特大型	$S>100000$
大型	$30000<S\leqslant100000$
中型	$10000<S\leqslant30000$
小型	$S\leqslant10000$

展厅的等级   表 1.0.4

展厅等级	展厅的展览面积 S（m^2）
甲等	$S>10000$
乙等	$5000<S\leqslant10000$
丙等	$S\leqslant5000$

3 场地设计

3.1 选址

3.1.1 展览建筑的选址应符合城市总体规划的要求，并应结合城市经济、文化及相关产业的要求进行合理布局。

3.1.2 展览建筑的选址应符合下列规定：

1 交通应便捷，且应与航空港、港口、火车站、汽车站等交通设施联系方便；特大型展览建筑不应设在城市中心，其附近宜有配套的轨道交通设施；

2 特大型、大型展览建筑应充分利用附近的公共服务和基础设施；

3 不应选在有害气体和烟尘影响的区域内，且与噪声源及储存易燃、易爆物场所的距离应符合国家现行有关安全、卫生和环境保护等标准的规定；

4 宜选择地势平缓、场地干燥、排水通畅、空气流通、工程地质及水文地质条件较好的地段。

3.2 基地

3.2.1 特大型展览建筑基地应至少有 3 面直接临接城市道路；大型、中型展览建筑基地应至少有 2 面直接临接城市道路；小型展览建筑基地应至少有 1 面直接临接城市道路。基地应至少有 1 面直接临接城市主要干道，且城市主要干道的宽度应满足布展、撤展或人员疏散的要求。

3.2.2 展览建筑的主要出入口及疏散口的位置应符合城市交通规划的要求。特大型、大型、中型展览建筑基地应至少有 2 个不同方向通向城市道路的出口。

3.2.3 基地应具有相应的市政配套条件。

3.3 总平面布置

3.3.1 总平面布置应根据近远期建设计划的要求进行整体规划，并宜留有改建和扩建的余地。

3.3.2 总平面布置应功能分区明确、总体布局合理，各部分联系方便、互不干扰。

3.3.3 交通应组织合理、流线清晰，道路布置应便于人员进出、展品运送、装卸，并应满足消防和人员疏散要求。

3.3.4 展览建筑应按不小于 0.20m²/人配置集散用地。

3.3.5 室外场地的面积不宜少于展厅占地面积的 50%。

3.3.6 展览建筑的建筑密度不宜大于 35%。

3.3.7 除当地有统筹建设的停车场或停车库外，基地内应设置机动车和自行车的停放场地。

3.3.8 基地应做好绿化设计，绿地率应符合当地有关绿化指标的规定。栽种的树种应根据城市气候、土壤和能净化空气等条件确定。

3.3.9 总平面应设置无障碍设施，并应符合现行行业标准《无障碍设计规范》GB 50763 的有关规定。

3.3.10 基地内应设有标识系统。

9.《剧场建筑设计规范》JGJ 57—2016

3 基地和总平面

3.1 基地

3.1.2 剧场建筑基地应符合下列规定：

1 宜选择交通便利的区域，并应远离工业污染源和噪声源。

2 基地应至少有一面临接城市道路，或直接通向城市道路的空地；临接的城市道路的可通行宽度不应小于剧场安全出口宽度的总和。

3 基地沿城市道路的长度应按建筑规模或疏散人数确定，并不应小于基地周长的 1/6。

4 基地应至少有两个不同方向的通向城市道路的出口。

5 基地的主要出入口不应与快速道路直接连接，也不应直接面对城市主要干道的交叉口。

3.1.3 剧场建筑主要入口前的空地应符合下列规定：

1 剧场建筑从红线的退后距离应符合当地规划的要求，并应按不小于 0.20m²/座留出集散空地。

2 绿化和停车场布置不应影响集散空地的使用，并不宜设置障碍物。

3.2 总平面

3.2.1 剧场总平面布置应符合下列规定：

1 总平面设计应功能分区明确，交通流线合理，避免人流与车流、货流交叉，并应有利于消防、停车和人流集散。

2 布景运输车辆应能直接到达景物搬运出入口。

3 宜为将来的改建和发展留有余地。

4 应考虑安检设施布置需求。

3.2.2 新建、扩建剧场基地内应设置停车场（库），且停车场（库）的出入口应与道路连接方便，停车位的数量应满足当地规划的要求。

3.2.3 剧场总平面道路设计应满足消防车及货运车的通行要求，其净宽不应小于4.00m，穿越建筑物时净高不应小于4.00m。

3.2.6 对于综合建筑内设置的剧场，宜设置通往室外的单独出入口，应设置人员集散空间，并应设置相应的标识。

10.《电影院建筑设计规范》JGJ 58—2008

1 总则

1.0.2 本规范适用于放映35mm的变形宽银幕、遮幅宽银幕及普通银幕三种画幅制式电影和数字影片的新建、改建、扩建电影院建筑设计。

1.0.3 当电影院有多种用途或功能时，应按其主要用途确定建筑标准。

3 基地和总平面

3.1 基地

3.1.1 电影院选址应符合当地总体规划和文化娱乐设施的布局要求。

3.1.2 基地选择应符合下列规定：

1 宜选择交通方便的中心区和居住区，并远离工业污染源和噪声源；

2 至少应有一面直接临接城市道路。与基地临接的城市道路的宽度不宜小于电影院安全出口宽度总和，且与小型电影院连接的道路宽度不宜小于8m，与中型电影院连接的道路宽度不宜小于12m，与大型电影院连接的道路宽度不宜小于20m，与特大型电影院连接的道路宽度不宜小于25m；

3 基地沿城市道路方向的长度应按建筑规模和疏散人数确定，并不应小于基地周长的1/6；

4 基地应有两个或两个以上不同方向通向城市道路的出口；

5 基地和电影院的主要出入口，不应和快速道路直接连接，也不应直对城镇主要干道的交叉口；

6 电影院主要出入口前应设有供人员集散用的空地或广场，其面积指标不应小于0.2m²/座，且大型及特大型电影院的集散空地的深度不应小于10m；特大型电影院的集散空地宜分散设置。

3.1.3 基地的机动车出入口设置应符合现行国家标准《民用建筑设计通则》GB 50352 中的有关规定。

3.2 总平面

3.2.1 总平面布置应符合下列规定：

1 宜为将来的改建和发展留有余地；

2 建筑布局应使基地内人流、车流合理分流，并应有利于消防、停车和人员集散。

3.2.2 基地内应为消防提供良好道路和工作场地，并应设置照明。内部道路可兼作消防车道，其净宽不应小于 4m，当穿越建筑物时，净高不应小于 4m。

3.2.3 停车场（库）设计应符合下列规定：

1 新建、扩建电影院的基地内宜设置停车场，停车场的出入口应与道路连接方便；

2 贵宾和工作人员的专用停车场宜设置在基地内；

3 贴邻观众厅的停车场（库）产生的噪声应采取适当的措施进行处理，防止对观众厅产生影响；

4 停车场布置不应影响集散空地或广场的使用，并不宜设置围墙、大门等障碍物。

3.2.4 绿化设计应符合当地行政主管部门的有关规定。

3.2.5 场地应进行无障碍设计，并应符合国家现行行业标准《城市道路和建筑物无障碍设计规范》JGJ 50 中的有关规定。

3.2.6 综合建筑内设置的电影院，应符合下列规定：

1 楼层的选择应符合现行国家标准《建筑设计防火规范》GB 50016 及《高层民用建筑设计防火规范》GB 50045 中的相关规定；

2 不宜建在住宅楼、仓库、古建筑等建筑内。

3.2.7 综合建筑内设置的电影院应设置在独立的竖向交通附近，并应有人员集散空间；应有单独出入口通向室外，并应设置明显标识。

11.《体育建筑设计规范》JGJ 31—2003

1 总则

1.0.3 当体育建筑有多种用途(或功能)时，其技术标准应按其主要用途确定建筑标准，其他用途则适当兼顾。

1.0.6 体育设施，尤其是为重大赛事所建的设施应充分考虑赛后的使用和经营，以保证最大地发挥其社会效益和经济效益。

1.0.7 体育建筑等级应根据其使用要求分级，且应符合表 1.0.7 规定。

体 育 建 筑 等 级　　　　　　　　　　　　　　　　　表 1.0.7

等　级	主 要 使 用 要 求
特　级	举办亚运会、奥运会及世界级比赛主场
甲　级	举办全国性和单项国际比赛
乙　级	举办地区性和全国单项比赛
丙　级	举办地方性、群众性运动会

1.0.8 不同等级体育建筑结构设计使用年限和耐火等级应符合表 1.0.8 的规定。

体育建筑的结构设计使用年限和耐火等级 表 1.0.8

建筑等级	主体结构设计使用年限	耐火等级
特级	＞100 年	不低于一级
甲级、乙级	50～100 年	不低于二级
丙级	25～50 年	不低于二级

1.0.9 在进行正式比赛时，体育建筑设计必须符合国家体育主管部门颁布的各项体育竞赛规则中对建筑提出的要求。进行国际比赛时，同时还必须满足相关国际体育组织的有关标准和规定。

1.0.10 体育建筑设计除应符合本规范外，尚应符合国家现行有关强制性标准的规定。

3 基地和总平面

3.0.1 体育建筑基地的选择，应符合城镇当地总体规划和体育设施的布局要求，讲求使用效益、经济效益、社会效益和环境效益。

3.0.2 基地选择应符合下列要求：

1 适合开展运动项目所具有的特点和使用要求；

2 交通方便。根据体育设施规模大小，基地至少应分别有一面或两面临接城市道路。该道路应有足够的通行宽度，以保证疏散和交通；

3 便于利用城市已有基础设施；

4 环境较好。与污染源、高压线路、易燃易爆物品场所设定的距离达到有关防护规定，防止洪涝、滑坡等自然灾害，并注意体育设施使用时对周围环境的影响。

3.0.3 市级体育设施用地面积不应小于表 3.0.3 的规定。

市级体育设施用地面积 表 3.0.3

	100 万人口 以上城市		50 万～100 万 人口城市		20 万～50 万 人口城市		10 万～20 万 人口城市	
	规模 （千座）	用地面积 （$10^3 m^2$）	规模 （千座）	用地面积 （$10^3 m^2$）	规模 （千座）	用地面积 （$10^3 m^2$）	规模 （千座）	用地面积 （$10^3 m^2$）
体育场	30～50	86～122	20～30	75～97	15～20	69～84	10～15	50～63
体育馆	4～10	11～20	4～6	11～14	2～4	10～13	2～3	10～11
游泳馆	2～4	13～17	2～3	13～16	—	—	—	—
游泳池	—	—	—	—	—	12.5	—	12.5

注：当在特定条件下，达不到规定指标下限时，应利用规划和建筑手段来满足场馆在使用安全、疏散、停车等方面的要求。

3.0.4 总平面设计应符合下列要求：

1 全面规划远、近期建设项目，一次规划、逐步实施，并为可能的改建和发展留有余地；

2 建筑布局合理，功能分区明确，交通组织顺畅，管理维修方便，并满足当地规划部门的相关规定和指标；

3 满足各运动项目的朝向、光线、风向、风速、安全、防护等要求；

4 注重环境设计，充分保护和利用自然地形和天然资源（如水面、林木等），考虑地形和地质情况，减少建设投资。

3.0.5 出入口和内部道路应符合下列要求：

1 总出入口布置应明显，不宜少于两处，并以不同方向通向城市道路。观众出入口的有效宽度不宜小于 0.15m/百人的室外安全疏散指标；

2 观众疏散道路应避免集中人流与机动车流相互干扰，其宽度不宜小于室外安全疏散指标；

3 道路应满足通行消防车的要求，净宽度不应小于 3.5m，上空有障碍物或穿越建筑物时净高不应小于 4m。体育建筑周围消防车道应环通；当因各种原因消防车不能按规定靠近建筑物时，应采取下列措施之一满足对火灾扑救的需要：

　1）消防车在平台下部空间靠近建筑主体；

　2）消防车直接开入建筑内部；

　3）消防车到达平台上部以接近建筑主体；

　4）平台上部设消火栓。

4 观众出入口处应留有疏散通道和集散场地，场地不得小于 0.2m²/人，可充分利用道路、空地、屋顶、平台等。

3.0.6 停车场设计应符合下列要求：

1 基地内应设置各种车辆的停车场，并应符合表 3.0.6 的要求，其面积指标应符合当地有关主管部门规定。停车场出入口应与道路连接方便；

2 如因条件限制，停车场也可在邻近基地的地区，由当地市政部门统一设置。但部分专用停车场（贵宾、运动员、工作人员等）宜设在基地内；

停 车 场 类 别　　　　　　　　　　　　　　　　表 3.0.6

等级	管理人员	运动员	贵宾	官员	记者	观众
特级	有	有	有	有	有	有
甲级	兼用		兼用		有	有
乙级	兼用					有
丙级	兼用					

3 承担正规或国际比赛的体育设施，在设施附近应设有电视转播车的停放位置。

3.0.7 基地的环境设计应根据当地有关绿化指标和规定进行，并综合布置绿化、花坛、喷泉、坐凳、雕塑和小品建筑等各种景观内容。绿化与建筑物、构筑物、道路和管线之间的距离，应符合有关规定。

3.0.8 总平面设计中有关无障碍的设计应符合现行行业标准《城市道路和建筑物无障碍设计规范》（JGJ 50）的有关规定。

12.《交通客运站建筑设计规范》JGJ/T 60—2012

1 总则

1.0.2 本规范适用于新建、扩建和改建的汽车客运站和港口客运站的建筑设计。

不适用于汽车货运站、城市公共汽车站、水路货运站、城镇轮渡站、游艇码头等建筑设计。

3 基本规定

3.0.1 交通客运站建筑设计应采用安全、节能、节地、节水、节材和环保的先进、成熟技术。

3.0.2 交通客运站的建筑设计应采取综合措施，减少噪声和污水等对环境的影响。

3.0.3 汽车客运站的站级分级应根据年平均日旅客发送量划分，并应符合表3.0.3的规定。

汽车客运站的站级分级　　　　　　　　表3.0.3

分级	发车位（个）	年平均日旅客发送量（人/d）
一级	≥20	≥10000
二级	13~19	5000~9999
三级	7~12	2000~4999
四级	≤6	300~1999
五级	—	≤299

注：1　重要的汽车客运站，其站级分级可按实际需要确定，并报主管部门批准；
　　2　当年平均日旅客发送量超过25000人次时，宜另建汽车客运站分站。

4 选址与总平面布置

4.0.1 交通客运站选址应符合城镇总体规划的要求，并应符合下列规定：

1　站址应有供水、排水、供电和通信等条件；

2　站址应避开易发生地质灾害的区域；

3　站址与有害物品、危险品等污染源的防护距离，应符合环境保护、安全和卫生等国家现行有关标准的规定；

4　港口客运站选址应具有足够的水域和陆域面积，适宜的码头岸线和水深。

4.0.2 总平面布置应合理利用地形条件，布局紧凑，节约用地，远、近期结合，并宜留有发展余地。

4.0.3 汽车客运站总平面布置应包括站前广场、站房、营运停车场和其他附属建筑等内容。

4.0.4 汽车进站口、出站口应满足营运车辆通行要求，并应符合下列规定：

1　一、二级汽车客运站进站口、出站口应分别设置，三、四级汽车客运站宜分别设置；进站口、出站口净宽不应小于4.0m，净高不应小于4.5m；

2　汽车进站口、出站口与旅客主要出入口之间应设不小于5.0m的安全距离，并应有隔离措施；

3　汽车进站口、出站口与公园、学校、托幼、残障人使用的建筑及人员密集场所的主要出入口距离不应小于20.0m；

4　汽车进站口、出站口与城市干道之间宜设有车辆排队等候的缓冲空间，并应满足驾驶员行车安全视距的要求。

4.0.5 汽车客运站站内道路应按人行道路、车行道路分别设置。双车道宽度不应小于7.0m；单车道宽度不应小于4.0m；主要人行道路宽度不应小于3.0m。

4.0.6 港口客运站总平面布置应包括站前广场、站房、客运码头（或客货滚装船码头）和其他附属建筑等内容。

5　站前广场

5.0.1　站前广场宜由车行及人行道路、停车场、乘降区、集散场地、绿化用地、安全保障设施和市政配套设施等组成。

5.0.2　一、二级交通客运站站前广场的规模，当按旅客最高聚集人数计算时，每人不宜小于 $1.5m^2$。其他站级交通客运站站前广场的规模，可根据当地要求和实际情况确定。

5.0.3　站前广场应与城镇道路衔接，在满足城镇规划的前提下，应合理组织人流、车流，方便换乘与集散，互不干扰。对于站前广场用地面积受限制的交通客运站，可采用其他方式完成人流的换乘与集散。

5.0.4　站前广场应设置社会停车场，并应合理划分城市公共交通、小型客车和小型货车的停车区域。出租车的等候区应独立设置。

5.0.5　站前广场的设计应符合现行国家标准《无障碍设计规范》GB 50763 的规定。人行区域的地面应坚实平整，并应防滑。

5.0.6　站前广场应设置排水、照明设施。

13.《铁路旅客车站建筑设计规范》GB 50226—2007（2011年版）

1　总则

1.0.2　本规范适用于新建铁路旅客车站建筑设计。

1.0.5　客货共线和客运专线铁路旅客车站的建筑规模，应分别根据最高聚集人数和高峰小时发送量按表 1.0.5-1、表 1.0.5-2 确定。

客货共线铁路旅客车站建筑规模　　　　　　表 1.0.5-1

建　筑　规　模	最高聚集人数 H（人）
特大型	$H \geqslant 10000$
大型	$3000 \leqslant H < 10000$
中型	$600 < H < 3000$
小型	$H \leqslant 600$

客运专线铁路旅客车站建筑规模　　　　　　表 1.0.5-2

建　筑　规　模	高峰小时发送量 pH（人）
特大型	$pH \geqslant 10000$
大型	$5000 \leqslant pH < 10000$
中型	$1000 \leqslant pH < 5000$
小型	$pH < 1000$

1.0.6　铁路旅客车站无障碍设计应符合国家现行标准《铁路旅客车站无障碍设计规范》TB 10083 和《城市道路和建筑物无障碍设计规范》JGJ 50 的有关规定。

3　选址和总平面布置

3.1 选址

3.1.1 铁路旅客车站的选址应符合下列规定：

1 旅客车站应设于方便旅客集散、换乘并符合城镇发展的区域。

2 有利于铁路和城镇多种交通形式的发展。

3 少占或不占耕地，减少拆迁及填挖方工程量。

4 符合国家安全、环境保护、节约能源等有关规定。

3.1.2 铁路旅客车站选址不应选择在地形低洼、易淹没以及不良地质地段。

3.2 总平面布置

3.2.1 铁路旅客车站的总平面布置应包括车站广场、站房和站场客运设施，并应统一规划，整体设计。

3.2.2 铁路旅客车站的总平面布置应符合下列规定：

1 符合城镇发展规划要求，结合城市轨道交通、公共交通枢纽、机场、码头等道路的发展，合理布局。

2 建筑功能多元化、用地集约化，并留有发展余地。

3 使用功能分区明确，各种流线简捷、顺畅。

4 车站广场交通组织方案遵循公共交通优先的原则，交通站点布局合理。

5 特大型、大型站的站房应设置经广场与城市交通直接相连的环形车道。

6 当站区有地下铁道、车站或地下商业设施时，宜设置与旅客车站相连接的通道。

3.2.3 铁路旅客车站的流线设计应符合下列规定：

1 旅客、车辆、行李、包裹和邮件的流线应短捷，避免交叉。

2 进、出站旅客流线应在平面或空间上分开。

3 减少旅客进出站和换乘的步行距离。

3.2.4 特大型站站房宜采用多方向进、出站的布局。

3.2.5 特大型、大型站应设置垃圾收集设施和转运站。站内废水、废气的处理，应符合国家有关标准的规定。

3.2.6 车站的各种室外地下管线应进行总体综合布置，并应符合现行国家标准《城市工程管线综合规划规范》GB 50289 的有关规定。

4 车站广场

4.0.1 车站广场宜由站房平台、旅客车站专用场地、公交站点及绿化与景观用地四部分组成。

4.0.2 车站广场设计应符合下列规定：

1 车站广场应与站房、站场布置密切结合，并符合城镇规划要求。

2 车站广场内的旅客、车辆、行李和包裹流线应短捷，避免交叉。

3 人行通道、车行通道应与城市道路互相衔接。

4 除绿化用地外，车站广场应采用刚性地面，并符合排水要求。

5 特大型和大型旅客车站宜采用立体车站广场。

6 受季节性或节假日影响客流大的车站，其车站广场应有设置临时候车设施的条件。

4.0.3 客货共线铁路旅客车站专用场地最小面积应按最高聚集人数确定，客运专线铁路旅客车站专用场地最小面积应按高峰小时发送量确定，其最小面积指标均不宜小于

$4.8m^2/人$。

4.0.4 站房平台设计应符合下列规定：

1 平台长度不应小于站房主体建筑的总长度。

2 平台宽度，特大型站不宜小于30m，大型站不宜小于20m，中型站不宜小于10m，小型站不宜小于6m。

3 立体车站广场的平台应分层设置，每层平台的宽度不宜小于8m。

4.0.5 旅客活动地带与人行通道的设计应符合下列规定：

1 人行通道应与公交（含城市轨道交通）站点相通。

2 旅客活动地带与人行通道的地面应高出车行道，并且不应小于0.12m。

4.0.6 客货共线铁路的特大型、大型和中型旅客车站的行李和包裹托取厅附近应设停放车辆的场地。

4.0.7 车站广场绿化率不宜小于10%，绿化与景观设计应按功能和环境要求布置。

4.0.8 出境入境的旅客车站应设置升挂国旗的旗杆。

4.0.9 当城市轨道交通与铁路旅客车站衔接时，人员进出站流线应顺畅衔接。

4.0.10 城市公交、轨道交通站点设计应符合下列规定：

1 城市公交、轨道交通站点应设于安全部位，并应方便旅客乘降及换乘。

2 公交站点应设停车场地，停车场面积应符合当地公共交通规划的要求；当无规划要求时，公交停车场最小面积宜根据最高聚集人数或高峰小时发送量确定，且不宜小于$1.0m^2/人$。

3 当铁路旅客车站站房的进站和出站集散厅与城市轨道交通站厅连接，且不在同一平面时，应设垂直交通设施。

4.0.11 广场内的各种揭示牌和引导系统应醒目，其结构、构造应设置安全。

4.0.12 车站广场应设置厕所，最小使用面积可根据最高聚集人数或高峰小时发送量按每千人不宜小于$25m^2$或4个厕位确定。当车站广场面积较大时宜分散布置。

14.《综合医院建筑设计规范》GB 51039—2014

1 总则

1.0.2 本规范适用于新建、改建和扩建的综合医院的建筑设计。

1.0.3 医疗工艺应根据医院的建设规模、管理模式和科室设置等确定。医院建筑设计应满足医疗工艺要求。

4 选址与总平面

4.1 选址

4.1.1 综合医院选址应符合当地城镇规划、区域卫生规划和环保评估的要求。

4.1.2 基地选择应符合下列要求：

1 交通方便，宜面临2条城市道路；

2 宜便于利用城市基础设施；

3 环境宜安静，应远离污染源；

4 地形宜力求规整，适宜医院功能布局；

5 远离易燃、易爆物品的生产和储存区，并应远离高压线路及其设施；

6 不应邻近少年儿童活动密集场所；

7 不应污染、影响城市的其他区域。

4.2 总平面

4.2.1 总平面设计应符合下列要求：

1 合理进行功能分区，洁污、医患、人车等流线组织清晰，并应避免院内感染风险；

2 建筑布局紧凑、交通便捷，并应方便管理、减少能耗；

3 应保证住院、手术、功能检查和教学科研等用房的环境安静；

4 病房宜能获得良好朝向；

5 宜留有可发展或改建、扩建的用地；

6 应有完整的绿化规划；

7 对废弃物的处理做出妥善的安排，并应符合有关环境保护法令、法规的规定。

4.2.2 医院出入口不应少于2处，人员出入口不应兼做尸体或废弃物出口。

4.2.3 在门诊、急诊和住院用房等入口附近应设车辆停放场地。

4.2.4 太平间、病理解剖室应设于医院隐蔽处。需设焚烧炉时，应避免风向影响，并应与主体建筑隔离。尸体运送路线应避免与出入院路线交叉。

4.2.5 环境设计应符合下列要求：

1 充分利用地形、防护间距和其他空地布置绿化景观，并应有供患者康复活动的专用绿地；

2 应对绿化、景观、建筑内外空间、环境和室内外标识导向系统等做综合性设计；

3 在儿科用房及其入口附近，宜采取符合儿童生理和心理特点的环境设计。

4.2.6 病房建筑的前后间距应满足日照和卫生间距要求，且不宜小于12m。

4.2.7 在医疗用地内不得建职工住宅。医疗用地与职工住宅用地毗连时，应分隔，并应另设出入口。

15.《传染病医院建筑设计规范》GB 50849—2014

1 总则

1.0.2 本规范适用于新建、改建和扩建的传染病医院和综合性医院的传染病区的建筑设计。

1.0.3 传染病医院的建筑设计，应遵照控制传染源、切断传染链、隔离易感染人群的基本原则，并应满足传染病医院的医疗流程。

4 选址与总平面

4.1 选址

4.1.1 新建传染病医院选址应符合当地城镇规划、区域卫生规划和环保评估的要求。

4.1.2 基地选择应符合下列要求：

1 交通应方便，并便于利用城市基础设施；

2 环境应安静，远离污染源；

3 用地宜选择地形规整、地质构造稳定、地势较高且不受洪水威胁的地段；

4 不宜设置在人口密集的居住与活动区域；

5 应远离易燃、易爆产品生产、储存区域及存在卫生污染风险的生产加工区域。

4.1.3 新建传染病医院选址，以及现有传染病医院改建和扩建及传染病区建设时，医疗用建筑物与院外周边建筑应设置大于或等于 20m 绿化隔离卫生间距。

4.2 总平面

4.2.1 总平面设计应符合下列要求：

1 应合理进行功能分区，洁污、医患、人车等流线组织应清晰，并应避免院内感染；

2 主要建筑物应有良好朝向，建筑物间距应满足卫生、日照、采光、通风、消防等要求；

3 宜留有可发展或改建、扩建用地；

4 有完整的绿化规划；

5 对废弃物妥善处理，并应符合国家现行有关环境保护的规定。

4.2.2 院区出入口不应少于两处。

4.2.3 车辆停放场地应按规划与交通部门要求设置。

4.2.4 绿化规划应结合用地条件进行。

4.2.5 对涉及污染环境的医疗废弃物及污废水，应采取环境安全保护措施。

4.2.6 医院出入口附近应布置救护车冲洗消毒场地。

16.《老年人照料设施建筑设计标准》JGJ 450—2018

1 总则

1.0.2 本标准适用于新建、改建和扩建的设计总床位数或老年人总数不少于 20 床（人）的老年人照料设施建筑设计。

3 基本规定

3.0.3 与其他建筑上下组合建造或设置在其他建筑内的老年人照料设施应位于独立的建筑分区内，且有独立的交通系统和对外出入口。

4 基地与总平面

4.1 基地选址

4.1.1 老年人照料设施建筑基地应选择在工程地质条件稳定、不受洪涝灾害威胁、日照充足、通风良好的地段。

4.1.2 老年人照料设施建筑基地应选择在交通方便、基础设施完善、公共服务设施使用方便的地段。

4.1.3 老年人照料设施建筑基地应远离污染源、噪声源及易燃、易爆、危险品生产、储运的区域。

4.2 总平面布局与道路交通

4.2.1 老年人照料设施建筑总平面应根据老年人照料设施的不同类型进行合理布局，功能分区、动静分区应明确。

4.2.2 老年人照料设施建筑基地及建筑物的主要出入口不宜开向城市主干道。货物、垃圾、殡葬等运输宜设置单独的通道和出入口。

4.2.3 总平面交通组织应便捷流畅，满足消防、疏散、运输要求的同时应避免车辆对人员通行的影响。

4.2.4 道路系统应保证救护车能停靠在建筑的主要出入口处，且应与建筑的紧急送医通道相连。

4.2.5 总平面内应设置机动车和非机动车停车场。在机动车停车场距建筑物主要出入口最近的位置上应设置无障碍停车位或无障碍停车下客点，并与无障碍人行道相连。无障碍停车位或无障碍停车下客点应有明显的标志。

4.3 场地设计

4.3.1 老年人全日照料设施应为老年人设室外活动场地；老年人日间照料设施宜为老年人设室外活动场地。老年人使用的室外活动场地应符合下列规定：

1 应有满足老年人室外休闲、健身、娱乐等活动的设施和场地条件。

2 位置应避免与车辆交通空间交叉，且应保证获得日照，宜选择在向阳、避风处。

3 场地应平整防滑、排水畅通，当有坡度时，坡度不应大于2.5%。

4.3.2 老年人集中的室外活动场地应与满足老年人使用的公用卫生间邻近设置。

17. 《托儿所、幼儿园建筑设计规范》JGJ 39—2016

1 总则

1.0.3 幼儿园的规模应符合表1.0.3-1的规定，托儿所、幼儿园的每班人数宜符合表1.0.3-2的规定。

幼儿园的规模 表1.0.3-1

规 模	班数（班）
小型	1～4
中型	5～9
大型	10～12

托儿所、幼儿园的每班人数 表1.0.3-2

名 称	班 别		人数（人）
托儿所	乳儿班		10～15
	托儿班	小、中班	15～20
		大班	21～25
幼儿园	小班		20～25
	中班		26～30
	大班		31～35

3 基地和总平面

3.1 基地

3.1.1 托儿所、幼儿园建设基地的选择应符合当地总体规划和国家现行有关标准的要求。

3.1.2 托儿所、幼儿园的基地应符合下列规定：

1 应建设在日照充足、交通方便、场地平整、干燥、排水通畅、环境优美、基础设施完善的地段；

2 不应置于易发生自然地质灾害的地段；

3 与易发生危险的建筑物、仓库、储罐、可燃物品和材料堆场等之间的距离应符合国家现行有关标准的规定；

4 不应与大型公共娱乐场所、商场、批发市场等人流密集的场所相毗邻；

5 应远离各种污染源，并应符合国家现行有关卫生、防护标准的要求；

6 园内不应有高压输电线、燃气、输油管道主干道等穿过。

3.1.3 托儿所、幼儿园的服务半径宜为 300m～500m。

3.2 总平面

3.2.1 托儿所、幼儿园的总平面设计应包括总平面布置、竖向设计和管网综合等设计。总平面布置应包括建筑物、室外活动场地、绿化、道路布置等内容，设计应功能分区合理、方便管理、朝向适宜、日照充足，创造符合幼儿生理、心理特点的环境空间。

3.2.2 三个班及以上的托儿所、幼儿园建筑应独立设置。两个班及以下时可与居住建筑合建，但应符合下列规定：

1 幼儿生活用房应设在居住建筑的底层；

2 应设独立出入口，并应与其他建筑部分采取隔离措施；

3 出入口处应设置人员安全集散和车辆停靠的空间；

4 应设独立的室外活动场地，场地周围应采取隔离措施；

5 室外活动场地范围内应采取防止物体坠落措施。

3.2.3 托儿所、幼儿园应设室外活动场地，并应符合下列规定：

1 每班应设专用室外活动场地，面积不宜小于 60m²，各班活动场地之间宜采取分隔措施；

2 应设全园共用活动场地，人均面积不应低于 2m²；

3 地面应平整、防滑、无障碍、无尖锐突出物，并宜采用软质地坪；

4 共用活动场地应设置游戏器具、沙坑、30m 跑道、洗手池等，宜设戏水池，储水深度不应超过 0.30m；游戏器具下面及周围应设软质铺装；

5 室外活动场地应有 1/2 以上的面积在标准建筑日照阴影线之外。

3.2.4 托儿所、幼儿园场地内绿地率不应小于 30%，宜设置集中绿化用地。绿地内不应种植有毒、带刺、有飞絮、病虫害多、有刺激性的植物。

3.2.5 托儿所、幼儿园在供应区内宜设杂物院，并应与其他部分相隔离。杂物院应有单独的对外出入口。

3.2.6 托儿所、幼儿园基地周围应设围护设施，围护设施应安全、美观，并应防止幼儿穿过和攀爬。在出入口处应设大门和警卫室，警卫室对外应有良好的视野。

3.2.7 托儿所、幼儿园出入口不应直接设置在城市干道一侧；其出入口应设置供车辆和人员停留的场地，且不应影响城市道路交通。

3.2.8 托儿所、幼儿园的幼儿生活用房应布置在当地最好朝向，冬至日底层满窗日照不应小于 3h。

3.2.9 夏热冬冷、夏热冬暖地区的幼儿生活用房不宜朝西向；当不可避免时，应采取遮阳措施。

18.《中小学校设计规范》GB 50099—2011

1 总则

1.0.2 本规范适用于城镇和农村中小学校（含非完全小学）的新建、改建和扩建项目的规划和工程设计。

4 场地和总平面

4.1 场地

4.1.4 城镇完全小学的服务半径宜为 500m，城镇初级中学的服务半径宜为 1000m。

4.1.5 学校周边应有良好的交通条件，有条件时宜设置临时停车场地。学校的规划布局应与生源分布及周边交通相协调。与学校毗邻的城市主干道应设置适当的安全设施，以保障学生安全跨越。

4.1.6 学校教学区的声环境质量应符合现行国家标准《民用建筑隔声设计规范》GB 50118 的有关规定。学校主要教学用房设置窗户的外墙与铁路路轨的距离不应小于 300m，与高速路、地上轨道交通线或城市主干道的距离不应小于 80m。当距离不足时，应采取有效的隔声措施。

4.1.7 学校周界外 25m 范围内已有邻里建筑处的噪声级不应超过现行国家标准《民用建筑隔声设计规范》GB 50118 有关规定的限值。

4.1.8 高压电线、长输天然气管道、输油管道严禁穿越或跨越学校校园；当在学校周边敷设时，安全防护距离及防护措施应符合相关规定。

4.2 用地

4.2.1 中小学校用地应包括建筑用地、体育用地、绿化用地、道路及广场、停车场用地。有条件时宜预留发展用地。

4.2.2 中小学校的规划设计应合理布局，合理确定容积率，合理利用地下空间，节约用地。

4.2.3 中小学校的规划设计应提高土地利用率，宜以学校可比容积率判断并提高土地利用效率。

4.2.4 中小学校建筑用地应包括以下内容：

1 教学及教学辅助用房、行政办公和生活服务用房等全部建筑的用地；有住宿生学校的建筑用地应包括宿舍的用地；建筑用地应计算至台阶、坡道及散水外缘；

2 自行车库及机动车停车库用地；

3 设备与设施用房的用地。

4.2.5 中小学校的体育用地应包括体操项目及武术项目用地、田径项目用地、球类用地和场地间的专用甬路等。设 400m 环形跑道时，宜设 8 条直跑道。

4.2.6 中小学校的绿化用地宜包括集中绿地、零星绿地、水面和供教学实践的种植园及小动物饲养园。

1 中小学校应设置集中绿地。集中绿地的宽度不应小于 8m。

2 集中绿地、零星绿地、水面、种植园、小动物饲养园的用地应按各自的外缘围合的面积计算。

3 各种绿地内的步行甬路应计入绿化用地。

4 铺栽植被达标的绿地停车场用地应计入绿化用地。

5 未铺栽植被或铺栽植被不达标的体育场地不宜计入绿化用地。

6 绿地的日照及种植环境宜结合教学、植物多样化等要求综合布置。

4.2.7 中小学校校园内的道路及广场、停车场用地应包括消防车道、机动车道、步行道、无顶盖且无植被或植被不达标的广场及地上停车场。用地面积计量范围应界定至路面或广场、停车场的外缘。校门外的缓冲场地在学校用地红线以内的面积应计量为学校的道路及广场、停车场用地。

4.3 总平面

4.3.1 中小学校的总平面设计应包括总平面布置、竖向设计及管网综合设计。总平面布置应包括建筑布置、体育场地布置、绿地布置、道路及广场、停车场布置等。

4.3.2 各类小学的主要教学用房不应设在四层以上，各类中学的主要教学用房不应设在五层以上。

4.3.3 普通教室冬至日满窗日照不应少于2h。

4.3.4 中小学校至少应有1间科学教室或生物实验室的室内能在冬季获得直射阳光。

4.3.5 中小学校的总平面设计应根据学校所在地的冬夏主导风向合理布置建筑物及构筑物，有效组织校园气流，实现低能耗通风换气。

4.3.6 中小学校体育用地的设置应符合下列规定：

1 各类运动场地应平整，在其周边的同一高程上应有相应的安全防护空间。

2 室外田径场及足球、篮球、排球等各种球类场地的长轴宜南北向布置。长轴南偏东宜小于20°，南偏西宜小于10°。

3 相邻布置的各体育场地间应预留安全分隔设施的安装条件。

4 中小学校设置的室外田径场、足球场应进行排水设计。室外体育场地应排水通畅。

5 中小学校体育场地应采用满足主要运动项目对地面要求的材料及构造做法。

6 气候适宜地区的中小学校宜在体育场地周边的适当位置设置洗手池、洗脚池等附属设施。

4.3.7 各类教室的外窗与相对的教学用房或室外运动场地边缘间的距离不应小于25m。

4.3.8 中小学校的广场、操场等室外场地应设置供水、供电、广播、通信等设施的接口。

4.3.9 中小学校应在校园的显要位置设置国旗升旗场地。

8 安全、通行与疏散

8.3 校园出入口

8.3.1 中小学校的校园应设置2个出入口。出入口的位置应符合教学、安全、管理的需要，出入口的布置应避免人流、车流交叉。有条件的学校宜设置机动车专用出入口。

8.3.2 中小学校校园出入口应与市政交通衔接，但不应直接与城市主干道连接。校园主要出入口应设置缓冲场地。

8.4 校园道路

8.4.1 校园内道路应与各建筑的出入口及走道衔接，构成安全、方便、明确、通畅的路网。

8.4.2 中小学校校园应设消防车道。消防车道的设置应符合现行国家标准《建筑设计防火规范》GB 50016 的有关规定。

8.4.3 校园道路每通行 100 人道路净宽为 0.7m，每一路段的宽度应按该段道路通达的建筑物容纳人数之和计算，每一路段的宽度不宜小于 3.0m。

8.4.4 校园道路及广场设计应符合国家现行标准的有关规定。

8.4.5 校园内人流集中的道路不宜设置台阶。设置台阶时，不得少于 3 级。

8.4.6 校园道路设计应符合现行国家标准《建筑设计防火规范》GB 50016 的有关规定。

19.《宿舍建筑设计规范》JGJ 36—2016

3.2 总平面

3.2.1 宿舍宜有良好的室外环境。

3.2.2 宿舍基地应进行场地设计，并应有完善的排渗措施。

3.2.3 宿舍宜接近工作和学习地点；宜靠近公用食堂、商业网点、公共浴室等配套服务设施，其服务半径不宜超过250m。

3.2.4 宿舍主要出入口前应设人员集散场地，集散场地人均面积指标不应小于 0.20m²。宿舍附近宜有集中绿地。

3.2.6 对人员、非机动车及机动车的流线设计应合理，避免过境机动车在宿舍区内穿行。

3.2.7 宿舍附近应有室外活动场地、自行车存放处，宿舍区内宜设机动车停车位，并可设置或预留电动汽车停车位和充电设施。

3.2.8 宿舍建筑的房屋间距应满足国家现行标准有关对防火、采光的要求，且应符合城市规划的相关要求。

3.2.9 宿舍区内公共交通空间、步行道及宿舍出入口，应设置无障碍设施，并符合现行国家标准《无障碍设计规范》GB 50763 的相关规定。

3.2.10 宿舍区域应设置标识系统。

20.《车库建筑设计规范》JGJ 100—2015

1 总则

1.0.2 本规范适用于新建、扩建和改建的机动车库和非机动车库的建筑设计。

1.0.3 车库建筑按所停车辆类型分为机动车库和非机动车库，按建设方式可划分为独立式和附建式。

1.0.4 机动车车库建筑规模应按停车当量数划分为特大型、大型、中型、小型，非机动车库应按停车当量数划分为大型、中型、小型。车库建筑规模及停车当量数应符合表 1.0.4 的规定。

車库建筑规模及停车当量数　　　　　　　　　　　　　表 1.0.4

当量数 类型 \ 规模	特大型	大型	中型	小型
机动车库停车当量数	>1000	301～1000	51～300	≤50
非机动车库停车当量数	—	>500	251～500	≤250

1.0.5 车库建筑设计应使用方便、安全可靠、技术先进、经济合理，并应满足所在城市及地区交通管理的要求。

1.0.6 车库建筑设计，除应符合本规范外，尚应符合国家现行有关标准的规定。

3　基地和总平面

3.1　基地

3.1.3 专用车库基地宜设在单位专用的用地范围内；公共车库基地应选择在停车需求大的位置，并宜与主要服务对象位于城市道路的同侧。

3.1.4 机动车库的服务半径不宜大于 500m，非机动车库的服务半径不宜大于 100m。

3.1.5 特大型、大型、中型机动车库的基地宜临近城市道路；不相邻时，应设置通道连接。

3.1.6 车库基地出入口的设计应符合下列规定：

1 基地出入口的数量和位置应符合现行国家标准《民用建筑设计通则》GB 50352 的规定及城市交通规划和管理的有关规定；

2 基地出入口不应直接与城市快速路相连接，且不宜直接与城市主干路相连接；

3 基地主要出入口的宽度不应小于 4m，并应保证出入口与内部通道衔接的顺畅；

4 当需在基地出入口办理车辆出入手续时，出入口处应设置候车道，且不应占用城市道路；机动车候车道宽度不应小于 4m、长度不应小于 10m，非机动车应留有等候空间；

5 机动车库基地出入口应具有通视条件，与城市道路连接的出入口地面坡度不宜大于 5%；

6 机动车库基地出入口处的机动车道路转弯半径不宜小于 6m，且应满足基地通行车辆最小转弯半径的要求；

7 相邻机动车库基地出入口之间的最小距离不应小于 15m，且不应小于两出入口道路转弯半径之和。

3.1.7 机动车库基地出入口应设置减速安全设施。

3.2　总平面

3.2.1 车库总平面可根据需要设置车库区、管理区、服务设施、辅助设施等。

3.2.2 车库总平面的功能分区应合理，交通组织应安全、便捷、顺畅。

3.2.3 在停车需求较大的区域，机动车库的总平面布局宜有利于提高停车高峰时段停车库的使用效率。

3.2.4 车库总平面的防火设计应符合现行国家标准《建筑设计防火规范》GB 50016

和《汽车库、修车库、停车场设计防火规范》GB 50067 的规定。

3.2.5 车库总平面内，单向行驶的机动车道宽度不应小于 4m，双向行驶的小型车道不应小于 6m，双向行驶的中型车以上车道不应小于 7m；单向行驶的非机动车道宽度不应小于 1.5m，双向行驶不宜小于 3.5m。

3.2.6 机动车道路转弯半径应根据通行车辆种类确定。微型、小型车道路转弯半径不应小于 3.5m；消防车道转弯半径应满足消防车辆最小转弯半径要求。

3.2.7 道路转弯时，应保证良好的通视条件，弯道内侧的边坡、绿化及建（构）筑物等均不应影响行车视距。

3.2.8 地下车库排风口宜设于下风向，并应做消声处理。排风口不应朝向邻近建筑的可开启外窗；当排风口与人员活动场所的距离小于 10m 时，朝向人员活动场所的排风口底部距人员活动地坪的高度不应小于 2.5m。

3.2.9 允许车辆通行的道路、广场，应满足车辆行驶和停放的要求，且面层应平整、防滑、耐磨。

3.2.10 车库总平面内的道路、广场应有良好的排水系统，道路纵坡坡度不应小于 0.2％，广场坡度不应小于 0.3％。

3.2.11 车库总平面内的道路纵坡坡度应符合现行国家标准《民用建筑设计通则》GB 50352 的最大限值的规定。当机动车道路纵坡相对坡度大于 8％时，应设缓坡段与城市道路连接。对于机动车与非机动车混行的道路，其纵坡的坡度应满足非机动车道路纵坡的最大限值要求。

21.《住宅建筑规范》GB 50368—2005

4 外部环境

4.1 相邻关系

4.1.1 住宅间距，应以满足日照要求为基础，综合考虑采光、通风、消防、防灾、管线埋设、视觉卫生等要求确定。住宅日照标准应符合表 4.1.1 的规定；对于特定情况还应符合下列规定：

1 老年人住宅不应低于冬至日日照 2h 的标准；

2 旧区改建的项目内新建住宅日照标准可酌情降低，但不应低于大寒日日照 1h 的标准。

住宅建筑日照标准 表 4.1.1

建筑气候区划	Ⅰ、Ⅱ、Ⅲ、Ⅶ气候区		Ⅳ气候区		Ⅴ、Ⅵ气候区
	大城市	中小城市	大城市	中小城市	
日照标准日	大寒日				冬至日
日照时数(h)	≥2		≥3		≥1
有效日照时间带(h)	8～16				9～15
日照时间计算起点	底层窗台面				

注：底层窗台面是指距室内地坪 0.9m 高的外墙位置。

4.1.2 住宅至道路边缘的最小距离，应符合表 4.1.2 的规定。

住宅至道路边缘最小距离(m)　　　　　　　　　　　　表 4.1.2

与住宅距离		路面宽度	<6m	6～9m	>9m
住宅面向道路	无出入口	高层	2	3	5
		多层	2	3	3
	有出入口		2.5	5	—
住宅山墙面向道路		高层	1.5	2	4
		多层	1.5	2	2

注：1. 当道路设有人行便道时，其道路边缘指便道边线；
　　2. 表中"—"表示住宅不应向路面宽度大于 9m 的道路开设出入口。

4.3　道路交通

4.3.1　每个住宅单元至少应有一个出入口可以通达机动车。

4.3.2　道路设置应符合下列规定：

1　双车道道路的路面宽度不应小于 6m；宅前路的路面宽度不应小于 2.5m；

2　当尽端式道路的长度大于 120m 时，应在尽端设置不小于 12m×12m 的回车场地；

3　当主要道路坡度较大时，应设缓冲段与城市道路相接；

4　在抗震设防地区，道路交通应考虑减灾、救灾的要求。

4.3.3　无障碍通路应贯通，并应符合下列规定：

1　坡道的坡度应符合表 4.3.3 的规定。

坡 道 的 坡 度　　　　　　　　　　　　表 4.3.3

高度(m)	1.50	1.00	0.75
坡　　度	≤1:20	≤1:16	≤1:12

2　人行道在交叉路口、街坊路口、广场入口处应设缘石坡道，其坡面应平整，且不应光滑。坡度应小于 1:20，坡宽应大于 1.2m。

3　通行轮椅车的坡道宽度不应小于 1.5m。

4.3.4　居住用地内应配套设置居民自行车、汽车的停车场地或停车库。

4.4　室外环境

4.4.1　新区的绿地率不应低于 30%。

4.4.2　公共绿地总指标不应少于 1m²/人。

4.4.3　人工景观水体的补充水严禁使用自来水。无护栏水体的近岸 2m 范围内及园桥、汀步附近 2m 范围内，水深不应大于 0.5m。

4.4.4　受噪声影响的住宅周边应采取防噪措施。

4.5　竖向

4.5.1　地面水的排水系统，应根据地形特点设计，地面排水坡度不应小于 0.2%。

4.5.2　住宅用地的防护工程设置应符合下列规定：

1　台阶式用地的台阶之间应用护坡或挡土墙连接，相邻台地间高差大于 1.5m 时，应在挡土墙或坡比值大于 0.5 的护坡顶面加设安全防护设施；

    2   土质护坡的坡比值不应大于 0.5；

    3   高度大于 2m 的挡土墙和护坡的上缘与住宅间水平距离不应小于 3m，其下缘与住宅间的水平距离不应小于 2m。

主 要 参 考 文 献

[1] 《注册建筑师考试辅导教材》编委会. 一级注册建筑师考试模拟试题集(含光盘)[M]. 第 2 版. 北京:中国建筑工业出版社,2005.

[2] (美)史蒂文·斯特罗姆,库尔特·内森. 风景建筑学场地工程[M]. 任慧韬等译. 俞可怀等审. 大连:大连理工大学出版社,2002.

[3] 任乃鑫. 2006 年一级注册建筑师资格考试模拟作图题:场地设计、建筑方案设计、建筑技术设计[M]. 第 3 版. 大连:大连理工大学出版社,2006.

[4] 赵晓光,党春红. 民用建筑场地设计[M]. 第 2 版. 北京:中国建筑工业出版社,2012.

[5] 中国建筑工业出版社. 现行建筑设计规范大全[M]. 北京:中国建筑工业出版社,1994.

[6] 住房和城乡建设部工程质量安全监管司,中国建筑标准设计研究所. 全国民用建筑工程设计技术措施 规划·建筑·景观 2009[M]. 北京:中国计划出版社,2010.

[7] 梁永基,王莲清. 校园园林绿地设计[M]. 北京:中国林业出版社,2002.

[8] 《注册建筑师考试辅导教材》编委会. 一级注册建筑师考试辅导教材 第一分册 设计前期 场地与建筑设计(含光盘)[M]. 第 2 版. 北京:中国建筑工业出版社,2005.

[9] 教锦章,陈景衡. 一级注册建筑师考试场地作图题汇评[M]. 第 8 版. 北京:中国建筑工业出版社,2017.

[10] 中国建筑标准设计研究院. 国家建筑标准设计图集 05J804 民用建筑工程总平面初步设计、施工图设计深度图样[S]. 北京:中国建筑标准设计研究院,2005.

[11] 耿长孚. 场地设计作图——注册建筑师综合设计与实践检验答疑[M]. 第 2 版. 北京:中国建筑工业出版社,2007.

[12] 中国建设执业网. 2007 年全国一级注册建筑师考试培训辅导用书 7 建筑方案设计 建筑技术设计 场地设计(作图)[M]. 第 3 版. 北京:中国建筑工业出版社,2007.

[13] 闫寒. 建筑学场地设计[M]. 北京:中国建筑工业出版社,2006.

[14] 黎志涛. 建筑设计方法[M]. 北京:中国建筑工业出版社,2010.

[15] 黎志涛. 快速建筑设计 100 问[M]. 江苏:江苏科学技术出版社,2011.

[16] 黎志涛. 一级注册建筑师考试建筑方案设计(作图)应试指南[M]. 北京:中国建筑工业出版社,2011.

[17] 张清. 2019 全国一级注册建筑师执业资格考试历年真题解析与模拟试卷场地设计(作图题)[M]. 北京:中国电力出版社,2013.

[18] 《注册建筑师考试教材》,曹纬浚. 2019 一级注册建筑师考试教材 建筑方案 技术与场地设计(作图)[M]. 北京:中国建筑工业出版社,2018.